密码学原理与Java实现

朱文伟 李建英 著

清华大学出版社
北京

内 容 简 介

现在，Java开发可谓如日中天，并且Java安全开发是Java开发领域中的一个重要内容，每个Java开发人员都必须掌握。市面中的绝大多数密码学书籍都是针对C或C++的，本书重点介绍Java自带加解密函数的相关技术，以及密码学领域重要的开源库OpenSSL在Java开发中的应用。

本书共8章，主要内容包括密码学和Java概述、搭建Java密码开发环境、对称密码算法原理、利用JCA\JCE对称加解密、杂凑函数和HMAC、密码学中常见的编码格式、非对称算法RSA的加解密、数字签名技术等。本书内容非常详细，学习坡度非常平滑，循序渐进，就算没有密码学基础，也能从零开始到全面掌握。

本书面向的读者是Java开发人员、企业内转行计算机信息安全的工作人员、已有信息安全基础并想了解Java加解密新特性的人员。本书也可作为高等院校和培训机构计算机及相关专业师生的教学参考书。

图书在版编目（CIP）数据

密码学原理与Java实现/朱文伟，李建英著. —北京：清华大学出版社，2021.6（2025.1重印）
ISBN 978-7-302-58027-0

Ⅰ. ①密… Ⅱ. ①朱… ②李… Ⅲ. ①密码算法－JAVA语言－程序设计 Ⅳ. ①TN918.1②TP312.8

中国版本图书馆CIP数据核字（2021）第078621号

责任编辑：夏毓彦
封面设计：王　翔
责任校对：闫秀华
责任印制：丛怀宇

出版发行：清华大学出版社
　　　　网　　址：https://www.tup.com.cn，https://www.wqxuetang.com
　　　　地　　址：北京清华大学学研大厦A座　　　　　　邮　　编：100084
　　　　社 总 机：010-83470000　　　　　　　　　　　邮　　购：010-62786544
　　　　投稿与读者服务：010-62776969，c-service@tup.tsinghua.edu.cn
　　　　质量反馈：010-62772015，zhiliang@tup.tsinghua.edu.cn

印 装 者：天津鑫丰华印务有限公司
经　　销：全国新华书店
开　　本：190mm×260mm　　　　　印　张：23　　　　　字　数：664千字
版　　次：2021年6月第1版　　　　　　　　　　　　　　印　次：2025年1月第3次印刷
定　　价：89.00元

产品编号：088871-01

前　　言

随着计算机及网络技术的发展，信息安全，特别是各行各业信息系统的安全成为信息社会关注的焦点，直接影响国家的安全和社会的稳定。如今，计算机加解密算法的应用已经渗透到我们生活的方方面面。金融、电子政务、电子商务、网民上网、黑客攻防、国防通信、智能化武器安全等，无一不涉及计算机加解密算法。Java 自带的加解密函数库是计算机开发领域中的一个宝库，无论你是初学者还是资深研究人员，都可以在其中找到得心应手的"武器"，帮助你在研究的道路上披荆斩棘。

往小了说，学好 Java 安全可以就业不愁；往大了说，学好密码学原理及 Java 安全开发，可以开发出无坚不摧的武器系统或金融系统，对于国防安全、信息安全和金融安全有着重要意义。

关于本书

本书是 Java 安全领域的经典之作，不但剖析大量 Java 加解密函数的调用细节，而且对原理解释清晰明了，让读者不仅知其然，而且知其所以然。书中涵盖了对称加解密算法、非对称加解密算法、编码格式、数字签名等内容，并配以丰富的代码示例，内容丰富，行文通俗。

全书介绍 Java 加解密中近 200 多个函数、100 多个示例程序，帮助读者熟练掌握 Java 开发的安全应用。本书在介绍 Java 加解密最新技术的同时，力求讲解一些背后的原理和公式，为大家以后做专业的密码开发铺垫前进的道路。只会调用函数而不知原理和公式，永远不会是一个专业人士！

本书特点

本书不仅讲解 Java 自带的安全开发库，还讲解 OpenSSL 在 Java 中的使用细节。OpenSSL 是在学术界、工业界广泛使用的加解密算法库。OpenSSL 内容之丰富，是目前开源安全算法库中罕见的。每年我们都能看到不少关于 OpenSSL 的图书，但是随着 OpenSSL 版本迭代，部分学习资料已经过时。本书基于当前企业界流行的 Java 版本写作，面向初学者，既涵盖了 Java 加解密算法的使用，又介绍了背后原理，并配以示例代码，内容丰富，行文通俗，是不可多得的优秀图书。

本书是一本讲述专业知识的书，不是走马观花就能理解的。这需要读者打起精神，详细阅读，跟着书中的内容运行代码，了解示例程序，多练习，掌握书中介绍的函数功能及其用法。

本书实例丰富，希望读者能充分利用好这些例子，并将每个例子在自己的机器上实现，在编译运行时好好体会每个类或函数的用法。

源码下载与技术支持

本书配套的资源，请用微信扫描右边的二维码获取，可按扫描出来的页面提示把下载链接转到自己的邮箱中下载。如果学习本书过程中发现问题，请联系 booksaga@163.com，邮件主题为"密码学原理与 Java 实现"。

作者
2021 年 4 月

目　　录

第1章

加解密和 Java 概述

1.1 密码学基础知识

1.1.1 密码学概述

密码学（cryptography）是一种将信息表述为不可读的方式，并使用一种秘密的方法将信息恢复出来的科学。密码学提供的最基本的服务是数据机密性服务，就是使通信双方可以互相发送消息，并且避免他人窃取消息的内容。加密算法是密码学的核心。

无论加密系统实现的算法如何不同、形式如何复杂，其基本组成部分是相同的，通常都包括四个部分：

（1）需要加密的初始消息，即明文 M。

（2）用于加密或解密的钥匙，即密钥 K。

（3）加密算法 E 或者解密算法 D。

（4）加密后形成的消息，即密文 C。

$C=E_k(M)$ 表示对明文 M 使用密钥 K 加密后得到密文 C；同样，$M=D_k(C)$ 表示对密文 C 解密后得到明文 M，加解密过程如图 1-1 所示。

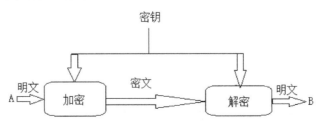

图 1-1

1.1.2 对称密钥加密技术

对称密钥加密技术又称为传统密钥加密技术，它是指在一个加密系统中通信双方使用同一密钥，或者能够通过一方的密钥推导出另一方的密钥的加密体制。对称密钥加密技术的模型如图 1-2 所示。

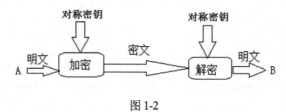

图 1-2

在使用对称密钥加密时，信息交互的双方必须使用同一个密钥，并且这个密钥还要防止被他人窃取。另外，还要经常对所使用的密钥进行更新，以减少攻击者获取密钥的概率。因此，对称密钥加密技术的安全性依赖于密钥分配技术。

对称密钥加密技术的特点在于效率高、算法简单、易于实现、计算开销小，适合于对大量数据进行加密。它的最大缺点是密钥的安全性得不到保证，易被攻击。所以，密钥分发、密钥保存、密钥管理都是对称密钥加密的缺点。在实际应用中，常用的对称密钥加密技术有 DES 算法、AES 算法等。

- DES 算法：数据加密标准（Data Encryption Standard），是由 IBM 公司研制的一种加密算法。DES 是一个分组加密算法，以 64 位为分组对数据加密。加密和解密使用的是同一个密钥。它的密钥长度是 56 位。64 位的明文从算法的一端输入，经过左右部分的迭代和密钥的异或、置换等一系列操作，从另一端输出。
- AES 算法：高级加密标准（Advanced Encryption Standard），是由美国国家标准技术协会（NIST）在 2001 年发布的。AES 也是一种分组密码，用以取代 DES。AES 作为新一代的安全加密标准，集合了强安全性、高性能、高效率、易用和灵活等优点，其分组长度为 128 位，密钥长度为 128 位、192 位或 256 位。

1.1.3 公开密钥加密技术

公开密钥加密技术又称为非对称密钥加密技术，与对称密钥加密技术不同，它使用一对密钥分别进行加密和解密操作，其中一个是公开密钥（Public-Key），另一个是由用户自己保存（不能公开）的私有密钥（Private-Key），发送方用公钥或私钥进行加密，接收方使用私钥或公钥进行解密。公钥加密的模型如图 1-3 所示。

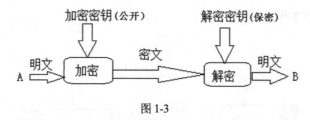

图 1-3

使用公钥加密技术，通信双方事先不需要通过通信信道进行密钥交换，并且公钥是公开的，因此密钥的持有量得到了减少，密钥保存量少，密钥分配简单，便于密钥的分发与管理。常用的公开密钥加密算法有 RSA 算法、DH 算法等。

当前应用最为广泛的公钥系统 RSA（Rivest、Shamir、Adleman 三人名字的缩写）是基于大数因子分解的复杂性来构造的，它是公钥系统最典型的加密算法，大多数使用公钥加密技术进行加密和数字签名的实际应用都是使用的 RSA 算法。RSA 算法如下：

（1）用户选择两个足够大的保密素数 p、q。

（2）计算 n=pq，n 的欧拉函数为 F(n)=(p-1)(q-1)。

（3）选择一个相对比较大的整数 e 作为加密指数，使 e 与 F(n)互素。

（4）解方程：ed=1modF(n)，求出解密指数 d。

（5）设 M、C 分别为要加密的明文和已被加密的密文；加密运算为 $C=M^e \bmod n$，解密运算为 $M=C^d \bmod n$。

每个用户都有一个密钥(e,d,n)，(e,n)是可以公开的密钥 PK，(d,n)是用户保密的密钥 PR，e 是加密指数，d 是解密指数。RSA 算法的两个密钥中的任何一个都可用来加密，另一个用来解密。

RSA 算法的安全性基于数论中大数分解为质因子的困难性，从一个公开密钥加密的密文和公钥中推导出明文的难度，等价于分解两个大素数的乘积。可见分解越困难，算法的安全性就越高。

DH（Diffie-Hellman）算法是最早的公钥算法，实质上是一个通信双方进行密钥协定的协议，它的用途仅限于密钥交换。DH 算法的安全性依赖于计算离散对数的难度，离散对数的研究现状表明所使用的 DH 密钥至少需要 1024 位才能保证算法的安全性。

1.1.4 单向散列函数算法

单向散列函数算法也称为报文摘要函数算法，使用单向的散列函数，其实现过程是从明文到密文不可逆的过程。其实就是只能加密而不能将其还原，即理论上无法通过反向运算得到原始数据内容。因此，单向散列函数算法通常只用来进行数据完整性验证。

单向散列函数表达式为 h=H(M)，其中 M 是一个变长消息，H(M)是定长的散列值。消息正确时，将散列值附于发送方的消息后，接收方通过重新计算散列值认证该消息。散列函数必须具有下列性质：

（1）M 可应用于任意大小的数据块。

（2）H 产生定长的输出。

（3）对任意给定的 M，计算 H(M)比较容易，用硬件和软件均可实现。

（4）对任意给定的散列码 h，找到满足 H(M)=h 的 M 在计算上是不可行的，称之为单向性。

（5）对任何给定的分组 M，找到满足 N 不等于 M 且 H(M)=H(N)的 N 在计算上是不可行的，称之为抗弱碰撞性。

（6）找到任何满足 H(M)=H(N)的(M,N)在计算上是不可行的，称之为抗强碰撞性。

由于单向函数在速度上比对称加密算法还快，因此它被广泛应用，是数字签名和消息验证码（MAC）的基础，常用的单向散列函数算法有 MD5 和 SHA-1 等。

1.1.5 数字签名基础知识

数字签名是指通过某种密码运算生成一系列符号及代码组成电子密码进行签名的过程。数字签名是一种认证机制，以公钥技术和单向散列函数为基础，使得消息的产生都可以添加一个起签名作用的标识。数字签名是目前电子商务中应用最普遍、可操作性最强、技术最成熟的一种电子签名方法，采用规范化的程序和科学的方法，用于鉴定签名人的身份以及对一项电子签名内容的认证。签名保证了消息的来源和完整性，即数字签名能验证出数据在传输过程中有无改变，确保传输电子文件的完整性、真实性和不可替代性。数字签名的过程如图 1-4 所示。

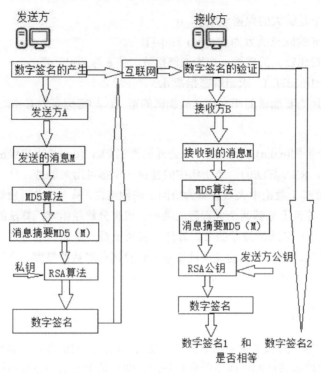

图 1-4

数字签名的实现有下列几个步骤：

（1）发送方使用摘要函数（如 MD5）对信息 M 生成消息摘要 MD5(M)。

（2）发送方使用自己的私钥，用某种数字签名算法来签名消息摘要（用私钥对摘要进行加密），得到数字签名。

（3）发送方把消息 M 和数字签名一起发送给接收方。

（4）接收方通过使用与发送方同一个摘要函数对接收的消息生成新的摘要。与第一步中生成的摘要进行对比，如果一致，就说明收到的消息没有被修改过；再使用发送方的公钥对数字签名解密来验证发送方的签名。

由数字签名的过程可以看出，数字签名很好地保证了如下几个方面的安全性：

（1）完整性：摘要函数算法实现的是不可逆的过程，如果消息在传输过程中遭到破坏或被窃取，接收方根据接收到的报文还原出来的消息摘要不同于用公钥解密得出来的摘要，这样保证了数据在传输过程中的安全性。

（2）不可否认性：由于公钥与私钥是一一对应的关系，发送方的私钥只有自己知道，因此它不能否认已发送的消息。

（3）认证：由于公钥和私钥是一一对应的关系，因此接收方用发送方的公钥计算出来的摘要跟发送方生成的摘要是一致的，这样就能证明消息一定是该发送方发送出来的。

1.2　身份认证基础知识

1.2.1　身份认证概述

身份认证常被用于通信双方相互确认身份，以保证通信的安全，它是证实被认证对象是否属实和是否有效的一个过程。身份认证是信息安全的第一道防线，对信息系统的安全有着重要的意义，是信息安全体系的基础环节。互联网的广泛性和开放性使得非法用户可以借机进行破坏，他们很容易伪造和盗用用户的身份。因此，有效、可信的身份认证手段是确保整个安全系统可信的基础。

身份认证技术的基本思想是通过验证被认证对象的某一特殊属性，来达到确认被认证对象是否真实有效的目的。被认证对象的属性可以是口令、证书、数字签名，或者像指纹、声音、视网膜这样的生理特征。当前，网络上流行的身份认证技术主要有基于口令的认证、基于智能卡认证、动态口令认证、生物特性认证、USB Key 认证等，这些认证技术并非单独使用，有很多认证过程同时使用了多种认证机制。

1.2.2　身份认证的方式

身份认证技术根据不同的侧重点可以有多种划分方式。我们根据认证方法将身份认证技术大致分类如下：

（1）基于账号和口令的用户身份认证。系统给每个提出申请的用户分配一个具有唯一性的标识 ID，用户设定自己的口令 PW。用户要注册进入系统时，向系统提交标识 ID 和 PW，系统根据 ID 检索口令表得到相应的口令 PW。如果两个 PW 一致，就认为是合法用户并接受用户，否则用户被拒绝。基于账号和口令的身份认证技术具有成本低、易实现、用户界面友好等特点，所以目前该技术被一般的计算机系统广泛采用。

（2）基于对称密钥/公开密钥的用户身份认证。数据在信道中的传输一般都会采取对称密钥/公开密钥加密措施，以保证数据传输过程中的安全性。在传统的对称密钥密码体制中，加密与解密方法相同，密钥管理较不方便，密码体制单一且容易被攻击或窃取。使用基于公开密钥的身份认证技术，可以很好地解决对称加密过程中密钥无法安全共享的这一问题，它可以减轻因密钥管理不善而带来的安全威胁。公开密钥密码体制的加密和解密是由通信双方使用不同的两个密钥来实现的。

（3）基于 KDC 的身份认证。在基于对称密钥加密的身份认证协议中，需要认证双方共享一个对称密钥，但是随着系统中用户逐渐增多，密钥数量会逐渐变得庞大。当用户的数量较大时，密钥的数量增长很快，也就意味着密钥的管理很难，并且增加了密钥存储的危险性，降低了身份认证的安全性。为了减轻密钥管理的难度并且降低密钥的安全风险，可增加一个如密钥分配中心（KDC，Key Distributed Center）这样的可靠中介机构来保存和分发密钥。一般的 KDC 的工作原理如图 1-5 所示。

其中，K_a 是 A 与 KDC 之间的对称密钥，K_b 是 B 与 KDC 之间的对称密钥，K_{ab} 是由 KDC 颁发的 A 与 B 之间的对称密钥，KDC 给出的 $K_a(K_{ab},A)$ 等称为通知单 ticket。常见的基于 KDC 的身份认证协议有 Needham-Schroeder 协议、扩展的 Needham-Schroeder 协议和 Otway-Rees 认证方法等。

（4）基于数字证书的用户身份认证。公开密钥认证方式中的关键问题是确保公开密钥的真实性。现今流行的一个解决的办法是采用数字证书的方式来保证实体公开密钥的真实性。证书由实体的身份标识、公开密钥、对身份标识和公开密钥的数字签名以及其他附加信息构成，数字证书由可信第三方来制作和颁发。其认证原理如图 1-6 所示。

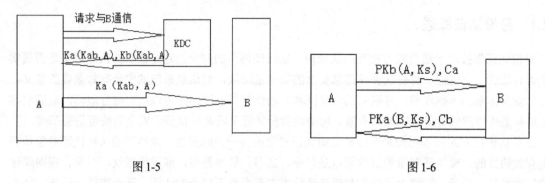

图 1-5   图 1-6

在 A 与 B 进行相互认证时，首先 A 需获得 B 的数字证书 C_b，并使用可信第三方的公开密钥对 C_b 的签名进行验证，通过后生成会话密钥 K_s，然后用 B 的公开密钥对自己的身份标识 A 和 K_s 进行加密得到 $PK_b(A,K_s)$，并将结果和自己的证书 C_a 一并发送给 B 方。B 接收到信息后，同样利用可信第三方提供的公开密钥对证书 C_a 的签名进行验证，然后对 $PK_b(A,K_s)$ 进行解密，再利用 A 的公开密钥对自己的身份标识 B 和 K_s 进行加密，将结果 $PK_a(B,K_s)$ 返回给 A。A 接收后对其进行解密，验证 K_s，完成身份认证，构建会话密钥 K_s。以后双方的交互就能建立在此会话密钥基础上进行。

（5）基于生物特征的用户身份认证。生物特征识别技术是通过计算机利用人体所固有的生理特征或行为特征（如指纹、手形或视网膜等）来进行的个人身份鉴别。目前生物认证技术已被广泛使用，包括指纹识别、语音识别以及视网膜识别等。与传统的身份鉴别手段相比，基于生物特征的用户身份认证技术具有以下优点：不易遗忘或者丢失；防伪性能较好；与拥有者具有绝对相关性。

PKI 是以公开密钥技术为基础并提供安全服务的安全机制。它提供公钥加密和数字签名的功能，并且对密钥和数字证书进行管理。本节重点阐述了密码学基础与身份认证相关理论：首先介绍了对称密钥加密技术和公开密钥加密技术，然后介绍了单向散列函数算法与数字签名的原理，最后详细介绍了身份认证相关的理论与几种常见的身份认证方式。这些都是 PKI 技术的基础。

1.3 Java 语言概述

1.3.1 Java 简介

Java 是由 Sun Microsystems 公司于 1995 年 5 月推出的 Java 面向对象程序设计语言和 Java 平台的总称，由 James Gosling 和同事们共同研发。

Java 分为三个体系：

- Java SE（J2SE，Java2 Platform Standard Edition，Java 平台标准版）。
- Java EE（J2EE，Java 2 Platform Enterprise Edition，Java 平台企业版）。
- Java ME（J2ME，Java 2 Platform Micro Edition，Java 平台微型版）。

2005 年 6 月，JavaOne 大会召开，SUN 公司公开 Java SE 6。此时，Java 的各种版本已经更名以取消其中的数字"2"：J2EE 更名为 Java EE，J2SE 更名为 Java SE，J2ME 更名为 Java ME。

1.3.2　Java 主要特性

Java 语言之所以能风靡全球，是因为它具有令人喜欢的特色，主要特性如下：

（1）Java 语言是简单的

Java 语言的语法与 C 语言和 C++ 语言很接近，使得大多数程序员很容易学习和使用。另一方面，Java 丢弃了 C++ 中很少使用、很难理解、令人迷惑的那些特性，如操作符重载、多继承、自动的强制类型转换。特别地，Java 语言不使用指针，而是使用引用，并提供了自动的垃圾收集机制，使得程序员不必为内存管理而担忧。

（2）Java 语言是面向对象的

Java 语言提供类、接口和继承等面向对象的特性，为了简单起见，只支持类之间的单继承，但支持接口之间的多继承，并支持类与接口之间的实现机制（关键字为 implements）。Java 语言全面支持动态绑定，而 C++ 语言只对虚函数使用动态绑定。总之，Java 语言是一个纯面向对象的程序设计语言。

（3）Java 语言是分布式的

Java 语言支持 Internet 应用的开发，在基本的 Java 应用编程接口中有一个网络应用编程接口（java.net），它提供了用于网络应用编程的类库，包括 URL、URLConnection、Socket、ServerSocket 等。Java 的 RMI（远程方法激活）机制也是开发分布式应用的重要手段。

（4）Java 语言是健壮的

Java 的强类型机制、异常处理、垃圾的自动收集等是 Java 程序健壮性的重要保证。对指针的丢弃是 Java 的明智选择。Java 的安全检查机制使得 Java 更具健壮性。

（5）Java 语言是安全的

Java 通常被用在网络环境中，为此，Java 提供了一个安全机制以防恶意代码的攻击。除了 Java 语言具有的许多安全特性以外，Java 对通过网络下载的类具有一个安全防范机制（类 ClassLoader），如分配不同的名字空间以防替代本地的同名类、字节代码检查，并提供安全管理机制（类 SecurityManager）让 Java 应用设置安全哨兵。

（6）Java 语言是体系结构中立的

Java 源程序（后缀为 java 的文件）在 Java 平台上被编译为体系结构中立的字节码格式（后缀为 class 的文件），然后可以在实现这个 Java 平台的任何系统中运行。这种途径适合于异构的网络环境和软件的分发。

（7）Java 语言是可移植的

这种可移植性来源于体系结构中立性。另外，Java 还严格规定了各个基本数据类型的长度。Java 系统本身也具有很强的可移植性，Java 编译器是用 Java 实现的，Java 的运行环境是用 ANSI C 实现的。

（8）Java 语言是解释型的

Java 程序在 Java 平台上被编译为字节码格式，然后可以在实现这个 Java 平台的任何系统中运行。在运行时，Java 平台中的 Java 解释器对这些字节码进行解释执行，执行过程中需要的类在连接阶段被载入运行环境中。注意，对.java 文件是编译的，对.class 文件是解释执行的。

（9）Java 语言是高性能的

与那些解释型的高级脚本语言相比，Java 的确是高性能的。事实上，Java 的运行速度随着 JIT（Just-In-Time）编译器技术的发展越来越接近于 C++。

（10）Java 语言是多线程的

在 Java 语言中，线程是一种特殊的对象，必须由 Thread 类或其子（孙）类来创建。通常有两种方法来创建线程：其一，通过实现 Runnable 接口来创建多线程；其二，从 Thread 类派生出子类并重写 run 方法，使用该子类创建的对象即为线程。值得注意的是，Thread 类实现了 Runnable 接口，因此任何一个线程均有它的 run 方法，而 run 方法中包含了线程所要运行的代码。线程的活动由一组方法来控制。Java 语言支持多个线程的同时执行，并提供多线程之间的同步机制（关键字为 synchronized）。

（11）Java 语言是动态的

Java 语言的设计目标之一是适应于动态变化的环境。Java 程序需要的类能够动态地被载入运行环境，也可以通过网络来载入所需要的类。这也有利于软件的升级。另外，Java 中的类有一个运行时刻的表示，能进行运行时刻的类型检查。

Java 语言和 C++语言有不少类似之处，学过 C++语言的人应该能快速上手 Java。

1.3.3　Java 的发展史

Java 虽是编程界的"老将"，但是宝刀未老，下面看一下它的成长过程：

1995 年 5 月 23 日，Java 语言诞生。

1996 年 1 月，第一个 JDK——JDK 1.0 诞生。

1996 年 4 月，10 个最主要的操作系统供应商声明将在其产品中嵌入 Java 技术。

1996 年 9 月，约 8.3 万个网页应用 Java 技术来制作。

1997 年 2 月 18 日，JDK 1.1 发布。

1997 年 4 月 2 日，JavaOne 会议召开，参与者逾一万人，创当时全球同类会议规模之纪录。

1997 年 9 月，JavaDeveloperConnection 社区成员超过 10 万。

1998 年 2 月，JDK 1.1 被下载超过 2 000 000 次。

1998 年 12 月 8 日，Java 2 企业平台 J2EE 发布。

1999 年 6 月，SUN 公司发布 Java 的三个版本：标准版（Java SE，以前是 J2SE）、企业版（Java EE，以前是 J2EE）和微型版（Java ME，以前是 J2ME）。

2000 年 5 月 8 日，JDK 1.3 发布。

2000 年 5 月 29 日，JDK 1.4 发布。

2001 年 6 月 5 日，NOKIA 宣布，到 2003 年将出售 1 亿部支持 Java 的手机。

2001 年 9 月 24 日，J2EE 1.3 发布。

2002 年 2 月 26 日，J2SE 1.4 发布，自此 Java 的计算能力有了大幅提升。

　　2004 年 9 月 30 日 18:00，J2SE 1.5 发布，成为 Java 语言发展史上的又一里程碑。为了表示该版本的重要性，J2SE 1.5 更名为 Java SE 5.0。

　　2005 年 6 月，JavaOne 大会召开，SUN 公司公开 Java SE 6。此时，Java 的各种版本已经更名，以取消其中的数字"2"：J2EE 更名为 Java EE，J2SE 更名为 Java SE，J2ME 更名为 Java ME。

　　2006 年 12 月，SUN 公司发布 JRE 6.0。

　　2009 年 04 月 20 日，甲骨文公司 74 亿美元收购 Sun，取得 Java 的版权。

　　2010 年 11 月，甲骨文公司对 Java 社区不够友善，因此 Apache 扬言将退出 JCP。

　　2011 年 7 月 28 日，甲骨文公司发布 Java 7.0 的正式版。

　　2014 年 3 月 18 日，甲骨文公司发表 Java SE 8。

第2章

搭建 Java 密码开发环境

2.1 搭建 Java 开发环境

这是一本 Java 开发书，当然少不了 Java 开发环境的配置，基本步骤就是 JDK 的安装配置和集成开发环境的使用。此外，我们将讲到 JSP 的加解密开发，因此也要搭建好 JSP 开发环境。

2.1.1 下载 JDK

这里推荐使用 JDK 1.8，可以到官网下载。笔者的电脑操作系统是 Windows 7 64 位，所以选择 jdk-8u181-windows-x64.exe，下载下来的文件是 jdk-8u181-windows-x64.exe。

目前使用 JDK 1.8 的人最多，并且 JDK 1.8 的稳定性最好，新版本虽然会有很多新特性，但是很多用不到的，而且很多公司都不用最新版本。我们学习时，要选择市面上大多数公司用的版本，这样方便以后就业。另外，用的人多，碰到问题就容易找到答案，很多坑都是别人经历过的。很多新版本升级的地方对开发有利的重大特性很少，吸引力不够，所以大家没必要去升级，在公司里开发，稳定压倒一切！我们可以看一个调查，使用 Java 8 的公司和程序员高达 80%，如图 2-1 所示。

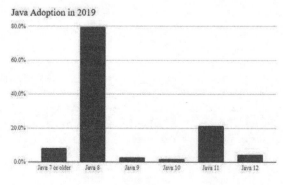

图 2-1

> **注　意**
>
> JDK 8 就是 JDK 1.8。2004 年 9 月 30 日，J2SE 1.5 发布，为了表示该版本的重要性，J2SE 1.5
> 更名为 Java SE 5.0（内部版本号 1.5.0）。因此 JDK 1.5 就称是 JDK 5，JDK 6 就是 JDK 1.6，
> JDK 7 就是 JDK 1.7。带点的只不过是内部版本号而已。

2.1.2　安装 JDK

JDK 安装很简单，直接双击 jdk-8u181-windows-x64.exe 即可开始，第一个安装界面如图 2-2 所
示。直接单击"下一步"按钮，然后使用默认的安装路径（C:\Program Files\Java\jdk1.8.0_181\），
如图 2-3 所示。

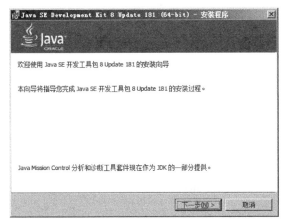
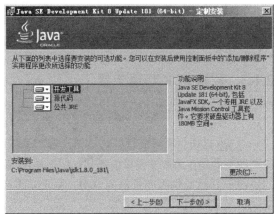

图 2-2　　　　　　　　　　　　　　　　　　　图 2-3

在图 2-3 所示的界面中单击"下一步"按钮，开始正式安装。在安装过程中，还会询问 JRE（Java
运行时环境，即 Java 程序运行所依赖的环境）安装的路径，保持默认设置即可，如图 2-4 所示。

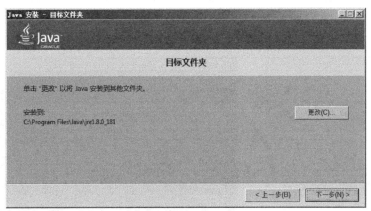

图 2-4

同样直接单击"下一步"按钮，稍等片刻安装完毕，如图 2-5 所示。
单击"关闭"按钮，JDK 安装完成。

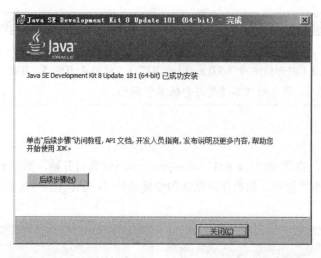

图 2-5

2.1.3 配置 JDK 环境变量

安装完毕后，我们需要配置一下环境变量，步骤如下：

（1）打开"环境变量"对话框，在"系统变量"下新建一个变量"JAVA_HOME"，这里一定要注意的是在系统变量里面新建，而不是在用户变量里面新建（否则会出现不认识编译命令 javac 的情况）。然后输入变量值为 JDK 的安装路径（C:\Program Files\Java\jdk1.8.0_181），如图 2-6 所示。

另外，还有一点要说明：以前的 JDK 版本（JDK 1.5 以下）还需要新建一个 CLASSPATH 的环境变量，现在高版本不需要了。

（2）在系统变量 Path 中添加";%JAVA_HOME%\bin;%JAVA_HOME%\jre\bin"。

新打开一个命令行控制台（注意，一定要重新开启，不能用已经打开的），然后在命令行下输入命令"java –version"和"javac"，如果出现正确反馈，就说明 JDK 安装配置正确了，如图 2-7 所示。

图 2-6

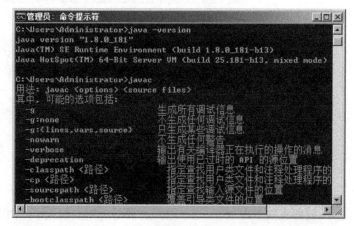

图 2-7

其中，javac 是命令行编译 javac 程序的工具，稍后会用到。至此，JDK 安装和配置成功。

2.1.4 在命令行下编译 Java 程序

前面我们正确配置了 JDK，现在我们写一个简单的 Java 程序（HelloWorld 程序），来编译运行一下。

【例 2.1】 第一个命令行编译的 Java 程序

（1）打开记事本，并输入如下代码：

```java
public class HelloWorld{
    public static void main(String[] args){
        System.out.println("Hello World!");
    }
}
```

代码很简单，就一个类 HelloWorld，也就是主类，里面也只有一个 main 函数，main 函数里面是一句打印输出语句，将会在控制台上输出字符串"Hello World!"。

保存文件为 HelloWorld.java，路径（笔者保存的路径是 C:\myjava\）随意（但路径中最好不要有中文）。

（2）打开命令行窗口，进入 HelloWorld.java 所在路径（笔者是 C:\myjava\），然后输入编译命令：

```
javac HelloWorld.java
```

javac 执行编译程序，把 java 文件编译成 class 文件，如图 2-8 所示，文件夹中多出了一个后缀名是 class 的文件。这个 class 文件就是编译后的 Java 字节码文件。接着我们在 cmd 中输入"java HelloWorld"来执行 class 文件。执行程序后，就在控制台上输出"Hello World!"，如图 2-9 所示。

HelloWorld.class		2018/11/30 16:18	CLASS 文件
HelloWorld.java		2018/11/30 16:15	JAVA 文件

图 2-8

至此，第一个命令行编译的 Java 程序成功了。值得注意的是，我们保存的 Java 文件名必须和主类（这里是类 HelloWorld）相同，即必须保存为 HelloWorld.java，而不能是其他。笔者把 HelloWorld.java 重命名为 ffff.java，然后删除 HelloWorld.java，再进行编译（javac ffff.java），会出现如图 2-10 所示的错误提示。

图 2-9

图 2-10

2.1.5 在 Eclipse 中开发 Java 程序

上面我们在命令行下编译运行了一个 Java 程序，虽然简单，但是在一线开发中很少使用命令行工具进行编译运行，因为实际开发涉及的源代码文件较多。我们必须借助于可视化 IDE（集成开发工具）。在 Java 界，Eclipse 就像开发 Windows 程序的 Visual Studio，是 IDE 界的大佬。

Eclipse 功能异常强大，跨平台，能开发 C++、Java、JavaScript 等，关键还是绿色、开源免费的！

2.1.6 下载 Eclipse

现在我们安装好了 Java 的开发包、运行环境和 Web 应用服务器，接下来配置开发工具。Java的开发工具很多，这里推荐采用 Eclipse，并且建议下载 Eclipse EE 版本：Eclipse IDE for Java EE Developers。我们可以到网站上去下载，网址是 http://www.eclipse.org/downloads/packages/，然后在中间位置可以看到如图 2-11 所示的信息。

图 2-11

根据我们安装的 JDK 版本来选择下载 32 位或 64 位的 Eclipse。注意，一定要和 JDK 版本对应：JDK 是 32 位的，Eclipse 也要使用 32 位；JDK 是 64 位的，Eclipse 也要使用 64 位的。这里下载 64位的版本，单击 Windows 右边的"64-bit"进行下载，下载下来的文件为 eclipse-jee-photon-R-win32-x86_64.zip。

2.1.7 启动 Eclipse

Eclipse 是绿色软件，不需要安装，下载下来后直接解压缩，然后进入解压目录所在路径就可以看到 eclipse.exe，双击它直接可启动。启动时会提示用户选择一个工作区文件夹，如图 2-12 所示。

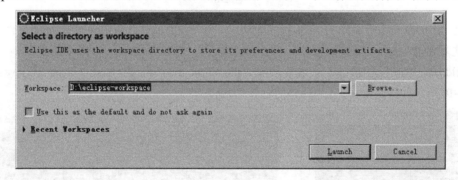

图 2-12

笔者现在的工作区文件夹路径是 D:\eclipse-workspace。工作区其实就是一个文件夹路径（该文件夹会自动新建），一个工作区可以存放多个工程，这些工程文件夹都是工作区文件夹的子文件夹。启动后会出现一个欢迎页面，关闭欢迎页面就可以看到 Eclipse 的主界面，如图 2-13 所示。

图 2-13

2.1.8 第一个 Eclipse 下的 Java 工程

在 Eclipse 下开启我们的 HelloWorld 工程,以测试 Eclipse 是否工作正常。

【例 2.2】 第一个 Eclipse 开发的 Java 程序

(1) 双击 Eclipse.exe,在出现的对话框中确定工作区的目录。工作区相当于 VC++中的解决方案,就是可以在工作区目录下存放多个项目(project)的一个文件夹。在 Eclipse 中,直接打开工作区文件夹,就可以快速打开该工作区下的所有项目了。另外,Eclipse 提供了一个菜单,用于切换工作区。总而言之,在 Eclipse 中打开、关闭、切换工作区是非常方便的,所以我们要把工作区文件夹作为一个操作对象来看待。

本书大部分例子的工作区统一命名为 myws(如果不特意讲明工作区路径,则使用默认的工作区路径,即 D:\eclipse-workspace\myws),并且大部分例子在工作区内的第一个项目名称默认为 myprj。如果要在 Eclipse 中打开源码目录的某个例子,就在 Eclipse 中直接打开源码目录编号下的 myws 文件夹,比如 k:\code\ch02\2.2\myws;如果要移动例子到其他路径,就直接复制 myws 文件夹,然后在 Eclipse 中打开新路径下的 myws 工作区,比如“我的新路径\myws”。

笔者通常把工作区文件夹放在 D:\eclipse-workspace 下,如图 2-14 所示。

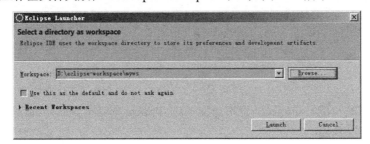

图 2-14

Eclipse 会自动新建文件夹"myws"，用这个编号作为工作区文件夹有一个好处：方便以后移动工作区文件夹后，在 Eclipse 中马上切换打开（File-switch workspace）。建议大家开发时把工程和工作区一一对应，就像 VC 的解决方案目录那样。

单击 Launch 按钮启动 Eclipse，随后出现欢迎界面，在欢迎界面上单击 Workbench 选项，如图 2-15 所示。此时打开的工作台界面如图 2-16 所示。

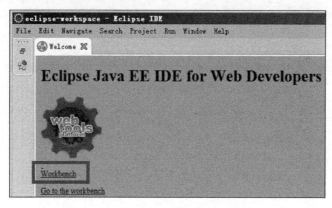

图 2-15

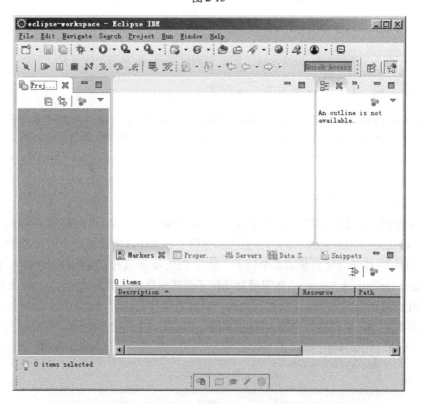

图 2-16

单击主菜单 File→New→Project，此时出现 New Project 对话框，展开 Java 文件夹，选择 Java Project 项，如图 2-17 所示。

单击 Next 按钮，出现 New Java Project 对话框。输入工程名"myprj"，如图 2-18 所示。

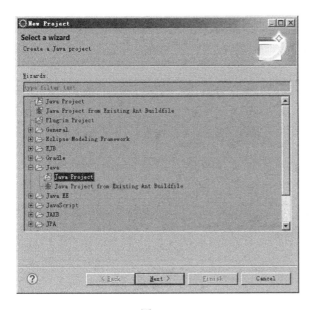

图 2-17 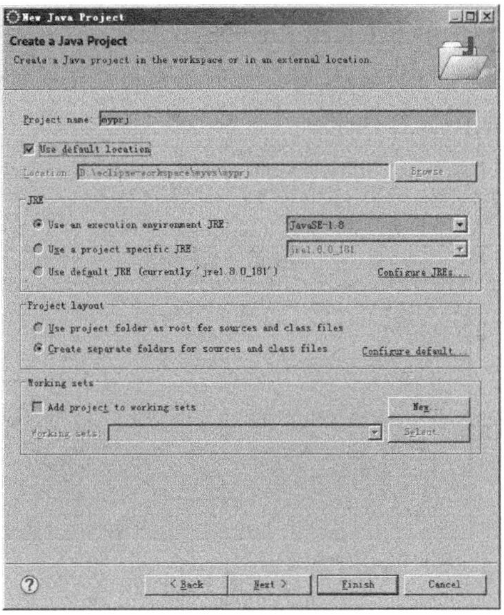　　　　　　　　　　　　　　　图 2-18

　　然后直接单击 Finish 按钮，此时将提示是否打开 Java 开发视图，如图 2-19 所示。单击 Open Perspective 按钮，然后在 Package Explorer 下面可以看到我们的工程，如图 2-20 所示。

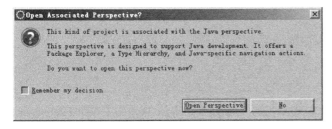

图 2-19

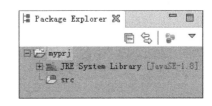

图 2-20

　　此时 src 下还没有源代码文件，我们来添加一个 Java 文件。Java 都是类组成的，所以我们可以新建一个类，并右击 src，在右键菜单上选择 New→Class，然后在出现的 New Java Class 上输入类名 Name "FirstJava"，并选中 "public static void main(String[] args)"，如图 2-21 所示。然后单击 Finish 按钮，一个 FirstJava.java 就建好了，并且自动在编辑视图中显示其文件内容，如图 2-22 所示。

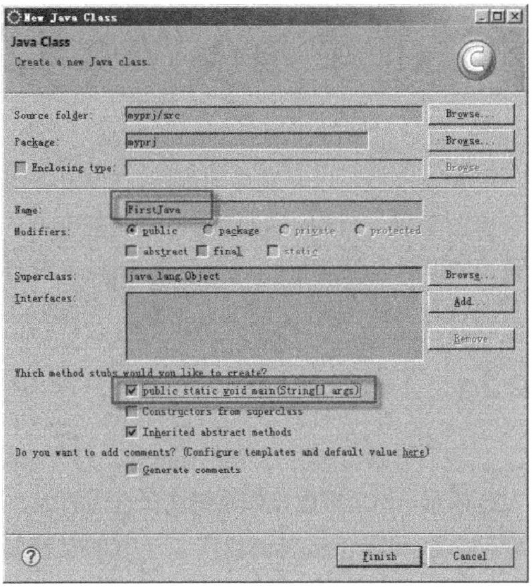

　　main 函数是 Java 程序的入口，我们在该函数中添加一句打印字符串的语句：

```
System.out.println("Hello,this is my
first Java program.");
```

　　println 函数显示字符串的函数，ln 表示显示字符串后会自动回车。下面开始编译运行。

图 2-21

单击主菜单 Run→Run 或者按 Ctrl+F11 快捷键，此时出现编译运行前是否总是要保存的提示，如图 2-23 所示。

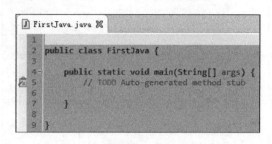

图 2-22

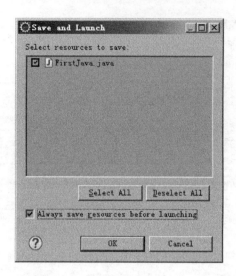

图 2-23

选中 Always save resource before launching 复选框，然后单击 OK 按钮，启动编译运行。接着 Eclipse 在下方的控制台（Console）视图下出现运行结果，如图 2-24 所示。

字符串"Hello，this is my first Java program."打印成功。至此，Eclipse 下的第一个 Java 程序运行成功！

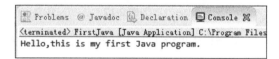

图 2-24

2.1.9 在工作区中打开工程

如果有多个工作区，则可以在 Eclipse 中方便地切换，方法是在 Eclipse 中单击主菜单 File→switch workspace。其实工作区文件夹有点类似 VC 编程中的解决方案文件夹，都用来存放一个或多个工程。

2.2 搭建 Java Web 开发环境

Java 不但可以开发桌面程序，在 Web 应用领域也是诸侯一霸，这就是大名鼎鼎的 JSP 网页程序。在前面 JDK、Eclipse 已经准备好的基础上，我们只需要再安装一个 Web 服务器软件就可以成功搭建出 JSP 开发环境了。这里选择 Tomcat 9 作为 Web 服务器软件。Web 服务器软件主要用来解析网页、执行 Web 服务端的 Java 代码，然后返回结果给浏览器。

2.2.1 下载 Tomcat

我们可以到官网去下载 Tomcat。打开下载页面，单击 Tomcat 9 链接，如图 2-25 所示，然后根据操作系统选择合适的版本，这里选择"32-bit/64-bit Windows Service Installer (pgp, sha512)"，下载的安装文件是 apache-tomcat-9.0.34.exe。

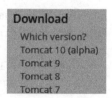

图 2-25

2.2.2　安装 Tomcat

直接双击 apache-tomcat-9.0.34.exe，会出现欢迎界面，如图 2-26 所示。单击 Next 按钮，出现 License Agreement 确认协议对话框，此时单击 I Agree 按钮，会出现 Choose Components 对话框，保持默认设置单击 Next 按钮，就会出现 Configuration 对话框，设置 User name 为 "admin"、Password 为 "123456"，其他保持默认值，如图 2-27 所示。

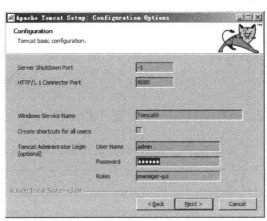

图 2-26　　　　　　　　　　　　　　　　　　图 2-27

单击 Next 按钮，出现 Java Virtual Machine 对话框，保持默认设置，如图 2-28 所示。

这个 JRE 路径是我们前面安装 JRE 所设置的路径，如果前面安装 JRE 的路径是其他路径，那么这里要保持一致。单击 Next 按钮，会出现 Choose Install Location 对话框，保持默认设置，如图 2-29 所示。

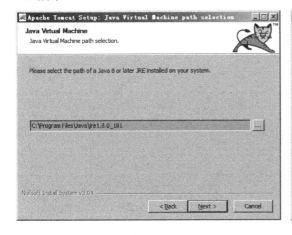

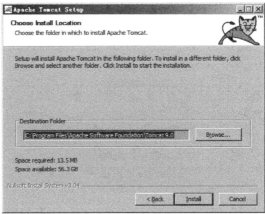

图 2-28　　　　　　　　　　　　　　　　　　图 2-29

单击 Install 按钮开始安装。稍等片刻，安装完成，如图 2-30 所示。

单击 Finish 按钮，即可完成安装，Tomcat 自动启动。稍等片刻，可以在任务栏右下角看到 Tomcat 正在运行的图标，如图 2-31 所示。至此，Tomcat 安装完毕。打开浏览器（比如火狐浏览器），在地址栏中输入 "http://localhost:8080" 或 "http://127.0.0.1:8080"，如果出现 Tomcat 示例主页，则表示服务器安装成功，如图 2-32 所示。

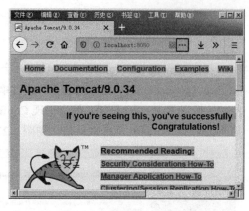

图 2-30	图 2-31	图 2-32

2.2.3 在 Eclipse 中配置 Tomcat

Tomcat 安装完毕后，我们还需要 Eclipse 认识，所以需要在 Eclipse 中进行 Tomcat 相关配置。打开 Eclipse，然后单击主菜单 Window→Preferences，打开 Preferences 对话框，然后在该对话框左边展开 Server，然后选择 Runtime Environment，如图 2-33 所示。

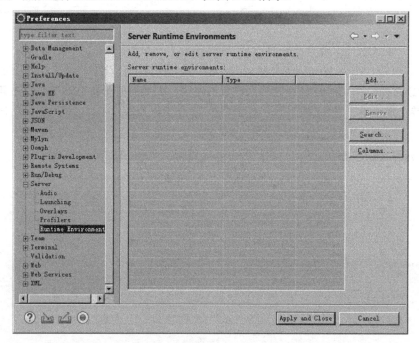

图 2-33

在右边单击 Add 按钮，出现 New Server Runtime Environment 对话框，选择 Tomcat 9，如图 2-34 所示。

单击 Next 按钮，在随后出现的对话框上选择 Tomcat 安装路径（C:\Program Files\Apache Software Foundation\Tomcat 9.0），如图 2-35 所示。

其他保持默认设置，单击 Finish 按钮。至此，Eclipse 中的 Tomcat 配置完毕，以后在新建 Web 工程时 Eclipse 会自动选择出配置的 Tomcat。

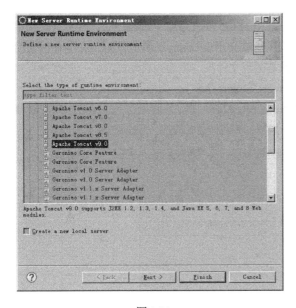 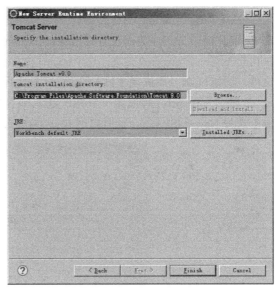

图 2-34　　　　　　　　　　　　　　　图 2-35

2.2.4　第一个 Eclipse 下的 JSP 工程

前面我们部署了 Tomcat 软件，现在我们来看一下网页 JSP 的测试程序。下面我们通过一个 Eclipse 下的 JSP 工程测试一下它们工作是否正常。

【例 2.3】　第一个 Eclipse JSP 工程，在浏览器中查看结果

（1）打开 Eclipse，准备新建一个 Web 工程，即在主菜单上选择 File→new→Dynamic Web Project，在 New Dynamic Web Project 对话框中输入工程名 "myprj"，其他保持默认设置，如图 2-36 所示。

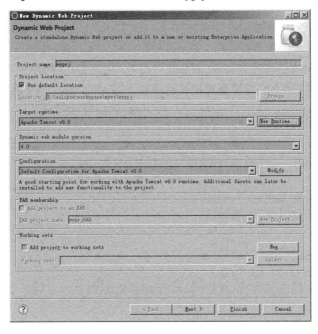

图 2-36

　　如果 Target runtime 下是 None，则可以单击 New Runtime 按钮添加 Tomcat 9.0。接着，直接单击 Finish 按钮。这时主界面左边的 Project Explorer 视图下就会出现 myprj 工程。同时，在工作区文件夹内会出现一个 myprj 文件夹，这个 myprj 文件夹就是工程文件夹，里面会自动建立好一些文件夹和文件，比如 build 文件夹用来放入编译之后的文件、WebContent 存放 jsp 文件。

　　（2）为 myprj 工程添加一个 JSP 文件。右击 Project Explorer 视图下的项目名 myprj，在右键菜单上选择 New→JSP File，此时出现 New JSP File 对话框，如图 2-37 所示。

图 2-37

　　WebContent 文件夹通常存放 JSP 网页文件（.jsp），src 目录通常存放 Java 源文件（*.java），build 文件夹通常存放生成的字节码文件（.class）。

　　我们要把文件 NewFile.jsp 放到 WebContent 目录下，因此要在树形控件中选中 WebContent，然后输入新建 JSP 文件的文件名，这里保持默认文件名"NewFile.jsp"，然后单击 Finish 按钮。一个 JSP 文件就建好了，并且默认写好了一些代码，但是并不是我们所需要的，把代码全部删除，然后输入短小精悍的代码：

```
<%@ page language="java" contentType="text/html; charset=utf-8" %>
<html>
<head>
<title>我的第一个 JSP 程序</title>
</head>
<body>
<h>下面的话来自 Java：</h><br>
<% out.print("Hello world.我是 Java，JSP 中的 Java！"); %>
</body>
</html>
```

其中，第 1 行是 JSP 指令标签，后面章节会详细阐述；第 2～7 行是 HTML 标记，
表示回车换行；第 8 行为 Java 代码，而且是包含在指令标签<%%>里的，这行 Java 代码很简单，就是输出一段文本。在 JSP 中，Java 代码要写在<%和%>之间，这样可以和 HTML 语言区分开来。大家在输入的时候，会发现输入"<%"的时候，Eclipse 会自动补齐%>，在输入 out.的时候，会自动显示 out 的很多方法，我们直接选择 println 即可，非常方便，这就是 Eclipse 提供给我们的 IntelliSense（智能感知）功能，大大提高了编程效率。最后，保存文件。

（3）配置 Tomcat 虚拟目录。Tomcat 的默认根目录为 C:\Program Files\Apache Software Foundation\Tomcat 9.0\webapps\ROOT\，初学者喜欢把 Web 项目都放到 webapps 目录下，这不大符合规范也不专业（所有 Web 工程都放在默认的根目录下会很乱），最好还是把 Tomcat 的默认根目录和每个 Web 项目文件分开，专业的方式是设置虚拟目录。首先找到当前项目所在的路径，在 Eclipse 中展开 myprj 工程，右击 WebContent，在右击菜单上选择 Properties，在属性对话框上把 Location 右边的路径复制下来，如图 2-38 所示。

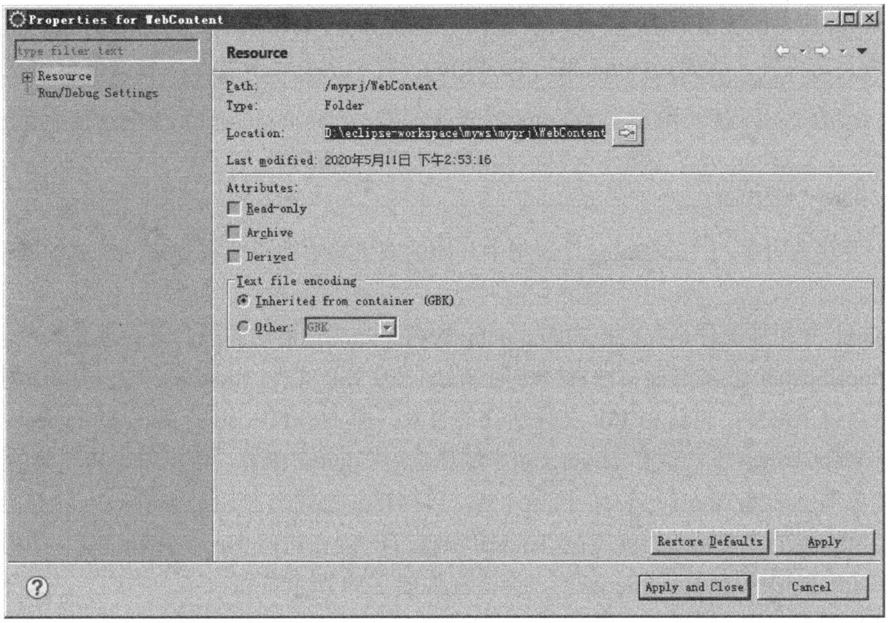

图 2-38

接着，我们进入 Tomcat 安装路径下的 conf 子目录（C:\Program Files\Apache Software Foundation\Tomcat 9.0\conf），用记事本或其他文本编辑工具打开文件 server.xml，定位到末尾 Host 标签处，然后在 Host 标签中添加 Context 标签：

```
<Host name="localhost"  appBase="webapps"
    unpackWARs="true" autoDeploy="true">


<!-- SingleSignOn valve, share authentication between web applications
    Documentation at: /docs/config/valve.html -->
<!--
<Valve className="org.apache.catalina.authenticator.SingleSignOn" />
-->
```

```
        <Context path="" docBase="D:\eclipse-workspace\myws\myprj\
WebContent"/>
          <!-- Access log processes all example.
              Documentation at: /docs/config/valve.html
              Note: The pattern used is equivalent to using pattern="common" -->
          <Valve className="org.apache.catalina.valves.AccessLogValve"
directory="logs"
              prefix="localhost_access_log" suffix=".txt"
              pattern="%h %l %u %t &quot;%r&quot; %s %b" />

      </Host>
```

粗体部分（<Context 标记那一行）是我们添加的。在操作 server.xml 文件时要非常小心。首先要注意<Context path 那一行末尾 ">" 前面的 "\" 不要少了。这个 "\" 表示<Context 结束，如果少了 "\"，Tomcat 服务就无法启动了。此时可以到 C:\Program Files\Apache Software Foundation\Tomcat 9.0\logs 下看日志文件，比如 catalina.2020-05-11.log，有一次少写了 "\"，该文件末尾就提示：

file:/C:/Program%20Files/Apache%20Software%20Foundation/Tomcat%209.0/conf/server.xml; lineNumber: 168; columnNumber: 9; 元素类型 "Context" 必须由匹配的结束标记 "</Context>" 终止。

第二个要注意的是，"docBase=" 语句中开始的双引号右边不要有空格，结尾的双引号左边也不要有空格。

server.xml 中粗体部分是我们添加的，path 的内容是浏览器访问的目录，现在为空，我们可以通过 http://localhost:8080 加网页文件直接访问 Web 下的 JSP 文件。docBase 的内容表示虚拟目录对应的实际磁盘目录路径，也就是 JSP 文件所在的目录，而 NewFile.jsp 正是在 D:\eclipse-workspace\myps\myprj\WebContent 下。保存 server.xml，然后重启 Tomcat 服务，可以右击右下角的 Tomcat 小图标，在菜单项上选择 Stop Service，稍等片刻，以同样的方式选择 Start Service，就重启了 Tomcat 服务，我们所设置的虚拟目录也就能被 Tomcat 知道了。现在访问 NewFile.jsp，打开浏览器，输入 URL（http://localhost:8080/NewFile.jsp），会出现如图 2-39 所示页面。

如果我们想为虚拟目录添加一个名字，可以再为 path 赋值，比如 path="/myprj"，这样在浏览器中访问的时候输入 URL 就要增加 myprj，即 http://localhost:8080/myprj/NewFile.jsp。

当前不一定要使用 hello，也可以用其他名字（这样可以起到迷惑用户的作用，一般不要把真实的工程名作为名字，当然学习时无所谓），比如 path="/test"，这样在浏览器中访问的时候就会输入 URL：http://localhost:8080/test/NewFile.jsp。

图 2-39

另外，path 留空（""）与"/"效果是一样的。值得注意的是，如果 path 为空或为 "/"，则会覆盖 /webapps/ROOT 下的项目，导致 ROOT 下的内容无法访问。

我们的第一个 JSP 程序执行成功了。

为了让 Tomcat 中/webapps/ROOT 下的内容可以访问，最好不要把 path 留空，可以把虚拟目录改为/hello，即把刚才在 conf/server.xml 文件中添加的 Context 标签改为：

```
<Context path="/myprj" docBase="D:\eclipse-workspace\myps\myprj\hello\
WebContent"/>
```

重启 Tomcat 服务，打开浏览器，输入 URL（http://localhost:8080/myprj/NewFile.jsp），应该会出现同样的效果，如图 2-40 所示。

现在输入 http://localhost:8080/，会访问到/webapps/ROOT 下的 index.jsp 文件，如图 2-41 所示。

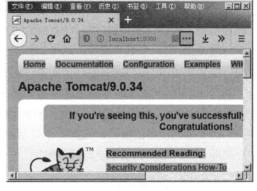

图 2-40　　　　　　　　　　　　　　　　图 2-41

这就是采用虚拟目录的好处，不影响默认系统主页。为了方便大家，笔者把 server.xml 放在本例工程源码目录下，当然如果要采用该文件的配置，就要记得把 myprj 文件夹放到 D:\eclipse-workspace\下，因为我们在 server.xml 中写死了这个路径。

2.2.5　第一个 JavaBean 工程

JavaBean 是一种可重用的 Java 组件，可以被 Applet、Servlet、SP 等 Java 应用程序调用，也可以可视化地被 Java 开发工具使用，包含属性（Properties）、方法（Methods）、事件（Events）等特性。

JavaBean 是一种软件组件模型，就跟 ActiveX 控件一样，它们提供已知的功能，可以轻松重用并集成到应用程序中的 Java 类。任何可以用 Java 代码创造的对象都可以利用 JavaBean 进行封装。通过合理的组织具有不同功能的 JavaBean，可以快速生成一个全新的应用程序，如果将这个应用程序比作一辆汽车，那么这些 JavaBean 就好比组成这辆汽车的不同零件。对软件开发人员来说，JavaBean 带来的最大优点就是充分提高了代码的可重用性，并且对软件的可维护性和易维护性起到了积极作用。

JavaBean 的种类按照功能可以划分为可视化和不可视化两类。可视化的 JavaBean 就是拥有 GUI 图形用户界面，对最终用户是可见的。不可视化的 JavaBean 不要求继承，更多地被使用在 JSP 中，通常情况下用来封装业务逻辑、数据分页逻辑、数据库操作和事物逻辑等，这样可以实现业务逻辑和前台程序的分离，提高了代码的可读性和易维护性，使系统更健壮和灵活。随着 JSP 的发展，JavaBean 更多地应用在非可视化领域，并且在服务器端应用方面表现出了越来越强的生命力。

从功能上讲，JavaBean 可以看成是一个黑盒子，即只需要知道其功能而不必管其内部结构的软件设备。黑盒子只介绍和定义其外部特征和与其他部分的接口，如按钮、窗口、颜色、形状、句柄等。通过将系统看成使用黑盒子关联起来的通信网络，我们可以忽略黑盒子内部的系统细节，从而有效地控制系统的整体性能。

用户可以使用 JavaBean 将功能、处理、值、数据库访问和其他任何可以用 Java 代码创造的对象进行打包，并且其他的开发者可以通过内部的 JSP 页面、Servlet、其他 JavaBean、Applet 程序或者应用来使用这些对象。用户可以认为 JavaBean 提供了一种随时随地复制和粘贴功能，而不用关心任何改变。

一个 JavaBean 由 3 部分组成：

（1）属性（properties）

JavaBean 提供了高层次的属性概念，属性在 JavaBean 中不只是传统的面向对象的概念里的属性，同时还得到了属性读取和属性写入的 API 的支持。属性值可以通过调用适当的 Bean 方法进行。比如，可能 Bean 有一个名字属性，这个属性的值可能需要调用 String getName()方法读取，而写入属性值可能需要调用 void setName(String str)的方法。

每个 JavaBean 属性通常都应该遵循简单的方法命名规则，这样应用程序构造器工具和最终用户才能找到 JavaBean 提供的属性，然后查询或修改属性值，对 Bean 进行操作。JavaBean 还可以对属性值的改变做出及时的反应。比如一个显示当前时间的 JavaBean，如果改变时钟的时区属性，则时钟会立即重画，显示当前指定时区的时间。

（2）方法（method）

JavaBean 中的方法就是通常所说的 Java 方法，可以从其他组件或在脚本环境中调用。默认情况下，所有 Bean 的公有方法都可以被外部调用，但 Bean 一般只会引出其公有方法的一个子集。JavaBean 本身是 Java 对象，调用这个对象的方法是与其交互作用的唯一途径。JavaBean 严格遵守面向对象的类设计逻辑，不让外部世界访问其任何字段（没有 public 字段）。这样，方法调用是接触 Bean 的唯一途径。

和普通类不同的是，对有些 Bean 来说，采用调用实例方法的低级机制并不是操作和使用 Bean 的主要途径。公开 Bean 方法在 Bean 操作中降为辅助地位，因为两个高级 Bean 特性（属性和事件）是与 Bean 交互作用的更好方式。因此，Bean 可以提供要让客户使用的 public 方法，但是应当认识到，Bean 设计人员希望看到绝大部分 Bean 的功能反映在属性和事件中，而不是在人工调用和各个方法中。

（3）事件（event）

Bean 与其他软件组件交流信息的主要方式是发送和接受事件。我们可以将 bean 的事件支持功能看作是集成电路中的输入输出引脚：工程师将引脚连接在一起组成系统，让组件进行通信。有些引脚用于输入，有些引脚用于输出，相当于事件模型中的发送事件和接收事件。

事件为 JavaBean 组件提供了一种发送通知给其他组件的方法。在 AWT 事件模型中，一个事件源可以注册事件监听器对象。当事件源检测到发生了某种事件时，它将调用事件监听器对象中的一个适当的事件处理方法来处理这个事件。由此可见，JavaBean 确实也是普通的 Java 对象，只不过它遵循了一些特别的约定而已。

JavaBean 有如下 6 个特征：

第一，JavaBean 为共有类，此类要使用访问权限对 public 进行修饰，主要是为了方便 JSP 的访问。

第二，JavaBean 定义构造的方式时，一定要使用 public 修饰，同时不能要参数；不定义构造方式时，Java 编译器可以构造无参数方式。

　　第三，JavaBean 属性通常可以使用访问权限对 private 进行修饰，此种主要表示私有属性，但是也只能在 JavaBean 内使用，在声明中使用 public 修饰的则被认为是公有权限，主要是方便同时与 JSP 进行交互。

　　第四，使用 setXXX() 的方法以及 getXXX() 的方法得到 JavaBean 里的私有属性 XXXDE 的数值。

　　第五，JavaBean 一定要放在包内，使用 package 进行自定义，也可以放在 JavaBean 代码的第一行。

　　第六，对部署好的 JavaBean 进行修改时，一定要重新编译节码文件，同时启动 Tomcat 服务器，之后便能够生效。

【例 2.4】　第一个 Javabean 工程

（1）打开 Eclipse，新建一个 Dynamic Web Project，工程名是 myprj。

（2）在 Eclipse 的 Project Explorer 中，直接右击工程 myprj，或者展开 Java Resources，右击 src，在右键菜单选择 New→Class，即准备新建一个 class，设置 Package 的名称为 com.ljy、类的名称为 Box，如图 2-42 所示。

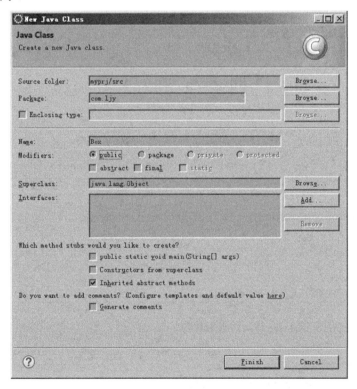

图 2-42

在图 2-42 中单击 Finish 按钮，IDE 将打开 Box.java 文件。我们在其中输入如下代码：

```
package com.ljy;

public class Box
{
    double length;
    double width;
```

```java
        double height;
        public Box()
        {
            length=0;
            width=0;
            height=0;
        }
        public void setLength(double length)
        {
            this.length=length;
        }
        public double getLength()
        {
            return length;
        }
        public void setWidth(double width)
        {
        this.width=width;
        }
        public double getWidth()
        {
            return width;
        }
        public void setHeight(double height)
        {
          this.height=height;
        }
        public double getHeight()
        {
            return height;
        }
        public double volumn()   //获取体积
        {
            double volumnValue;
            volumnValue=length*width*height;
            return volumnValue;
        }
    }
```

代码很简单，就是计算一个盒子的体积。长、宽、高分别可以设置或获取，体积也可以获取。输入后保存文件，将自动生成 Box.class 文件（在 D:\eclipse-workspace\myws\myprj\build\classes\com\ljy\下）。

（3）右击 Project Explorer 视图下的项目名 myprj，在右键菜单上选择 New→JSP File，会出现 New JSP File 对话框，设置 File Name 为 "index.jsp"，如图 2-43 所示。

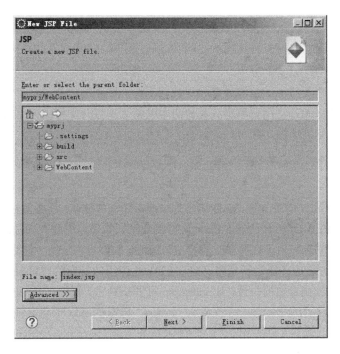

图 2-43

单击 Finish 按钮，然后在 index.jsp 文件中添加如下内容：

```jsp
<%@ page language="java" contentType="text/html; charset=utf-8" %>
<%@ page import="com.ljy.Box" %>
<html>
<head>
<title>我的第一个 Javabean 程序</title>
</head>
<body>

<h1><% out.print("我的第一个 Javabean 程序！");

     Box box = new Box();
     box.setHeight(1);
     box.setWidth(2);
     box.setLength(3);


%></h1>
   <h1>计算体积</h1>
   <hr>
     长度：<%=box.getLength()%><br>
     宽度：<%=box.getWidth() %><br>
     高度：<%=box.getHeight() %><br>
  体积：   <%=box.volumn()%>
```

```
        <hr>
</body>
</html>
```

保存文件，接着进入 Tomcat 安装路径下的 conf 子目录（C:\Program Files\Apache Software Foundation\Tomcat 9.0\conf），用记事本或其他文本编辑工具打开文件 server.xml，定位到末尾 Host 标签处，然后在 Host 标签中添加 Context 标签：

```
<Context path="/myprj" docBase="D:\eclipse-workspace\myws\myprj\WebContent"
reloadable="true"/>
```

保存文件 server.xml。如果 reloadable 属性为 true，那么 Tomcat 服务器在运行状态下会监视在 WEB-INF/classes 和 WEB-INF/lib 目录下 class 文件的改动，如果监测到有 class 文件被更新，那么服务器会自动重新加载 Web 应用。在开发阶段将 reloadable 属性设为 true，有助于调试 servlet 和其他 class 文件，但这样会加重服务器运行负荷，建议在 Web 应用的发布阶段将 reloadable 设为 false。

下面把 Box.class 放到合适的位置，让 index.jsp 可以找到它。我们在 D:\eclipse-workspace\myws\myprj\WebContent\WEB-INF\ 下新建一个文件夹 classes，再根据 Box 的包名在 classes 下新建文件夹 com，再在 com 文件夹下建立文件夹 ljy，然后把 D:\eclipse-workspace\myws\myprj\build\classes\com\ljy\ 下的 Box.class 复制到 D:\eclipse-workspace\myws\myprj\WebContent\WEB-INF\classes\com\ljy\ 下。记得以后每次修改 Box.java 都要执行这个复制操作。其中，WEB-INF 目录是 Web 目录中最安全的文件夹，保存各种类、第三方 jar 包、配置文件。

最后，在桌面任务栏右下角重启 Tomcat 服务。

（4）打开火狐或 IE 浏览器，输入 URL（http://localhost:8080/myprj/index.jsp），运行结果如图 2-44 所示。

顺便扩展一下，如果不想使用<%@ page import="com.ljy.Box" %>，也可以使用 useBean 指令，比如：

图 2-44

```
<jsp:useBean id="box" scope="page"
class="com.ljy.Box"/>
```

其中，box 是定义的对象名称，这样在后续代码中就可以直接使用 box 对象了，而不必用 Box box 定义了。

至此，第一个 JavaBean 运行成功！有了 JavaBean，我们就可以把一些加解密运算放在 JavaBean 中，然后提供给前台 JSP Web 开发人员调用。所以，一个密码开发者还是需要掌握 JavaBean 的。

2.3 使用 JNI

在密码学领域搞开发，无论是看密码算法的文献资料还是调用业界著名的密码函数库、大数库、数学库等，都免不了要和 C 语言打交道。为了避免重复造轮子或在关键领域需要提高性能，一些基础的算法功能，我们完全可以利用现有的 C 函数库来作为巨人的肩膀。这就涉及在 Java 中调用 C 函数的问题。Java 提供了 JNI 机制，使得调用 C 函数易如反掌。

　　JNI（Java native interface，Java 原生接口），是 Java 语言的本地编程接口。在 Java 程序中，我们可以通过 JNI 实现一些用 Java 语言不便实现的功能，具体如下：

　　（1）标准的 Java 类库没有提供应用程序所需要的功能，通常这些功能是平台相关的（只能由其他语言编写）。

　　（2）希望使用一些已经有的类库或者应用程序，而它们并非用 Java 语言编写的。

　　（3）程序的某些部分对速度要求比较苛刻，你选择用汇编或者 C 语言来实现并在 Java 语言中调用。

　　（4）为了应用的安全性，会将一些复杂的逻辑和算法通过本地代码（C 或 C++）来实现，本地代码比字节码难以破解。

　　Java 可以通过 JNI 调用 C/C++的库，这对于那些对性能要求比较高的 Java 程序或者 Java 无法处理的任务无疑是一个很好的方式。Java 中的 JNI 开发流程主要分为以下 6 步：

　　（1）编写声明了 native 方法的 Java 类。

　　（2）将 Java 源代码编译成 class 字节码文件。

　　（3）用 javah -jni 命令生成.h 头文件（javah 是 JDK 自带的一个命令，-jni 参数表示将 class 中用 native 声明的函数生成 jni 规则的函数）。

　　（4）用本地代码实现.h 头文件中的函数。

　　（5）将本地代码编译成动态库（Windows：*.dll，Linux/Unix：*.so，Mac OS x：*.jnilib）。

　　（6）复制动态库至 java.library.path 本地库搜索目录下，并运行 Java 程序。

　　下面我们通过实例来说明。

【例 2.5】　第一个 JNI 程序

　　（1）打开 Eclipse，设置工作区路径，注意本例用编号作为工作区文件夹名（这是为了给大家演示多样性情况，所以本例没有用 myws 作为工作区名称）。新建一个 Java 工程，工程名是 SimpleHello。在工程中新建一个类，在 New Java Class 对话框的 Package 文本框中输入包名"com.study.jni.demo.simple"，在 Name 文本框中输入类名"SimpleHello"，同时选中"public static void main(String []args]"复选框，如图 2-45 所示。

　　这里简单解释一下 Package（包）。Java 提供了包机制，用于区别类名的命名空间。包机制把功能相似或相关的类或接口组织在同一个包中，方便类的查找和使用。如同文件夹一样，包也采用了树形目录的存储方式。同一个包中的类名字是不同的，不同的包中的类名字是可以相同的，当同时调用两个不同包中相同类名的类时，应该加上包名以示区别。因此，包可以避免名字冲突。另外，包也限定了访问权限，拥有包访问权限的类才能访问某个包中的类。Java 使用包（package）这种机制是为了防止命名冲突，访问控制，提供搜索和定位类（class）、接口、枚举（enumerations）和注释（annotation）等。

图 2-45

在图 2-45 中设置好 3 个选项后，单击 Finish 按钮关闭对话框。此时，Eclipse 会显示 SimpleHello.java 的编辑窗口。我们在 SimpleHello.java 中输入如下代码：

```java
package com.study.jni.demo.simple;

public class SimpleHello {
    public static native String sayHello(String name);

    public static void main(String[] args) {
        String name = "Ljy";
        String text = sayHello(name);
        System.out.println("after native, java shows:" + text);
    }

    static {
        //hello.dll 要放在系统路径下，比如 c:\windows\
        System.loadLibrary("hello");
    }
}
```

main 函数中调用了 sayHello 函数。注意，sayHello()方法的声明中有一个关键字 native，表明这个方法使用 Java 以外的语言来实现。该方法不包括业务功能实现，因为我们要用 C/C++语言实现它。同时 System.loadLibrary("hello")这句代码是在静态初始化块中定义的，系统用来装载 hello 库，这就是我们在后面生成的 hello.dll。

（2）生成.h 文件。打开命令行窗口，然后进入 SimpleHello.java 所在的目录，这里是 D:\eclipse-workspace\2.5\SimpleHello\src\com\study\jni\demo\simple\，然后输入如下命令：

```
javac SimpleHello.java -h .
```

注意，-h 后面有一个空格，然后是一个黑点。选项-h 表示需要生成 jni 的头文件，黑点表示在当前目录下生成头文件。如果需要指定目录，那么可以把黑点改成文件夹名称（文件夹会自动新建）。执行该命令后，会在同一目录生成两个文件：SimpleHello.class 和 com_study_jni_demo_simple_SimpleHello.h。后者是我们所需的头文件，不要修改，后面在 VC 工程中会用到。

（3）编写本地实现代码。

用 C/C++语言实现 Java 中定义的方法，其实就是新建一个 dll 程序。dll 其实就是一个动态库。关于更多动态库的知识，大家可以参考清华大学出版社出版的《Visual C++ 2017 从入门到精通》。

打开 VC 2017，按 Ctrl+Shift+N 快捷键打开"新建项目"对话框，然后在左边选择"Windows 桌面"项，在右边选择"Windows 桌面向导"，然后在下面输入工程名"hello"，并设置好工程所存放的位置，如图 2-46 所示。

图 2-46

单击"确定"按钮，随后会出现"Windows 桌面项目"对话框，设置"应用程序类型"为"动态链接库(.dll)"，并取消勾选"预编译标头"复选框，如图 2-47 所示。

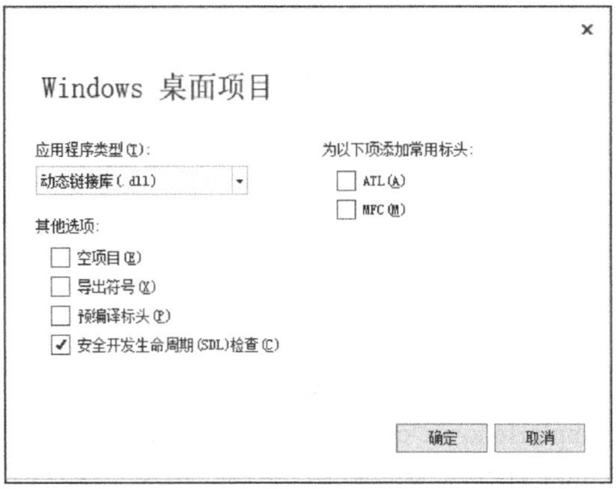

单击"确定"按钮，此时一个 dll 工程就建立起来了。在 VC 解决方案中双击 hello.cpp，然后在编辑框中输入如下代码：

```
#include "header.h"
#include "jni.h"
#include "stdio.h"
#include "string.h"
```

图 2-47

```
#include "com_study_jni_demo_simple_SimpleHello.h"
JNIEXPORT jstring JNICALL Java_com_study_jni_demo_simple_SimpleHello_sayHello(
    JNIEnv *env, jclass cls, jstring j_str)
{
    const char *c_str = NULL;
    char buff[128] = { 0 };
    jboolean isCopy;
    c_str = env->GetStringUTFChars(j_str, &isCopy);    //生成 native 的 char 指针
    if (c_str == NULL)
    {
        printf("out of memory.\n");
        return NULL;
    }
    printf("From Java String:addr: %x  string: %s  len:%d  isCopy:%d\n", c_str,
c_str, strlen(c_str), isCopy);
    sprintf_s(buff, "hello %s", c_str);
    env->ReleaseStringUTFChars(j_str, c_str);
    return env->NewStringUTF(buff);       //将 C 语言字符串转化为 Java 字符串
}
```

代码主要实现了 **sayHello**，里面的内容很简单，主要是把 Java 传来的参数打印出来。其中，jni.h 是 JDK 的自带文件，我们需要为 VC 工程添加 JDK 路径包含，在 VC 菜单栏选择"项目→属性→配置属性→C/C++"，然后在右边"平台"下选择"x64"（因为我们要生成 64 位的 dll），并在"附加包含目录"旁输入"%JAVA_HOME%\include;%JAVA_HOME%\include\win32"，如图 2-48 所示。

图 2-48

单击"确定"按钮关闭对话框，然后把 D:\eclipse-workspace\2.5\ SimpleHello\src\com\study\jni\demo\simple\ 下的 com_study_jni_demo_simple_ SimpleHello.h 复制到 VC 工程目录下，并在 VC 中添加该头文件，并在 VC 工具栏上选择解决方案平台为 x64，如图 2-49 所示。

图 2-49

在 VC 工具栏处切换解决方案平台为 x64，按 F7 键生成解决方案，此时将在 hello\x64\Debug 下生成 hello.dll，把该文件复制到 C:\windows 下。至此，VC 本地代码开发工作完成。

（4）重新回到 Eclipse 中，按 Ctrl+F11 快捷键运行工程，可以看到下方控制台窗口上有输出内容，如图 2-50 所示。

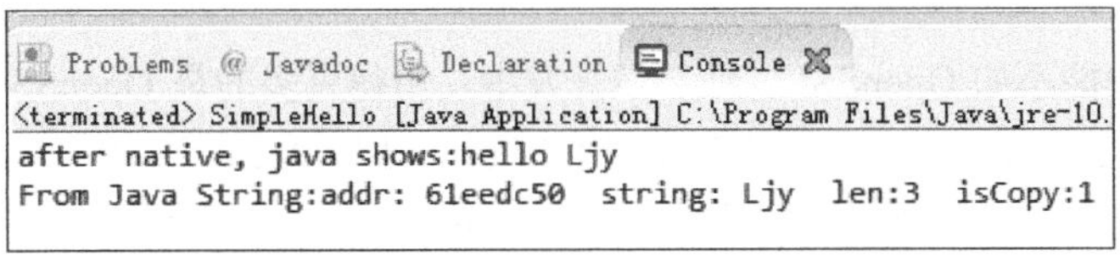

```
 Problems  @ Javadoc  Declaration  Console ✖
<terminated> SimpleHello [Java Application] C:\Program Files\Java\jre-10.
after native, java shows:hello Ljy
From Java String:addr: 61eedc50   string: Ljy   len:3   isCopy:1
```

图 2-50

其中，打印了 VC 程序中的打印语句，还打印了 VC 函数的返回值（字符串：hello Ljy）。从这个例子，我们可以验证 Java 向本地函数传参数并获取返回值，这个操作成功了！如果不喜欢在 C:\windows 下添加文件，那么可以把 hello.dll 放到 Java 工程目录或者任意一个目录下，只要在 Java 中指定绝对路径即可，比如把 hello.dll 放到 D 盘下，则在 Java 程序要写成绝对路径：

```
//写绝对路径时，后缀名.dll 也要写出来，并且要用 load 函数
System.load("d:/hello.dll");
```

2.4　Java 密码开发的两个主流国际库

国际库对国产算法支持不那么友好，国产库可以更好地支持国产密算法的密码函数库。

如果密码编程的所有事情都要从头开始写，那么结果将是灾难性的。幸亏国际开源界已经为我们提供了两个密码学相关的函数库：OpenSSL 和 JCA/JCE（JCA 的全称是 Java Cryptography Architecture，Java 密码学框架；JCE 的全称是 Java Cryptography Extension，Java 密码学扩展）。从功能上讲，OpenSSL 更为强大，OpenSSL 不但提供了编程用的 API 函数，还提供了强大的命令行工具，可以通过命令来进行常用的加解密、签名验签、证书操作等功能。而 JCA/JCE 是纯粹用 Java 写的，其实 OpenSSL 也可以（并且是经常）在 Java 程序中调用，而且很方便地和其他密码系统交互（多数密码应用系统都是用 C/C++写的，或者是基于 OpenSSL 的）。

在一线密码应用开发中，基于 OpenSSL 的多些，建议必须掌握。JCE 是 Java 的嫡亲，也必须掌握！业界不少密码应用系统都是用 C/C++写的，或者是基于 OpenSSL 的，所以 Java 开发者免不了要和这些 C 系统对接，为了更顺畅地兼容，有时必须学会在 Java 中调用 OpenSSL 函数库。比如某个同事是 C 程序员，基于 OpenSSL 开发出一套函数接口；又或者第三方厂商提供一套密码算法接口供 Java 开发者调用，而且没有源代码！所以，我们必须理解并会使用这些基于 C 的密码函数库。那么 Java 自带的密码库能否不掌握呢？也不行，如果我们开发的系统是纯 Java 的，就没有必要用 C 密码库了，完全可以用 Java 自带的密码库，这样味道比较纯。

当然，仅仅会使用这两大库也是不够的，最多是一个调用者而已。鉴于信息安全如此重要，我们更要做一个实现者，所以算法理论、协议原理的学习必不可少，用 Java 实现这些算法原理更是重中之重！

2.5 准备密码库 OpenSSL

JCE 虽好，但功能不如 OpenSSL。在一线开发中，用得更多的是 OpenSSL。虽然 OpenSSL 是用 C 语言写的，但是在 Java 程序中使用完全没有问题，何况 OpenSSL 很多地方利用了面向对象的设计方法与多态来支持多种加密算法。所以，学好 OpenSSL，甚至分析其源码，对我们提高面向对象的设计能力大有帮助。很多著名开源软件（比如 Linux 内核 xfrm 框架、VPN 软件 strongswan 等）都是用 C 语言来实现面向对象设计的。因此，我们会对 OpenSSL 叙述得更为详细，因为一线实践开发中经常会碰到这个库（在很多用 Java 开发的网络软件中，底层的安全连接也会用 VC 封装 OpenSSL 为控件后给 Java 或 JSP 界面使用，更不要说 Linux 平台的一线密码开发了，那里的 C 应用更是广泛，让 Java 和 C 打交道更是多如牛毛）。

随着 Internet 的迅速发展和广泛应用，网络与信息安全的重要性和紧迫性日益突出。Netscape 公司提出了安全套接层协议（Secure Socket Layer，SSL），该协议基于公开密钥技术，可保证两个实体间通信的保密性和可靠性，是目前 Internet 上保密通信的工业标准。

Eric A.Young 和 Tim J. Hudson 自 1995 年开始编写后来具有巨大影响的 OpenSSL 软件包，这是一个没有太多限制的开放源代码的软件包，我们可以利用这个软件包做很多事情。1998 年，OpenSSL 项目组接管了 OpenSSL 的开发工作，并推出了 OpenSSL 的 0.9.1 版。OpenSSL 的算法已经非常完善，对 SSL 2.0、SSL 3.0 以及 TLS1.0 都支持。

OpenSSL 采用 C 语言作为开发语言，使得 OpenSSL 具有优秀的跨平台性能，可以在不同的平台使用。OpenSSL 支持 Linux、Windows、BSD、Mac 等平台，具有广泛的适用性。OpenSSL 实现 8 种对称加密算法（AES、DES、Blowfish、CAST、IDEA、RC2、RC4、RC5）、4 种非对称加密算法（DH 算法、RSA 算法、DSA 算法、椭圆曲线算法（ECC））、5 种信息摘要算法（MD2、MD5、MDC2、SHA1 和 RIPEMD）、密钥及证书管理。

OpenSSL 的 license（许可证）是 Ssleay license 和 OpenSSL license 的结合，这两种 license 实际上都是 BSD 类型的 license，依照 license 里面的说明，OpenSSL 可以被用作各种商业、非商业的用途，但是需要相应遵守一些协定。其实这都是为了保护自由软件作者及其作品的权利。

2.5.1 OpenSSL 源代码模块结构

OpenSSL 整个软件包大概可以分成三个主要的功能部分：密码算法库、SSL 协议库以及应用程序。OpenSSL 的目录结构也是围绕这三个功能部分进行规划的，具体可见表 2-1。

表 2-1 OpenSSL 的目录

目 录 名	功能描述
Crypto	所有加密算法源码文件和相关标准（如 X.509 源码文件），是 OpenSSL 中最重要的目录，包含了 OpenSSL 密码算法库的所有内容
SSL	SSL 存放 OpenSSL 中 SSL 协议各个版本和 TLS1.0 协议源码文件，包含了 OpenSSL 协议库的所有内容

（续表）

目 录 名	功能描述
Apps	存放 OpenSSL 中所有应用程序源码文件，如 CA、X509 等应用程序的源文件就存放在这里
Docs	存放 OpenSSL 中所有的使用说明文档，包含三个部分：应用程序说明文档、加密算法库 API 说明文档以及 SSL 协议 API 说明文档
Demos	存放一些基于 OpenSSL 的应用程序例子，这些例子一般都很简单，演示怎么使用 OpenSSL 其中的某一个功能
Include	存放使用 OpenSSL 库时需要的头文件
Test	存放 OpenSSL 自身功能测试程序的源码文件

OpenSSL 的算法目录 Crypto 包含了 OpenSSL 密码算法库的所有源代码文件，是 OpenSSL 中最重要的目录之一。OpenSSL 的密码算法库包含了 OpenSSL 中所有密码算法、密钥管理和证书管理相关标准的实现。

2.5.2 OpenSSL 加密库调用方式

OpenSSL 是全开放和开放源代码的工具包，实现安全套接层协议（SSLv2/v3）和传输层安全协议（TLSv1），形成一个功能完整的、通用目的的加密库 SSLeay。应用程序可通过三种方式调用 SSLeay，一是直接调用，二是通过 OpenSSL 加密库接口调用，三是通过 Engine 平台和 OpenSSL 对象调用，如图 2-51 所示。除了 SSLeay 外，用户还可以通过 Engine 安全平台访问 CSP。

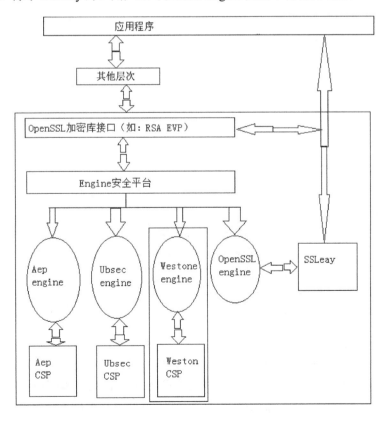

图 2-51

使用 Engine 技术的 OpenSSL 不仅是一个密码算法库，而且是一个提供通用加解密接口的安全框架，在使用时，只要加载了用户的 Engine 模块，应用程序中所调用的 OpenSSL 加解密函数就会自动调用用户自己开发的加解密函数来完成实际的加解密工作。这种方法将底层硬件的复杂多样性与上层应用分隔开，大大降低了应用开发的难度。

2.5.3　OpenSSL 支持的对称加密算法

OpenSSL 一共提供了 8 种对称加密算法，其中 7 种是分组加密算法，仅有一种流加密算法是 RC4。7 种分组加密算法分别是 AES、DES、Blowfish、CAST、IDEA、RC2、RC4、RC5，都支持电子密码本模式（ECB）、加密分组链接模式（CBC）、加密反馈模式（CFB）和输出反馈模式（OFB）这 4 种常用的分组密码加密模式。其中，AES 使用的加密反馈模式（CFB）和输出反馈模式（OFB）的分组长度是 128 位，其他算法使用的是 64 位。事实上，DES 算法里面不仅仅是常用的 DES 算法，还支持三个密钥和两个密钥 3DES 算法。OpenSSL 还使用 EVP 封装了所有的对称加密算法，使得各种对称加密算法能够使用统一的 API 接口 EVP_Encrypt 和 EVP_Decrypt 进行数据的加密和解密，大大提高了代码的可重用性。

2.5.4　OpenSSL 支持的非对称加密算法

OpenSSL 一共实现了 4 种非对称加密算法，包括 DH 算法、RSA 算法、DSA 算法和椭圆曲线算法（ECC）。DH 算法一般用于密钥交换。RSA 算法既可以用于密钥交换，也可以用于数字签名，如果你能够忍受其缓慢的速度，那么也可以用于数据加解密。DSA 算法一般只用于数字签名。

跟对称加密算法相似，OpenSSL 也使用 EVP 技术对不同功能的非对称加密算法进行封装，提供了统一的 API 接口。如果使用非对称加密算法进行密钥交换或者密钥加密，就使用 EVPSeal 和 EVPOpen 进行加密和解密；如果使用非对称加密算法进行数字签名，就使用 EVP_Sign 和 EVP_Verify 进行签名和验证。

2.5.5　OpenSSL 支持的信息摘要算法

OpenSSL 实现了 5 种信息摘要算法，分别是 MD2、MD5、MDC2、SHA（SHA1）和 RIPEMD。SHA 算法事实上包括 SHA 和 SHA1 两种信息摘要算法。此外，OpenSSL 还实现了 DSS 标准中规定的两种信息摘要算法：DSS 和 DSS1。

OpenSSL 采用 EVPDigest 接口作为信息摘要算法统一的 EVP 接口，对所有信息摘要算法进行封装，提供了代码的重用性。当然，跟对称加密算法和非对称加密算法不一样，信息摘要算法是不可逆的，不需要一个解密的逆函数。

2.5.6　OpenSSL 密钥和证书管理

OpenSSL 实现了 ASN.1 的证书和密钥相关标准，提供了对证书、公钥、私钥、证书请求以及 CRL 等数据对象的 DER、PEM 和 BASE64 的编解码功能。OpenSSL 提供了产生各种公开密钥对和对称密钥的方法、函数和应用程序，同时提供了对公钥和私钥的 DER 编解码功能，并实现了私钥的 PKCS#12 和 PKCS#8 编解码功能。OpenSSL 在标准中提供了对私钥的加密保护功能，使得密钥可以安全地进行存储和分发。

在此基础上，OpenSSL 实现了对证书的 X.509 标准编解码、PKCS#12 格式的编解码以及 PKCS#7 的编解码功能，并提供了一种文本数据库，支持证书的管理功能，包括证书密钥产生、请求产生、证书签发、吊销和验证等功能。

事实上，OpenSSL 提供的 CA 应用程序就是一个小型的证书管理中心（CA），实现了证书签发的整个流程和证书管理的大部分机制。

2.5.7　面向对象与 OpenSSL

OpenSSL 支持常见的密码算法。OpenSSL 成功地运用了面向对象的方法与技术，才能够支持众多算法并实现 SSL 协议。OpenSSL 的可贵之处在于它利用面向过程的 C 语言实现了面向对象的思想。

面向对象方法是一种运用对象、类、继承、封装、聚合、消息传递、多态性等概念来构造系统的软件开发方法。

面向对象方法与技术起源于面向对象的编程语言（OOPL）。面向对象不但是一些具体的软件开发技术与策略，而且是一整套关于如何看待软件系统与现实世界的关系、以什么观点来研究问题并进行求解，以及如何进行系统构造的软件方法学。概括地说，面向对象方法的基本思想是：从现实世界中客观存在的事物（对象）出发来构造软件系统，并在系统构造中尽可能运用人类的自然思维方式。面向对象方法强调直接以问题域（现实世界）中的事物为中心来思考问题、认识问题，并根据这些事物的本质特征把它们抽象地表示为系统中的对象，作为系统的基本构成单位。这可以使系统直接地映射问题域，保持问题域中事物及其互相关系的本来面貌。

结构化方法采用了许多符合人类思维习惯的原则与策略（如自顶向下、逐步求精）。面向对象方法更加强调运用人类在日常的逻辑思维中经常采用的思想方法与原则，例如抽象、分类、继承、聚合、封装等。这使得软件开发者能更有效地思考问题，并以其他人能看得懂的方式把自己的认识表达出来。

具体地讲，面向对象方法有如下一些主要特点：

（1）从问题域中客观存在的事物出发来构造软件系统，使用对象作为这些事物的抽象表示，并以此作为系统的基本构成单位。

（2）事物的静态特征（可以用一些数据来表达的特征）使用对象的属性表示，事物的动态特征（事物的行为）使用对象的服务表示。

（3）对象的属性与服务结合成一体，成为一个独立的实体，对外屏蔽其内部细节（称作封装）。

（4）对事物进行分类。把具有相同属性和相同服务的对象归为一类。类是这些对象的抽象描述，每个对象是它的类的一个实例。

（5）通过在不同程度上运用抽象的原则（较多或较少地忽略事物之间的差异），可以得到较一般的类和较特殊的类。子类继承超类的属性与服务，面向对象方法支持对这种继承关系的描述与实现，从而简化系统的构造过程及其文档。

（6）复杂的对象可以用简单的对象作为其构成部分（称作聚合）。

（7）对象之间通过消息进行通信，以实现对象之间的动态联系。

（8）通过关联表达对象之间的静态关系。

概括以上几点，在用面向对象方法开发的系统中，以类的形式进行描述并通过对类的引用而创建的对象，这是系统的基本构成单位。这些对象对应着问题域中的各个事物，它们内部的属性与服务刻画了事物的静态特征和动态特征。对象类之间的继承关系、聚合关系、消息和关联，如实地表达了问题域中事物之间实际存在的各种关系。因此，无论系统的构成成分还是通过这些成分之间的关系而体现的系统结构，都可以直接映射问题域。

面向对象方法代表了一种贴近自然的思维方式，强调运用人类在日常逻辑思维中经常采用的思想方法与原则。面向对象方法中的抽象、分类、继承、聚合、封装等思维方法和分析手段能有效反映客观世界中事物的特点和相互的关系。面向对象方法中的继承、多态等特点可以提高过程模型的灵活性、可重用性。因此，应用面向对象的方法将降低工作流分析和建模的复杂性，并使工作流模型具有较好的灵活性，可以较好地反映客观事物。

在 OpenSSL 源代码中，对文件及网络操作封装成 BIO。BIO 几乎封装了除证书处理外 OpenSSL 的所有功能，包括加密库以及 SSL/TLS 协议。当然，它们都只是在 OpenSSL 其他功能之上封装搭建起来的，但使用起来方便了不少。OpenSSL 对各种加密算法封装，就可以使用相同的代码不同的加密算法进行数据的加密和解密。

2.5.8 BIO 接口

在 OpenSSL 源代码中，I/O 操作主要有网络操作、磁盘操作。为了方便调用者实现其 I/O 操作，OpenSSL 源代码中将所有与 I/O 操作有关的函数进行统一封装，即无论是网络还是磁盘操作，其接口都是一样的。对于函数调用者来说，以统一的接口函数去实现真正的 I/O 操作。

为了达到此目的，OpenSSL 采用 BIO 抽象接口。BIO 是在底层覆盖了许多类型 I/O 接口细节的一种应用接口，如果在程序中使用 BIO，就可以和 SSL 连接、非加密的网络连接以及文件 I/O 进行透明的连接。BIO 接口的定义如下：

```
struct bio_st
{
...
BIO_METHOD *method;
...
};
```

其中，BIO_METHOD 结构体是各种函数的接口定义，用于文件操作，其结构体如下：

```
static BIO_METHOD methods_filep=
{
BIO_TYPE_FILE,
"FILE pointer",
file_write,
file_read,
file_puts,
file_gets,
file_ctrl,
file_new,
file_free,
NULL,
};
```

上面定义了 7 个文件操作的接口函数入口，这 7 个文件操作函数的具体实现与操作系统提供的 API 有关。BIO_METHOD 结构体用于网络操作时，其结构体如下：

```
staitc BIO_METHOD methods_sockp=
{
BIO_TYPE_SOCKET,
"socket",
sock_write,
sock_read,
sock_puts,
sock_ctrl,
sock_new,
sock_free,
NULL,
};
```

它跟文件类型 BIO 在实现的动作上基本一样，只是前缀名和类型字段名称不一样。其实在像 Linux 这样的系统里，Socket 类型跟 fd 类型一样，都是可以通用的。但是，为什么要分开来实现呢？那是因为有些系统（如 Windows 系统）的 Socket 跟文件描述符是不一样的，为了平台的兼容性，OpenSSL 就将这两类分开了。

2.5.9　EVP 接口

EVP 系列的函数定义包含在 evp.h 里面，这是一系列封装了 OpenSSL 加密库中所有算法的函数。通过这样的统一封装，只需要在初始化参数的时候做很少的改变就可以使用相同的代码、采用不同的加密算法进行数据的加密和解密。

EVP 系列函数主要封装了三大类型的算法。如果要全部支持这些算法，可以调用 OpenSSL_addall_algorithms 函数。

1. 公开密钥算法

函数名称：EVPSeal*...*，EVPOpen*...*。
功能描述：该系列函数封装提供了公开密钥算法的加密和解密功能，实现了电子信封的功能。
相关文件：p_seal，p_open.c。

2. 数字签名算法

函数名称：EVP_Sign*...*，EVP_Verify*...*。
功能描述：该系列函数封装提供了数字签名算法和功能。
相关文件：p_sign.c，p_verify.c。

3. 对称加密算法

函数名称：EVP_Encrypt*...*。
功能描述：该系列函数封装提供了对称加密算法的功能。
相关文件：evp_enc.c，p_enc.c，p_dec.c，e_*.c。

4. 信息摘要算法

函数名称：EVPDigest*...*。

功能描述：该系列函数封装实现了多种信息摘要算法。

相关文件：digest.c，m_*.c。

5. 信息编码算法

函数名称：EVPEncode*...*。

功能描述：该系列函数封装实现了 ASCII 码与二进制码之间的转换函数和功能。

2.5.10 关于版本和操作系统

既要照顾老项目维护者，也要照顾新项目开发者，因此笔者同时介绍目前最新的版本和较老但使用较多且稳定的版本：新版本会引进不少新技术和新算法，比如国密算法 SM2/3/4；老版本主要是用来兼容老项目的。如果是开发新项目，建议用新版的 OpenSSL。新版本 OpenSSL 1.1.1b 是在 2019年 2 月 26 号发布的，老版本是 OpenSSL-1.0.2m。另外要注意的是，OpenSSL 官方已停止对 0.9.8 和 1.0.0 两个版本的升级维护，所以老版本不能太老了。

至于操作系统的选择，当前密码应用开发在 Linux 和 Windows 下都开展得如火如荼，因此下面将会介绍在这两种系统下的安装和使用。笔者选择的操作系统是 Windows 7 和 CentOS 7。

2.5.11 在 Windows 下编译 OpenSSL1.1.1

OpenSSL 是一个开源的第三方库，实现了 SSL（Secure SocketLayer）和 TLS（Transport Layer Security）协议，被企业应用所广泛采用。对于一般的开发人员而言，在 Win32 OpenSSL 上下载已经编译好的 OpenSSL 库是省力省事的好办法。对于高级的开发用户，可能需要适当的修改或者裁剪 OpenSSL，那么编译它就成为一个关键问题。考虑到我们早晚要成为高级开发用户，所以掌握 OpenSSL 的编译是早晚的事。下面主要讲述如何在 Windows 上编译 OpenSSL 库。

前面讲了不少理论知识，虽然枯燥，但是可以从宏观层面上对 OpenSSL 进行高屋建瓴的了解，这样以后走迷宫时就不至于迷路了。下面我们即将进入实战环节。打开 OpenSSL 官网下载源码，这里使用 1.1.1 版（在学习的时候要勇于尝试新版本）。另外要注意的是，OpenSSL 官方已停止对 0.9.8 和 1.0.0 两个版本的升级维护，还在维护老代码的人员可要注意了，升级是早晚的事情。这里会下载两个版本演示：先下载 1.1.1，压缩文件是 OpenSSL-1.1.1.tar.gz；再下载一个用于实际开发的版本，即 1.0.2m，压缩文件是 OpenSSL-1.0.2m.tar.gz。不求最新，但求稳定，这是一线开发的原则。另外，本书也涉及一些 CentOS 7 下的 OpenSSL 使用，使用的版本是 CentOS 7 自带的，这也是为了稳定。

1. 安装 ActivePerl 解释器

因为编译 OpenSSL 源码过程中会用到 Perl 解释器，所以在编译 OpenSSL 库之前还需要下载一个 Perl 脚本解释器。这里选用大名鼎鼎的 ActivePerl，我们可以从其官方网站下载，压缩文件为 ActivePerl-5.26.1.2601-MSWin32-x64-404865.exe。

下载完毕后，就可以开始安装了。首先安装 ActivePerl，直接双击即可。安装时间有点长，要有点耐心，最终会提示安装成功。安装完成的界面如图 2-52 所示。

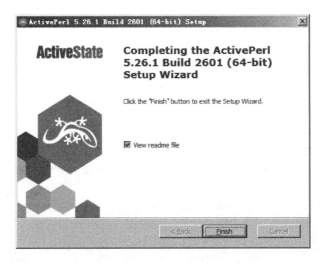

图 2-52

2. 下载 OpenSSL1.1.1

OpenSSL1.1.1b 是较新的版本，我们可以去官方网站下载，压缩文件名是 OpenSSL-1.1.1b.tar.gz。
下面开始我们的编译之旅。为何要编译？因为编译后会生成库，这个库可以放到我们的工程环境中使用。

3. 安装 VC

在 Windows 平台上，用微软 Visual Studio 中的 C 编译器生成 OpenSSL 的静态库或动态库。我们要在 VC 的命令行下编译，所以需要先装好 VC（至少要 VC 2008）。本书采用的是 VC 2017，建议大家也使用这个版本，以便出现问题时及时排查。

4. 编译出 32 位的 debug 版的静态库

安装完 ActivePerl 后，就可以正式编译安装 OpenSSL 了。下载下来的 OpenSSL-1.1.1b.tar.gz 是一个源码压缩包，我们需要对其进行解压，然后编译出开发所需要的静态库或动态库。。
具体安装步骤如下：

（1）解压源码目录。把 OpenSSL-1.1.1b.tar.gz 复制到某个目录下，比如 d:，然后解压缩，解压后的目录为 d:\OpenSSL-1.1.1b。进入 d:\OpenSSL-1.1.1b，就可以看到各个子文件夹了。

（2）配置 OpenSSL。打开 VC 2017 的开发者命令行提示窗口，单击"开始→Visual Studio 2017→Visual Studio Tools→VS 2017 的开发人员命令提示符"，即出现如图 2-53 所示的窗口。

图 2-53

在命令行窗口中输入 "cd d:\OpenSSL-1.1.1b"，再输入如下命令：

```
perl Configure debug-VC-WIN32 no-shared no-asm --prefix="d:/OpenSSL-1.1.1b/
win32-debug" --OpenSSLdir="d:/OpenSSL-1.1.1b/win32-debug/ssl"
```

其中，debug-VC-WIN32 表示 32 位调试模式，no-asm 表示不用汇编。

接着按回车键，然后开始自动配置，如图 2-54 所示。

图 2-54

其中，VC-WIN32 表示我们要编译出 32 位的版本，如果要编译出 debug 版本，则用 debug-VC-WIN32，如果要 release 版本的 OpenSSL 库，则不要加 debug-。no-shared 表示要编译出静态库，如果要编译出动态库则不要 no，用-shared 即可。这个很好理解，静态库是不共享的，动态库是用来共享的。参数--prefix 是 OpenSSL 编译完后所生成的命令程序、库、头文件等的存放路径；--OpenSSLdir 是 OpenSSL 编译完后生成配置文件的存放路径。

（3）编译 OpenSSL。配置完成后，我们可以继续用 nmake 命令编译。在图 2-54 所示的命令行中输入 nmake 后按回车键即可开始编译，nmake 程序是 VC 自带的命令行的编译工具。这一步时间稍长，需耐心等待，编译成功后如图 2-55 所示。

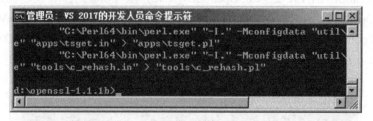

图 2-55

（4）测试编译（不是必须做）。这一步不是必需的，但最好检查一下我们上一步的编译是否正确。继续在命令行窗口中输入命令：

```
nmake test
```

这一步时间也稍长，可以不用做。测试全部成功，如图 2-56 所示。

图 2-56

（5）安装。继续输入命令"nmake install"，执行成功后如图 2-57 所示。

图 2-57

（6）清理，主要是删除一些中间文件。继续输入命令"nmake clean"，进入 d:\OpenSSL-1.1.1b\win32-debug\，可以看到一些子文件夹，如图 2-58 所示。

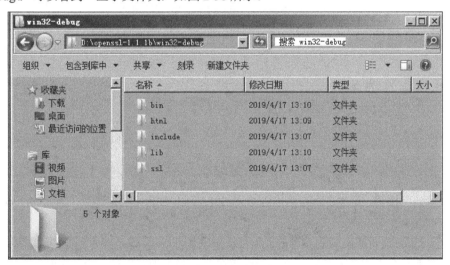

图 2-58

其中，bin 目录下存放 OpenSSL 的命令行程序，利用该程序我们可以在命令行下执行一些加解密任务、证书操作任务。lib 目录下存放的是我们编译出来的 32 位的静态库 libcrypto.lib 和 libssl.lib，一般的加解密程序用 libcrypto.lib 即可。include 目录是我们开发所需要的 OpenSSL 头文件。

现在，开发一个使用 OpenSSL 静态库的程序，以检验生成的静态库是否正确。

【**例2.6**】 使用 32 位 OpenSSL1.1.1 的 debug 静态库

（1）打开 VC 2017，新建一个控制台程序 test。

（2）在 test.cpp 中输入如下代码：

```
#include "pch.h"
#include "OpenSSL/evp.h"

int main()
{
    OpenSSL_add_all_algorithms();  //使用 OpenSSL 库前必须调用该函数
    printf("OpenSSL ok\n");
    return 0;
}
```

（3）包含 include 目录。打开工程属性对话框，在左边选择"C/C++→常规"选项，在右边"附加包含目录"旁输入 OpenSSL 头文件所在路径 D:\openssl-1.1.1b\win32-debug\include，如图 2-59 所示。

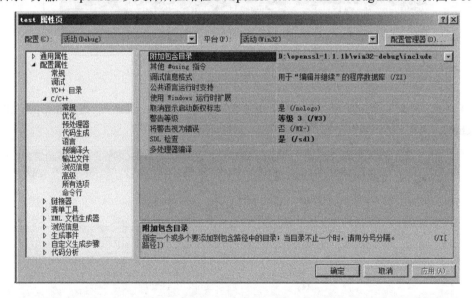

图 2-59

单击"确定"按钮，这样在程序中包含 OpenSSL/evp.h 时就不会出错了，因为 include 目录下有 OpenSSL 子目录。

其实把 include 文件夹复制到自己的工程目录下也是可以的，但是考虑到很多程序都要用到头文件，所以没必要每个工程都去复制一份 include 文件夹，只要把它放在一个公共地方即可。

（4）添加静态库。在工程属性对话框中，在左边选择"链接器→常规"选项，在右边的"附加库目录"旁输入 OpenSSL 静态库所在路径 D:\openssl-1.1.1b\win32-debug\lib，如图 2-60 所示。

然后单击"应用"按钮。接着展开左边的"链接器→输入"选项，在右边"附加依赖项"的开头输入"ws2_32.lib;Crypt32.lib;libcrypto.lib;"。其中，ws2_32.lib 和 Crypt32.lib 是 VC 自带的库，分别实现网络功能和微软提供的加解密功能，加入这两个库的原因是 libcrypto.lib 依赖于它们。最后单击"确定"按钮。

图 2-60

（5）保存工程并运行，运行结果如图 2-61 所示。至此，32 位 debug 版本的 OpenSSL1.1.1b 静态库就用起来了。

图 2-61

5. 编译出 32 位的 release 版的静态库

（1）解压源码目录（如果已经存在源码目录 OpenSSL-1.1.1b，就不必再解压）。把 OpenSSL-1.1.1b.tar.gz 复制到某个目录下，比如 d:，然后解压缩，解压后的目录为 d:\OpenSSL-1.1.1b，进入 d:\OpenSSL-1.1.1b，就可以看到各个子文件夹了。

（2）配置 OpenSSL。打开 VC 2017 的开发者命令行提示窗口，单击 "开始→Visual Studio 2017 →Visual Studio Tools→VS 2017 的开发人员命令提示符"，输入命令 "cd d:\OpenSSL-1.1.1b"，然后输入如下 perl 命令：

```
perl Configure VC-WIN32 no-shared no-asm --prefix="d:/OpenSSL-1.1.1b/
win32-release" --OpenSSLdir="d:/OpenSSL-1.1.1b/win32-release/ssl"
```

其实就是将 no-shard 改为 shared，后面的步骤都是一样的，分别是：

```
nmake
nmake test
nmake install
nmake clean
```

执行完毕后，在 D:\OpenSSL-1.1.1b\win32-release 中可以看到生成的各个子目录。

【例 2.7】　测试 32 位 release 版本的库

（1）复制一份例 2.1 的工程，然后用 VC 2017 打开。

（2）在工具栏上选择解决方案配置为 Release，如图 2-62 所示。

（3）打开工程属性，确保左上角的 "配置" 是 "Release"，即要生成的程序是 release 版本的程序，在程序中不带调试信息。然后在左边选择 "C/C++→常规" 选项，在右边添加附加包含目录为 D:\OpenSSL-1.1.1b\win32-release\include。

（4）添加静态库。在工程属性对话框的左边选择"链接器→常规"选项，在右边的"附加库目录"旁输入 OpenSSL 静态库所在路径 D:\OpenSSL-1.1.1b\win32-release\lib，然后单击"应用"按钮。接着展开左边的"链接器→输入"选项，在右边"附加依赖项"开头输入"ws2_32.lib;Crypt32.lib;libcrypto.lib;"。最后单击"确定"按钮。

（5）保存工程并运行，运行结果如图 2-63 所示。至此说明 32 位 release 版本的静态库用起来了！

图 2-62   图 2-63

6. 编译出 32 位 debug 版的动态库

（1）解压源码目录（如果前面解压过了，则不必再解压）。把 OpenSSL-1.1.1b.tar.gz 复制到某个目录下，比如 d:，然后解压缩，解压后的目录为 d:\OpenSSL-1.1.1b。进入 d:\OpenSSL-1.1.1b，就可以看到各个子文件夹了。

（2）配置 OpenSSL。打开 VC 2017 的开发者命令行提示窗口，单击"开始→Visual Studio 2017→Visual Studio Tools→VS 2017 的开发人员命令提示符"，输入命令"cd d:\OpenSSL-1.1.1b"，然后输入如下 perl 命令：

```
perl Configure debug-VC-WIN32 shared no-asm --prefix="d:/OpenSSL-1.1.1b/
win32-shared-debug" --OpenSSLdir="d:/OpenSSL-1.1.1b/win32-shared-debug/ssl"
```

后面步骤都一样，分别是：

```
nmake
nmake test
nmake install
nmake clean
```

执行完毕后，在 D:\OpenSSL-1.1.1b\win32-shared-debug 下可以看到生成的各个子目录。

【例 2.8】 使用 32 位 debug 版本的动态库

（1）打开 VC 2017，新建一个控制台程序 test。

（2）在 test.cpp 中输入如下代码：

```
#include "pch.h"
#include "OpenSSL/evp.h"
int main()
{
    OpenSSL_add_all_algorithms();
printf("OpenSSL win32-debug-shard-lib ok\n");
    return 0;
}
```

（3）包含 include 目录。打开工程属性对话框，在左边选择"C/C++→常规"选项，在右边"附加包含目录"旁输入 OpenSSL 头文件所在路径 D:\OpenSSL-1.1.1b\win32-shared-debug\include。

（4）添加链接符号库。在工程属性对话框的左边选择"链接器→常规"选项，在右边的"附加库目录"旁输入 OpenSSL 引用库（注意虽然名字和静态库一样，但动态库时叫引用库，用于编译时的符号引用）所在路径 D:\OpenSSL-1.1.1b\win32-shared-debug\lib，然后单击"应用"按钮。接着展开左边的"链接器→输入"选项，在右边"附加依赖项"开头输入"ws2_32.lib;Crypt32.lib;libcrypto.lib;"。最后单击"确定"按钮。

（5）把 D:\OpenSSL-1.1.1b\win32-shared-debug\bin 下的 libcrypto-1_1.dll 复制到解决方案的 debug 目录下，即和 test.exe 同一个目录下。

图 2-64

（6）保存工程并运行，运行结果如图 2-64 所示。

7. 编译出 32 位 release 版的动态库

（1）解压源码目录。把 OpenSSL-1.1.1b.tar.gz 复制到某个目录下，比如 d:，然后解压缩。解压后的目录为 d:\OpenSSL-1.1.1b，进入 d:\OpenSSL-1.1.1b，就可以看到各个子文件夹。

（2）配置 OpenSSL。打开 VC 2017 的开发者命令行提示窗口，单击"开始→Visual Studio 2017 →Visual Studio Tools→VS2017 开发人员命令提示符"，输入命令"cd d:\OpenSSL-1.1.1b"，然后输入如下 perl 命令：

```
perl Configure VC-WIN32 shared no-asm --prefix="d:/OpenSSL-1.1.1b/
win32-shared-release" --OpenSSLdir="d:/OpenSSL-1.1.1b/win32-shared-release/ssl"
```

其实就是将 no-shard 改为 shared，后面步骤都一样，分别是：

```
nmake
nmake test
nmake install
nmake clean
```

执行完毕后，在 D:\OpenSSL-1.1.1b\win32-shared-release 下可以看到生成的各个子目录。

【例 2.9】　使用 32 位 release 版本的动态库

（1）打开 VC 2017，新建一个控制台程序 test。
（2）在 test.cpp 中输入如下代码：

```
#include "pch.h"
#include "OpenSSL/evp.h"
int main()
{
    OpenSSL_add_all_algorithms();
printf("OpenSSL win32-release-shard-lib ok\n");
    return 0;
}
```

（3）在左上角工具栏上选择解决方案配置为"Release"，即要生成的程序是 release 版本的程序，在程序中不带调试信息。在左边选择"C/C++→常规"选项，在右边附加包含目录旁输入 OpenSSL 头文件所在路径 D:\OpenSSL-1.1.1b\win32-shared-release\include。

（4）添加链接符号库。在工程属性对话框的左边选择"链接器→常规"选项，在右边的附加库目录旁输入 OpenSSL 引用库所在路径 D:\OpenSSL-1.1.1b\win32-shared-release\lib，然后单击"应用"按钮。接着展开左边的"链接器→输入"选项，在右边"附加依赖项"开头输入"ws2_32.lib;Crypt32.lib;libcrypto.lib;"。最后单击"确定"按钮。

（5）把 D:\OpenSSL-1.1.1b\win32-shared-release\bin 下的 libcrypto-1_1.dll 复制到解决方案的 release 目录下，即和 test.exe 同一个目录下。

（6）在工具栏上切换解决方案配置为 Release，保存工程并运行，运行结果如图 2-65 所示。

图 2-65

8. 编译出 64 位 debug 版的静态库

（1）解压源码目录。把 OpenSSL-1.1.1b.tar.gz 复制到某个目录下，比如 d:，然后解压缩，解压后的目录为 d:\OpenSSL-1.1.1b。进入 d:\OpenSSL-1.1.1b，就可以看到各个子文件夹。

（2）配置 OpenSSL。打开 VC 2017 的开发者命令行提示窗口，单击"开始→Visual Studio 2017 → Visual Studio Tools→VC→适用于 VS2017 的 x64 本机工具命令提示"，输入命令"cd d:\OpenSSL-1.1.1b"，然后输入如下 perl 命令：

```
perl Configure debug-VC-WIN64A  no-shared no-asm --prefix="d:/OpenSSL-1.1.1b/
win64-debug" --OpenSSLdir="d:/OpenSSL-1.1.1b/win64-debug/ssl"
```

debug-VC-WIN64A 表示 64 位调试模式，即 debug 版本。

后面的步骤都一样，分别是：

```
nmake
nmake test
nmake install
nmake clean
```

执行完毕后，在 D:\OpenSSL-1.1.1b\win64-debug 下就可以看到生成的各个子目录。进入 lib 子目录，就可以发现 libcrypto.lib 的文件尺寸比 32 位的版本大了 2MB 多，如图 2-66 所示。

| libcrypto.lib | 2019/8/22 16:49 | Object File Li... | 15,631 KB |

图 2-66

【例 2.10】 验证 64 位 debug 版的 OpenSSL 静态库

（1）打开 VC 2017，新建一个控制台程序 test。

（2）在 test.cpp 中输入如下代码：

```
#include "pch.h"
#include "OpenSSL/evp.h"
int main()
{
    OpenSSL_add_all_algorithms();
 printf("OpenSSL win64-debug-staticlib ok\n");
```

```
    return 0;
}
```

（3）在工具栏上的解决方案平台选择"x64"，即要生成的程序是 64 位的，如图 2-67 所示。

打开工程属性，在左边选择"C/C++→常规"选项，在右边"附加包含目录"旁输入 OpenSSL 头文件所在路径 D:\OpenSSL-1.1.1b\win64-debug\include。

（4）添加链接符号库。在工程属性对话框的左边选择"链接器→常规"选项，在右边的附加库目录旁输入 OpenSSL 静态库所在路径 D:\OpenSSL-1.1.1b\win64-debug\lib，然后单击"应用"按钮。接着展开左边的"链接器→输入"选项，在右边"附加依赖项"开头输入"ws2_32.lib;Crypt32.lib;libcrypto.lib;"，最后单击"确定"按钮。

（5）保存工程并运行，运行结果如图 2-68 所示。

图 2-67

图 2-68

9. 编译出 64 位 release 版的静态库

（1）解压源码目录。把 OpenSSL-1.1.1b.tar.gz 复制到某个目录下，比如 d:，然后解压缩，解压后的目录为 d:\OpenSSL-1.1.1b。进入 d:\OpenSSL-1.1.1b，就可以看到各个子文件夹。

（2）配置 OpenSSL。打开 VC 2017 的开发者命令行提示窗口，单击"开始→Visual Studio 2017 →Visual Studio Tools→VC→适用于 VS2017 的 x64 本机工具命令提示"，输入命令"cd d:\OpenSSL-1.1.1b"，然后输入如下 perl 命令：

```
perl Configure VC-WIN64A  no-shared no-asm --prefix="d:/OpenSSL-1.1.1b/
win64-release" --OpenSSLdir="d:/OpenSSL-1.1.1b/win64-release/ssl"
```

后面的步骤都一样，分别是：

```
nmake
nmake test
nmake install
nmake clean
```

执行完毕后，到 D:\OpenSSL-1.1.1b\win64-release 下可以看到生成的各个子目录。

【例 2.11】 验证 64 位 release 版的 OpenSSL 静态库

（1）打开 VC 2017，新建一个控制台程序 test。
（2）在 test.cpp 中输入如下代码：

```
#include "stdafx.h"
#include "OpenSSL/evp.h"

#pragma comment(lib, "libcrypto.lib")
#pragma comment(lib, "ws2_32.lib")
```

```
#pragma comment(lib, "crypt32.lib")

int main()
{
    OpenSSL_add_all_algorithms();
    printf("OpenSSL win64-release-staticlib ok\n");
    return 0;
}
```

其中，#pragma comment 表示以代码方式引用库，这样就不用在工程属性中去设置了。

（3）打开工程属性对话框，新建一个 x64 平台，在工程属性中切换到 Release 模式，然后添加头文件包含路径（D:\OpenSSL-1.1.1b\win64-release\include）以及静态库路径（D:\OpenSSL-1.1.1b\win64-release\lib）。

（4）保存工程，然后在工具栏上选择解决方案平台为 x64、解决方案配置为 Release，然后运行工程，运行结果如图 2-69 所示。

图 2-69

10. 编译出 64 位 debug 版的动态库

（1）解压源码目录。把 OpenSSL-1.1.1b.tar.gz 复制到某个目录下，比如 d:，然后解压缩，解压后的目录为 d:\OpenSSL-1.1.1b。进入 d:\OpenSSL-1.1.1b，就可以看到各个子文件夹。

（2）配置 OpenSSL。打开 VC 2017 的开发者命令行提示窗口，单击"开始→Visual Studio 2017→Visual Studio Tools→VC→适用于 VS 2017 的 x64 本机工具命令提示"（注意是 x64 本机工具命令提示，不要选择其他），输入命令"cd d:\OpenSSL-1.1.1b"，然后输入如下 perl 命令：

```
perl Configure debug-VC-WIN64A  shared no-asm --prefix="d:/OpenSSL-1.1.1b/
win64-shared-debug" --OpenSSLdir="d:/OpenSSL-1.1.1b/win64-shared-debug/ssl"
```

后面步骤都一样，分别是：

```
nmake
nmake test
nmake install
nmake clean
```

执行完毕后，在 D:\OpenSSL-1.1.1b\win64-shared-debug 下可以看到生成的各个子目录。

【例 2.12】 验证 64 位 debug 版的 OpenSSL 动态库

（1）打开 VC 2017，新建一个控制台程序 test。
（2）在 test.cpp 中输入如下代码：

```
#include "stdafx.h"
#include "OpenSSL/evp.h"

#pragma comment(lib, "libcrypto.lib")
#pragma comment(lib, "ws2_32.lib")
#pragma comment(lib, "crypt32.lib")
```

```
int main()
{
    OpenSSL_add_all_algorithms();
    printf("OpenSSL win64-debug-shared-lib ok\n");
    return 0;
}
```

（3）打开工程属性对话框，新建一个 x64 平台，然后添加头文件包含路径（D:\OpenSSL-1.1.1b\win64-shared-debug\include），以及符号库路径（D:\OpenSSL-1.1.1b\win64-shared-debug\lib）。

把 D:\OpenSSL-1.1.1b\win64-shared-debug\bin 下的 libcrypto-1_1-x64.dll 复制到解决方案路径下的 x64 文件夹下的 Debug 子目录下。

（4）保存工程，然后在工具栏上选择解决方案平台为 x64，然后运行工程，运行结果如图 2-70 所示。

图 2-70

11. 编译出 64 位 release 版的动态库

（1）解压源码目录。把 OpenSSL-1.1.1b.tar.gz 复制到某个目录下，比如 d:，然后解压缩，解压后的目录为 d:\OpenSSL-1.1.1b。进入 d:\OpenSSL-1.1.1b，就可以看到各个子文件夹。

（2）配置 OpenSSL。打开 VC 2017 的开发者命令行提示窗口，单击"开始→Visual Studio 2017→Visual Studio Tools→VS2017 x64 本机工具命令提示"（注意是 x64 本机工具命令提示，不要选择其他），输入命令"cd d:\OpenSSL-1.1.1b"，然后输入如下 perl 命令：

```
perl Configure VC-WIN64A  shared no-asm --prefix="d:/OpenSSL-1.1.1b/
win64-shared-release" --OpenSSLdir="d:/OpenSSL-1.1.1b/win64-shared-release/ssl"
```

后面步骤都一样，分别是：

```
nmake
nmake test
nmake install
nmake clean
```

执行完毕后，在 D:\OpenSSL-1.1.1b\win64-shared-release 下可以看到生成的各个子目录。

【例 2.13】　验证 64 位 release 版的 OpenSSL 动态库

（1）打开 VC 2017，新建一个控制台程序 test。
（2）在 test.cpp 中输入如下代码：

```
#include "stdafx.h"
#include "OpenSSL/evp.h"

#pragma comment(lib, "libcrypto.lib")
#pragma comment(lib, "ws2_32.lib")
#pragma comment(lib, "crypt32.lib")
int main()
```

```
{
    OpenSSL_add_all_algorithms();
    printf("OpenSSL win64-release-shared-lib ok\n");
    return 0;
}
```

（3）打开工程属性对话框，新建一个 x64 平台，在工程属性中切换到 Release 模式，然后添加头文件包含路径（D:\OpenSSL-1.1.1b\win64-shared-release\include），以及静态库路径（D:\OpenSSL-1.1.1b\win64-shared-release\lib）。

（4）保存工程，然后在工具栏上选择解决方案平台为 x64、解决方案配置为 Release，并把 D:\OpenSSL-1.1.1b\win64-shared-release\bin 下的 libcrypto-1_1-x64.dll 复制到解决方案的 x64 文件夹的 Release 文件夹下，然后运行工程，运行结果如图 2-71 所示。

图 2-71

上面我们对 1.1.1b 版的 OpenSSL 的各种库都进行了编译和测试，虽然略显烦琐，但也是必要的，尤其是用在实际项目之前，建议大家都进行一下测试，库好才用。

2.5.12　在 Windows 下编译 OpenSSL1.0.2m

1.0.2 版本属于当前主流使用的版本，无论是维护老项目还是开发新项目，这个版本用得都比较多，因为它成熟、稳定！尤其是对于信息安全相关的项目，建议大家不要用很新的算法库，因为可能会有潜在的 bug 没有被发现。

这里我们下载 OpenSSL-1.0.2m.tar.gz（可以到官网下载），把它复制到 c:（也可以是其他目录），然后按照下面的步骤开始编译和安装。这里我们编译 32 位 debug 版本的动态库。

（1）安装 ActivePerl，前面介绍过，这里不再赘述。

（2）安装 NASM。可以到 nasm 官网下载 2.14 版或当前最新版的安装包，这里下载的是 nasm-2.14-installer-x64.exe，下载下来后直接双击安装。安装完毕后要在系统变量 Path 中配置 NASM 程序所在路径，这里采用默认安装路径，即 C:\Program Files\NASM，如图 2-72 所示。单击"确定"按钮，会打开一个命令行窗口，输入命令"nasm"，会出现如图 2-73 所示的提示。

图 2-72

图 2-73

这说明 NASM 安装并配置成功了。准备工作完成，可以正式开始编译 OpenSSL 了。为了让大家知道不指定目录 OpenSSL 会把生成的文件存放在什么位置，我们先来进行不指定路径的编译。

1. 不指定生成目录的 32 位 release 版本动态库的编译

（1）解压 OpenSSL 源码目录。把 OpenSSL-1.0.2m.tar.gz 复制到某个目录下，比如 c:，然后解压缩，解压后的目录为 C:\OpenSSL-1.0.2m。进入 C:\OpenSSL-1.0.2m，可以看到各个子文件夹。

（2）配置 OpenSSL。打开 VC 2017 的"VS 2017 的开发人员命令提示符"提示窗口，单击"开始→所有程序→Visual Studio 2017→Visual Studio Tools→VS 2017 的开发人员命令提示符"，输入如下命令：

```
cd C:\OpenSSL-1.0.2m
perl Configure VC-WIN32
ms\do_nasm
nmake -f ms\ntdll.mak
```

其中，VC-WIN32 表示生成 release 版本的 32 位库，如果需要 debug 版本，则用 debug-VC-WIN32。ntdll.mak 表示我们即将要生成动态链接库。执行完毕后，可以在 C:\OpenSSL-1.0.2m\out32dll\下看到生成的动态链接库，比如 libeay32.dll，如图 2-74 所示。

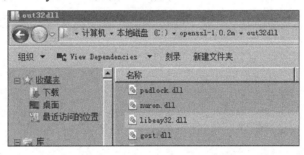

图 2-74

该文件夹除了包括动态库外，相关的导入库文件（比如 libeay32.lib 和 ssleay32.lib）和一些可执行的工具（.exe)程序也在该目录下。导入的库文件在开发中需要引用，所以我们需要知道它的路径。

头文件文件夹所在的路径是 C:\OpenSSL-1.0.2m\inc32\，开发的时候我们可以把 inc32 下的 OpenSSL 文件夹复制到工程目录，再在 VC 工程设置中添加引用，就可以使用头文件了。当然不复制到工程目录也可以，只要在 VC 中引用到这里的路径即可。稍后我们会通过实例来演示如何使用这里编译出来的动态库。如果觉得到 OpenSSL 目录下去找比较麻烦，也可以执行安装命令"nmake -f ms\ntdll.mak install"。执行命令后，就会把 include、lib 和 bin 文件夹复制到 C:\usr\local\ssl 下。

重要提示

如果编译过程中出错，建议把 C:\OpenSSL-1.0.2m 文件夹删除，然后重新解压，再按照上面的步骤重新进行。

下面我们进行指定生成目录情况下的编译，一般这种方式用得较多，可以和 OpenSSL 源码目录分离开。

2. 指定生成目录的 32 位 release 版本动态库的编译

（1）如果 C 盘已经有 OpenSSL-1.0.2m 文件夹，就可以先删除 OpenSSL 源码目录。把

OpenSSL-1.0.2m.tar.gz 复制到 C:，然后解压缩，解压后的目录为 C:\OpenSSL-1.0.2m。进入 C:\OpenSSL-1.0.2m，可以看到各个子文件夹。如果 C 盘已经有 OpenSSL-1.0.2m 文件夹了，就不用再解压了。

（2）配置 OpenSSL。单击"开始→所有程序→Visual Studio 2017→Visual Studio Tools→VS 2017 的开发人员命令提示符"，打开 VC 2017 的"VS 2017 的开发人员命令提示符"提示窗口，输入如下命令：

```
cd C:\OpenSSL-1.0.2m
perl Configure VC-WIN32 --prefix=c:/myOpenSSLout
ms\do_nasm
nmake -f ms\ntdll.mak
```

其中，--prefix 用于指定安装目录，就是生成的文件存放的目录；VC-WIN32 表示生成 release 版本的 32 位库，如果需要 debug 版本，则用 debug-VC-WIN32。稍等片刻，编译完成，如图 2-75 所示。

图 2-75

此时 C 盘下并没有 myOpenSSLout，因为我们还没有执行安装命令，但是可以在 C:\OpenSSL-1.0.2m\out32dll\下看到生成的动态链接库，比如 libeay32.dll。头文件文件夹 OpenSSL 所在的路径为 C:\OpenSSL-1.0.2m\inc32\。下面我们执行安装命令：

```
nmake -f ms\ntdll.mak install
```

执行完毕后，C 盘下就有 myOpenSSLout 了，如图 2-76 所示。如果喜欢干净，可以用 nmake -f ms\ntdll.mak clean 清理一下。

至此，32 位动态库编译安装完成。下面进入验证使用环节。

【例 2.14】 验证 32 位动态库

（1）新建一个控制台工程 test。

（2）打开 test.cpp，输入如下代码：

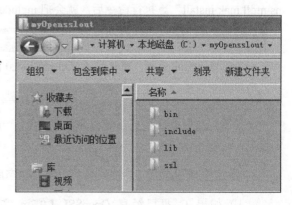

图 2-76

```
#include "stdafx.h"

#include "OpenSSL/evp.h"
#pragma comment(lib, "libeay32.lib")
int _tmain(int argc, _TCHAR* argv[])
{
    OpenSSL_add_all_algorithms();  //载入所有 SSL 算法,这个函数是 OpenSSL 库中的函数
 printf("win32 OpenSSL1.0.2m-shared-lib ok\n");
    return 0;
}
```

（3）打开工程属性对话框，然后添加头文件包含路径（C:\myOpenSSLout\include），以及导入库路径（C:\myOpenSSLout\lib）。此时运行程序，可能会提示缺少动态库（见图 2-77）。

也可能会直接运行。直接运行的话，可能会怀疑上面生成的 lib 文件是静态库，而不是导入库，其实它还是导入库。打开控制台窗口，然后进入目录 C:\Program Files (x86)\Microsoft Visual Studio 12.0\VC\bin，接着使用 lib 程序进行验证：

```
C:\Program Files (x86)\Microsoft Visual Studio 12.0\VC\bin>lib /list
C:\myOpenSSLout\lib\libeay32.lib
```

如果输出的是 LIBEAY32.dll，就说明 libeay32.lib 是一个导入库；如果输出的是.obj，就说明是静态库。既然不是静态库，为何能运行起来呢？说明系统路径中存在 libeay32.dll。大家可以去 C:\Windows\SysWOW64 或 C:\Windows\System32 等常见系统路径下搜索，如果删掉或重命名后还能运行 test.exe，就说明安装了某些软件，导致 test.exe 依然能找到 libeay32.dll，比如安装 ice 3.7.2 通讯库。也许有人会怀疑 test.exe 是否真的依赖 libeay32.dll。大家可以验证一下，用 dependency walker 工具查看依赖项，如图 2-78 所示。

图 2-77

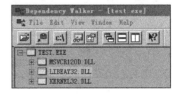

图 2-78

如果没有 Dependency Walker 工具，也可以使用 VC 2017 的 dumpbin 程序。把 test.exe 复制到 C 盘下，然后打开 VS 2017 的"VS 2017 的开发人员命令提示符"提示窗口，然后输入命令"dumpbin /dependents c:\test.exe"，如图 2-79 所示。

可以看到的确依赖 LIBEAY32.dll。如果把 test.exe 放到一个干净的操作系统上，就会发现运行不起来了。如果一定要知道 LIBEAY32.dll 在哪里，也不是没有可能，大招就是用 dependency walker。这个依赖项查看工具自 VC6 开始就自带了，后来高版本的 VC 虽然不带了，但可以从 dependency walker 官网上下载。这里还是用 VC6 自带的 1.0 版。我们把 test.exe 拖进 dependency 工具，然后单击工具栏上的 C:，用于显示全路径，如图 2-80 所示。

我们可以看到，test.exe 依赖的 libeay32.dll 位于 system32 下，把它删除再运行 test.exe，就会发现无法运行了。

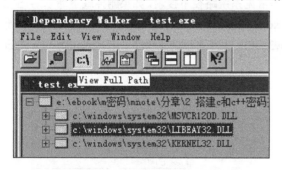

图 2-79

继续把 C:\myOpenSSLout\bin 下的 libeay32.dll 复制到解决方案路径下的 Debug 子目录下，即和 test.exe 同一文件夹下。

（4）保存并运行工程，运行结果如图 2-81 所示。

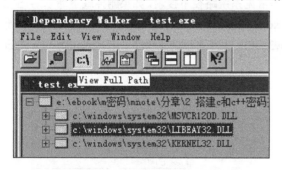

图 2-80   图 2-81

这里测试工程 test 用了 debug 模式，而库 libeay32.dll 是 release 版本，这是没关系的。

3. 编译 64 位 release 版本的动态库

首先把 C 盘下的 OpenSSL-1.0.2m 文件夹删除（如果有的话，这很重要），然后按照下面的步骤进行：

（1）解压 OpenSSL 源码目录。把 OpenSSL-1.0.2m.tar.gz 复制到某个目录下，比如 c:，然后解压缩，解压后的目录为 C:\OpenSSL-1.0.2m。进入 C:\OpenSSL-1.0.2m，可以看到各个子文件夹。

（2）配置 OpenSSL。打开 VC 2017 的"VS2017 x64 本机工具命令提示"提示窗口，即单击"开始→Visual Studio 2017→Visual Studio Tools→VC→适用于 VS 2017 的 x64 本机工具命令提示"，输入如下命令：

```
cd C:\OpenSSL-1.0.2m
perl Configure  debug-VC-WIN64A  no-shared  no-asm --prefix=
c:/myOpenSSLstout64st
ms\do_win64A
nmake -f ms\ntdll.mak
```

其中，--prefix 用于指定安装目录，就是生成的文件存放的目录；VC-WIN64A 表示生成 release 版本的 64 位库，如果需要 debug 版本，则用 debug-VC-WIN64A。稍等片刻，编译完成，如图 2-82 所示。

此时在 C 盘下并没有文件夹 myOpenSSLout64，因为我们还没有执行安装命令，但是可以在 C:\OpenSSL-1.0.2m\out32dll\下看到生成的动态链接库，比如 libeay32.dll。头文件文件夹 OpenSSL 所在的路径是 C:\OpenSSL-1.0.2m\inc32\。有些人可能会疑惑，为何 64 位的 dll 会生成在名字是 out32dll 的文件夹下？看名字"out32dll"应该存放 32 位的库。为了消除这个疑惑，我们可以验证一下生成的 libeay32.dll 到底是 32 位还是 64 位的。

图 2-82

（1）在"适用于 VS 2017 的 x64 本机工具命令提示"窗口的提示符下输入命令：

```
dumpbin /headers C:\OpenSSL-1.0.2m\out32dll\libeay32.dll
```

如果出现 machine（x64）字样，就说明该库是 64 位库，如图 2-83 所示。

图 2-83

（2）如果装了 VC6，可以用 VC6 自带的 Dependency Walker 工具来查看，如图 2-84 所示。因为 VC6 自带的该工具（版本是 1.0）只能查看 32 位的动态库，所以将 64 位的库拖进去是看不到信息的。

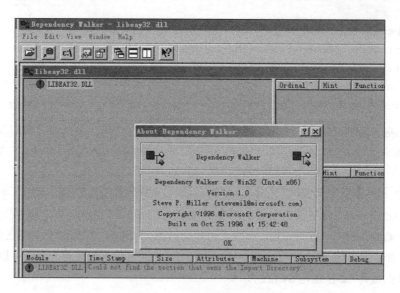

图 2-84

高版本的 Dependency 工具可以同时查看 32 位和 64 位库。不过，VC 2017 不自带这个小工具，如果需要，可以去官网下载。

下面让我们实现 myOpenSSLout64。其实只有执行了安装命令才会把生成的库、头文件等放到指定的目录 myOpenSSLout64 下：

```
nmake -f ms\ntdll.mak install
```

执行完毕后，如图 2-85 所示。

图 2-85

仔细看图 2-85 所示的信息，可以发现其实就是把 out32dll 下的内容复制到了 c:\myOpenSSLout64 下。此时 C 盘下就有 myOpenSSLout64 文件夹了。至此，64 位的动态库编译安装完成，下面进入验证阶段。

【例 2.15】 验证 64 位动态库

（1）新建一个控制台工程 test。
（2）打开 test.cpp，输入如下代码：

```
#include "stdafx.h"
```

```
#include "OpenSSL/evp.h"
#pragma comment(lib, "libeay32.lib")
int _tmain(int argc, _TCHAR* argv[])
{
    OpenSSL_add_all_algorithms(); //载入所有 SSL 算法, 这个函数是 OpenSSL 库中的函数
    printf("win64 OpenSSL1.0.2m-release-shared-lib ok\n");
    return 0;
}
```

（3）打开工程属性对话框，新建一个 x64 平台，在工程属性中切换到 Release 模式，然后添加头文件包含路径（C:\myOpenSSLout64\include），以及导入库路径（C:\myOpenSSLout64\lib）。

（4）保存工程，然后在工具栏上选择解决方案平台为 x64、解决方案配置为 Release，并把 C:\myOpenSSLout64\bin 下的 libeay32.dll 复制到解决方案的 x64 文件夹下的 Release 文件夹下，然后运行工程，运行结果如图 2-86 所示。

图 2-86

4. 编译 64 位 debug 版本静态库

考虑到有人喜欢静态库，所以下面再演示一下静态库编译过程。首先把 C 盘下的 OpenSSL-1.0.2m 文件夹删除（有的话），然后按照下面的步骤进行：

（1）解压 OpenSSL 源码目录。把 OpenSSL-1.0.2m.tar.gz 复制到某个目录下，比如 c:，然后解压缩，解压后的目录为 C:\OpenSSL-1.0.2m。进入 C:\OpenSSL-1.0.2m，可以看到各个子文件夹。

（2）配置 OpenSSL。打开 VC 2017 的 "VS2017 x64 本机工具命令提示" 提示窗口，即单击 "开始→Visual Studio 2017→Visual Studio Tools→VC→适用于 VS 2017 的 x64 本机工具命令提示"，输入如下命令：

```
cd C:\OpenSSL-1.0.2m
perl Configure debug-VC-WIN64A no-asm --prefix=c:/myOpenSSLstout64st
ms\do_win64A
nmake -f ms\nt.mak
```

其中，--prefix 用于指定安装目录，就是生成的文件存放的目录；debug-VC-WIN64A 表示生成 debug 版本的 64 位库；nt.mak 用于生成静态 lib 库（ntdll.mak 用于生成动态库）。稍等片刻，编译完成，如图 2-87 所示。

此时在 C 盘下并没有文件夹 myOpenSSLout64st，这是因为我们还没有执行安装命令，但可以在 C:\OpenSSL-1.0.2m\out32dll.dbg\下看到生成的静态库，比如 libeay32.lib。头文件文件夹 OpenSSL 所在的路径为 C:\OpenSSL-1.0.2m\inc32\。

（3）在 "适用于 VS 2017 的 x64 本机工具命令提示" 窗口的提示符下输入命令：

```
nmake -f ms\nt.mak install
```

执行完毕后，C 盘下面就有 myOpenSSLout64st 文件夹了，其子文件夹 lib 下存放了两个静态库，如图 2-88 所示。

图 2-87   图 2-88

下面开始静态库的验证。有人可能会问，为何要如此辛苦、不厌其烦地验证库呢？这是因为这些库以后会和 Java 联合作战，万一出现问题就不知道问题所在了，所以要保证库是正确的，这也是模块化开发必须遵守的规则，先保证自己开发的模块正确无误，才能给别人调用，否则联调出现问题再定位就费劲了。

【例 2.16】 验证 debug 版静态库

（1）新建一个控制台工程 test。
（2）打开 test.cpp，输入如下代码：

```
#include "stdafx.h"
#include "OpenSSL/evp.h"
#pragma comment(lib, "libeay32.lib")
int _tmain(int argc, _TCHAR* argv[])
{
    OpenSSL_add_all_algorithms();  //载入所有 SSL 算法，这个函数是 OpenSSL 库中的函数
    printf("win64 OpenSSL1.0.2m-release-shared-lib ok\n");
    return 0;
}
```

（3）打开工程属性对话框，选择平台为 x64，然后添加头文件包含路径（C:\myOpenSSLout64st\include），以及导入库路径（C:\myOpenSSLout64st\lib）。

图 2-89

（4）保存工程，然后在工具栏上选择解决方案平台为 x64，接着运行工程，运行结果如图 2-89 所示。

2.5.13   测试使用 OpenSSL 命令

OpenSSL 的命令行程序为 OpenSSL.exe（32 位的 1.1.1b 版本的 OpenSSL.exe 阐述，其他版本的 OpenSSL.exe 用法类似）。OpenSSL 命令源码位于 apps 目录下，编译的最终结果为 OpenSSL（Windows 下为 OpenSSL.exe），生成的 OpenSSL.exe 位于 D:\OpenSSL-1.1.1b\win32-debug\bin。用户可以运行 OpenSSL 命令来进行各种操作。

打开操作系统的命令行窗口，然后进入 D:\openssl-1.1.1b\win32-debug\bin\，输入"openssl.exe"，按回车键运行。虽然也可以在 Windows 窗口中双击 openssl.exe，但是此时在出现的 OpenSSL 命令行窗口中不能进行粘贴操作，这是不可接受的。不过，我们可以从操作系统的命令行窗口中启动 openssl.exe。

1. 查看版本号 version

在 OpenSSL 命令行提示符后输入 "version" 可以查看版本号, 如图 2-90 所示。这是我们学到的 OpenSSL 的第一个命令 (version, 查看版本号), 如果要查看详细的版本信息, 可以加 -a, 如图 2-91 所示。

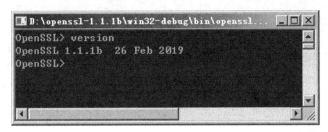

图 2-90

图 2-91

2. 查看支持的加解密算法

定位到 bin 文件夹路径, 然后输入命令 "openssl enc –ciphers", 如图 2-92 所示。

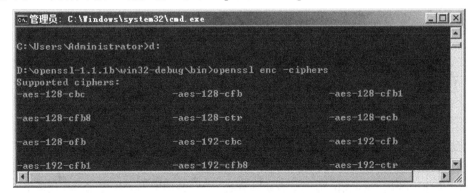

图 2-92

支持好多算法, 最激动的是支持国产算法了, 比如 sm4 (往下拖动滚动条, 可以看到 sm4), 如图 2-93 所示。

图 2-93

3. 查看某命令的帮助

查看某个命令的帮助信息的语法是"命令 –help",比如查看 version 命令的帮助信息,如图 2-94 所示。

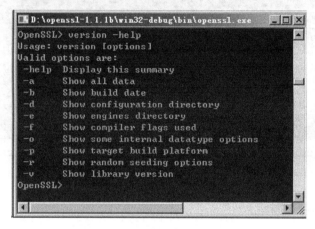

图 2-94

通过几个简单命令的使用,我们就能知道安装成功了。

2.6 在 Java 下使用 OpenSSL

前面我们详细地介绍了 OpenSSL 的安装、部署,并通过程序和命令两种方式对其进行了简单测试,确保无误后,我们可以准备在 Java 下使用 OpenSSL。

在 Java 程序中使用 OpenSSL 库通常有两种方式,一种是调用 OpenSSL 命令(简称命令方式),另外一种是调用 OpenSSL 库函数(简称函数方式)。我们分别介绍之。

2.6.1 以命令方式使用 OpenSSL

所谓以命令方式调用 OpenSSL,就是利用 C:\myOpenSSLout\bin\下的 openssl.exe 可执行程序,

使其在 Java 程序中执行，然后利用执行结果存到 Java 字符串中。这种方式出来的加解密结果完全是 openssl.exe 的执行结果。

【例 2.17】　在 Java 中执行 openssl.exe

（1）打开 Eclipse，新建一个 Java 工程，工程名是 test。

（2）右击 src，新建一个类，类名是 test，然后在 test.java 中输入如下代码：

```java
package test;

import java.io.BufferedReader;
import java.io.InputStreamReader;
import java.io.File;

public class test {

    public static String CertName = "CA";
    public static String Cvalue = "CC";// 长度限制，两个字母
    public static String Svalue = "Svalue";
    public static String Lvalue = "Svalue";
    public static String Ovalue = "Ovalue";
    public static String OUvalue = "OUvalue";
    public static String CNvalue = "CNvalue";


    public static String pw = "password";// 密码
    public static int yxq = 3650;// 有效期

    public static void main(String[] args) {
        try {
            File file1 = new File("c:/cert");
            file1.mkdirs();//如果不存在就新建,否则不理会以确保c盘的cert文件夹能存在

            Runtime runtime = Runtime.getRuntime();
            // 打开 openSSL
            String cmd0 = "C:/myOpenSSLout/bin/openssl.exe ";
            // 执行命令
            String cmd1 = "genrsa -out c:/cert/" + CertName + "-key.pem 1024";
            String cmd2 = "req -new -out c:/cert/" + CertName + "-req.csr -key c:/cert/" + CertName
                        + "-key.pem -passin pass:" + pw + " -subj  /C=" + Cvalue + "/ST="
+ Svalue + "/L=" + Lvalue + "/O="
                        + Ovalue + "/OU=" + OUvalue + "/CN=" + CNvalue;
            String cmd3 = "x509 -req -in c:/cert/" + CertName + "-req.csr -out
c:/cert/" + CertName
```

```
                    + "-cert.pem -signkey c:/cert/" + CertName + "-key.pem -days "
+ yxq;
            String cmd4 = "pkcs12 -export -clcerts -in c:/cert/" + CertName +
"-cert.pem -inkey c:/cert/" + CertName
                + "-key.pem -out c:/cert/" + CertName + ".p12 -password pass:"
+ pw;
            Process process;
            int pcode = 0;
            process = runtime.exec(cmd0 + cmd1);
            pcode = process.waitFor();
            // pcode=0，无错误；等于 1，说明有错误
            if (pcode == 1) {
                throw new Exception(getErrorMessage(process));
            }

            process = runtime.exec(cmd0 + cmd2);
            pcode = process.waitFor();
            if (pcode == 1) {
                throw new Exception(getErrorMessage(process));
            }

            process = runtime.exec(cmd0 + cmd3);
            pcode = process.waitFor();
            if (pcode == 1) {
                throw new Exception(getErrorMessage(process));
            }

            process = runtime.exec(cmd0 + cmd4);
            pcode = process.waitFor();
            if (pcode == 1) {
                throw new Exception(getErrorMessage(process));
            }
            System.out.println("证书生成成功");
        } catch (Exception e) {
            e.printStackTrace();
        }
    }

    // 得到控制台输出的错误信息
    private static String getErrorMessage(Process process) {
        String errMeaage = null;
        try {
        BufferedReader br = new BufferedReader(new InputStreamReader
(process.getErrorStream()));
```

```
        String line = null;
        StringBuilder sb = new StringBuilder();
        while ((line = br.readLine()) != null) {
            sb.append(line + "\n");
        }
        errMeaage = sb.toString();
    } catch (Exception e) {
        e.printStackTrace();
    }
    return errMeaage;
    }
}
```

实际上是通过调用 runtime.exec 函数来执行命令行程序 openssl.exe。首先建立 c:\certs 文件夹，然后组装 openssl 相关命令来生成 rsa 私钥和证书。其中，genrsa 是 openssl.exe 执行后出现的提示符后可再输入的功能性子命令，该命令的意思是生成 rsa 私钥。这里不了解命令的具体格式和 rsa 的含义没关系，后面会详细讲述 rsa 算法。我们写这个程序的目的主要是测试一下使用这样的方式调用 openssl 是否可行。同样，x509 也是 openssl 的子命令，是用来生成证书的。证书概念后面也会讲到。

（3）保存工程并按 Ctrl+F11 快捷键来运行工程，运行结果如图 2-95 所示。此时在 c:\cert\下可以看到新生成的证书文件，如图 2-96 所示。

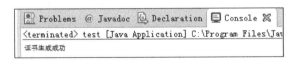

图 2-95

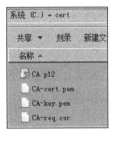

图 2-96

文件内容不需要去看，后面章节会详细介绍。至此，以命令方式调用 OpenSSL 成功。

2.6.2　以函数库方式调用 OpenSSL

这种方法显得更专业，是纯粹的函数调用方式，开发人员或许更喜欢。可以通过 Java 的 JNI 方法来调用 OpenSSL 的 C 函数库。不懂 JNI 也没关系，前面介绍过，现在把 OpenSSL 函数库调起来。

因为前面我们已经介绍过 JNI 例子的开发过程，所以这里讲述的时候就不如第一个 JNI 例子那么详细了。

【例 2.18】　调用 openssl-1.1.1b 的 64 位 debug 版静态库

（1）打开 Eclipse，工作区路径是 D:\eclipse-workspace\2.18，新建一个 Java 工程，工程名是 SimpleHello。在工程中新建一个类，在"New Java Class"对话框的 Package 旁输入包名"com.study.jni.demo.simple"，在 Name 旁边输入类名"SimpleHello"，同时选中"public static void main(String []args]"复选框。

设置好后，单击 Finish 按钮关闭对话框。此时 Eclipse 会显示 SimpleHello.java 的编辑窗口。我们在 SimpleHello.java 中输入如下代码：

```
package com.study.jni.demo.simple;

public class SimpleHello {
    public static native String sayHello(String name);

    public static void main(String[] args) {
        String name = "Ljy";
        String text = sayHello(name);
        System.out.println("after native, java shows:" + text);
    }

    static {
        //hello.dll 要放在系统路径下，比如 c:\windows\
        System.loadLibrary("hello");
    }
}
```

在 main 函数中，调用 sayHello 函数。注意，sayHello()方法的声明有一个关键字 native，表明这个方法使用 Java 以外的语言实现。该方法不包括业务功能实现，因为我们要用 C/C++语言实现它。注意，System.loadLibrary("hello")这句代码是在静态初始化块中定义的，系统用来装载 hello 库，这就是我们在后面生成的 hello.dll。

（2）生成.h 文件。具体方法可以同例2.5一样，最终会生成两个文件：SimpleHello.class 和 com_study_jni_demo_simple_SimpleHello.h。

（3）编写本地实现代码。

打开 VC 2017，新建一个动态链接库（.dll）工程，方法同例 2.5，如图 2-97 所示。

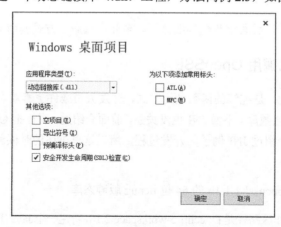

图 2-97

然后单击"确定"按钮，一个 dll 工程就建立起来了。在 VC 解决方案中双击 hello.cpp，然后在编辑框中输入如下代码：

```c
#include "header.h"
#include "jni.h"
#include "stdio.h"
#include "string.h"
#include "com_study_jni_demo_simple_SimpleHello.h"
#include "OpenSSL/evp.h"    //OpenSSL 的头文件

#pragma comment(lib, "libcrypto.lib")    //OpenSSL 的静态库
#pragma comment(lib, "ws2_32.lib")
#pragma comment(lib, "Crypt32.lib")


JNIEXPORT jstring JNICALL Java_com_study_jni_demo_simple_SimpleHello_sayHello(
    JNIEnv *env, jclass cls, jstring j_str)
{
    const char *c_str = NULL;
    char buff[128] = { 0 };
    jboolean isCopy;
    c_str = env->GetStringUTFChars(j_str, &isCopy);    //生成 native 的 char 指针
    if (c_str == NULL)
    {
        printf("out of memory.\n");
        return NULL;
    }

    if(1==OpenSSL_add_all_algorithms())   //使用 OpenSSL 库前必须调用该函数
        printf("OpenSSL_add_all_algorithms ok\n");
    else
        printf("OpenSSL_add_all_algorithms failed\n");
    printf("From Java String:addr: %x  string: %s  len:%d  isCopy:%d\n", c_str,
c_str, strlen(c_str), isCopy);
    sprintf_s(buff, "hello %s", c_str);
    env->ReleaseStringUTFChars(j_str, c_str);
    return env->NewStringUTF(buff);    //将 C 语言字符串转化为 Java 字符串
}
```

代码主要实现了 sayHello，里面的内容很简单，主要是把 Java 传来的参数打印出来。此外，还调用了 OpenSSL_add_all_algorithms 函数，这是 OpenSSL 中的函数，当返回 1 的时候说明执行正确，以此可以验证 OpenSSL 函数库调用起来了。接着，把前面生成的 com_study_jni_demo_simple_SimpleHello.h 复制到本工程目录下，并添加到 VC 工程中。jni.h 是 JDK 的自带文件，我们需要为 VC 工程添加 OpenSSL 和 JDK 的头路径包含，在 VC 菜单栏选择"项目→属性→配置属性→C/C++"，然后在右边"平台"下选择"x64"（因为我们要生成 64 位的 dll），并在"附加包含目录"旁输入"D:\OpenSSL-1.1.1b\win64-debug\include; %JAVA_HOME%\ include;%JAVA_HOME%\include\win32"。其中，第一个路径是 OpenSSL 头文件所在的路径，后两者是 JDK 相关的头文件。

我们在前面把 openssl1.1.1b 的 debug 版本的静态库生成在 d:/OpenSSL-1.1.1b/win64-debug/lib/ 下了，可以到该目录下把 libcrypto.lib 复制到本 VC 工程目录下。

在 VC 工具栏上切换解决方案平台为 x64，按 F7 键生成解决方案，此时将在 hello\x64\Debug 下生成 hello.dll，把该文件复制到 c:\windows 下。至此，VC 本地代码开发工作完成。

（4）重新回到 Eclipse 中，按 Ctrl+F11 快捷键运行工程，可以看到下方控制台窗口上有输出了，如图 2-98 所示。

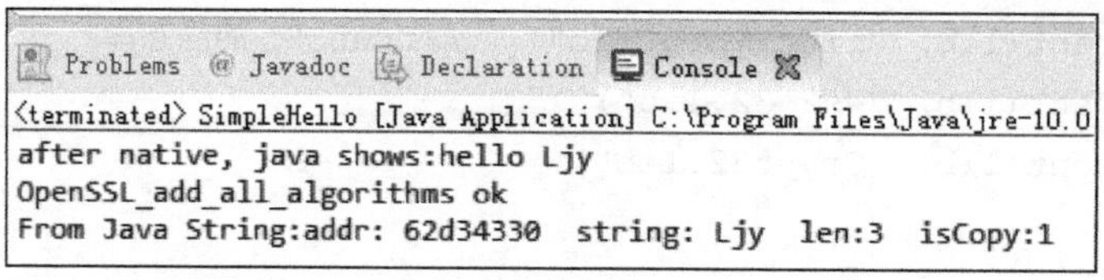

```
Problems  @ Javadoc  Declaration  Console  

<terminated> SimpleHello [Java Application] C:\Program Files\Java\jre-10.0
after native, java shows:hello Ljy
OpenSSL_add_all_algorithms ok
From Java String:addr: 62d34330   string: Ljy  len:3  isCopy:1
```

图 2-98

我们可以看到 OpenSSL_add_all_algorithms()函数返回 1，所以打印了 ok，说明 openssl1.1.1b 函数库调用成功。下面调用 1.0.2m 版的 openssl。

【例 2.19】   调用 openssl-1.0.2m 的 64 位 debug 版静态库

（1）打开 Eclipse，在工作区路径 D:\eclipse-workspace\2.18 下新建一个 Java 工程，工程名是 SimpleHello。在工程中新建一个类，在"New Java Class"对话框的 Package 旁输入包名"com.study.jni.demo.simple"，在 Name 旁边输入类名"SimpleHello"，同时选中"public static void main(String [ ]args)"复选框。

设置好后，单击 Finish 按钮来关闭对话框。此时 Eclipse 会显示 SimpleHello.java 的编辑窗口，在 SimpleHello.java 中输入如下代码：

```java
package com.study.jni.demo.simple;

public class SimpleHello {
    public static native String sayHello(String name);

    public static void main(String[] args) {
        String name = "Ljy";
        String text = sayHello(name);
        System.out.println("after native, java shows:" + text);
    }

    static {
        //hello.dll 要放在系统路径下，比如 c:\windows\
        System.loadLibrary("hello");
    }
}
```

在 main 函数中，调用 sayHello 函数。注意，sayHello()方法的声明中有一个关键字 native，表明这个方法使用 Java 以外的语言实现。该方法不包括业务功能实现，因为我们要用 C/C++语言实现。注意 System.loadLibrary("hello")这句代码，它是在静态初始化块中定义的，系统用来装载 hello 库，这就是我们在后面生成的 hello.dll。

（2）生成.h 文件。具体方法可以同例 2.18，最终会生成两个文件：SimpleHello.class 和 com_study_jni_demo_simple_SimpleHello.h。

（3）编写本地实现代码。打开 VC 2017，新建一个动态链接库(.dll)工程，方法同例 2.5，如图 2-99 所示。

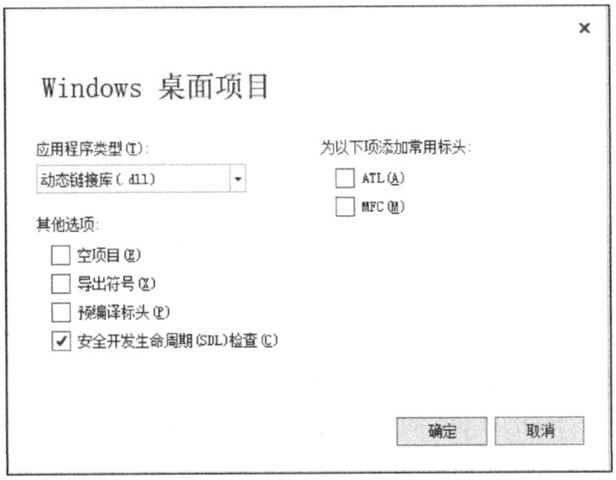

图 2-99

单击"确定"按钮，一个 dll 工程就建立起来了。在 VC 解决方案中双击 hello.cpp，然后在编辑框中输入如下代码：

```cpp
#include "header.h"
#include "jni.h"
#include "stdio.h"
#include "string.h"
#include "com_study_jni_demo_simple_SimpleHello.h"
#include "OpenSSL/evp.h"    //openssl 的头文件

#pragma comment(lib, "libcrypto.lib")    //openssl 的静态库
#pragma comment(lib, "ws2_32.lib")
#pragma comment(lib, "Crypt32.lib")


JNIEXPORT jstring JNICALL Java_com_study_jni_demo_simple_SimpleHello_sayHello(
    JNIEnv *env, jclass cls, jstring j_str)
{
    const char *c_str = NULL;
    char buff[128] = { 0 };
    jboolean isCopy;
    c_str = env->GetStringUTFChars(j_str, &isCopy);    //生成 native 的 char 指针
    if (c_str == NULL)
    {
        printf("out of memory.\n");
        return NULL;
```

```
    }

    if(1==OpenSSL_add_all_algorithms())  //使用 OpenSSL 库前必须调用该函数
        printf("OpenSSL_add_all_algorithms ok\n");
    else
        printf("OpenSSL_add_all_algorithms failed\n");
    printf("From Java String:addr:%x  string:%s  len:%d  isCopy:%d\n", c_str,
c_str, strlen(c_str), isCopy);
    sprintf_s(buff, "hello %s", c_str);
    env->ReleaseStringUTFChars(j_str, c_str);
    return env->NewStringUTF(buff);      //将 C 语言字符串转化为 Java 字符串
}
```

代码主要实现了 sayHello，里面内容很简单，主要是把 Java 传来的参数打印出来。此外，还调用了 OpenSSL_add_all_algorithms 函数，这是 OpenSSL 中的函数，当它返回 1 的时候说明执行正确、openssl 函数库调用起来了。jni.h 是 jdk 的自带文件，我们需要为 VC 工程添加 OpenSSL 和 JDK 的头路径包含，在 VC 菜单栏选择"项目→属性→配置属性→C/C++"，然后在右边"平台"下选择"x64"（因为我们要生成 64 位的 dll），并在"附加包含目录"旁输入"C:\myOpenSSLstout64st\include; %JAVA_HOME%\include;%JAVA_HOME%\include\win32"。其中，第一个路径是 OpenSSL 头文件所在的路径，后两者是 JDK 相关头文件。

我们在前面把 openssl1.1.1b 的 debug 版本静态库生成在 C:\myOpenSSLstout64st\lib 下了，可以从该目录下把 libeay32.lib 放到本 VC 工程目录下。

在 VC 工具栏处切换解决方案平台为 x64，按 F7 键生成解决方案，此时将在 hello\x64\Debug 下生成 hello.dll，然后把该文件复制到 c:\windows 下。至此，VC 本地代码开发工作完成。

（4）重新回到 Eclipse 中，按 Ctrl+F11 快捷键运行工程，可以看到下方控制台窗口上有输出了，如图 2-100 所示。

图 2-100

至此，在 Java 下访问 OpenSSL1.0.2m 静态库成功。

2.7 纯 Java 密码开发库

每种强大的语言都有相应的密码安全方面的库，Java 也有这样的库，即大名鼎鼎的 JCA（Java Cryptography Architecture，Java 密码学架构）。Java 平台非常强调安全，包括语言安全、密码、公钥基础设施（PKI，Public Key Infrastructure）、认证、安全通信与访问控制。

JCA 是 Java 安全平台的主要部分，包含一个"提供者"体系以及一系列的 API，用于数字签名、消息摘要（hashs）、证书与证书验证、加密（对称/非对称，块/流密码）、密钥生成与管理以及安全随机数产生等。

2.7.1　JCA 的基本概念

JCA 是 Java 平台安全的基础，其他相关的还有 JCE（Java Cryptography Extension，Java 密码学拓展）、JSSE（Java Secure Socket Extension，用于 SSL/TLS 协议在 Java 内的实现）、JAAS（Java Authentication Authorization Service，Java 的授权和认证服务）等。内容颇多，但我们还是要从基础讲起，先搭建环境建造地基。

JCA 最早出现在 JDK 1.1 中，只有有限的功能，包括为数字签名和消息摘要而设计的 API。为了增强和发展基于 Java 平台的密码学功能，到了 JDK 1.2 时已经有意使 JCA 扩展为框架结构。更为一般地讲，现在的 JCA 包含与密码有关的安全 API（例如，新的支持 X.5093 证书的证书管理结构），一些提供器结构，允许多种可相互作用的密码学实现，以及与之相关的规则说明。

JDK 1.8 的 JCA 包括一个提供者架构以及数字签名、消息摘要、认证、加密、密钥生成与管理、安全随机数产生等一系列 API。它本身不负责算法的具体实现，任何第三方都可以提供具体的实现并在运行时加载，如图 2-101 所示。

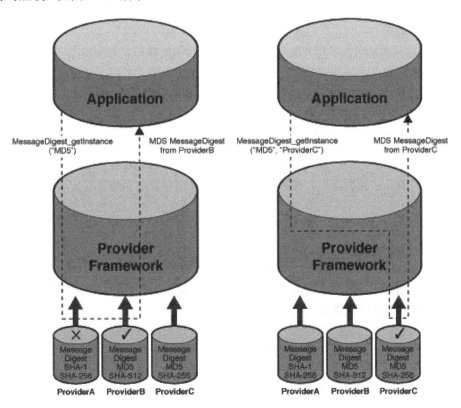

图 2-101

这些接口使得开发者可以方便地将安全集成到应用程序中。JDK 中的其他加密通信库很多使用了 JCA 提供者架构，包括 JSSE、SASL、JGSS 等。

2.7.2　JCA 的设计原则

JCA 设计遵循了以下两个原则：

（1）算法的独立性和可扩展性。
（2）实现的独立性和相互作用性。

JCA 的目的是使 API 的用户建立密码的概念（注意是建立概念，而不是实现概念），例如数字签名和消息摘要，而不去关心如何实现这些概念或是用来实现这些概念的算法。所以，作为一个真正的密码人，光会调用 API 是不够的，我们还要会自己实现。与此同时，JCA 提供标准的 API，使得开发者能够请求指定的算法。

算法的独立性是通过定义密码服务类（service classes）来获得的，这些类提供了密码算法功能，例如 MessageDigest（消息摘要）类、Signature（数字签名）类、KeyFactory（密钥工厂）类。

使用基于提供器的结构可得到实现的独立性。在 JCA 中，提供器（Provider）代表密码服务提供者（Cryptographic Service Provider，CSP）实现一个或多个 JCA 密码服务的一个或一系列程序包，例如数字签名算法、消息摘要程序包、密钥转换服务等。一个应用程序也许仅需要一个特殊服务（比如 DSA 签名算法）的特殊类型的对象（如 Signature 对象），并接收来自一个已安装的提供器的实现。另外，还可以从某个指定的提供器中实现这个操作。当更快或更安全的版本可用时，应用程序提供器会变得更加清晰。

JCA 为密码软件市场带来了巨大的利益。一方面，对于软件开发者来说，可以只关心一套 API 而不用理会采用何种算法、安装哪一种提供器程序包。另一方面，密码工具包或是数据库可以在智能属性上（例如已模块化的算法和技术）达到相互一致，从而使性能得以优化。

2.7.3　JCA 中的密码服务提供者

JCA 引入了 CSP 的概念。CSP 是 JCA 的密码服务提供者，包含一个或多个签名算法、消息摘要算法、密钥产生算法、密钥工厂、密钥库创建与密钥管理、算法参数管理、算法参数产生、证书工厂等。

在 JDK 的典型安装中，安装了一个或者几个提供器程序包。用户可以通过静态或动态的方式添加新的提供器，每一个提供器以唯一的名称被引用。用户可以用不同的提供器来配置自己的运行时间，并指定优先级次序。JCA 提供了一套 API，允许用户查询安装了哪些提供器以及它们所提供的服务，如果一个应用程序要求某个指定提供器，那么仅从提供器中返回对象。如果指定的提供器不存在，那么只能使用默认的提供器。

当多个提供器同时可用时，将建立一个优先级次序。这个次序也是查找请求服务的次序。当最高级提供器中没有提供请求服务时，可以依照优先级次序查询下一个提供器。

例如，先假设在 JVM（Java 虚拟机）环境中安装了两个提供器（Provider1 和 Provider2），再进一步假设 Provider1 实现带有 DSASHA1 和 MD5 的算法，而 Provider2 实现带有 DSASHA1、RSAMD5 及 MD5 的算法。

如果 Provider1 的优先级次序是 1（最高优先级）、Provider2 的优先级次序是 2，那么有可能遇到下面几种情况：

（1）如果想实现 MD5，那么两个提供器都会提供这样的实现。由于 Provider1 拥有最高优先级，因此最先被查找到，从而返回 Provider1 的实现。

（2）如果想实现 RSAMD5，就会优先查找 Provider1，但没有发现这样的实现，于是依序查找 Provider2，从而实现被发现并返回。

（3）如果想实现 RSASHA1（两个提供器都没有安装该实现），就会提示 NoSuchAlgorithmException 异常。

服务类以一种抽象方式定义密码服务，而且没有具体的实现。密码服务总是与特定的算法相关联，可以提供下列实现：

（1）密码操作（如数字签名和消息摘要）。

（2）密码操作所需的加密材料（密钥和参数）。

（3）数据对象（密钥库和证书），以一种安全方式压缩于加密操作的密钥。

比如，DSA 密钥工厂通过调用 DSASignature 对象中的 initSign 或 initVerify 方法提供 DSA 公钥或私钥。

程序员可以请求并使用服务类的实例，执行相应的操作。在 JCA 中定义服务类：

- MessageDigest：用来记录指定数据的消息摘要。
- Signature：签署数据并验证数字签名。
- KeyPairGenerator：产生与指定算法相匹配的公钥和私钥。
- KeyFacotry：将类型为 Key 的模糊密钥转换为清晰密钥，反之亦然。
- CertificateFacotry：创建公钥证书和 CRL。
- Keystore：创建和管理密钥库。
- Algorithm Parameter：管理特定算法的参数，包括参数的编码和解码。
- Algorithm Parameter Generator：产生与指定算法相匹配的一系列参数。
- SecureRandom：产生随机或伪随机数。

在 JCA 语境中，产生器和工厂的不同点在于前者以新的内容创建一个对象，后者从已有材料（如编码）中创建对象。

服务类为指定类型的密码服务的功能提供了接口，这种服务独立于特定的加密算法 API，使应用程序能够访问指定的加密服务。对于一个或多个提供器，真正实现的是它们各自的算法。

服务类提供的应用程序接口由 SPI（服务提供器接口）实现。也就是说，对于每一个服务类，都有一个抽象 SPI 类，由它来定义密码服务提供器必须实现的 SPI 方法。例如，Signature 服务类提供访问 DSA 功能的服务，由 SignatureSpi 子类提供的真正实现将针对指定类型的签名算法，如带有 DSA SHA1、RSA SHA1 或 RSA MD5。

每个 SPI 类的名字与相应的服务类名字相一致。例如，与 Signature 服务类对应的 SPI 类的名称是 SignatureSpi。SPI 类是抽象类。对于一个指定的算法来说，为了提供一个特殊类型服务的实现，提供器必须使相应的 SPI 类成为子类，并为所有的抽象方法提供实现。

另一个服务类的例子是 MessageDigest 类，提供访问消息摘要算法。在 MessageDigestSpi 子类中，它的实现实质上是各种消息摘要算法，如 SHA-1、MD5 或 MD2.

最后一个例子是 Keyfactory 服务类，提供从模糊密钥到清晰密钥类型的转换。在 KeyfactorySpi 子类中，真正实现的是密钥的指定类型，如 DSA 公钥和私钥。

JCA CSP 提供各种密码服务实现，如 SUN。提供器也可以实现不可用的服务，例如基于 RSA 的签名算法或者 MD2 消息摘要算法。

假如你是一个用户，为了得到一个合适的对象，如 Signature 对象，可以用 Signature 类中的 getInstance 方法，并指定一个签名算法（如带有 DSA SHA1）和能提供所需实现的提供器，例如政府机关可能需要接收政府验证的实现。

如果想要使用的提供器没有安装，那么即使在其他已安装的提供器中包含所需的实现算法，也会出现 NoSuchProviderException 异常，所以必须安装所需要的提供器。这就涉及安装和配置提供器程序包的问题。可以采用以下两种方法安装提供器类：

（1）将包含提供器类的 ZIP 和 JAR 文件放在 CLASSPATH 下。

（2）将提供器 JAR 文件作为已安装和绑定的文件扩展。

下一步，可以用动态或静态的方法将提供器添加到已批准的提供器列表中。如果要在静态条件下实现这一点，就可以编辑 Java 安全属性文件，设置的一个属性是 security.provider.n=masterClassName。

这一设置定义了一个提供器，并指定了它的优先级次序 n。提供器优先级次序也就是查找请求算法的次序。

masterClassName 指定提供器的主类（master class），这一点在提供器的资源文件中设置，此类总是 Provider 类的子类。它的构造器设置各种属性。在 JCA 的 API 中，提供器通过属性查找请求的算法和其他设施。假设主类是 COM.abcd.provider.Abcd，为了将 Abcd 的优先级设置为 3，可以在安全属性文件中加入一行：

```
security.provider.3=COM.abcd.provider.Abcd
```

也可以在 Security 类中通过调用 addProvider 或 insertProviderAt 方法动态地注册提供器。注册类型也不是一成不变的，但只能由被赋予充足许可权的可信程序来完成。

2.7.4　JCA 编程的两大安全包

由于历史原因，Java 安全相关的 API 放在了两个不同的包里面，即 java.security 和 javax.crypto 包。

- java.security 包包含不受出口控制限制的一些安全功能，比如签名（Signature）以及消息摘要（MessageDigest）。包 java.security 为安全框架提供类和接口，包括那些实现了可方便配置的、细粒度的访问控制安全架构的类。

- javax.crypto 包包含着受出口控制限制的加解密类（Cipher）以及密钥协商（KeyAgreement）。包 javax.crypto 为加密操作提供类和接口。在此包中定义的加密操作包括加密、密钥生成和密钥协商，以及消息验证码（Message Authentication Code，MAC）生成。加密支持包括对称密码、不对称密码、块密码和流密码。此包还支持安全流和密封的对象。包 javax.crypto 中提供的许多类都是基于提供者的。该类本身定义可以写入应用程序的编程接口。然后可由独立的第三方供应商编写实现本身，并根据需要无缝嵌入。因此，应用程序开发人员可以利用任意数量基于提供者的实现，而无须添加或重写代码。

我们通过 JCA 进行加解密编程，主要是调用包 java.security 和 javax.crypto 中的类或接口函数。

2.7.5 包 java.security 中的接口和类

JCA 提供了基本 Java 加密框架,比如证书、数字签名、消息摘要、秘钥对生成器等。包 java.security 支持密码公钥对的生成和存储,以及包括信息摘要和签名生成在内的可输出密码操作,并提供支持 signed/guarded 对象和安全随机数生成的对象。此包中提供的许多类(特别是密码和安全随机数生成器类)是基于提供商的。该类本身定义了应用程序可以写入的编程接口。实现本身可由独立的第三方厂商来编写,可以根据需要进行无缝插入。因此,应用程序开发人员可以利用任何数量基于提供商的实现,而不必添加或重写代码。

包 java.security 中的常用接口如表 2-2 所示。

表 2-2 包 java.security 中的常用接口

接 口	描 述
Certificate	已过时,在 Java 平台中创建了新的证书处理包
DomainCombiner	DomainCombiner 提供一个动态更新且与当前 AccessControlContext 关联的 ProtectionDomain 的方法
Guard	此接口表示一个 guard,guard 是用来保护对另一个对象的访问的对象
Key	所有密钥的顶层接口
KeyStore.Entry	用于 KeyStore 类型的标记接口
KeyStore.LoadStoreParameter	用于 KeyStore load 和 store 参数的标记接口
KeyStore.ProtectionParameter	用于 KeyStore 保护参数的标记接口
Policy.Parameters	用于 Policy 参数的标记接口
Principal	主体的抽象概念,可以用来表示任何实体,例如个人、公司或登录 id
PrivateKey	私钥
PrivilegedAction<T>	启用特权的情况下要执行的计算
PrivilegedExceptionAction<T>	在启用特权的情况下将要执行的计算,会抛出一个或多个经过检查的异常
PublicKey	公钥

常用类如表 2-3 所示。

表 2-3 常用类

类	说 明
AccessControlContext	用于基于它所封装的上下文做出系统资源访问决定
AccessController	用于与访问控制相关的操作和决定
AlgorithmParameterGenerator	用于生成将在某个特定算法中使用的参数集合
AlgorithmParameterGeneratorSpi	此类为 AlgorithmParameterGenerator 类定义服务提供者接口(SPI),AlgorithmParameterGenerator 类用于生成在某个特定算法中使用的参数集合
AlgorithmParameters	此类用作密码参数的不透明表示形式
AlgorithmParametersSpi	此类为 AlgorithmParameters 类(用于管理算法参数)定义服务提供者接口(SPI)

类	说　明
AllPermission	暗含所有其他权限的权限
AuthProvider	此类定义 provider 的登录和注销方法
BasicPermission	此类扩展 Permission 类，并且可以用作希望与 BasicPermission 遵守相同命名约定的权限的基类
CodeSigner	此类封装关于代码签名者的信息
CodeSource	此类扩展 codebase 的概念，不仅可以封装位置（URL），还可以封装用于验证起源于该位置的签名代码的证书链
DigestInputStream	使用通过流的位更新关联消息摘要的透明流
DigestOutputStream	使用通过流的位更新关联消息摘要的透明流
GuardedObject	GuardedObject 是一个用来保护对另一个对象的访问的对象
Identity	已过时
IdentityScope	已过时
KeyFactory	密钥工厂用于将密钥（Key 类型的不透明加密密钥）转换成密钥规范（底层密钥材料的透明表示），反之亦然
KeyFactorySpi	此类为 KeyFactory 类定义服务提供者接口（SPI）
KeyPair	此类是简单的密钥对（公钥和私钥）持有者
KeyPairGenerator	KeyPairGenerator 类用于生成公钥和私钥对
KeyPairGeneratorSpi	此类是用来生成公钥和私钥的
KeyRep	已序列化的 Key 对象的标准表示形式
KeyStore	此类表示密钥和证书的存储设施
KeyStore.Builder	将被实例化的 KeyStore 对象的描述
KeyStore.CallbackHandlerProtection	封装 CallbackHandler 的 ProtectionParameter
KeyStore.PasswordProtection	一个基于密码的实现
KeyStore.PrivateKeyEntry	保存 PrivateKey 和相应证书链的 KeyStore 项
KeyStore.SecretKeyEntry	保存 SecretKey 的 KeyStore 项
KeyStore.TrustedCertificateEntry	保存可信的 Certificate 的 KeyStore 项
KeyStoreSpi	此类为 KeyStore 类定义服务提供者接口（SPI）
MessageDigest	此 MessageDigest 类为应用程序提供信息摘要算法的功能，如 MD5 或 SHA 算法
MessageDigestSpi	此类为 MessageDigest 类定义服务提供者接口（SPI），MessageDigest 类提供信息摘要算法的功能，如 MD5 或 SHA
Permission	表示访问系统资源的抽象类
PermissionCollection	表示 Permission 对象集合的抽象类
Permissions	此类表示一个不同种类的 Permission 集合
Policy	Policy 对象负责确定在 Java 运行时环境中执行的代码是否有权执行安全敏感的操作
PolicySpi	此类为 Policy 类定义服务提供者接口（SPI）

（续表）

类	说　明
ProtectionDomain	此 ProtectionDomain 类封装域的特征，域中包装一个类集合，在代表给定的主体集合执行这些类的实例时会授予它们一个权限集合
Provider	此类表示 Java 安全 API "provider"，这里的 provider 实现了 Java 安全性的一部分或者全部
Provider.Service	安全服务的描述
SecureClassLoader	此类扩展了 ClassLoader，使它还支持使用相关的代码源和权限定义类。在默认情况下，这些代码源和权限可根据系统策略获取到
SecureRandom	此类提供强加密随机数生成器（RNG）
SecureRandomSpi	此类为 SecureRandom 类定义了服务提供者接口（SPI）
Security	此类集中了所有的安全属性和常见的安全方法
SecurityPermission	此类用于安全权限
Signature	此类用来为应用程序提供数字签名算法功能
SignatureSpi	此类为 Signature 类定义了服务提供者接口（SPI），可用来提供数字签名算法功能
SignedObject	一个用来创建实际运行时对象的类，在检测不到这些对象的情况下，其完整性不会遭受损害
Signer	已过时
Timestamp	此类封装有关签署时间戳的信息
UnresolvedPermission	UnresolvedPermission 类用来保持初始化 Policy 时"未解析"的权限

此外，包 java.security 还针对不同的出错情况定义了一些异常类，大家以后在一线开发企业级代码时要学会使用异常类，这样出现错误不至于让软件崩溃，并且能出现错误提示。异常类如表 2-4 所示。

表 2-4　异常类

异　常　类	描　述
AccessControlException	此异常由 AccessController 抛出，提示请求的访问（对关键系统资源的访问，如文件系统或网络）被拒绝
DigestException	一般 Message Digest 异常
GeneralSecurityException	GeneralSecurityException 类是一个通用安全异常类，可以为所有从其扩展的、与安全有关的异常类提供类型安全
InvalidAlgorithmParameterException	用于无效或不合适的算法参数的异常
InvalidKeyException	用于无效 Key（无效的编码、错误的长度、未初始化等）的异常
InvalidParameterException	当将无效参数传递给某个方法时抛出此异常，设计该异常供 JCA/JCE 引擎类使用
KeyException	此异常是基本的密钥异常
KeyManagementException	此异常用于所有处理密钥管理的操作的通用密钥管理异常
KeyStoreException	一般的 KeyStore 异常

（续表）

类	说　　明
NoSuchAlgorithmException	当请求特定的加密算法而在该环境中不可用时抛出此异常
NoSuchProviderException	当请求特定安全性 provider 但在该环境中不可用时抛出此异常
PrivilegedActionException	doPrivileged(PrivilegedExceptionAction)和 doPrivileged(PrivilegedExceptionAction, AccessControlContext context) 抛出此异常来指示执行的操作抛出了经过检查的异常
ProviderException	用于 Provider 异常（例如误配置错误或不可恢复的内部错误）的运行时异常，Provider 可以为它创建子类以抛出特殊的、特定于 provider 的运行时错误
SignatureException	一般的签名异常
UnrecoverableEntryException	如果 KeyStore 中的某项无法恢复，则抛出此异常
UnrecoverableKeyException	如果 KeyStore 中的密钥无法恢复，则抛出此异常

当然，我们刚开始学习时不需要关注每一个类，而是要抓住常用的几个核心类。下面我们对包 java.security 中的核心类做一个简单的描述，详细使用在后面章节阐述。

1. java.security.Security

安全类 Security 管理已安装的提供器和安全方面的属性，仅包括静态方法，因此不能实例化。

```
public static String getAlgorithmProperty(String algName,String propName);
public static int insertProviderAt(Provider provider,int position);
public static int addProviderAt(Provider provider);
public static void removeProvider(String Name);
public static Provider[] getProviders(Provider provider);
```

- getProviders()方法：返回一个包含所有已安装提供器的数组，数组中提供者的顺序是其首选顺序。如果这个提供器已经被安装，那么再次添加是无效的，返回值是-1。
- insertProviderAt 方法：在搜索请求算法的提供器中指定一个位置，并插入新的提供器（如果没有指定提供器）。如果这个提供器已存在，那么不能再次添加。如果给定的提供器安装在指定的位置，那么原来位于这个位置和优先级小于此位置的提供器依次下移，此方法的返回值是所增加提供器的优先级。如果提供器已存在，那么返回值为-1。
- removeProvider 方法：删除已命名的提供器，如果已命名的提供器没有安装，那么将返回默认值。如果指定的提供器被删除，那么所有优先级低于该提供器的提供器依次上移。如果要改变某个已安装提供器的优先级位置，就应当首先删除它，然后将其插入新的优先级位置。

2. java.security.Provider

每个 Provider 类（提供者类）实例都有自己的名字、版本号及字符串描述及其所提供的服务。可以通过调用下列方法来查询 Provider 实例：

```
public String getName();
public double getVersion();
public String getInfo();
```

3. java.security.MessageDigest

MessageDigest 类是一种提供密码安全的消息摘要，如 SHA1 MD5 功能的服务类。密码安全消息摘要采用任意长度的输入，然后产生一个固定长度的输出，称为一个摘要或散列。因为两个不同消息的散列值不可能相同，从消息摘要中不可能得到生成它的输入，所以消息摘要有时又被称为数据的"数字水印"。

为了计算消息摘要，首先应该创建一个消息摘要实例。与所有的服务类一样，对于特定类型的消息摘要算法而言，可通过调用 MessageDigest 类中的 getInstance 静态方法得到 MessageDigest 对象：

```
public static MessageDigest getInstance(String algorithm)
```

算法名对大小写不敏感，例如下列调用方法都是一样的：

```
MessageDigest.getInstance("SHA")
MessageDigest.getInstance("sha")
```

调用者可以任意指定提供器名，但是必须保证请求算法的实现：

```
public static MessageDigest getInstance(String algorithm, String provider);
```

调用 getInstance 方法，返回一个被初始化的消息摘要对象，因此不需要进一步初始化对象。

下一步，为计算一些数据的摘要，应当向被初始化的消息摘要对象提供数据。这一点可通过调用下列已更新的方法来实现。

```
pulbic void update(byte input);
pulbic void update(byte[] input);
pulbic void update(byte[] input,int offset,int len);
```

通过调用更新的方法提供数据后，可运用下列摘要方法计算摘要：

```
public byte[] digest();
public byte[] digest(byte[] input);
public int digest(byte[] buf,int offset, int len);
```

前两个方法返回已计算的摘要，第三个方法将计算得到的摘要存储在提供器的 buf 缓存中，从 offset 开始，1en 是分配给摘要的字节数。上述方法返回存储在 buf 中的真正字节数。

4. java.security.Signature

Signature 类（数字签名类）是一种提供密码数字签名的算法，如 DSA SHA1 和 RSA MD5 功能的服务类。密码安全性签名算法采用任意长度数据和私钥作为输入，产生一个固定长度的字符串（签名），签名具有下列属性：

（1）当提供与产生签名的私钥相应的公钥时，可以验证输入的可靠性和完整性。
（2）签名和公钥不能揭露任何私钥信息。

Signature 对象可以用来签署数据，通常也可以用来验证签名是否是相关数据的合法签名。

Signature 对象属于模式（model）对象，也就是说，Signature 对象总是处于某个特定状态，对它只能进行特定类型的操作。对象所处状态在它们各自的类（如 Signature）中以最终整型常量表示。通常一个签名对象有三种状态：

- UNINITIALIZED（*未初始化*）。
- SIGN（*签名*）。
- VERIFY（*验证*）。

为了签名和验证签名，首先创建 Signature 实例。正如所有服务类一样，通过调用 Signature 类中的 getInstance 静态方法，可以获得具有特定签名算法的 Signature 对象。

```
public static Signature getInstance(String algorithm);
public static Signature getInstance(String algorithm, String provider);
```

Signature 对象在创建时处于 UNINITIALIZED 状态，所以在使用前必须先对其进行初始化。Signature 类定义了两种初始化方法（initSign 和 initVerify），它们可以分别将 Signature 对象的状态转换成 SIGN 和 VERIFY 状态。到底采用哪一种方法主要取决于是想对 Signature 对象进行签名操作还是验证操作。如果要进行签名操作，就需要用产生签名的实体私钥初始化对象，这可通过调用 initSign 方法实现：

```
public final void initSign(Privatekey privateKey)
```

调用这种方法使 Signature 对象处于 SIGN 状态。

如果要进行验证操作，就需用产生签名的实体公钥初始化对象，这可通过调用 initverify 方法实现：

```
public final void initVerify(Publickey publickey);
```

调用这种方法使 Signature 对象处于 VERIFY 状态。

如果 Signature 对象已经进行了签名初始化（已经处于 SIGN 状态），就可以将待签署的数据传递给对象，这可通过调用一次或多次 update 方法来实现：

```
public final void update(byte b)
public final void update(byte[] data)
public final void update(byte[] data, int off, int len)
```

对 update 方法的调用一直持续到所有待签署的数据全部传递给 Signature 对象。

为了产生签名，只需简单地调用 sign 方法：

```
public final byte[] sign();
public final int sign(byte[] outbuf,int offset,int len);
```

第一种方法以 byte 数组形式返回签名。第二种方法返回的签名结果存储在设定的缓冲区 outbuf 中，offset 表示缓冲区的初值，len 表示 outbuf 的长度，这种方法返回的是实际存储的字节数。签名可被带有两个整型参数 r、s 的标准 ASN.1 序列编码。

调用 sign 方法可以重置 Signature 对象状态，使它返回到调用 initSign 方法前的状态。也就是说 Signature 对象被重置，并且可以通过重新调用 update 和 sign 用同一个私钥产生另一个不同的签名。相对地，可以重新调用 initSign 指定不同私钥，或者重新调用 initVerify 初始化 Signature 对象验证签名。

如果 Signature 对象已经进行了验证初始化（已经处于 VERIFY 状态），就可以通过向对象提供验证数据（这个过程与签名过程相反）来验证签名是否是相关数据的合法签名。这可以通过一次或多次调用 update 方法来实现：

```
public final void update(byte b);
public final void update (byte[]data, int len);
public final void update (byte[]data, int offset,int len);
```

对 update 方法的调用一直持续到向 Signature 对象提供所有的验证数据为止。

可以通过调用 verify 方法来验证签名：

```
public final boolean verify(byte[] encodedSignature);
```

参数必须是包含签名的 byte 数组，该签名可被带有两个整型参数 r、s 的标准 ASN.1 编码。这是一种常用的标准编码，它与 Sign 方法产生的结果相同。verify 方法返回一个 boolean，以指示编码的签名是否是 update 方法所提供数据的合法签名。调用 verify 方法可以重置对象状态，使它返回到调用 initVerify 方法前的状态。也就是说，签名对象被重置，并且可以验证身份的另一个签名，该身份的公钥在调用 initVerify 时指定。相对地，重新调用 initVerify 以不同公钥初始化 Signature 对象来验证不同实体的签名，或者重新调用 Signature 初始化对象来产生签名。

2.7.6 包 javax.crypto 中的接口和类

包 javax.crypto 为加密操作提供接口和类。它的接口有 SecretKey，实现对称密钥相关功能，但不包含方法或常量。其唯一目的是分组秘密密钥（并为其提供类型安全）。此接口的提供者实现必须改写继承自 java.lang.Object 的 equals 和 hashCode 方法，以便根据底层密钥材料而不是根据引用进行秘密密钥比较。实现此接口的密钥以其编码格式返回字符串 RAW，并返回作为 getEncoded 方法调用结果的原始密钥字节（getFormat 和 getEncoded 方法继承自 java.security.Key 父接口）。

包 javax.crypto 中的常用接口如表 2-5 所示。

表 2-5　包 javax.crypto 中的常用接口

类	描　　述
Cipher	此类为加密和解密提供密码功能
CipherInputStream	CipherInputStream 由一个 InputStream 和一个 Cipher 组成，这样 read()方法才能返回从底层 InputStream 读入但已经由该 Cipher 另外处理过的数据
CipherOutputStream	CipherOutputStream 由一个 OutputStream 和一个 Cipher 组成，这样 write()方法才能在将数据写出到底层 OutputStream 之前先对该数据进行处理
CipherSpi	此类为 Cipher 类定义了服务提供者接口（SPI）
EncryptedPrivateKeyInfo	此类实现 EncryptedPrivateKeyInfo 类型，如在 PKCS #8 中定义的那样
ExemptionMechanism	此类提供了豁免（exemption）机制功能，例如密钥恢复、密钥唤醒和密钥托管
ExemptionMechanismSpi	此类为 ExemptionMechanism 类定义了服务提供者接口（SPI）
KeyAgreement	此类提供密钥协定（或密钥交换）协议的功能
KeyAgreementSpi	此类为 KeyAgreement 类定义了服务提供者接口（SPI）
KeyGenerator	此类提供（对称）密钥生成器的功能
KeyGeneratorSpi	此类为 KeyGenerator 类定义了服务提供者接口（SPI）
Mac	此类提供"消息验证码"（Message Authentication Code，MAC）算法的功能
MacSpi	此类为 Mac 类定义服务提供者接口（SPI）

（续表）

类	描　述
NullCipher	NullCipher 类是一个提供"标识密码"的类，其不转换纯文本
SealedObject	此类使程序员能够用加密算法创建对象并保护其机密性
SecretKeyFactory	此类表示秘密密钥的工厂
SecretKeyFactorySpi	此类定义 SecretKeyFactory 类的服务提供者接口（SPI）

此外，包 javax.crypto 还针对不同的出错情况定义了一些异常类，如表 2-6 所示。

表 2-6　javax.crypto 提供的异常类

异 常 类	描　述
BadPaddingException	当输入数据期望特定的填充机制而数据又未正确填充时抛出此异常
ExemptionMechanismException	一般 ExemptionMechanism 异常
IllegalBlockSizeException	如果提供给块密码的数据长度不正确（与密码的块大小不匹配），就抛出此异常
NoSuchPaddingException	当请求特定填充机制但该环境中未提供时，抛出此异常
ShortBufferException	当用户提供的输出缓冲区太小而不能存储操作结果时抛出此异常

2.7.7　第一个 JCA 例子

上面我们对 JCA 做了一个大概的阐述，下面我们开启第一个 JCA 实例——AES 加解密。AES 是一种对称加解密算法。所谓对称加解密，就是加密和解密的密钥必须一样。

【例 2.20】　第一个 JCA 实例（AES 加解密）

（1）打开 Eclipse，新建一个 Java 工程，工程名是 test。

（2）在 Eclipse 中，新建一个类，类名是 test，然后在 test.java 中输入如下代码：

```java
package test;

import java.io.IOException;
import java.io.UnsupportedEncodingException;
import java.security.InvalidKeyException;
import java.security.NoSuchAlgorithmException;
import java.security.SecureRandom;
import java.util.Base64;
import java.util.Scanner;

import javax.crypto.BadPaddingException;
import javax.crypto.Cipher;
import javax.crypto.IllegalBlockSizeException;
import javax.crypto.KeyGenerator;
import javax.crypto.NoSuchPaddingException;
import javax.crypto.SecretKey;
import javax.crypto.spec.SecretKeySpec;
```

```java
import sun.misc.BASE64Decoder;
import sun.misc.BASE64Encoder;

//AES 对称加密和解密
public class test {
    public static String AESEncode(String encodeRules,String content){
        try {
            //1.构造密钥生成器，指定为 AES 算法，不区分大小写
            KeyGenerator keygen=KeyGenerator.getInstance("AES");
            //2.根据 seed 生成安全随机数，以初始化密钥生成器
            //初始化密钥生成器，指定密钥长度是 128 位，并使用用户提供的随机源
            keygen.init(128, new SecureRandom(encodeRules.getBytes()));
            //3.产生原始对称密钥
            SecretKey original_key=keygen.generateKey();
            //4.获得原始对称密钥的字节数组
            byte [] raw=original_key.getEncoded();
            //5.根据字节数组生成 AES 密钥
            SecretKey key=new SecretKeySpec(raw, "AES");
            //6.根据指定算法 AES 生成密码器
            Cipher cipher=Cipher.getInstance("AES");
            /*7.初始化密码器，第一个参数为加密(Encrypt_mode)或者解密
                (Decrypt_mode)操作，第二个参数为使用的 KEY */
            cipher.init(Cipher.ENCRYPT_MODE, key);
            /*8.获取加密内容的字节数组(这里要设置为 utf-8)，不然内容中如果有中文和英文
                混合就会解密为乱码 */
            byte [] byte_encode=content.getBytes("utf-8");
            //9.根据密码器的初始化方式将数据加密
            byte [] byte_AES=cipher.doFinal(byte_encode);
            //10.将加密后的数据转换为字符串
            String AES_encode=new String(new BASE64Encoder().encode(byte_AES));
            //11.将字符串返回
            return AES_encode;
        } catch (NoSuchAlgorithmException e) {
            e.printStackTrace();
        } catch (NoSuchPaddingException e) {
            e.printStackTrace();
        } catch (InvalidKeyException e) {
            e.printStackTrace();
        } catch (IllegalBlockSizeException e) {
            e.printStackTrace();
        } catch (BadPaddingException e) {
            e.printStackTrace();
        } catch (UnsupportedEncodingException e) {
            e.printStackTrace();
        }
```

```java
        //如果有错就返加 null1
        return null;
    }
// 解密，1 到 4 步同加密
public static String AESDncode(String seed,String content){
    try {
        //1.构造密钥生成器，指定为 AES 算法，不区分大小写
        KeyGenerator keygen=KeyGenerator.getInstance("AES");
        //2.根据 seed 生成安全随机数，以初始化密钥生成器
        //根据传入的字节数组生成一个 128 位的随机源
        keygen.init(128, new SecureRandom(seed.getBytes()));
        //3.生成原始对称密钥
        SecretKey original_key=keygen.generateKey();
        //4.获得原始对称密钥的字节数组
        byte [] raw=original_key.getEncoded();
        //5.根据字节数组生成 AES 专用密钥
        SecretKeySpec key=new SecretKeySpec(raw, "AES");
        //6.根据指定算法 AES 产成密码器
        Cipher cipher=Cipher.getInstance("AES");
        /*7.初始化密码器，第一个参数为加密(Encrypt_mode)或者解密(Decrypt_mode)
            操作，第二个参数为使用的 KEY */
        cipher.init(Cipher.DECRYPT_MODE, key);
        //8.将加密并编码后的内容解码成字节数组
        byte [] byte_content= new BASE64Decoder().decodeBuffer(content);
        byte [] byte_decode=cipher.doFinal(byte_content); //解密
        String AES_decode=new String(byte_decode,"utf-8");
        return AES_decode;
    } catch (NoSuchAlgorithmException e) {
        e.printStackTrace();
    } catch (NoSuchPaddingException e) {
        e.printStackTrace();
    } catch (InvalidKeyException e) {
        e.printStackTrace();
    } catch (IOException e) {
        e.printStackTrace();
    } catch (IllegalBlockSizeException e) {
        e.printStackTrace();
    } catch (BadPaddingException e) {
        e.printStackTrace();
    }

    //如果有错就返回 null
    return null;
}
```

```
public static void main(String[] args) {
    test se=new test();
    Scanner scanner=new Scanner(System.in);
    //加密
    System.out.println("使用 AES 对称加密，请输入随机数种子：");
    String seed=scanner.nextLine();
    System.out.println("请输入要加密的内容:");
    String content = scanner.nextLine();
    String cipher = se.AESEncode(seed, content); //加密
    System.out.println("加密后的密文是:"+cipher);
    System.out.println("解密后的明文是:"+se.AESDncode(seed, cipher)); //解密
}
}
```

上面的代码首先根据用户输入的种子（随机源）生成一个随机数（第 4 章会详细阐述随机数），初始化得到密钥。值得注意的是，种子相同，得到的随机数相同（第 4 章会有例子对此证明），我们用相同的随机数去初始化密钥生成器，密钥生成器生成的密钥也是一样的，那么加密和解密所使用的密钥就是相同的，这就是对称加解密的一个重要特性。

密钥生成后，对明文 content 进行加密（通过函数 doFinal）得到密文 cipher，再进行解密（也是通过函数 doFinal），还原出明文。例子虽然功能简单，但是也算五脏俱全，不仅有加解密，还对加解密结果进行 Base64 编码（后面章节会专门讲）。有些地方不理解没关系，本例主要是测试 JCA 开发环境是否工作正常。

值得注意的是，这里用 Base64 编码时会找不到包，解决方法是在 Eclipse 中右击 Package Explorer 下的 test 工程名，选择 Properties，然后在 Properties for test 对话框的左边选择 Java Build Path，在右边打开 Libraries 选项卡，然后展开下方的 JRE System Library，选择"Access rules:No rules defined"，如图 2-102 所示。

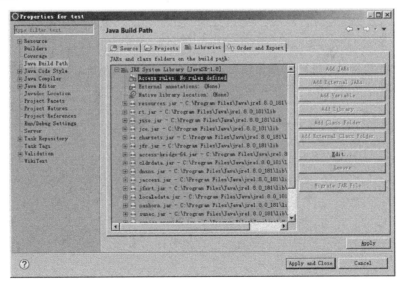

图 2-102

单击右边的 Edit 按钮，会出现 Type Access Rules 对话框，如图 2-103 所示。

单击 Add 按钮，在 Resolution 旁边选择 Accessible，并在 Rule Pattern 旁输入两个星号"**"，如图 2-104 所示。

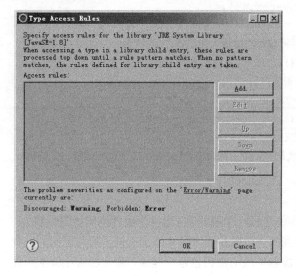

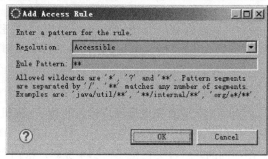

图 2-103   图 2-104

连续单击"OK"按钮，最后单击 Apply and Close 按钮关闭属性对话框。

（3）保存工程并按 Ctrl+F11 快捷键运行工程，运行结果如图 2-105 所示。

图 2-105

首先输入随机数种子"123"，然后输入要加密的明文"HelloWorld"，随后程序会输出编码过的密文和解密结果。至此，第一个 JCA 例子运行成功！

第**3**章

对称密码算法原理

按照现代密码学的观点，可将密码体制分为两大类：对称密码体制和非对称密码体制。本章讲述对称密码算法体制。

3.1　基本概念

加密和解密使用相同密钥的密码算法叫对称加解密算法，简称对称算法。对称算法速度快，通常在需要加密大量数据时使用。所谓对称，就是采用这种密码方法的双方使用同样的密钥进行加密和解密。

对称加解密算法的优点是算法公开、计算量小、加密速度快、加密效率高，对称加解密算法的缺点是产生的密钥过多和密钥分发困难。

常用的对称算法有 DES、3DES、TDEA、Blowfish、RC2、RC4、RC5、IDEA、SKIPJACK、AES，以及国家密码局颁布的 SM1 和 SM4 等算法。这些算法我们不必每个都精通，有些只需了解即可，但国家密码局颁布的两个算法建议详细掌握，因为使用场合较多。

对称算法概念简单，并且现在流行图解，下面用一张图（见图 3-1）来演示对称算法。发送方（加密的一方）和接收方（解密的一方），使用的密钥都是相同的，都是"密钥 1"。发送方用密钥 1 对明文进行加密后形成密文，然后通过网络传递到接收方，接收方通过密钥 1 解开密文得到明文。这就是对称算法的一个基本使用过程。

从图 3-1 所示的流程中我们可以发现，双方都使用相同的密钥（密钥 1），这个密钥 1 如何安全高效地传递给双方是一个很重要的问题。规模小或许问题不大，一旦规模大了，对称算法的密钥分发就是一个大问题了。

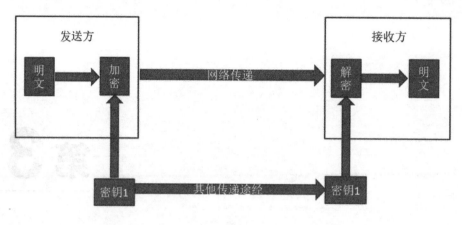

图 3-1

3.2 对称加解密算法的分类

对称加解密算法可以分为流加解密算法和分组加解密算法。其中，分组加解密算法又称为块加解密算法。

3.3 流加密算法

3.3.1 基本概念

流加密又称序列加密，是对称加密算法的一种。加密和解密双方使用相同伪随机数据流（pseudo-randomstream）作为密钥（这个密钥也称为伪随机密钥流，简称密钥流），明文数据每次与密钥数据流顺次对应加密，得到密文数据流。实践中，数据通常是一个位（bit），并用异或（xor）操作加密。

最早出现的类流密码形式是 Veram 密码。直到 1949 年，信息论创始人 Shannon 发表的两篇划时代论文《通信的数学理论》和《保密系统的信息理论》证明了只有"一次一密"的密码体制才是理论上不可破译、绝对安全的，由此奠定了流密码技术的发展基石。流密码长度可灵活变化，且具有运算速度快、密文传输中没有差错或只有有限的错误传播等优点。目前，流密码成为国际密码应用的主流，而基于伪随机序列的流密码成为当今最通用的密码系统，流密码的算法也成为各种系统所广泛采用的加密算法。目前，比较常见的流密码加密算法包括 RC4、B-M、A5、SEAL 等。

在流加密中，密钥的长度和明文的长度是一致的。假设明文的长度是 n 比特，那么密钥也为 n 比特。流密码的关键技术在于设计一个良好的密钥流生成器，即由种子密钥通过密钥流生成器生成伪随机流。通信双方交换种子密钥即可（已拥有相同的密钥流生成器），具体可见图 3-2 所示。

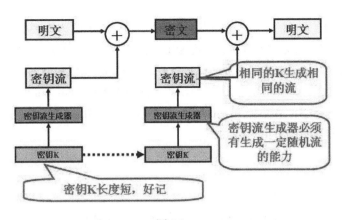

图 3-2

伪随机密钥流（Pseudo-Random-Keystream）由一个随机的种子（seed）通过算法（Pseudo-Random Generator，PRG）得到，用 k 作为种子、G(k)作为实际使用的密钥进行加密解密工作。为了保证流加密的安全性，PRG 必须是不可预测的。

设计流密码的一个重要目标就是设计密钥流生成器，使得密钥流生成器输出的密钥流具有类似"掷骰子"一样的完全随机特性。实际上，密钥流不可能是完全随机的，通常主要从周期性、随机统计性和不可预测性等角度来衡量一个密钥流的安全性。

鉴于流密码在军事和外交保密通信中有重要价值，因此通常在各国核心要害部门使用，并且各国政府基本都把流密码算法的出口作为军事产品的出口加以限制。允许出口的加密产品对其他国家来说已不再安全。这使得学术界对于流密码的研究成果远远落后于各个政府的密码机构，从而限制了流密码技术的发展速度。幸运的是，虽然还没有制定流密码的标准，但是流密码的标准化、规范化、芯片化问题已经引起各国政府和密码学家的高度重视并开始着手进行改善，以便能为赢得高技术条件下的竞争提供信息安全保障。目前公开的对称算法更多的是分组算法，比如 SM1 和 SM4 等。

3.3.2　流密码和分组密码的比较

在通常的流密码中，解密用的密钥序列是由密钥流生成器用确定性算法产生的，因而密钥流序列可认为是伪随机序列。流密码与分组密码相比较，具有加解密速度更快、没有或只有有限的错误传播、实时性更好、更易于软硬件实现等优点。因此，流密码算法的设计与分析正逐步成为各国学者研究的热点。

3.3.3　RC4 算法

1. RC4 算法概述

最著名的流加密算法是 RC4 算法。RC4 算法是大名鼎鼎的 RSA 三人组中的头号人物 Ron Rivest 在 1987 年设计的一种流密码。当时，该算法作为 RSA 公司的商业机密并没有公开，直到 1994 年 9 月才通过 Cypherpunks 匿名邮件列表公开于 Internet 上。泄露出来的 RC4 算法通常称为 ARC4（Assumed RC4），虽然它的功能经证实等价于 RC4，但是 RSA 从未正式承认泄露的算法就是 RC4。目前，真正的 RC4 要求从 RSA 购买许可证，基于开放源代码的 RC4 产品使用的是当初泄露的 ARC4 算法。它以字节流的方式依次加密明文中的每个字节。解密的时候也是依次对密文中的每个字节进行解密。

由于 RC4 算法具有良好的随机性和抵抗各种分析的能力，因此该算法在众多领域的安全模块得到了广泛的应用。在国际著名的安全协议标准 SSL/TLS（安全套接字协议/传输层安全协议）中，利用 RC4 算法保护互联网传输中的保密性。在作为 IEEE 802.11 无线局域网标准的 WEP 协议中，利用 RC4 算法进行数据间的加密。同时，RC4 算法也被集成于 Microsoft Windows、Lotus Notes、Apple AOCE、Oracle Secure SQL、Adobe Acrobat 等应用软件中。另外，TLS（传输层协议）以及其他很多应用领域也使用该算法。

2. RC4 算法的特点

RC4 算法主要有两个特点：

（1）算法简洁，易于软件实现，加密速度快，安全性比较高。

（2）密钥流长度可变，一般用 256 个字节。

3. RC4 算法原理

前面提过，流密码就是使用较短的一串数字（称为密钥）来生成无限长的伪随机密钥流（事实上只需要生成和明文长度一样的密码流就够了），然后将密钥流和明文异或得到密文。解密就是将这个密钥流和密文进行异或。

用较短的密钥产生无限长的密码流的方法非常多，其中有一种叫作 RC4。RC4 是面向字节的序列密码算法，一个明文的字节（8 比特）与一个密钥的字节进行异或就生成了一个密文的字节。RC4 算法的特点是算法简单，运行速度快，而且密钥长度是可变的，可变范围为 1～256 字节。在如今技术支持的前提下，当密钥长度为 128 比特时，用暴力法搜索密钥已经不太可行，所以可以预见 RC4 的密钥范围仍然可以在今后相当长的时间里抵御暴力搜索密钥的攻击。实际上，如今也没有找到对于 128bit 密钥长度的 RC4 加密算法的有效攻击方法。

RC4 算法中的密钥长度为 1～256 字节。注意，密钥的长度与明文长度、密钥流的长度没有必然关系。通常密钥的长度取 16 字节（128 比特）。

RC4 算法的关键是依据密钥生成相应的密钥流，密钥流的长度和明文的长度是相应的。也就是说，假如明文的长度是 500 字节，那么密钥流也是 500 字节。当然，加密生成的密文也是 500 字节。密文第 i 字节=明文第 i 字节^密钥流第 i 字节，^是异或的意思。RC4 可用 3 步来生成密钥流：

（1）第一步，初始化向量 S（也称 S 盒），也就是一个数组 S[256]。指定一个短的密钥，存储在 key[MAX]数组里，令 S[i]=i。

```
for i from 0 to 255  //初始化
    S[i] := i
endfor
```

（2）第二步，排列 S 盒。利用密钥数组 key 来对数组 S 做一个置换，也就是对 S 数组里的数重新排列，排列算法的伪代码为：

```
j := 0
for i from 0 to 255  //排列 S
    j := (j + S[i] + key[i mod keylength]) mod 256   // keylength 是密钥长度
    swap values of S[i] and S[j]
endfor
```

（3）第三步，产生密钥流。利用上面重新排列的数组 S 来产生任意长度的密钥流，算法为：

```
for r=0 to plainlen do  // plainlen 为明文长度
{
    i=(i+1) mod 256;
    j=(j+S[i])mod 256;
    swap(S[i],S[j]);
    t=(S[i]+S[j])mod 256;
    k[r]=S[t];
}
```

一次产生一个字符长度（8bit）的密钥流数据，一直循环，直到密码流和明文长度一样为止。数组 S 通常称为状态向量，长度为 256，其每一个单元都是一个字节。无论什么时候，S 都包含 0～255 的 8 比特数的排列组合，仅仅只是值的位置发生了变换。

产生密钥流之后，对信息进行加密和解密就只是做一个异或运算。下面我们分别用 Java 语言来实现 RC4 算法。

4. 实现 RC4 算法

【例 3.1】　Java 实现 RC4 算法

（1）打开 Eclipse，新建一个 Java 工程，工程名是 test。

（2）在工程中新建一个类，类名是 test，然后在 test.java 中输入如下代码：

```java
package test;

public class test {
    public static String myRC4(String aInput,String aKey)
    {
        int[] iS = new int[256];
        byte[] iK = new byte[256];

        for (int i=0;i<256;i++)
            iS[i]=i;

        int j = 1;

        for (short i= 0;i<256;i++)
        {
            iK[i]=(byte)aKey.charAt((i % aKey.length()));
        }

        j=0;

        for (int i=0;i<255;i++)
        {
```

```
            j=(j+iS[i]+iK[i]) % 256;
            int temp = iS[i];
            iS[i]=iS[j];
            iS[j]=temp;
        }


        int i=0;
        j=0;
        char[] iInputChar = aInput.toCharArray();
        char[] iOutputChar = new char[iInputChar.length];
        for(short x = 0;x<iInputChar.length;x++)
        {
            i = (i+1) % 256;
            j = (j+iS[i]) % 256;
            int temp = iS[i];
            iS[i]=iS[j];
            iS[j]=temp;
            int t = (iS[i]+(iS[j] % 256)) % 256;
            int iY = iS[t];
            char iCY = (char)iY;
            iOutputChar[x] =(char)( iInputChar[x] ^ iCY);
        }

        return new String(iOutputChar);

    }

    public static void main(String[] args) {
        // TODO Auto-generated method stub
        String inputStr = "为何要拖欠工资!! ";
        String key = "abcdefg";

        String str = myRC4(inputStr,key);

        //打印加密后的字符串
        System.out.println(str);
        //打印解密后的字符串
        System.out.println(myRC4(str,key));
    }
}
```

（3）保存工程，按 Ctrl+F11 快捷键运行工程，便会输出密文和解密后的明文，运行结果如图 3-3 所示。

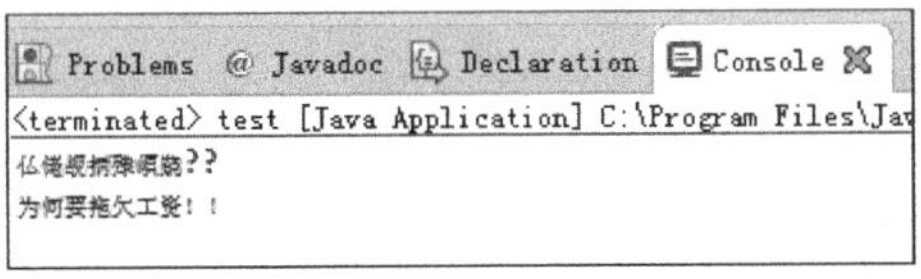

图 3-3

3.4　分组加密算法

分组加密算法又称块加密算法,就是一组一组进行加解密。它将明文分成多个等长的块(block,或称分组),使用确定的算法和对称密钥对每组分别进行加解密。通俗地讲,就是一组一组地进行加解密,而且每组数据长度相同。

3.4.1　工作模式

有人或许会想,既然是一组一组加解密的,那么程序是否可以设计成并行加解密?比如在多核计算机上开 n 个线程,同时对 n 个分组同时进行加解密。这个想法不完全正确,因为分组和分组之间可能存在关联,这就引出了分组算法的工作模式概念。分组算法的工作模式就是用来确定分组之间是否有关联以及如何关联的问题。不同的工作模式(也称加密模式)使得每个加密区块(分组)之间的关系不同。

通常,分组算法有 5 种工作模式,如表 3-1 所示。

表 3-1　分组算法的工作模式

加密模式	特　点
ECB(Electronic Code Book,电子密码本模式)	分组之间没有关联,简单快速,可并行计算
CBC(Cipher Block Chaining,密码分组链接模式)	仅解密支持并行计算
CFB(Cipher Feedback Mode,加密反馈模式)	仅解密支持并行计算
OFB(Output Feedback Mode,输出反馈模式)	不支持并行运算
CTR(Counter,计算器模式)	支持并行计算

1. ECB 模式

ECB 模式是最早采用和最简单的模式,它将加密的数据分成若干组,每组的大小跟加密密钥长度相同,然后每组都用相同的密钥进行加密。相同的明文会产生相同的密文。其缺点是:电子密码本模式用一个密钥加密消息的所有块,如果原消息中重复明文块,则加密消息中的相应密文块也会重复。因此,电子密码本模式适于加密小消息。ECB 模式的具体过程如图 3-4 所示。

在图 3-4 中,每个分组的运算(加密或解密)都是独立的,每个分组加密只需要密钥和该明文分组即可,每个分组解密也只需要密钥和该密文分组即可。这就产生了一个问题,即加密时相同内容的明文块将得到相同的密文块(密钥相同,输入相同,得到的结果也就相同了),这样就难以抵抗统计分析攻击了。ECB 每组没关系也促成其优点,比如有利于并行计算、误差不会被传送、运算简单、不需要初始向量(IV)。

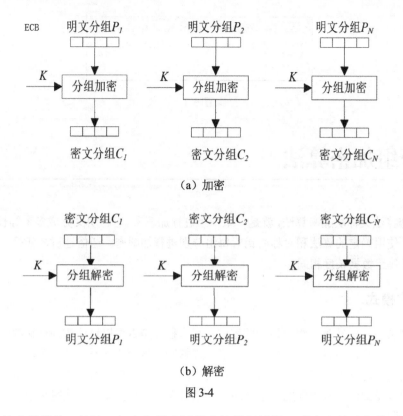

（a）加密

（b）解密

图 3-4

该模式的特点是简单、快速，加密和解密过程支持并行计算；明文中的重复排列会反映在密文中；通过删除、替换密文分组可以对明文进行操作（即可攻击），无法抵御重放攻击；对包含某些比特错误的密文进行解密时，对应的分组会出错。

2. CBC 模式

初始向量（IV，initialization vector；或 SV，starting variable）也称初向量，是一个固定长度的比特串。一般使用上会要求它是随机数或伪随机数（pseudorandom）。使用随机数产生的初始向量使得同一个密钥加密的结果每次都不同，这样攻击者难以对同一把密钥的密文进行破解。

CBC 模式由 IBM 于 1976 年发明。加密时，第一个明文块和初始向量（IV）进行异或后，再用 key 进行加密，以后每个明文块与前一个分组结果（密文）块进行异或，再用 key 进行加密。解密时，第一个密文块先用 key 解密，得到的中间结果再与初始向量（IV）进行异或得到第一个明文分组（第一个分组的最终明文结果），后面每个密文块也是先用 key 解密，得到的中间结果再与前一个密文分组（注意是解密之前的密文分组），进行异或后得到本次明文分组。在这种方法中，每个分组的结果都依赖于它前面的分组。同时，第一个分组也依赖于 IV，IV 的长度和分组相同。需要注意的是，加密时的 IV 和解密时的 IV 必须相同。

CBC 模式需要初始化向量 IV（长度与分组大小相同），参与计算第一组密文，第一组密文当作向量与第二组数据一起计算后再进行加密以产生第二组密文，后面以此类推（参见图 3-5）。

CBC 是最常用的工作模式，主要缺点在于加密过程是串行的，无法被并行化（因为后一个运算要等到前一个运算的结果后才能开始）。另外，明文中的微小改变会导致其后的全部密文块发生改变，这是其又一个缺点：加密时可能会有误差传递。

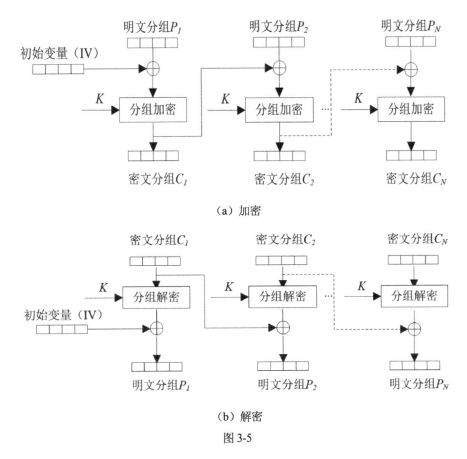

（a）加密

（b）解密

图 3-5

在解密时，因为是把前一个密文分组作为当前向量，不必等前一个分组运算完毕，所以解密时可以并行化。解密时，密文中一位的改变只会导致其对应的明文块发生改变和下一个明文块中对应位（因为是异或运算）发生改变，不会影响到其他明文的内容，所以解密时不会误差传递。

该模式的特点是：明文的重复排列不会反映在密文中；只有解密过程可以并行计算，加密过程需要前一个密文组，无法进行并行计算；够解密任意密文分组；对包含某些错误 bite 的密文进行揭秘，第一个分组的全部 bite（"全部"是由于密文参与了解密算法）和后一个分组的相应 bite 会出错（"相应"是由于出错的密文在后一组中只参与了 XOR 运算）；填充提示攻击。

3. CFB 模式

CFB（Cipher FeedBack，密文反馈）模式和 CBC 类似，也需要 IV。加密第一个分组时，先对 IV 进行加密，得到中间结果与第一个明文分组进行异或得到第一个密文分组；加密后面的分组时，把前一个密文分组作为向量先加密，得到的中间结果再和当前明文分组进行异或得到密文分组。解密时，解密第一个分组时，先对 IV 进行加密运算（注意用的是加密算法），得到的中间结果再与第一个密文分组进行异或得到明文分组；解密后面的分组时，把上一个密文分组当作向量进行加密运算（注意还是用的加密算法），得到的中间结果再和本次的密文分组进行异或得到本次的明文分组，参见图 3-6。

同 CBC 一样，加密时因为要等前一次的结果，所以只能串行，无法并行计算。解密时因为不用等前一次的结果，所以可以并行计算。

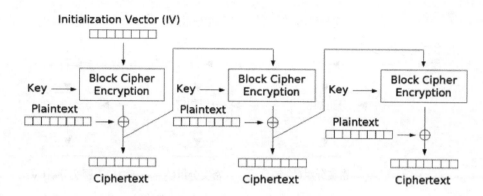

Cipher Feedback (CFB) mode encryption

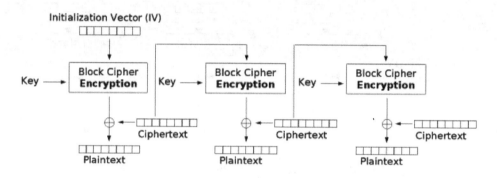

Cipher Feedback (CFB) mode decryption

图 3-6

该模式的特点是：不需要填充；仅解密过程支持并行运算，加密过程需要前一个密文组参与，无法进行并行计算；能够解密任意密文分组；对包含某些错误 bite 的密文进行揭秘，第一个分组的部分 bite 和后一个分组的全部 bite 会出错；不能抵御重放攻击。

4. OFB 模式

OFB（Output FeedBack，输出反馈）也需要 IV。加密第一个分组时，先对 IV 进行加密，得到的中间结果与第一个明文分组进行异或得到第一个密文分组；加密后面的分组时，把前一个中间结果（前一个分组的向量的密文）作为向量先加密，得到的中间结果再和当前明文分组进行异或得到密文分组。解密时，解密第一个分组时，先对 IV 进行加密运算（注意用的是加密算法），得到的中间结果再与第一个密文分组进行异或得到明文分组；解密后面的分组时，把上一个中间结果（前一个分组的向量的密文，用的依然是加密算法）当作向量进行加密运算（注意用的是加密算法），得到的中间结果再和本次的密文分组进行异或得到本次的明文分组，如图 3-7、图 3-8 所示。

该模式的特点是：不需要填充；可事先进行加密、解密准备；加密解密使用相同的结构（即加密和解密算法过程相同）；对包含某些错误 bit 的密文进行解密时，只有明文中相应的 bit 会出错；不支持并行计算。

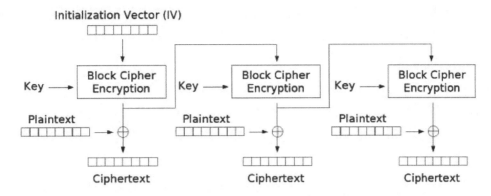

Output Feedback (OFB) mode encryption

图 3-7

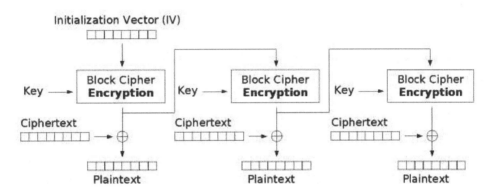

Output Feedback (OFB) mode decryption

图 3-8

3.4.2　短块加密

分组密码一次只能对一个固定长度的明文（密文）块进行加（解）密。当最后一次要处理的数据小于分组长度时，就要进行特殊处理。这里把长度小于分组长度的数据称为短块。短块因为不足一个分组，所以不能直接进行加解密，必须采用合适的技术手段解决短块加解密问题。比如，要加密 33 个字节，前面 32 个字节是 16 的整数倍，可以直接加密，剩下的 1 个字节就不能直接加密了，因为不足一个分组长度了。

对于短块的处理，通常有 3 种技术方法：

（1）填充技术

填充技术就是用无用的数据填充短块，使之成为标准块（长度为一个分组的数据块）。填充的方式可以自定义，比如填 0、填充的数据长度值、随机数等。严格来讲，为了确保加密强度，填充的数据应是随机数。但是收信者如何知道哪些数字是填充的呢？这就需要增加指示信息了，通常是用最后 8 位作为填充指示符，比如最后一个字节存放填充的数据的长度。

值得注意的是，填充可能引起存储器溢出，因而可能不适合文件和数据块加密。填充加密后，密文长度就跟明文长度不一样了。

（2）密文挪用技术

这种技术不需要引入新数据，只需把短块和前面分组的部分密文组成一个分组后进行加密。密文挪用法也需要指示挪用位数的指示符，否则收信者不知道挪用了多少位，从而不能正确解密。密文挪用法的优点是不引起数据扩展，也就是密文长度同明文长度是一致的；缺点是控制稍复杂。

（3）序列加密

对于最后一块短块数据，直接使用密钥 K 与短块数据模 2 相加。序列加密技术的优点是简单，但是如果短块太短，则加密强度不高。

3.4.3　DES 和 3DES 算法

1. 概述

DES（Data Encryption Standard，数据加密标准）是由 IBM 公司研制的一种对称算法，也就是说它使用同一个密钥来加密和解密数据，并且加密和解密使用的是同一种算法。美国国家标准局于 1977 年公布把它作为非机要部门使用的数据加密标准。DES 还是一种分组加密算法，该算法每次处理固定长度的数据段，称之为分组。DES 分组的大小是 64 位（8 字节），如果加密的数据长度不是 64 位的倍数，就可以按照某种具体的规则来填充位。DES 算法保密性依赖于密钥，保护密钥异常重要。

DES（Data Encryption Standard）加密技术是一种常用的对称加密技术。该技术算法公开，加密强度大，运算速度快，在各行业甚至军事领域得到广泛的应用。DES 算法于 1977 年公布，虽然有些人对它的加密强度持怀疑态度，但是现在还没有发现实用的破译 DES 的方法，并且在应用中人们不断提出新的方法来增强 DES 算法的加密强度，如 3 重 DES 算法、带有交换 S 盒的 DES 算法等，因此 DES 算法在信息安全领域仍有广泛的应用。

2. DES 算法的密钥

严格来讲，DES 算法的密钥长度为 56 位，通常用一个 64 位的数来表示密钥，然后经过转换得到 56 位的密钥，而第 8、16、24、32、40、48、56、64 位是校验位，不参与 DES 加解密运算，所以这些位上的数值不能算密钥。为了方便区分，我们把 64 位的数称为从用户处取得的用户密钥，而 56 位的数称为初始密钥（或工作密钥，或有效输入密钥）。

DES 的安全性首先取决于密钥的长度。密钥越长，破译者利用穷举法搜索密钥的难度就越大。目前，根据当今计算机的处理速度和能力，56 位长度的密钥已经能够被破解，128 位的密钥则被认为是安全的，随着时间的推移，这个数字迟早会被突破。

具体加解密运算前，DES 算法的密钥还要通过等分、移位、选取、迭代形成 16 个子密钥，分别供每一轮运算使用，每个子密钥为 48 比特。计算出子密钥是进行 DES 加密的前提条件。生成子密钥的基本步骤如下：

（1）等分

等分密钥就是从用户处取得一个 64 位长的初始密钥并变为 56 位的工作密钥。方法很简单，根据一个固定"站位表"让 64 位初始密钥中的对应位置的值出列，并"站"到表中去。图 3-9 所示的表格中的数字表示初始密钥每一位的位置，比如 57 表示初始密钥中第 57 位那个比特值要站到该表的第 1 个位置上（初始密钥的第 57 位成为新密钥的第 1 位），49 表示初始密钥中第 49 位那个比特值要站到该表的第 2 个位置上（初始密钥的第 49 位变换为新密钥的第 2 位），从左到右、从上到下依次进行，直到初始密钥的第 4 位成为新密钥的最后一位。

57	49	41	33	25	17	9
1	58	50	42	34	26	18
10	2	59	51	43	35	27
19	11	3	60	50	44	36
65	55	47	39	31	23	15
7	62	54	46	38	30	22
14	6	61	53	45	37	29
21	13	5	28	20	12	4

图 3-9

比如，现在有一个 64 位的初始密钥 K=133457799BBCDFF1，可化成二进制：

K = 00010011 00110100 01010111 01111001 10011011 10111100 11011111 11110001

根据图 3-9，我们将得到 56 位的工作密钥：

Kw = 1111000 0110011 0010101 0101111 0101010 1011001 1001111 0001111

Kw 一共 56 位，没有数字 8、16、24、32、40、48、56、64，这些位置被去掉了。等分工作结束，进入下一步。

（2）移位

我们通过上一步的等分工作得到了一个工作密钥：

Kw = 1111000 0110011 0010101 0101111 0101010 1011001 1001111 0001111

将这个密钥拆分为左右两部分，即 C0 和 D0，每半边都有 28 位。比如，对于 Kw，我们得到：

C0 = 1111000 0110011 0010101 0101111
D0 = 0101010 1011001 1001111 0001111

对相同定义的 C0 和 D0，现在创建 16 个块 C_n 和 D_n（$1 \leqslant n \leqslant 16$）。每一对 C_n 和 D_n 都是由前一对 C_{n-1} 和 D_{n-1} 移位而来的。具体说来，对于 n = 1,2,…,16，在前一轮移位的结果上，进行一些次数的左移操作。

左移指的是将除第一位外的所有位往左移一位，将第一位移动至最后一位。也就是说，C3 and D3 是 C2 and D2 移位而来的；C16 and D16 是由 C15 and D15 通过 1 次左移得到的。在所有情况下，一次左移就是将所有比特往左移动一位，使得移位后的比特位置相较于变换前成为 2、3、…、28、1。比如，对于原始子秘钥 C0 and D0，我们得到：

C0 = 1111000011001100101010101111
D0 = 0101010101100110011110001111
C1 = 1110000110011001010101011111

```
D1  = 1010101011001100111100011110
C2  = 1100001100110010101010111111
D2  = 0101010110011001111000111101
C3  = 0000110011001010101011111111
D3  = 0101011001100111100011110101
C4  = 0011001100101010101111111100
D4  = 0101100110011110001111010101
C5  = 1100110010101010111111110000
D5  = 0110011001111000111101010101
C6  = 0011001010101011111111000011
D6  = 1001100111100011110101010101
C7  = 1100101010101111111100001100
D7  = 0110011110001111010101010110
C8  = 0010101010111111110000110011
D8  = 1001111000111101010101011001
C9  = 0101010101111111100001100110
D9  = 0011110001110101010101100011
C10 = 0101010111111100001100110011001
D10 = 1111000111101010101011001100
C11 = 0101011111110000110011001001
D11 = 1100011110101010101100110011
C12 = 0101111111100001100110010101
D12 = 0001111010101010110011001111
C13 = 0111111110000110011001010101
D13 = 0111101010101011001100111100
C14 = 1111111000011001100101010101
D14 = 1110101010101100110011110001
C15 = 1111100001100110010101010111
D15 = 1010101011001100111110001111
C16 = 1111000011001100101010101111
D16 = 0101010101100110011110001111
```

现在就可以得到第 n 轮的新秘钥 Kn（1<=n<=16）了。具体做法是，对每对拼合后的临时子密钥 CnDn，按下面的位置说明执行变换：

14	17	11	24	1	5
3	28	15	6	21	10
23	19	12	4	26	8
16	7	27	20	13	2
41	52	31	37	47	55
30	40	51	45	33	48

每对临时子密钥有 56 位，但是上面仅仅使用了其中的 48 位。这里的数字同样表示位置，让每对临时子密钥相应位置上的比特值站到该表格中去，从而形成新的子密钥。于是，第 n 轮的新子密钥 Kn 的第 1 位来自组合的临时子密钥 CnDn 的第 14 位，第 2 位来自第 17 位，以此类推，直到新密钥的第 48 位来自组合秘钥的第 32 位。比如，对于第 1 轮组合的临时子密钥，我们有：

C1D1 = 1110000 1100110 0101010 1011111 1010101 0110011 0011110 0011110

通过上面的变换后，得到：

K1 = 000110 110000 001011 101111 111111 000111 000001 110010

这样我们就可以让 56 位的长度变为 48 位长度了。同理，对于其他密钥得到：

K2 = 011110 011010 111011 011001 110110 111100 100111 100101
K3 = 010101 011111 110010 001010 010000 101100 111110 011001
K4 = 011100 101010 110111 010110 110110 110011 010100 011101
K5 = 011111 001110 110000 000111 111010 110101 001110 101000
K6 = 011000 111010 010100 111110 010100 000111 101100 101111
K7 = 111011 001000 010010 110111 111101 100001 100011 111100
K8 = 111101 111000 101000 111010 110000 010011 101111 111011
K9 = 111000 001101 101111 101011 111011 011110 011110 000001
K10 = 101100 011111 001101 000111 101110 100100 011001 001111
K11 = 001000 010101 111111 010011 110111 101101 001110 000110
K12 = 011101 010111 000111 110101 100101 000110 011111 101001
K13 = 100101 111100 010111 010001 111010 101011 101101 100101
K14 = 010111 110100 001110 110111 111100 001110 011100 111010
K15 = 101111 111001 000110 001101 001111 010011 111100 001010
K16 = 110010 110011 110110 001011 000011 100001 011111 110101

16 组子密钥全部生成完毕，可以进入实际加解密运算了。为了更形象地展示上述子密钥的生成过程，我们画了一张图（见图 3-10）来帮助大家理解。其中，左旋 1 位的意思就是循环左移 1 位。

3. DES 算法原理

DES 算法是分组算法，每组 8 字节，加密时一组一组进行，解密时也是一组一组进行。

要加密一组明文，每个子密钥按照顺序（1～16）以一系列的位操作施于数据上，每个子密钥一次，一共重复 16 次。每一次迭代称为一轮。要对密文进行解密可以采用同样的步骤，只是子密钥是按照逆向的顺序（16～1）对密文进行处理。

我们先来看加密。首先对某个明文分组 M 进行初始变换 IP（Initial Permutation），变换依然是通过一张表格让明文出列站到表格上去，具体表格内容如下：

58	50	42	34	26	18	10	2
60	52	44	36	28	20	12	4
62	54	46	38	30	22	14	6
64	56	48	40	32	24	16	8
57	49	41	33	25	17	9	1
59	51	43	35	27	19	11	3
61	53	45	37	29	21	13	5
63	55	47	39	31	23	15	7

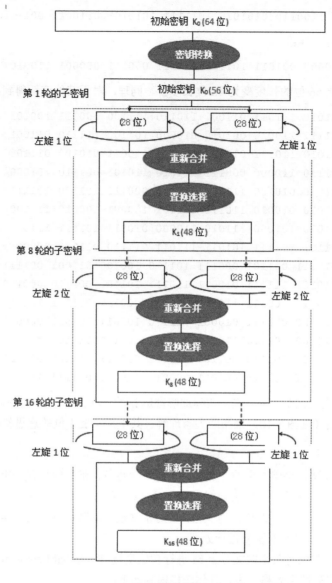

图 3-10

表格的下标对应新数据的下标,表格的数值 x 表示新数据的这一位来自旧数据的第 x 位。例如,M 的第 58 位成为 IP 的第 1 位,M 的第 50 位成为 IP 的第 2 位,M 的第 7 位成为 IP 的最后一位。假设明文分组 M 数据为:

M = 0000 0001 0010 0011 0100 0101 0110 0111 1000 1001 1010 1011 1100 1101 1110 1111

对 M 的区块执行初始变换,得到新数据:

IP = 1100 1100 0000 0000 1100 1100 1111 1111 1111 0000 1010 1010 1111 0000 1010 1010

按照表格的数据,依次交换:M 的第 58 位是 1,变成了 IP 的第 1 位;M 的第 50 位是 1,变成了 IP 的第 2 位;……;M 的第 7 位是 0,变成了 IP 的最后一位。初始变换完成。

接着把初始变换后的新数据 IP 分为 32 位的左半边 L_0 和 32 位的右半边 R_0：

```
L0 = 1100 1100 0000 0000 1100 1100 1111 1111
R0 = 1111 0000 1010 1010 1111 0000 1010 1010
```

接着执行 16 个迭代：对 $1 \leqslant n \leqslant 16$，使用一个函数 f，输入两个区块（一个 32 位的数据区块和一个 48 位的秘钥区块 K_n），输出一个 32 位的区块。定义符号 $\oplus$ 表示异或运算。让 n 从 1 循环到 16，计算 L_n 和 R_n。

```
Ln = Rn-1
Rn = Ln-1 ⊕ f(Rn-1,Kn)
```

这样我们就得到最终区块，也就是 n = 16 的 $L_{16}R_{16}$。这个过程就是用前一个迭代结果的右边 32 位作为当前迭代的左边 32 位。对于当前迭代的右边 32 位，将它和上一个迭代的 f 函数的输出执行 XOR 运算。

比如，对 n = 1，我们有：

```
K1 = 000110 110000 001011 101111 111111 000111 000001 110010
L1 = R0 = 1111 0000 1010 1010 1111 0000 1010 1010
R1 = L0 ⊕ f(R0,K1)
```

剩下的就是 f 函数是如何工作的了。为了计算 f，我们首先拓展每个 R_{n-1}，将其从 32 位拓展到 48 位。这是通过使用一张表来重复 R_{n-1} 中的一些位来实现的，具体数据如下：

32	1	2	3	4	5
4	5	6	7	8	9
8	9	10	11	12	13
12	13	14	15	16	17
16	17	18	19	20	21
20	21	22	23	24	25
24	25	26	27	28	29
28	29	30	31	32	1

我们称这个过程为函数 E，也就是说函数 $E(R_{n-1})$ 输入 32 位输出 48 位。比如，给定 R_0，我们可以计算出 $E(R_0)$：

```
R0 = 1111 0000 1010 1010 1111 0000 1010 1010
E(R0) = 011110 100001 010101 010101 011110 100001 010101 010101
```

注意，输入的每 4 位一个分组被拓展为输出的每 6 位一个分组。接着在 f 函数中对输出 $E(R_{n-1})$ 和密钥 K_n 执行 XOR 运算：

```
Kn ⊕ E(Rn-1)
```

比如，对 $K_1 \oplus E(R_0)$，我们有：

```
K1 = 000110 110000 001011 101111 111111 000111 000001 110010
E(R0) = 011110 100001 010101 010101 011110 100001 010101 010101
K1⊕E(R0) = 011000 010001 011110 111010 100001 100110 010100 100111
```

到这里我们还没有完成 f 函数的运算，仅仅使用一张表将 R_{n-1} 从 32 位拓展为 48 位，并且对这个结果和密钥 K_n 执行了异或运算。现在有了 48 位的结果，或者说 8 组 6 比特数据。我们现在要对每组的 6 比特执行一些奇怪的操作：将它作为一张被称为 "S 盒" 的表格的地址。每组 6 比特都将给我们一个位于不同 S 盒中的地址。在那个地址里存放着一个 4 比特的数字。这个 4 比特的数字将会替换掉原来的 6 个比特。最终结果就是，8 组 6 比特的数据被转换为 8 组 4 比特（一共 32 位）的数据。

将上一步 48 位的结果写成如下形式：

$K_n \oplus E(R_{n-1})$ =B1B2B3B4B5B6B7B8

每个 Bi 都是一个 6 比特的分组，我们现在计算 S1(B1)S2(B2)S3(B3)S4(B4)S5(B5)S6(B6)S7(B7)S8(B8)。其中，Si(Bi) 指的是第 i 个 S 盒的输出。为了计算每个 S 函数 S1、S2、…、S8，取一个 6 位的区块作为输入，输出一个 4 位的区块。决定 S1 的表格如图 3-11 所示。

	列 行	0	1	2	3	4	5	6	7	8	9	10	11	12	13	14	15
S1	0	14	4	13	1	2	15	11	8	3	10	6	12	5	9	0	7
	1	0	15	7	4	14	2	13	1	10	6	12	11	9	5	3	8
	2	4	1	14	8	13	6	2	11	15	12	9	7	3	10	5	0
	3	15	12	8	2	4	9	1	7	5	11	3	14	10	0	6	13

图 3-11

如果 S1 是定义在这张表上的函数、B 是一个 6 位的块，那么计算 S1(B) 的方法是：B 的第一位和最后一位组合起来的二进制数决定一个介于 0 和 3 之间的十进制数（或者二进制 00 到 11 之间）。设这个数为 i。B 的中间 4 位二进制数代表一个介于 0 到 15 之间的十进制数（二进制 0000 到 1111）。设这个数为 j。查表找到第 i 行第 j 列的那个数，这是一个介于 0 和 15 之间的数，并且它是能由一个唯一的 4 位区块表示的。这个区块就是函数 S1 输入 B 得到的输出 S1(B)。比如，对输入 B = 011011，第一位是 0，最后一位是 1，决定了行号是 01，也就是十进制的 1 。中间 4 位是 1101，也就是十进制的 13，所以列号是 13。查表第 1 行第 13 列，我们得到数字 5。这决定了输出：5 是二进制 0101，所以输出就是 0101，即 S1(011011) = 0101。

定义这 8 个函数 S1、…、S8 的表格如图 3-12 所示。

对于第一轮，我们得到 8 个 S 盒的输出：

$K_1 + E(R_0)$ = 011000 010001 011110 111010 100001 100110 010100 100111.

S1(B1)S2(B2)S3(B3)S4(B4)S5(B5)S6(B6)S7(B7)S8(B8) = 0101 1100 1000 0010 1011 0101 1001 0111

函数 f 的最后一步就是对 S 盒的输出进行一个变换来产生最终值：

f = P(S1(B1)S2(B2)…S8(B8))

行\列	0	1	2	3	4	5	6	7	8	9	10	11	12	13	14	15
S1 0	14	4	13	1	2	15	11	8	3	10	6	12	5	9	0	7
1	0	15	7	4	14	2	13	1	10	6	12	11	9	5	3	8
2	4	1	14	8	13	6	2	11	15	12	9	7	3	10	5	0
3	15	12	8	2	4	9	1	7	5	11	3	14	10	0	6	13
S2 0	15	1	8	14	6	11	3	4	9	7	2	13	12	0	5	10
1	3	13	4	7	15	2	8	14	12	0	1	10	6	9	11	5
2	0	14	7	11	10	4	13	1	5	8	12	6	9	3	2	15
3	13	8	10	1	3	15	4	2	11	6	7	12	0	5	14	9
S3 0	10	0	9	14	6	3	15	5	1	13	12	7	11	4	2	8
1	13	7	0	9	3	4	6	10	2	8	5	14	12	11	15	1
2	13	6	4	9	8	15	3	0	11	1	2	12	5	10	14	7
3	1	10	13	0	6	9	8	7	4	15	14	3	11	5	2	12
S4 0	7	13	14	3	0	6	9	10	1	2	8	5	11	12	4	15
1	13	8	11	5	6	15	0	3	4	7	2	12	1	10	14	9
2	10	6	9	0	12	11	7	13	15	1	3	14	5	2	8	4
3	3	15	0	6	10	1	13	8	9	4	5	11	12	7	2	14
S5 0	2	12	4	1	7	10	11	6	8	5	3	15	13	0	14	9
1	14	11	2	12	4	7	13	1	5	0	15	10	3	9	8	6
2	4	2	1	11	10	13	7	8	15	9	12	5	6	3	0	14
3	11	8	12	7	1	14	2	13	6	15	0	9	10	4	5	3
S6 0	12	1	10	15	9	2	6	8	0	13	3	4	14	7	5	11
1	10	15	4	2	7	12	9	5	6	1	13	14	0	11	3	8
2	9	14	15	5	2	8	12	3	7	0	4	10	1	13	11	6
3	4	3	2	12	9	5	15	10	11	14	1	7	6	0	8	13
S7 0	4	11	2	14	15	0	8	13	3	12	9	7	5	10	6	1
1	13	0	11	7	4	9	1	10	14	3	5	12	2	15	8	6
2	1	4	11	13	12	3	7	14	10	15	6	8	0	5	9	2
3	6	11	13	8	1	4	10	7	9	5	0	15	14	2	3	12
S8 0	13	2	8	4	6	15	11	1	10	9	3	14	5	0	12	7
1	1	15	13	8	10	3	7	4	12	5	6	11	0	14	9	2
2	7	11	4	1	9	12	14	2	0	6	10	13	15	3	5	8
3	2	1	14	7	4	10	8	13	15	12	9	0	3	5	6	11

图 3-12

其中，变换 P 由如下表格定义，输入 32 位数据，通过下标产生 32 位输出：

16	7	20	21
29	12	28	17
1	15	23	26
5	18	31	10
2	8	24	14
32	27	3	9
19	13	30	6
22	11	4	25

比如，对于 8 个 S 盒的输出：

S1(B1)S2(B2)S3(B3)S4(B4)S5(B5)S6(B6)S7(B7)S8(B8) = 0101 1100 1000 0010 1011 0101 1001 0111

我们得到 f：

f = 0010 0011 0100 1010 1010 1001 1011 1011

那么，

R_1 = $L_0 \oplus f(R_0 , K_1)$

　　 = 1100 1100 0000 0000 1100 1100 1111 1111 $\oplus$ 0010 0011 0100 1010 1010 1001 1011 1011

　　 = 1110 1111 0100 1010 0110 0101 0100 0100

在下一轮迭代中，$L_2 = R_1$，也就是我们刚刚计算的结果。之后我们必须计算 $R_2 = L_1 + f(R_1, K_2)$，一直完成 16 个迭代。在第 16 个迭代之后，就有了区块 L_{16} and R_{16}。接着我们逆转两个区块的顺序得到一个 64 位的区块 $R_{16}L_{16}$，然后对其执行一个最终的变换 IP-1，其定义如下所示：

40	8	48	16	56	24	64	32
39	7	47	15	55	23	63	31
38	6	46	14	54	22	62	30
37	5	45	13	53	21	61	29
36	4	44	12	52	20	60	28
35	3	43	11	51	19	59	27
34	2	42	10	50	18	58	26
33	1	41	9	49	17	57	25

也就是说，该变换输出的第 1 位是输入的第 40 位，第 2 位是输入的第 8 位，一直到将输入的第 25 位作为输出的最后一位。

比如，使用上述方法得到第 16 轮的左右两个区块：

L_{16} = 0100 0011 0100 0010 0011 0010 0011 0100
R_{16} = 0000 1010 0100 1100 1101 1001 1001 0101

将这两个区块调换位置，然后执行最终变换：

$R_{16}L_{16}$ = 00001010 01001100 11011001 10010101 01000011 01000010 00110010 00110100
IP-1 = 10000101 11101000 00010011 01010100 00001111 00001010 10110100 00000101

写成十六进制得到 85E813540F0AB405，这就是明文 M（0123456789ABCDEF）的加密形式 C（85E813540F0AB405）。

解密就是加密的反过程，执行上述步骤，只不过在 16 轮迭代中调转左右子密钥的位置而已。

4. 3DES

DES 是一个经典的对称加密算法，但也缺陷明显，即 56 位的密钥安全性不足，已被证实可以在短时间内破解。为解决此问题，出现了 3DES（也称 Triple DES）。3DES 为 DES 向 AES 过渡的加密算法，使用 3 条 56 位的密钥对数据进行三次加解密。为了兼容普通的 DES，3DES 加密并没有直接使用"加密→加密→加密"的方式，而是采用了"加密→解密→加密"的方式。当三重密钥均相同时，前两步相互抵消，相当于仅实现了一次加密，因此可实现对普通 DES 加密算法的兼容。

3DES 解密过程与加密过程相反，即逆序使用密钥，以密钥 3、密钥 2、密钥 1 的顺序执行"解密→加密→解密"。

设 Ek()和 Dk()代表 DES 算法的加密和解密过程，k1、k2、k3 代表 DES 算法使用的密钥，P 代表明文，C 代表密文，这样 3DES 加密过程为 C=Ek3(Dk2(Ek1(P)))，即先用密钥 k1 做 DES 加密，再用 k2 做 DES 解密，最后用 k3 做 DES 加密。3DES 的解密过程为 P=Dk1((Ek2(Dk3(C)))，即先用 k3 加密，再用 k2 做 DES 加密，最后用 k1 做 DES 解密。这里可以有 K1=K3，但不能有 K1=K2=K3（相等的话就成了 DES 算法，因为 3 次里面有两次 DES 用相同 key 进行加解密，从而抵消了，只有最后一次 DES 起了作用）。3DES 算法示意如图 3-13 所示。

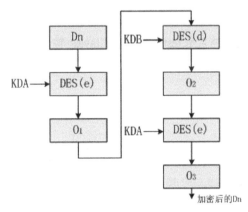

图 3-13

这里，我们给出 3DES 加密的伪代码：

```
void 3DES_ENCRYPT()
{
    DES(Out, In, &SubKey[0], ENCRYPT); //des 加密
    DES(Out, Out, &SubKey[1], DECRYPT); //des 解密
    DES(Out, Out, &SubKey[0], ENCRYPT); //des 加密
}
```

其中，SubKey 是 16 圈子密钥，全局定义如下：

```
bool SubKey[2][16][48];
```

3DES 的解密伪代码为：

```
void 3DES_DECRYPT ()
{
    DES(Out, In, &SubKey[0], DECRYPT); //des 解密
```

```
        DES(Out, Out, &SubKey[1], ENCRYPT); //des 加密
        DES(Out, Out, &SubKey[0], DECRYPT); //des 解密
}
```

具体实现稍后会给出实例。相比 DES，3DES 密钥长度变长，安全性有所提高，但其处理速度不高。随后又出现了 AES 加密算法。AES 较于 3DES 速度更快、安全性更高。

至此，我们对 DES 和 3DES 算法的原理阐述完毕，下面进入实战！

5. DES 算法实现

前面讲了不少 DES 算法的原理，现在我们将用 Java 来实现。代码稍微有点长，但笔者对关键代码都做了注释，同时强烈建议大家结合前面的原理来看。

【例 3.2】 Java 实现 DES 算法

（1）打开 Eclipse，新建一个 Java 工程，工程名是 test。
（2）在工程中新建一个类，类名是 test。打开 test.java，输入如下代码：

```java
package test;

public class test {
    //初始置换
    private int[] IP={58,50,42,34,26,18,10,2,
                60,52,44,36,28,20,12,4,
                62,54,46,38,30,22,14,6,
                64,56,48,40,32,24,16,8,
                57,49,41,33,25,17,9,1,
                59,51,43,35,27,19,11,3,
                61,53,45,37,29,21,13,5,
                63,55,47,39,31,23,15,7};
    //逆初始置换
    private int[] IP_1={40,8,48,16,56,24,64,32,
                39,7,47,15,55,23,63,31,
                38,6,46,14,54,22,62,30,
                37,5,45,13,53,21,61,29,
                36,4,44,12,52,20,60,28,
                35,3,43,11,51,19,59,27,
                34,2,42,10,50,18,58,26,
                33,1,41,9,49,17,57,25};
    //E 扩展
    private int[] E={32,1,2,3,4,5,
                4,5,6,7,8,9,
                8,9,10,11,12,13,
                12,13,14,15,16,17,
                16,17,18,19,20,21,
                20,21,22,23,24,25,
```

```
                  24,25,26,27,28,29,
                  28,29,30,31,32,1};
//P 置换
private int[] P={16,7,20,21,29,12,28,17,
             1,15,23,26,5,18,31,10,
             2,8,24,14,32,27,3,9,
             19,13,30,6,22,11,4,25};
private static final int[][][] S_Box = {
      {
                  { 14, 4, 13, 1, 2, 15, 11, 8, 3, 10, 6, 12, 5, 9, 0, 7 },
                  { 0, 15, 7, 4, 14, 2, 13, 1, 10, 6, 12, 11, 9, 5, 3, 8 },
                  { 4, 1, 14, 8, 13, 6, 2, 11, 15, 12, 9, 7, 3, 10, 5, 0 },
                  { 15, 12, 8, 2, 4, 9, 1, 7, 5, 11, 3, 14, 10, 0, 6, 13 } },
      {
                  { 15, 1, 8, 14, 6, 11, 3, 4, 9, 7, 2, 13, 12, 0, 5, 10 },
                  { 3, 13, 4, 7, 15, 2, 8, 14, 12, 0, 1, 10, 6, 9, 11, 5 },
                  { 0, 14, 7, 11, 10, 4, 13, 1, 5, 8, 12, 6, 9, 3, 2, 15 },
                  { 13, 8, 10, 1, 3, 15, 4, 2, 11, 6, 7, 12, 0, 5, 14, 9 } },
      {
                  { 10, 0, 9, 14, 6, 3, 15, 5, 1, 13, 12, 7, 11, 4, 2, 8 },
                  { 13, 7, 0, 9, 3, 4, 6, 10, 2, 8, 5, 14, 12, 11, 15, 1 },
                  { 13, 6, 4, 9, 8, 15, 3, 0, 11, 1, 2, 12, 5, 10, 14, 7 },
                  { 1, 10, 13, 0, 6, 9, 8, 7, 4, 15, 14, 3, 11, 5, 2, 12 } },
      {
                  { 7, 13, 14, 3, 0, 6, 9, 10, 1, 2, 8, 5, 11, 12, 4, 15 },
                  { 13, 8, 11, 5, 6, 15, 0, 3, 4, 7, 2, 12, 1, 10, 14, 9 },
                  { 10, 6, 9, 0, 12, 11, 7, 13, 15, 1, 3, 14, 5, 2, 8, 4 },
                  { 3, 15, 0, 6, 10, 1, 13, 8, 9, 4, 5, 11, 12, 7, 2, 14 } },
      {
                  { 2, 12, 4, 1, 7, 10, 11, 6, 8, 5, 3, 15, 13, 0, 14, 9 },
                  { 14, 11, 2, 12, 4, 7, 13, 1, 5, 0, 15, 10, 3, 9, 8, 6 },
                  { 4, 2, 1, 11, 10, 13, 7, 8, 15, 9, 12, 5, 6, 3, 0, 14 },
                  { 11, 8, 12, 7, 1, 14, 2, 13, 6, 15, 0, 9, 10, 4, 5, 3 } },
      {
                  { 12, 1, 10, 15, 9, 2, 6, 8, 0, 13, 3, 4, 14, 7, 5, 11 },
                  { 10, 15, 4, 2, 7, 12, 9, 5, 6, 1, 13, 14, 0, 11, 3, 8 },
                  { 9, 14, 15, 5, 2, 8, 12, 3, 7, 0, 4, 10, 1, 13, 11, 6 },
                  { 4, 3, 2, 12, 9, 5, 15, 10, 11, 14, 1, 7, 6, 0, 8, 13 } },
      {
                  { 4, 11, 2, 14, 15, 0, 8, 13, 3, 12, 9, 7, 5, 10, 6, 1 },
                  { 13, 0, 11, 7, 4, 9, 1, 10, 14, 3, 5, 12, 2, 15, 8, 6 },
                  { 1, 4, 11, 13, 12, 3, 7, 14, 10, 15, 6, 8, 0, 5, 9, 2 },
                  { 6, 11, 13, 8, 1, 4, 10, 7, 9, 5, 0, 15, 14, 2, 3, 12 } },
      {
```

```
                    { 13, 2, 8, 4, 6, 15, 11, 1, 10, 9, 3, 14, 5, 0, 12, 7 },
                    { 1, 15, 13, 8, 10, 3, 7, 4, 12, 5, 6, 11, 0, 14, 9, 2 },
                    { 7, 11, 4, 1, 9, 12, 14, 2, 0, 6, 10, 13, 15, 3, 5, 8 },
                    { 2, 1, 14, 7, 4, 10, 8, 13, 15, 12, 9, 0, 3, 5, 6, 11 } }
        };
        //PC-1
        private int[] PC1={57,49,41,33,25,17,9,
                    1,58,50,42,34,26,18,
                    10,2,59,51,43,35,27,
                     19,11,3,60,52,44,36,
                    63,55,47,39,31,23,15,
                    7,62,54,46,38,30,22,
                    14,6,61,53,45,37,29,
                    21,13,5,28,20,12,4};
        //PC-2
        private int[] PC2={14,17,11,24,1,5,3,28,
                    15,6,21,10,23,19,12,4,
                    26,8,16,7,27,20,13,2,
                    41,52,31,37,47,55,30,40,
                    51,45,33,48,44,49,39,56,
                    34,53,46,42,50,36,29,32};
        //Schedule of Left Shifts
        private int[] LFT={1,1,2,2,2,2,2,2,1,2,2,2,2,2,2,1};
        /**加密轮数**/
        private static final int LOOP_NUM=16;
        private String [] keys=new String[LOOP_NUM];
        private String [] pContent;
        private String [] cContent;
        private int origin_length;
        /**16 个子密钥**/
        private int[][] sub_key=new int[16][48];
        private String content;
        private int p_origin_length;
        public test(String key,String content){

            this.content=content;
            p_origin_length=content.getBytes().length;
            generateKeys(key);

        }
        public static void main(String[] args){
            String origin="Hello,DES";
            System.out.println("原文: \n"+origin);
            test customDES=new test("itpxw@qq.com",origin);
```

```
    byte[] c=customDES.deal(origin.getBytes(),1);
    System.out.println("密文: \n"+new String(c));
    byte[]p=customDES.deal(c,0);
    byte[] p_d=new byte[origin.getBytes().length];
        System.arraycopy(p,0,p_d,0,origin.getBytes().length);
    System.out.println("明文: \n"+new String(p));

}

/****拆分分组****/
public byte[] deal(byte[] p ,int flag){
    origin_length=p.length;
    int g_num;
    int r_num;
    g_num=origin_length/8;
    r_num=8-(origin_length-g_num*8);//8 不填充
    byte[] p_padding;
    /****填充********/
    if (r_num<8){
        p_padding=new byte[origin_length+r_num];
        System.arraycopy(p,0,p_padding,0,origin_length);
        for(int i=0;i<r_num;i++){
            p_padding[origin_length+i]=(byte)r_num;
        }

    }else{
        p_padding=p;
    }
    g_num=p_padding.length/8;
    byte[] f_p=new byte[8];
    byte[] result_data=new byte[p_padding.length];
    for(int i=0;i<g_num;i++){
        System.arraycopy(p_padding,i*8,f_p,0,8);
        System.arraycopy(descryUnit(f_p,sub_key,flag),0,result_data,i*8,8);
    }
    if (flag==0){//解密
        byte[] p_result_data=new byte[p_origin_length];
        System.arraycopy(result_data,0,p_result_data,0,p_origin_length);
        return  p_result_data;
    }
    return result_data;

}
/**加密**/
```

```java
public byte[] descryUnit(byte[] p,int k[][],int flag){
    int[] p_bit=new int[64];
    StringBuilder stringBuilder=new StringBuilder();
    for(int i=0;i<8;i++){
        String p_b=Integer.toBinaryString(p[i]&0xff);
        while (p_b.length()%8!=0){
            p_b="0"+p_b;
        }
        stringBuilder.append(p_b);
    }
    String p_str=stringBuilder.toString();
    for(int i=0;i<64;i++){
        int p_t=Integer.valueOf(p_str.charAt(i));
        if(p_t==48){
            p_t=0;
        }else if(p_t==49){
            p_t=1;
        }else{
            System.out.println("To bit error!");
        }
        p_bit[i]=p_t;
    }
    /***IP 置换***/
    int [] p_IP=new int[64];
    for (int i=0;i<64;i++){
        p_IP[i]=p_bit[IP[i]-1];
    }
    if (flag == 1) { // 加密
        for (int i = 0; i < 16; i++) {
            L(p_IP, i, flag, k[i]);
        }
    } else if (flag == 0) { // 解密
        for (int i = 15; i > -1; i--) {
            L(p_IP, i, flag, k[i]);
        }
    }
    int[] c=new int[64];
    for(int i=0;i<IP_1.length;i++){
        c[i]=p_IP[IP_1[i]-1];
    }
    byte[] c_byte=new byte[8];
    for(int i=0;i<8;i++){
        c_byte[i]=(byte) ((c[8*i]<<7)+(c[8*i+1]<<6)+(c[8*i+2]<<5)+
(c[8*i+3]<<4)+(c[8*i+4]<<3)+(c[8*i+5]<<2)+(c[8*i+6]<<1)+(c[8*i+7]));
```

```java
        }
        return c_byte;



    }
    public void L(int[] M, int times, int flag, int[] keyarray){
        int[] L0=new int[32];
        int[] R0=new int[32];
        int[] L1=new int[32];
        int[] R1=new int[32];
        int[] f=new int[32];
        System.arraycopy(M,0,L0,0,32);
        System.arraycopy(M,32,R0,0,32);
        L1=R0;
        f=fFuction(R0,keyarray);
        for(int j=0;j<32;j++){
                R1[j]=L0[j]^f[j];
                if ((((flag == 0) && (times == 0)) || ((flag == 1) && (times ==
15)))) {

                    M[j] = R1[j];
                    M[j + 32] = L1[j];
                }
                else {
                    M[j] = L1[j];
                    M[j + 32] = R1[j];
                }
        }


    }

    public int[] fFuction(int [] r_content,int [] key){
        int[] result=new int[32];
        int[] e_k=new int[48];
        for(int i=0;i<E.length;i++){
            e_k[i]=r_content[E[i]-1]^key[i];
        }
        /********S盒替换:由48位变为32位,先分割e_k,再进行替换********/
        int[][] s=new int[8][6];
        int[]s_after=new int[32];
        for(int i=0;i<8;i++){
            System.arraycopy(e_k,i*6,s[i],0,6);
            int r=(s[i][0]<<1)+ s[i][5];//横坐标
            int c=(s[i][1]<<3)+(s[i][2]<<2)+(s[i][3]<<1)+s[i][4];//纵坐标
            String str=Integer.toBinaryString(S_Box[i][r][c]);
```

```java
        while (str.length()<4){
            str="0"+str;
        }
        for(int j=0;j<4;j++){
            int p=Integer.valueOf(str.charAt(j));
            if(p==48){
                p=0;
            }else if(p==49){
                p=1;
            }else{
                System.out.println("To bit error!");
            }
            s_after[4*i+j]=p;
        }

    }
    /******S 盒替换结束*******/
    /****P 盒替代****/
    for(int i=0;i<P.length;i++){
        result[i]=s_after[P[i]-1];
    }
    return result;

}


/**生成子密钥**/
public void generateKeys(String key){
    while (key.length()<8){
        key=key+key;
    }
    key=key.substring(0,8);
    byte[] keys=key.getBytes();
    int[] k_bit=new int[64];
    //取位值
    for(int i=0;i<8;i++){
        String k_str=Integer.toBinaryString(keys[i]&0xff);
        if(k_str.length()<8){
            for(int t=0;t<8-k_str.length();t++){
                k_str="0"+k_str;
            }
        }
        for(int j=0;j<8;j++){
            int p=Integer.valueOf(k_str.charAt(j));
            if(p==48){
```

```
            p=0;
        }else if(p==49){
            p=1;
        }else{
            System.out.println("To bit error!");
        }
        k_bit[i*8+j]=p;
    }
}
//k_bit 是初始的 64 位长密钥，下一步开始进行替换
/***********PC-1 压缩****************/
int [] k_new_bit=new int[56];
for(int i=0;i<PC1.length;i++){
    k_new_bit[i]=k_bit[PC1[i]-1];/////注意减 1
}
/************************/
int[] c0=new int[28];
int[] d0=new int[28];
System.arraycopy(k_new_bit,0,c0,0,28);
System.arraycopy(k_new_bit,28,d0,0,28);
for(int i=0;i<16;i++){
    int[] c1=new int[28];
    int[] d1=new int[28];
    if(LFT[i]==1){
        System.arraycopy(c0,1,c1,0,27);
        c1[27]=c0[0];
        System.arraycopy(d0,1,d1,0,27);
        d1[27]=d0[0];
    }else if(LFT[i]==2){
        System.arraycopy(c0,2,c1,0,26);
        c1[26]=c0[0];
        c1[27]=c0[1];//这里手残之前写成 c1

        System.arraycopy(d0,2,d1,0,26);
        d1[26]=d0[0];
        d1[27]=d0[1];
    }else{
        System.out.println("LFT Error!");
    }
    int[] tmp=new int[56];
    System.arraycopy(c1,0,tmp,0,28);
    System.arraycopy(d1,0,tmp,28,28);
    for (int j=0;j<PC2.length;j++){//PC2 压缩置换
        sub_key[i][j]= tmp[PC2[j]-1];
```

```
        }
        c0=c1;
        d0=d1;
      }


    }
}
```

（3）保存工程并按 Ctrl+F1 快捷键运行工程，运行结果如图 3-14 所示。

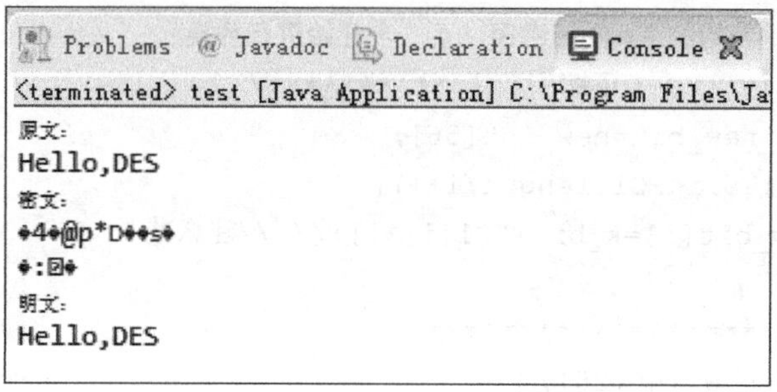

图 3-14

3.4.4 SM4 算法

1. 概述

随着密码标准的制定活动在国际上热烈开展，我国对密码算法的设计与分析也越来越关注，因此国家密码管理局公布了国密算法 SM4。SM4 算法（全称为 SM4 分组密码算法），是国家密码管理局 2012 年 3 月发布的第 23 号公告中公布的密码行业标准。该算法适用于无线局域网的安全领域，优点是软件和硬件实现容易，运算速度快。

SM4 分组密码算法是一个迭代分组密码算法，由加解密算法和密钥扩展算法组成。SM4 分组密码算法采用非平衡 Feistel 结构，明文分组长度为 128bit，密钥长度为 128bit。加密算法与密钥扩展算法都采用 32 轮非线性迭代结构。解密算法与加密算法的结构相同，只是轮密钥的使用顺序相反，解密轮密钥是加密轮密钥的逆序。

与 DES 类似，SM4 算法是一种分组密码算法。其分组长度为 128bit，密钥长度也为 128bit。这里解释一下分组长度和密钥长度。分组长度（block length）是一个信息分组的比特位数，密钥长度是密钥的比特位数。可以看出，这 2 个长度都是比特位数，说 16 字节也可以。如果看到分组长度是128，没有带单位，那么应该知道默认是比特。

SM4 加密算法与密钥扩展算法均采用 32 轮非线性迭代结构，以字（32 位）为单位进行加密运算，每一次迭代运算均为一轮变换函数 F。SM4 算法加/解密算法的结构相同，只是使用轮密钥相反，其中解密轮密钥是加密轮密钥的逆序。

SM4 分组密码算法在使用上表现出了安全高效的特点，与其他分组密码相比较有以下优势。

（1）算法资源利用率高，表现为在密钥扩展算法与加密算法上可共用。

（2）加密算法流程和解密算法流程一样，只是轮密钥顺序相反，因此无论是软件实现还是硬件实现都非常方便。

（3）算法中包含异或运算、数据的输入输出、线性置换等模块，这些模块都是按 8 位来进行运算的，现有的处理器完全能处理。

SM4 分组密码算法主要包括加密算法、解密算法以及密钥的扩展算法三部分。其基本算法结构如图 3-15 所示。

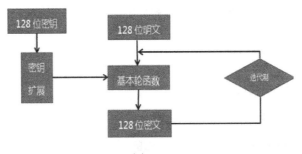

图 3-15

可见，其最初输入的 128 位密钥还要进行密钥扩展，变成轮密钥后才能用于算法（轮函数）。

2. 密钥及密钥参量

SM4 算法中的加密密钥和解密密钥长度相同，一般定为 128bit，即 16 字节，在算法中表示为 $MK=(MK_0, MK_1, MK_2, MK_3)$。其中，$MK_i(i=0, 1, 2, 3)$ 为 32bit。算法中的轮密钥是由加密算法的密钥生成的，主要表示为 $(rk_0, rk_1, …, rk_{31})$。其中，$rk_i(i=0, 1, …, 31)$ 为 32bit。

$FK=(FK_1, FK_2, FK_3, FK_4)$ 为系统参数，$CK=(CK_0, CK_1, …, CK_{31})$ 为固定参数，这两个参数主要在密钥扩展算法中使用。其中，$FK_i(i=0, 1, …, 31)$、$CK_i(i=0, 1, …, 31)$ 均为 32bit，也就是说一个 FK_i 和一个 CK_i 都是 4 个字节。

3. 密钥扩展算法

SM4 密码算法使用 128 位的加密密钥。加密算法与密钥扩展算法都采用 32 轮非线性迭代结构，每一轮加密使用一个 32 位的轮密钥，共使用 32 个轮密钥。因此，需要使用密钥扩展算法，从加密密钥产生出 32 个轮密钥。轮密钥由加密密钥通过密钥扩展算法生成，具体生成方法如下：

设输入加密密钥为 $MK= (MK_0, MK_1, MK_2, MK_3)$，其中 $MK_i(i=0, 1, 2, 3)$ 为 32bit，也就是一个 MK_i 有 4 个字节，输出轮密钥为 $(rk_0, rk_1, …, rk_{31})$，其中 $rk_i(i=0, 1, …, 31)$ 为 32bit，也就是一个 rk_i 有 4 个字节；中间数据为 $K_i(i=0, 1, …, 34, 35)$。密钥扩展算法可描述如下：

第一步，计算 K_0, K_1, K_2, K_3：

$K_0=MK_0 \oplus FK_0$
$K_1= MK_1 \oplus FK_1$
$K_2= MK_2 \oplus FK_2$
$K_3= MK_3 \oplus FK_3$

也就是将加密密钥分量和固定参数分量进行异或。

第二步，计算后续 K_i 和每个轮密钥 rk_i：

```
for(i=0;i<31;i++)
{
```

```
    Ki+4= Ki⊕T'(Ki+1⊕Ki+2⊕Ki+3⊕Ki); //计算后续 Ki
    rki = Ki+4;  //得到轮密钥
}
```

说明：

（1）T'变换与加密算法轮函数（后面会讲到）中的 T 基本相同，只将其中的线性变换 L 修改为以下的 L'：

L'(B)=B⊕(B<<<13)⊕(B<<<23)

（2）系统参数 FK 的取值为：

FK0=(A3B1BAC6)，FK1=(56AA3350)，FK2=(677D9197)，FK3=(B27022DC)

（3）固定参数 CK 的取值方法为：设 $ck_{i,j}$ 为 CK_i 的第 j 字节(i=0, 1, …, 31; j=0, 1, 2, 3)，即 CKi=(cki, 0, cki, 1, cki, 2, cki, 3)，则 $ck_{i,j}$=(4i+j)×7(mod 256)。

固定参数 CKi(i=0, 1, 2, …, 31)的具体值为：

```
00070E15, 1C232A31, 383F464D, 545B6269,
70777E85, 8C939AA1, A8AFB6BD, C4CBD2D9,
E0E7EEF5, FC030A11, 181F262D, 343B4249,
50575E65, 6C737A81, 888F969D, A4ABB2B9,
C0C7CED5, DCE3EAF1, F8FF060D, 141B2229,
30373E45,, 4C535A61, 686F767D, 848B9299,
A0A7AEB5, BCC3CAD1, D8DFE6ED, F4FB0209,
10171E25, 2C333A41, 484F565D, 646B7279。
```

4. 轮函数

在具体介绍 SM4 加密算法之前，先介绍一下轮函数，也就是加密算法中每轮所使用的函数。

设输入为(X0, X1, X2, X3) $\in$ $(Z_2^{32})^4$，$(Z_2^{32})^4$ 表示所属数据是二进制形式，每部分是 32 位，一共 4 部分。轮密钥为 rk $\in Z_2^{32}$，则轮函数 F 为：

F(X₀, X₁, X₂, X₃,rk)= X₀⊕T(X₁⊕X₂⊕X₃⊕rk)

这就是轮函数的结构，其中 T 叫作合成置换，是可逆变换（T: $Z_2^{32} \rightarrow Z_2^{32}$），由非线性变换 τ 和线性变换 L 复合而成，即 T(·)=L(τ(·))。我们分别来看一下 τ 和 L。

（1）非线性变换 τ

非线性变换 τ 由 4 个 S 盒并行组成。假设输入的内容为 A=(a0, a1, a2, a3)∈$(Z_2^8)^4$，通过进行非线性变换，最后算法的输出结果为 B=(b0, b1, b2, b3)∈$(Z_2^8)^4$，即：

B=(b0,b1,b2,b3)=τ(A)=(Sbox(a₀),Sbox(a₁),Sbox(a₂),Sbox(a₃))

其中，Sbox 的数据定义如下：

```
unsigned int Sbox[16][16] =
{
```

```
0xd6, 0x90, 0xe9, 0xfe, 0xcc, 0xe1, 0x3d, 0xb7, 0x16, 0xb6, 0x14, 0xc2, 0x28,
0xfb, 0x2c, 0x05,
    0x2b, 0x67, 0x9a, 0x76, 0x2a, 0xbe, 0x04, 0xc3, 0xaa, 0x44, 0x13, 0x26, 0x49,
0x86, 0x06, 0x99,
    0x9c, 0x42, 0x50, 0xf4, 0x91, 0xef, 0x98, 0x7a, 0x33, 0x54, 0x0b, 0x43, 0xed,
0xcf, 0xac, 0x62,
    0xe4, 0xb3, 0x1c, 0xa9, 0xc9, 0x08, 0xe8, 0x95, 0x80, 0xdf, 0x94, 0xfa, 0x75,
0x8f, 0x3f, 0xa6,
    0x47, 0x07, 0xa7, 0xfc, 0xf3, 0x73, 0x17, 0xba, 0x83, 0x59, 0x3c, 0x19, 0xe6,
0x85, 0x4f, 0xa8,
    0x68, 0x6b, 0x81, 0xb2, 0x71, 0x64, 0xda, 0x8b, 0xf8, 0xeb, 0x0f, 0x4b, 0x70,
0x56, 0x9d, 0x35,
    0x1e, 0x24, 0x0e, 0x5e, 0x63, 0x58, 0xd1, 0xa2, 0x25, 0x22, 0x7c, 0x3b, 0x01,
0x21, 0x78, 0x87,
    0xd4, 0x00, 0x46, 0x57, 0x9f, 0xd3, 0x27, 0x52, 0x4c, 0x36, 0x02, 0xe7, 0xa0,
0xc4, 0xc8, 0x9e,
    0xea, 0xbf, 0x8a, 0xd2, 0x40, 0xc7, 0x38, 0xb5, 0xa3, 0xf7, 0xf2, 0xce, 0xf9,
0x61, 0x15, 0xa1,
    0xe0, 0xae, 0x5d, 0xa4, 0x9b, 0x34, 0x1a, 0x55, 0xad, 0x93, 0x32, 0x30, 0xf5,
0x8c, 0xb1, 0xe3,
    0x1d, 0xf6, 0xe2, 0x2e, 0x82, 0x66, 0xca, 0x60, 0xc0, 0x29, 0x23, 0xab, 0x0d,
0x53, 0x4e, 0x6f,
    0xd5, 0xdb, 0x37, 0x45, 0xde, 0xfd, 0x8e, 0x2f, 0x03, 0xff, 0x6a, 0x72, 0x6d,
0x6c, 0x5b, 0x51,
    0x8d, 0x1b, 0xaf, 0x92, 0xbb, 0xdd, 0xbc, 0x7f, 0x11, 0xd9, 0x5c, 0x41, 0x1f,
0x10, 0x5a, 0xd8,
    0x0a, 0xc1, 0x31, 0x88, 0xa5, 0xcd, 0x7b, 0xbd, 0x2d, 0x74, 0xd0, 0x12, 0xb8,
0xe5, 0xb4, 0xb0,
    0x89, 0x69, 0x97, 0x4a, 0x0c, 0x96, 0x77, 0x7e, 0x65, 0xb9, 0xf1, 0x09, 0xc5,
0x6e, 0xc6, 0x84,
    0x18, 0xf0, 0x7d, 0xec, 0x3a, 0xdc, 0x4d, 0x20, 0x79, 0xee, 0x5f, 0x3e, 0xd7,
0xcb, 0x39, 0x48
};
```

一共 256 个数据，也可以定义为 "int s[256];"。输入 EF，则经 S 盒后的值为第 E 行和第 F 列的值，Sbox[0xE][0xF]=84。

（2）线性变换 L

非线性变换 τ 的输出是线性变换 L 的输入。设输入为 $B \in Z_2^{32}$（B 就是上一步中的输出结果 B），输出为 $C \in Z_2^{32}$，定义 L 的计算如下：

C=L(B)=B $\oplus$ (B<<<2) $\oplus$ (B<<<10) $\oplus$ (B<<<18) $\oplus$ (B<<<24)

$\oplus$ 表示异或，<<< 表示循环左移。至此，轮函数 F 计算成功。

5. 加密算法

SM4 分组密码算法的加密算法流程包含 32 次迭代运算以及 1 次反序变换 R。

假设明文输入为（X0, X1, X2, X3）$\in$ $(Z_2^{32})^4$，$(Z_2^{32})^4$ 表示所属数据是二进制形式，每部分是 32 位，一共 4 部分。密文输出为（Y0, Y1, Y2, Y3）$\in$ $(Z_2^{32})^4$，轮密钥为 rki$\in$$(Z_2^{32})^4$, i=0, 1, …, 31。加密算法的运算过程如下。

（1）32 次迭代运算：$X_{i+4}=F(X_i, X_{i+1}, X_{i+2}, X_{i+3}, rk_i)$, i=0, 1, …, 31，其中，F 是轮函数，前面介绍过。

（2）反序变换：$(Y0, Y1, Y2, Y3)=R(X_{32}, X_{33}, X_{34}, X_{35})=(X_{35}, X_{34}, X_{33}, X_{32})$。对最后一轮数据进行反序变换并得到密文输出。

SM4 算法的整体结构如图 3-16 所示。

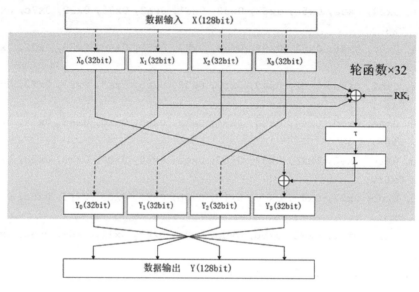

图 3-16

6. 解密算法

SM4 分组密码算法的解密算法和加密算法一致，不同的仅是轮密钥的使用顺序。在解密算法中所使用的轮密钥为$(rk_{31}, rk_{30}, …, rk_0)$。

7. SM4 算法的实现

前面讲述了 SM4 算法的理论知识，下面上机实现。

【例 3.3】 实现 SM4 算法（16 字节版）

（1）本例只对 16 字节（一个分组）数据进行加解密，因为任意长度加解密的版本是以 16 字节版本为基础的。SM4 的分组长度是 16 字节，并且 SM4 是分组加解密的，任何长度的明文都会划分为 16 字节一组，然后一组一组地进行加解密。我们在后面的例子中将演示任意长度的版本。

打开 Eclipse，新建一个 Java 工程，工程名是 test。

（2）在工程中添加一个类，类名是 SM4。在 SM4.java 中输入如下代码：

```
package test;
import java.util.Arrays;
class SM4 {
    private static final int ENCRYPT=1;  //加密标记
    private static final int DECRYPT=0;  //解密标记
    public static final int ROUND=32; //32 轮
    private static final int BLOCK=16; //分组长度

    private byte[] Sbox={
        (byte) 0xd6,(byte) 0x90,(byte) 0xe9,(byte) 0xfe,(byte) 0xcc,(byte)
0xe1,0x3d,(byte) 0xb7,0x16,(byte) 0xb6,0x14,(byte) 0xc2,0x28,(byte)
0xfb,0x2c,0x05,
        0x2b,0x67,(byte) 0x9a,0x76,0x2a,(byte) 0xbe,0x04,(byte) 0xc3,(byte)
0xaa,0x44,0x13,0x26,0x49,(byte) 0x86,0x06,(byte) 0x99,
        (byte) 0x9c,0x42,0x50,(byte) 0xf4,(byte) 0x91,(byte) 0xef,(byte)
0x98,0x7a,0x33,0x54,0x0b,0x43,(byte) 0xed,(byte) 0xcf,(byte) 0xac,0x62,
        (byte) 0xe4,(byte) 0xb3,0x1c,(byte) 0xa9,(byte) 0xc9,0x08,(byte)
0xe8,(byte) 0x95,(byte) 0x80,(byte) 0xdf,(byte) 0x94,(byte) 0xfa,0x75,(byte)
0x8f,0x3f,(byte) 0xa6,
        0x47,0x07,(byte) 0xa7,(byte) 0xfc,(byte) 0xf3,0x73,0x17,(byte)
0xba,(byte) 0x83,0x59,0x3c,0x19,(byte) 0xe6,(byte) 0x85,0x4f,(byte) 0xa8,
        0x68,0x6b,(byte) 0x81,(byte) 0xb2,0x71,0x64,(byte) 0xda,(byte)
0x8b,(byte) 0xf8,(byte) 0xeb,0x0f,0x4b,0x70,0x56,(byte) 0x9d,0x35,
        0x1e,0x24,0x0e,0x5e,0x63,0x58,(byte) 0xd1,(byte)
0xa2,0x25,0x22,0x7c,0x3b,0x01,0x21,0x78,(byte) 0x87,
        (byte) 0xd4,0x00,0x46,0x57,(byte) 0x9f,(byte)
0xd3,0x27,0x52,0x4c,0x36,0x02,(byte) 0xe7,(byte) 0xa0,(byte) 0xc4,(byte)
0xc8,(byte) 0x9e,
        (byte) 0xea,(byte) 0xbf,(byte) 0x8a,(byte) 0xd2,0x40,(byte)
0xc7,0x38,(byte) 0xb5,(byte) 0xa3,(byte) 0xf7,(byte) 0xf2,(byte) 0xce,(byte)
0xf9,0x61,0x15,(byte) 0xa1,
        (byte) 0xe0,(byte) 0xae,0x5d,(byte) 0xa4,(byte)
0x9b,0x34,0x1a,0x55,(byte) 0xad,(byte) 0x93,0x32,0x30,(byte) 0xf5,(byte)
0x8c,(byte) 0xb1,(byte) 0xe3,
        0x1d,(byte) 0xf6,(byte) 0xe2,0x2e,(byte) 0x82,0x66,(byte)
0xca,0x60,(byte) 0xc0,0x29,0x23,(byte) 0xab,0x0d,0x53,0x4e,0x6f,
        (byte) 0xd5,(byte) 0xdb,0x37,0x45,(byte) 0xde,(byte) 0xfd,(byte)
0x8e,0x2f,0x03,(byte) 0xff,0x6a,0x72,0x6d,0x6c,0x5b,0x51,
        (byte) 0x8d,0x1b,(byte) 0xaf,(byte) 0x92,(byte) 0xbb,(byte) 0xdd,(byte)
0xbc,0x7f,0x11,(byte) 0xd9,0x5c,0x41,0x1f,0x10,0x5a,(byte) 0xd8,
        0x0a,(byte) 0xc1,0x31,(byte) 0x88,(byte) 0xa5,(byte) 0xcd,0x7b,(byte)
0xbd,0x2d,0x74,(byte) 0xd0,0x12,(byte) 0xb8,(byte) 0xe5,(byte) 0xb4,(byte) 0xb0,
        (byte) 0x89,0x69,(byte) 0x97,0x4a,0x0c,(byte) 0x96,0x77,0x7e,
0x65,(byte) 0xb9,(byte) 0xf1,0x09,(byte) 0xc5,0x6e,(byte) 0xc6,(byte) 0x84,
```

```
    0x18,(byte) 0xf0,0x7d,(byte) 0xec,0x3a,(byte) 0xdc,0x4d,0x20,0x79,
(byte) 0xee,0x5f,0x3e,(byte) 0xd7,(byte) 0xcb,0x39,0x48
    };

    private int[] CK={
        0x00070e15, 0x1c232a31, 0x383f464d, 0x545b6269,
        0x70777e85, 0x8c939aa1, 0xa8afb6bd, 0xc4cbd2d9,
        0xe0e7eef5, 0xfc030a11, 0x181f262d, 0x343b4249,
        0x50575e65, 0x6c737a81, 0x888f969d, 0xa4abb2b9,
        0xc0c7ced5, 0xdce3eaf1, 0xf8ff060d, 0x141b2229,
        0x30373e45, 0x4c535a61, 0x686f767d, 0x848b9299,
        0xa0a7aeb5, 0xbcc3cad1, 0xd8dfe6ed, 0xf4fb0209,
        0x10171e25, 0x2c333a41, 0x484f565d, 0x646b7279
    };

    private int Rotl(int x,int y)
    {
        return x<<y|x>>>(32-y);
    }

    private int ByteSub(int A)
    {
        return (Sbox[A>>>24&0xFF]&0xFF)<<24|(Sbox[A>>>16&0xFF]&0xFF)<<16|
(Sbox[A>>>8&0xFF]&0xFF)<<8|(Sbox[A&0xFF]&0xFF);
    }

    private int L1(int B)
    {
        return B^Rotl(B,2)^Rotl(B,10)^Rotl(B,18)^Rotl(B,24);
    }

    private int L2(int B)
    {
        return B^Rotl(B,13)^Rotl(B,23);
    }

    void SMS4Crypt(byte[] Input,byte[] Output,int[] rk)
    {
        int r,mid,x0,x1,x2,x3;
        int[] x= new int[4];
        int[] tmp = new int[4];
        for(int i=0;i<4;i++)
        {
            tmp[0]=Input[0+4*i]&0xff;
```

```
            tmp[1]=Input[1+4*i]&0xff;
            tmp[2]=Input[2+4*i]&0xff;
            tmp[3]=Input[3+4*i]&0xff;
            x[i]=tmp[0]<<24|tmp[1]<<16|tmp[2]<<8|tmp[3];
        }
    for(r=0;r<32;r+=4)
    {
        mid=x[1]^x[2]^x[3]^rk[r+0];
        mid=ByteSub(mid);
        x[0]=x[0]^L1(mid);    //x4

        mid=x[2]^x[3]^x[0]^rk[r+1];
        mid=ByteSub(mid);
        x[1]=x[1]^L1(mid);    //x5

        mid=x[3]^x[0]^x[1]^rk[r+2];
        mid=ByteSub(mid);
        x[2]=x[2]^L1(mid);    //x6

        mid=x[0]^x[1]^x[2]^rk[r+3];
        mid=ByteSub(mid);
        x[3]=x[3]^L1(mid);    //x7
    }


    //Reverse
    for(int j=0;j<16;j+=4)
    {
        Output[j]  =(byte) (x[3-j/4]>>>24&0xFF);
        Output[j+1]=(byte) (x[3-j/4]>>>16&0xFF);
        Output[j+2]=(byte) (x[3-j/4]>>>8&0xFF);
        Output[j+3]=(byte) (x[3-j/4]&0xFF);
    }
}


private void SMS4KeyExt(byte[] Key,int[] rk,int CryptFlag)
{
    int r,mid;
    int[] x= new int[4];
    int[] tmp =new int[4];
    for(int i=0;i<4;i++)
    {
        tmp[0]=Key[0+4*i]&0xFF;
        tmp[1]=Key[1+4*i]&0xff;
        tmp[2]=Key[2+4*i]&0xff;
```

```
            tmp[3]=Key[3+4*i]&0xff;
            x[i]=tmp[0]<<24|tmp[1]<<16|tmp[2]<<8|tmp[3];
        }
        x[0]^=0xa3b1bac6;
        x[1]^=0x56aa3350;
        x[2]^=0x677d9197;
        x[3]^=0xb27022dc;
        for(r=0;r<32;r+=4)
        {
            mid=x[1]^x[2]^x[3]^CK[r+0];
            mid=ByteSub(mid);
            rk[r+0]=x[0]^=L2(mid);          //rk0=K4

            mid=x[2]^x[3]^x[0]^CK[r+1];
            mid=ByteSub(mid);
            rk[r+1]=x[1]^=L2(mid);          //rk1=K5

            mid=x[3]^x[0]^x[1]^CK[r+2];
            mid=ByteSub(mid);
            rk[r+2]=x[2]^=L2(mid);          //rk2=K6

            mid=x[0]^x[1]^x[2]^CK[r+3];
            mid=ByteSub(mid);
            rk[r+3]=x[3]^=L2(mid);          //rk3=K7
        }

        //解密时轮密钥使用顺序：rk31,rk30,...,rk0
        if(CryptFlag==DECRYPT)
        {
            for(r=0;r<16;r++)
            {
                mid=rk[r];
                rk[r]=rk[31-r];
                rk[31-r]=mid;
            }
        }
    }
    //一个分组的 SM4 加密函数。加密时，in 存放明文，out 存放密文，key 表示密钥，16 字节
    public int SM4_Encrypt(byte[] key,byte[] in,byte[] out)
    {

        int[] round_key=new int[ROUND];
        SMS4KeyExt(key,round_key,1);
        SMS4Crypt(in,out,round_key);
```

```
            return 0;
        }
        //一个分组的SM4解密函数。解密时，in存放密文，out存放解密结果，key表示密钥，16字节
        public int SM4_Decrypt(byte[] key,byte[] in,byte[] out)
        {

            int[] round_key=new int[ROUND];
            SMS4KeyExt(key,round_key,0);
            SMS4Crypt(in,out,round_key);

            return 0;
        }
    }
```

其中，CK 是用来存放固定参数的，密钥扩展函数 SMS4KeyExt 用来生成轮密钥。函数 SM4_Encrypt 和 SM4_Decrypt 是对外的单分组加解密函数，测试程序中通过调用这两个函数实现 SM4 一个分组（16 字节）的加解密。函数 SMS4KeyExt 用于计算轮密钥。真正的加解密运算函数是 SMS4Crypt，它是在类内部使用的单个 BLOCK 加解密运算的函数，使用了轮密钥。

下面开始添加主函数。在主函数 main 中调用 SM4 加解密。在工程中添加一个类，类名是 test，并且要生成 main 函数，然后在 test.java 中输入如下代码：

```
package test;

public class test {
    public static void main(String[] args) {
        // TODO Auto-generated method stub
        byte[] in={0x01,0x23,0x45,0x67,(byte) 0x89,(byte) 0xab,(byte)
0xcd,(byte) 0xef,(byte) 0xfe,(byte) 0xdc,(byte) 0xba,(byte)
0x98,0x76,0x54,0x32,0x10};
        byte[] in1={
                0x01,0x23,0x45,0x67,(byte) 0x89,(byte) 0xab,(byte) 0xcd,(byte)
0xef,(byte) 0xfe,(byte) 0xdc,(byte) 0xba,(byte) 0x98,0x76,0x54,0x32,0x10,
                0x01,0x23,0x45,0x67,(byte) 0x89,(byte) 0xab,(byte) 0xcd,(byte)
0xef,(byte) 0xfe,(byte) 0xdc,(byte) 0xba,(byte) 0x98,0x76,0x54,0x32,0x10
                };
        byte[] key={0x01,0x23,0x45,0x67,(byte) 0x89,(byte) 0xab,(byte)
0xcd,(byte) 0xef,(byte) 0xfe,(byte) 0xdc,(byte) 0xba,(byte)
0x98,0x76,0x54,0x32,0x10};
        SM4 sm4=new SM4();
        int inLen=16,ENCRYPT=1,inlen1=32;
        byte[] out=new byte[16];
        byte[] out1=new byte[32];
        long starttime;
```

```
            System.out.println("明文：");
            for(int i=0;i<16;i++)
                System.out.print(Integer.toHexString(in[i]&0xff));
            System.out.println();

            //加密 128bit
            starttime=System.nanoTime();
            sm4.SM4_Encrypt(in,  key, out);
            System.out.println("加密 1 个分组执行时间： "+(System.nanoTime()
-starttime)+"ns");
            System.out.println("加密结果：");
            for(int i=0;i<16;i++)
                System.out.print(Integer.toHexString(out[i]&0xff));


            //解密 128bit
            System.out.println();
            sm4.SM4_Decrypt(out,  key, in);
            System.out.println("解密结果：");
            for(int i=0;i<16;i++)
                System.out.print(Integer.toHexString(in[i]&0xff));

            //1,000,000 次加密
            System.out.println();
            starttime=System.currentTimeMillis();
            for(int i=1;i<1000000;i++)
            {
                sm4.SM4_Encrypt(in,  key, out);
                in=out;
            }
            sm4.SM4_Encrypt(in,  key, out);
            System.out.println("\r1000000 次加密执行时间:
"+(System.currentTimeMillis()-starttime)+"ms");
            System.out.println("加密结果：");
            for(int i=0;i<16;i++)
                System.out.print(Integer.toHexString(out[i]&0xff));
        }
    }
```

在 main 函数中，我们对一个分组（16 字节）进行了加解密，然后进行了 1000000 的加解密。在加解密的同时，计算了算法所用的时间。

（3）保存工程并运行，运行结果如图 3-17 所示。

图 3-17

至此，16 字节的 SM4 加解密函数实现成功了，但该例子无法用于一线实战，因为在一线开发中不可能只有 16 字节数据需要处理。下面我们来实现一个支持任意长度的 SM4 加解密函数，并实现 4 个分组模式（ecb、cbc、cfb 和 ofb）。分组模式的概念在 3.4 节介绍过，这里不再赘述。

【例 3.4】　实现 sm4-ecb/cbc/cfb/ofb 算法（大数据版）

（1）打开 Eclipse，新建一个 Java 工程，工程名是 test。

（2）在工程中添加一个类，类名是 SM4，把上例的 SM4.java 内容复制到本例的 SM4.java 中。打开 SM4.java，添加 ecb 模式的 SM4 算法：

```
int sm4ecb( byte[] in, byte[] out, int length, byte[]key, int enc)
{
    int n,len = length, point=0;
    byte[] input = new byte[16];
    byte[] output = new byte[16];

    //判断参数是否为空，以及长度是否为 16 的倍数
    if ((in == null ) || (out == null ) || (key == null )||(length% BLOCK!=0))
        return -1;

    if ((ENCRYPT != enc) && (DECRYPT != enc))   //判断是要进行加密还是解密
        return -1;

    //判断数据长度是否大于分组大小（16 字节），如果是就一组一组运算
    while (len >= BLOCK)
    {
        input=Arrays.copyOfRange(in, point, point+16);
        if (ENCRYPT == enc)
            SM4_Encrypt(key, in, output);
        else
            SM4_Decrypt(key,in, output );
        System.arraycopy(output, 0, out, point, BLOCK);
        len -= BLOCK;    //没处理完一个分组，长度就要减去 16
```

```
        point+=BLOCK;
    }
    return 0;
}
```

SM4 加解密的分组大小为 128bit，故对消息进行加解密时，若消息长度过长，则需要进行循环分组加解密。代码清晰明了，而且还有注释。

在 SM4.java 中添加 cbc 模式的 SM4 算法如下：

```
void sm4cbc(  byte[]in, byte[]out, int length,  byte[]key, byte[]ivec,
int enc)
{
    int n, point=0;
    byte[] input = new byte[16];
    byte[] output = new byte[16];
    int len = length;
    byte[] tmp =new byte[BLOCK];
    byte[]iv = ivec;
    byte[]iv_tmp = new byte[BLOCK];

    //判断参数是否为空，以及长度是否为 16 的倍数
    if ((in == null) || (out == null) || (key == null) || (ivec == null) || (length%
BLOCK!=0))
        return;

    if ((ENCRYPT != enc) && (DECRYPT != enc)) //判断是要进行加密还是解密
        return;

    if (ENCRYPT == enc) //加密
    {
        while (len >= BLOCK) //对大于 16 字节的数据进行循环分组运算
        {
            //加密时，第一个明文块和初始向量（IV）进行异或后再用 key 进行加密。
            //以后每个明文块与前一个分组结果（密文）块进行异或后再用 key 进行加密。
            //前一个分组结果（密文）块当作本次 iv
            input=Arrays.copyOfRange(in, point, point+16);
            for (n = 0; n < BLOCK; ++n)
                output[n] = (byte)(input[n] ^ iv[n]);
            SM4_Encrypt(key,output, output); //用 key 进行加密
            iv = output; //保存当前结果，以便在下一个循环中和明文进行异或运算
            //偏移密文数据指针，以便存放新的结果
            System.arraycopy(output, 0, out, point, BLOCK);
            len -= BLOCK; //减去已经完成的字节数
            point+=BLOCK; //偏移明文数据指针，指向还未加密的数据开头
        }
```

```
    }
    else if (in != out) //in 和 out 指向不同缓冲区
    {
        while (len >= BLOCK) //开始循环分组处理
        {
                input=Arrays.copyOfRange(in, point, point+BLOCK);
                SM4_Decrypt(key,input, output);
                for (n = 0; n < BLOCK; ++n)
                    output[n] ^= iv[n];
                iv=Arrays.copyOfRange(input, 0,  BLOCK);

                System.arraycopy(output, 0, out, point, BLOCK);
                len -= BLOCK; //减去已经完成的字节数
                point+=BLOCK; //偏移明文数据指针，指向还未加密的数据开头
        }
    }
    else //in 和 out 指向同一缓冲区
    {
        iv_tmp=Arrays.copyOfRange(ivec, point, point+BLOCK);
        while (len >= BLOCK)
        {
            //暂存本次分组密文，因为 in 要存放结果明文
            tmp=Arrays.copyOfRange(in, point, point+BLOCK);
            input=Arrays.copyOfRange(in, point, point+BLOCK);
            SM4_Decrypt(key,input, output);
            for (n = 0; n < BLOCK; ++n)
                output[n] ^= iv_tmp[n];
            iv_tmp=Arrays.copyOfRange(tmp, point, point+BLOCK);
            System.arraycopy(output, 0, out, point, BLOCK);
            len -= BLOCK;
            point+=BLOCK; //偏移明文数据指针，指向还未加密的数据开头
        }
    }
}
```

这个算法支持 in 和 out 都指向同一个缓冲区（称为原地加解密）。根据 cbc 模式原理，加密时不必区分 in 和 out 是否相同，而解密时需要区分。解密时，第一个密文块先用 key 解密，得到的中间结果再与初始向量（IV）进行异或得到第一个明文分组（第一个分组的最终明文结果），后面每个密文块也是先用 key 解密，得到的中间结果再与前一个密文分组（注意是解密之前的密文分组）进行异或后得到本次明文分组。

再在 SM4.java 中添加 cfb 模式的 SM4 算法：

```
void sm4cfb( byte[] in, byte[] out, int length, byte[]key, byte[]ivec, int enc)
{
    int i=0,n = 0;
```

```
int l = length;
byte c;
byte[]iv = new byte[BLOCK];

if ((in == null) || (out == null) || (key == null) || (ivec == null))
    return;

if ((ENCRYPT != enc) && (DECRYPT != enc))
    return;


iv=Arrays.copyOfRange(ivec, 0, BLOCK);

if (enc == ENCRYPT)
{
    while (l>0)
    {
        l--;
        if (n == 0)
        {
            SM4_Encrypt(key,iv, iv);
        }
        out[i]=  (byte)(in[i] ^ iv[n]);
        iv[n] = out[i];
        i++;
        n = (n + 1) % BLOCK;
    }
}
else //解密
{
    while (l>0)
    {
        l--;
        if (n == 0)
        {
            SM4_Encrypt(key,iv, iv);
        }
        c = in[i];
        out[i]=   (byte)(in[i] ^ iv[n]);
        i++;
        iv[n] = c;
        n = (n + 1) % BLOCK;
    }
}
}
```

CFB（Cipher FeedBack，密文反馈）模式和 CBC 类似，也需要 IV。加密第一个分组时，先对 IV 进行加密，将得到的中间结果与第一个明文分组进行异或得到第一个密文分组；加密后面的分组时，把前一个密文分组作为向量先加密，将得到的中间结果再和当前明文分组进行异或得到密文分组。解密第一个分组时，先对 IV 进行加密运算（注意用的是加密算法），将得到的中间结果与第一个密文分组进行异或得到明文分组；解密后面的分组时，把上一个密文分组当作向量进行加密运算（注意还是用的加密算法），将得到的中间结果和本次的密文分组进行异或得到本次的明文分组。

在 SM4.java 中添加 ofb 模式的 SM4 算法如下：

```java
void sm4ofb( byte[]in, byte[]out, int length,  byte[]key, byte[]ivec)
{
    int i=0,n = 0;
    int l = length;
    byte[] iv = new byte[BLOCK];

    if ((in == null) || (out == null) || (key == null) || (ivec == null))
        return;

    iv=Arrays.copyOfRange(ivec, 0, BLOCK);

    while (l>0)
    {
        l--;
        if (n == 0)
        {
            SM4_Encrypt(key,iv, iv);
        }
        out[i]=  (byte)(in[i] ^ iv[n]);
        i++;
        n = (n + 1) % BLOCK;
    }
}
```

OFB（Output FeedBack，输出反馈）也需要 IV。加密第一个分组时，先对 IV 进行加密，将得到的中间结果与第一个明文分组进行异或得到第一个密文分组；加密后面的分组时，把前一个中间结果（前一个分组的向量的密文）作为向量先加密，将得到的中间结果和当前明文分组进行异或得到密文分组。解密第一个分组时，先对 IV 进行加密运算（注意用的是加密算法），将得到的中间结果与第一个密文分组进行异或得到明文分组；解密后面的分组时，把上一个中间结果（前一个分组的向量的密文，因为用的依然是加密算法）当作向量进行加密运算（注意用的是加密算法），将得到中间结果和本次的密文分组进行异或得到本次的明文分组。ofb 模式的加密和解密是一致的。

4 个工作模式的 SM4 算法实现完毕。

（3）在工程中新建一个类，类名是 test。我们将在文件 test.java 中添加 SM4 的检测函数，也就是调用前面实现的各模式的 SM4 加解密函数。首先在类 test 里定义 3 个成员变量：

```
private static final int SM4_BLOCK_SIZE=16; //分组长度
private static final int SM4_ENCRYPT=1;  //加密标记
private static final int SM4_DECRYPT=0;  //加密标记
```

然后开始添加成员函数，第一个是 sm4ecbcheck 函数，代码如下：

```
public static int sm4ecbcheck()
{
    int  i,len,ret = 0;
    byte[] key =  { 0x01,0x23,0x45,0x67,(byte) 0x89,(byte) 0xab,(byte)
0xcd,(byte) 0xef,(byte) 0xfe,(byte) 0xdc,(byte) 0xba,(byte) 0x98,0x76,0x54,
0x32,0x10 };
    byte[] plain  = { 0x01,0x23,0x45,0x67,(byte) 0x89,(byte) 0xab,(byte)
0xcd,(byte) 0xef,(byte) 0xfe,(byte) 0xdc,(byte) 0xba,(byte) 0x98,0x76,0x54,
0x32,0x10 };
    byte[] cipher = { 0x68,0x1e,(byte) 0xdf,0x34,(byte) 0xd2,0x06,(byte)
0x96,0x5e,(byte) 0x86,(byte) 0xb3,(byte) 0xe9,0x4f,0x53,0x6e,0x42,0x46 };
    byte[] En_output =new byte[16];
    byte[] De_output = new byte[16];
    byte[]  in=new byte[4096], out=new byte[4096], chk=new byte[4096];

    SM4 sm4=new SM4();
    sm4.sm4ecb(plain, En_output, 16, key, SM4_ENCRYPT);
    if (Arrays.equals(En_output, cipher)==false) System.out.println("ecb
enc(len=16) memcmp failed");
    else System.out.println("ecb enc(len=16) memcmp ok");

    sm4.sm4ecb(cipher, De_output, SM4_BLOCK_SIZE, key, SM4_DECRYPT);
    if (Arrays.equals(De_output, plain)==false) System.out.println("ecb
dec(len=16) memcmp failed");
    else System.out.println("ecb dec(len=16) memcmp ok");

    len = 32;
    for (i = 0; i < 8; i++)
    {
        Arrays.fill(in,0,len,(byte)i);
        sm4.sm4ecb(in, out, len, key, SM4_ENCRYPT);
        sm4.sm4ecb(out, chk, len, key, SM4_DECRYPT);
        if (Arrays.equals(in, chk)==false)  System.out.println("ecb
enc/dec(len="+len+") memcmp failed");
        else System.out.println("ecb enc/dec(len="+len+") memcmp ok");
        len = 2 * len;
    }
    return 0;
}
```

我们首先用 16 字节的标准数据测试了 sm4ecb。标准数据分别定义在 key、plain 和 cipher 中，key 表示输入的加解密密钥，plain 表示要加密的明文，cipher 表示加密后的密文。我们通过调用 sm4ecb 加密后，把输出的加密结果和标准数据 cipher 进行比较，如果一致，就说明加密正确。在 16 字节验证无误后，我们又用长度为 32、64、128、256、512、1024、2048 和 4096 的数据进行加解密测试，先加密，再解密，然后比较解密结果和明文是否一致。

在 test.java 中添加 cbc 模式的检测函数，代码如下：

```java
public static int sm4cbccheck()
{
    int i, len, ret = 0;
    byte[] key = { 0x01,0x23,0x45,0x67,(byte) 0x89,(byte) 0xab,(byte)
0xcd,(byte) 0xef,(byte) 0xfe,(byte) 0xdc,(byte) 0xba,(byte) 0x98,0x76,0x54,
0x32,0x10 };//密钥
    byte[] iv = { (byte)0xeb,(byte) 0xee,(byte) 0xc5,0x68,0x58,(byte)0xe6,
(byte)0x04,(byte)0xd8,0x32,0x7b,(byte) 0x9b,0x3c,0x10,(byte)0xc9,0x0c,(byte)0xa
7 }; //初始化向量
    byte[]plain = { 0x01,0x23,0x45,0x67,(byte)0x89,(byte)0xab,(byte)0xcd,
(byte)0xef,(byte)0xfe,(byte)0xdc,(byte)0xba,(byte)0x98,0x76,0x54,0x32,0x10,
0x29,(byte)0xbe,(byte)0xe1,(byte)0xd6,0x52,0x49,(byte)0xf1,(byte)0xe9,
(byte)0xb3,(byte)0xdb,(byte)0x87,0x3e,0x24,0x0d,0x06,0x47 }; //明文
    byte[] cipher = { 0x3f,0x1e,0x73,(byte)0xc3,(byte)0xdf,(byte)0xd5,
(byte)0xa1,0x32,(byte)0x88,0x2f,(byte)0xe6,(byte)0x9d,(byte)0x99,0x6c,(byte)
0xde,(byte)0x93,0x54,(byte)0x99,0x09,0x5d,(byte)0xde,0x68,(byte)0x99,0x5b,
0x4d,0x70,(byte)0xf2,0x30,(byte)0x9f,0x2e,(byte)0xf1,(byte)0xb7 }; //密文

    byte[] En_output=new byte[32];
    byte[] De_output=new byte[32];
    byte[] in=new byte[4096], out=new byte[4096], chk=new byte[4096];

    SM4 sm4=new SM4();
    sm4.sm4cbc(plain, En_output, plain.length, key,iv, SM4_ENCRYPT);
    if(Arrays.equals(En_output, cipher)==false)  System.out.println("cbc
enc(len=32) memcmp failed");
    else  System.out.println("cbc enc(len=32) memcmp ok");

    sm4.sm4cbc(cipher, De_output, plain.length, key,iv, SM4_DECRYPT);
    if(Arrays.equals(De_output, plain)==false)   System.out.println("cbc
dec(len=32) memcmp failed");
    else  System.out.println("cbc dec(len=32) memcmp ok");


    len = 32;
    for (i = 0; i < 8; i++)
    {
```

```
        Arrays.fill(in,0,len,(byte)i);
        sm4.sm4cbc(in, out, len, key,iv, SM4_ENCRYPT);
        sm4.sm4cbc(out, chk, len, key,iv, SM4_DECRYPT);
        if(Arrays.equals(in,chk)==false)  System.out.println("cbc
enc/dec(len="+len+"memcmp failed");
        else System.out.println("cbc enc/dec(len="+len+") memcmp ok");
        len = 2 * len;
    }
    return 0;
}
```

在上述代码中，先用 32 字节的标准数据进行了测试。标准数据分别定义在 key、plain 和 cipher 中，key 表示输入的加解密密钥，plain 表示要加密的明文，cipher 表示加密后的密文。我们通过调用 sm4cbc 加密后，把输出的加密结果和标准数据 cipher 进行比较，如果一致，就说明加密正确。在 32 字节的标准数据验证无误后，我们又用长度为 32、64、128、256、512、1024、2048 和 4096 的数据进行了加解密测试，先加密，再解密，然后比较解密结果和明文是否一致。

在 test.java 中添加 cfb 模式的检测函数，代码如下：

```
public static  int sm4cfbcheck()
{
    int i, len, ret = 0;
    byte[] key =   { 0x01,0x23,0x45,0x67,(byte) 0x89,(byte) 0xab,(byte)
0xcd,(byte) 0xef,(byte) 0xfe,(byte) 0xdc,(byte) 0xba,(byte) 0x98,0x76,0x54,0x32,
0x10 };//密钥
    byte[] iv = { (byte)0xeb,(byte)0xee,(byte)0xc5,0x68,0x58,(byte)0xe6,
(byte)0x04,(byte)0xd8,0x32,0x7b,(byte)0x9b,0x3c,0x10,(byte)0xc9,0x0c,
(byte)0xa7 };  //初始化向量
    byte[]  in=new byte[4096], out=new byte[4096], chk=new byte[4096];

    SM4 sm4=new SM4();
    len = 16;
    for (i = 0; i < 9; i++)
    {
        Arrays.fill(in,0,len,(byte)i);
        sm4.sm4cfb(in, out, len, key, iv, SM4_ENCRYPT);
        sm4.sm4cfb(out, chk, len, key, iv, SM4_DECRYPT);
        if(Arrays.equals(in, chk)==false)  System.out.println("cfb enc/
dec(len="+len+") memcmp failed");
        else System.out.println("cfb enc/dec(len="+len+") memcmp ok");
        len = 2 * len;
    }
    return 0;
}
```

我们用长度为 16、32、64、128、256、512、1024、2048 和 4096 的数据进行 cfb 模式的加解密测试，先加密，再解密，然后比较解密结果和明文是否一致。

在 test.java 中添加 ofb 模式的检测函数，代码如下：

```java
public static int sm4ofbcheck()
{
    int i, len, ret = 0;
    byte[] key = { 0x01,0x23,0x45,0x67,(byte) 0x89,(byte) 0xab,(byte) 0xcd,
(byte) 0xef,(byte) 0xfe,(byte) 0xdc,(byte) 0xba,(byte) 0x98,0x76,0x54,0x32,
0x10 };//密钥
    byte[] iv = { (byte)0xeb,(byte)0xee,(byte)0xc5,0x68,0x58,(byte)0xe6,
(byte)0x04,(byte)0xd8,0x32,0x7b,(byte)0x9b,0x3c,0x10,(byte)0xc9,0x0c,
(byte)0xa7 }; //初始化向量
    byte[]  in=new byte[4096], out=new byte[4096], chk=new byte[4096];
    len = 16;
    SM4 sm4=new SM4();
    for (i = 0; i < 9; i++)
    {
        Arrays.fill(in,0,len,(byte)i);
        sm4.sm4ofb(in, out, len, key, iv);
        sm4.sm4ofb(out, chk, len, key, iv);
        if(Arrays.equals(in, chk)==false)  System.out.println("ofb enc/
dec(len="+len+") memcmp failed");
        else System.out.println("ofb enc/dec(len="+len+") memcmp ok");
        len = 2 * len;
    }
    return 0;
}
```

我们用长度为 16、32、64、128、256、512、1024、2048 和 4096 的数据进行 ofb 模式的加解密测试，先加密，再解密，然后比较解密结果和明文是否一致。

至此，加解密的检测函数添加完毕，我们可以在 main 函数中直接调用它们了。下面开始添加 main 函数的实现：

```java
public static void main(String[] args) {

    System.out.println("---------ecb begin-------------");
    sm4ecbcheck();
    System.out.println("---------cbc begin-------------");
    sm4cbccheck();
    System.out.println("---------cfb begin-------------");
    sm4cfbcheck();
    System.out.println("---------ofb begin-------------");
    sm4ofbcheck();
```

```
        System.out.print("\n----------性能测试开始 -------------------");

        byte[] in={0x01,0x23,0x45,0x67,(byte) 0x89,(byte) 0xab,(byte) 0xcd,(byte)
0xef,(byte) 0xfe,(byte) 0xdc,(byte) 0xba,(byte) 0x98,0x76, 0x54,0x32, 0x10};
        byte[] key={0x01,0x23,0x45,0x67,(byte) 0x89,(byte) 0xab,(byte) 0xcd, (byte)
0xef,(byte) 0xfe,(byte) 0xdc,(byte) 0xba,(byte) 0x98,0x76,0x54, 0x32,0x10};
        SM4 sm4=new SM4();
        byte[] out=new byte[16];
        long starttime;
        //1,000,000 次加密
        starttime=System.currentTimeMillis();
        for(int i=1;i<1000000;i++)
        {
            sm4.SM4_Encrypt(in,  key, out);
            in=out;
        }
        sm4.SM4_Encrypt(in,   key, out);
        System.out.println("\r1000000 次加密执行时间：
"+(System.currentTimeMillis()-starttime)+"ms");
        System.out.println("加密结果: ");
        for(int i=0;i<16;i++)
            System.out.print(Integer.toHexString(out[i]&0xff));
    }
```

在 main 函数中，除了调用 4 大模式的 SM4 测试函数，还对 16 字节加密进行了性能测试，统计了时间。

（4）保存工程并运行，运行结果如图 3-18 所示。

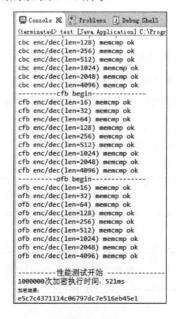

图 3-18

第4章

利用 JCA/JCE 对称加解密

上一章我们介绍的对称加解密算法都是根据原理从头实现的。除此之外，我们还可以调用现成的库函数实现对称加解密，比如利用 Java 加密框架（JCA）进行加解密运算。利用 JCA 进行对称加解密比自己手动实现要轻松得多，我们只需要按照其调用规范和步骤执行即可。当然，我们也不能完全沉溺于舒适区中，还是要会自己实现。

加密技术是最常用的安全保密手段，利用技术手段把重要的数据变为乱码（加密）传送，到达目的地后再用相同或不同的手段还原（解密）。加密技术可以分为两类，即对称加密技术和非对称加密。对称加密的加密密钥和解密密钥相同，常见的对称加密算法有 DES、AES、SM1、SM4 等；非对称加密又称为公开密钥加密技术，它使用一对密钥分别进行加密和解密操作，其中一个是公开密钥（Public-Key），另一个是由用户自己保存（不能公开）的私有密钥（Private-Key），通常以 RSA、ECC 算法为代表。JCA 对这两种加密技术都支持。这里先介绍对称加解密。

Java 加密体系框架（JCA）包括一个提供者架构以及数字签名、消息摘要、认证、加解密、密钥生成与管理、安全随机数产生等一系列 API 接口。它本身不负责算法的具体实现，任何第三方都可以提供具体的实现并在运行时加载。

这些 API 接口使得开发者可以方便地将安全集成到应用程序中。JDK 中的其他加密通信库很多使用了 JCA 提供者架构，包括 JSSE、SASL、JGCA 提供的核心类和接口：

（1）类 Provider 和 Security，这是基础。

（2）密钥接口 Key，是安全的核心。

（3）SecureRandom、MessageDigest、Signature、Cipher、Mac、KeyFactory、SecretKeyFactory、KeyPairGenerator、KeyGenerator、KeyAgreement、AlgorithmParameters、AlgorithmParameterGenerator、KeyStore、CertificateFactory、engine classes 都是随机数、加密、摘要、签名或密钥协商等的类，主要是面向开发者，这些类分别在包 java.security 和包 javax.crypto 中。这里将讲述两个包中和对称加解密有关的类和接口。

4.1 包 java.security

包 java.security 为安全框架提供类和接口，包括那些实现了可方便配置的、细粒度的访问控制安全架构的类。此包也支持密码公钥对的生成和存储，以及包括信息摘要和签名生成在内的可输出密码操作。最后，此包提供支持 signed/guarded 对象和安全随机数生成的对象。此包中提供的许多类（特别是密码和安全随机数生成器类）都是基于提供商的。

4.1.1 密钥接口

接口 Key 位于包 java.security 中。密钥在加解密运算中的地位至关重要，密钥一旦泄露，数据安全性也就失去了。在对称算法中，密钥一定要保护好，不能泄露。我们要对密钥的概念有一定的理解，以便能更好地使用。加解密运算的第一步就是要生成密钥。

接口 Key 是所有密钥的顶层接口，定义了供所有密钥对象共享的功能。所有的密钥都具有三个特征：

（1）真正随机、等概率

密钥一定是来自一个可靠的随机源产生的随机数，所以一个好的密钥必须来自好的随机数。

（2）算法相关性

密钥和加解密算法是相关的，不同的算法对于密钥的长度都有要求，比如 DES 算法要求密钥是56 位的，如果想让 Java 生成一个 57 位的 DES 算法密钥，就会直接运行报错。Key 接口提供了方法getAlgorithm 来获得此密钥的标准算法名称。例如，返回"DSA"指示此密钥是一个 DSA 密钥。

（3）编码格式

密钥数据通常具有标准的编码格式，主要是为了方便密钥管理和与其他加解密函数库进行交互和解析。比如，Java 提供 PEM 和 DER 两种编码方式对这些密钥进行编码，并提供相关指令以使用户在这两种格式之间进行转换，其他加解密函数库（比如 OpenSSL）也是采用的这两种编码格式。Key 接口提供了 getFormat 方法来返回已编码密钥的编码格式名称，该方法声明如下：

```
String getFormat();
```

该方法返回密钥的编码格式的名称。如果是原始密钥（未编码过的密钥），则返回字符串"RAW"。

密钥通常通过密钥生成器、证书或用来管理密钥的各种 Identity 类来获得。密钥也可以通过使用密钥工厂（KeyFactory）从密钥规范（基础密钥材料的透明表示形式）获取。

要得到实际的密钥数据，可以使用 Key 接口的 getEncoded 方法，该方法的声明如下：

```
byte[] getEncoded()
```

它返回一个基本编码格式的密钥字节序列。如果此密钥不支持编码，就返回 null。

4.1.2　安全随机数

1. 随机数概述

说到随机，有两个必须搞清楚的概念：真随机数生成器（TRNG）和伪随机数生成器（PRNG）。伪随机数是用确定性的算法计算出来的均匀分布的随机数序列，并不真正随机，但是具有类似于随机数的统计特征，如均匀性、独立性等。在计算伪随机数时，若使用的初值（种子）不变，那么伪随机数的数序也不变。伪随机数可以用计算机大量生成。在模拟研究中为了提高模拟效率，一般采用伪随机数代替真正的随机数。模拟中使用的一般是循环周期极长、并能通过随机数检验的伪随机数，以保证计算结果的随机性。

大部分计算机程序和语言中的随机函数都是伪随机数生成器，都是由确定的算法通过一个"种子"（比如"时间"）来产生的、"看起来如果再次运行，会发现上面一段随机数变了，下面一段则"涛声依旧随机"的结果。毫无疑问，任何人只要知道算法和种子，或者之前已经产生了的随机数，都可能获得接下来随机数序列的信息。因为它们可预测，在密码学上并不安全，所以称其为"伪随机"。这种随机数用来让游戏里的小人跑路是没多大问题的，如果用来生成私钥就太不安全了。

严格意义上的真随机可能仅存在于量子力学之中，我们当前所想要的（或者所能要的）并不是这种随机。我们其实想要一种不可预测、统计意义上、密码学安全的随机数，只要能做到这一点的随机数生成器都可以称为真随机数生成器。

想直接利用算法得到真随机数有点难度，但是也不是没有办法。计算机不能产生随机数，但是现实世界中有非常多的随机因素，将这种随机因素引入计算机就能实现真随机。Linux 内核中的随机数发生器（/dev/random）理论上能产生真随机，即这个随机数的生成独立于生成函数，我们说这个随机数发生器是非确定的（不可预见的）。这种真随机并不一定非得是特殊设计的硬件。Linux 操作系统内核中的随机数生成器（/dev/random）维护了一个熵池，用于搜集硬件噪声，比如键盘敲击速度、鼠标位置变化、网络信号强度变化、时钟、IO 请求的响应时间、特定硬件中断的时间间隔甚至周围的电磁波等。直观地讲，按一次键盘、动一下鼠标、邻居家 Wi-Fi 信号强度变化、磁盘写入速度等都能够提供最大可能的随机数据熵。Linux 维护着这样一个熵池，不断收集非确定性的设备事件来作为种子（种子就是输入到随机数产生器中的比特串），因此可认为是高品质的真随机数生成器。不过/dev/random 是阻塞的，也就是说，如果熵池空了，对于/dev/random 的读操作将被挂起，直至收集到足够的环境噪声为止。因此，在开发程序时，我们应使用/dev/urandom 作为/dev/random 的一个副本，它不会阻塞，但其输出的熵可能会小于/dev/random。真随机数有一个非常基本的特征就是不可预测性。

2. Java 中的随机数类

Java 提供了两个类来为用户提供随机数功能，分别是类 Random 和类 SecureRandom。SecureRandom 是从 Random 派生而来的，且专门用于要求高的密码学场合。类 Random 一般用于随机性要求不高的场合，但是速度快。

类 Random 用来创建伪随机数，如果给定一个初始的种子，产生的随机数序列是完全一样的；如果不给定种子，就使用系统当前时间戳作为种子，那么每次运行时，种子不同，得到的伪随机数序列就不同。要生成一个随机数，可以使用其成员方法 nextInt()、nextLong()、nextFloat()、nextDouble()等，比如下列代码生成的伪随机数就不同：

```
import java.util.Random;
Random r = new Random();
r.nextInt(); // 2071575453，每次都不一样
r.nextInt(10); // 5，生成一个[0,10)之间的 int
r.nextLong(); // 8811649292570369305，每次都不一样
r.nextFloat(); // 0.54335...生成一个[0,1)之间的 float
r.nextDouble(); // 0.3716...生成一个[0,1)之间的 double
```

如果我们在创建 Random 实例时指定一个种子，就会得到完全确定的随机数序列，比如：

```
import java.util.Random;
public class Main {
    public static void main(String[] args) {
        Random r = new Random(12345);
        for (int i = 0; i < 10; i++) {
            System.out.println(r.nextInt(100));
        }
        // 51, 80, 41, 28, 55...
    }
}
```

顺便提一句，有时会看到 Java 代码调用 Math.random()来产生随机数。Math.random()实际上在内部调用了 Random 类，所以它也是伪随机数，只是我们无法指定种子。

有伪随机数，就有真随机数。实际上，真正的真随机数只能通过量子力学原理来获取，而我们想要的是一个不可预测的安全的随机数，SecureRandom 就是用来创建安全的随机数的，所以密码学编程要用类 SecureRandom。

类 SecureRandom 本身并不是伪随机算法的实现，而是使用了其他类提供的算法来获取伪随机数。不指定算法的时候，在不同的操作平台会获取到不同的算法，Windows 默认是 SHA1PRNG，Linux 是 NativePRNG。Linux 下的 NativePRNG 如果调用 generateSeed()方法，就会读取 Linux 系统的/dev/random 文件（这个文件在 JAVA_HOME/jre/lib/securiy/java.security 里面有默认定义）。/dev/random 文件是动态生成的,如果没有数据,就会阻塞。如果使用 SecureRandom.getInstanceStrong()初始化 SecureRandom 对象，就会使用 NativePRNGBlocking 算法。

JCA 的 SecureRandom 实际上有多种不同的底层实现，有的使用安全随机种子加上伪随机数算法来产生安全的随机数，有的使用真正的随机数生成器。实际使用的时候，可以优先获取高强度的安全随机数生成器，如果没有提供，就再使用普通等级的安全随机数生成器，比如：

```
import java.util.Arrays;
import java.security.SecureRandom;
import java.security.NoSuchAlgorithmException;
public class Main {
    public static void main(String[] args) {
        SecureRandom sr = null;
        try {
            sr = SecureRandom.getInstanceStrong(); // 获取高强度安全随机数生成器
        } catch (NoSuchAlgorithmException e) {
```

```
            sr = new SecureRandom(); // 获取普通的安全随机数生成器
        }
        byte[] buffer = new byte[16];
        sr.nextBytes(buffer); // 用安全随机数填充 buffer
        System.out.println(Arrays.toString(buffer));
    }
}
```

如果没有获取高强度安全随机数生成器，就会抛出异常 NoSuchAlgorithmException，从而获取普通的安全随机数生成器。

类 SecureRandom 提供了能满足加密要求的强随机数生成器。随机数在密码学中有着地基的地位。至关重要的密钥首先必须是一个安全的随机数。密码学意义上的安全随机数要求必须保证其不可预测性，实际上，密码学中有 15 项随机数检测规则，限于篇幅，这里不展开了。怎么得到安全的随机数？通常可以通过硬件随机数芯片来获得，也可以通过非物理的随机数产生器来获得。目前，三大非物理的随机数产生器有 Linux 操作系统的/dev/random 设备接口、Windows 操作系统的 CryptGenRandom 接口、JDK 的 java.security.SecureRandom 类。

总而言之，类 SecureRandom 的安全性是通过操作系统提供的安全随机种子来生成随机数的。这个种子是通过 CPU 的热噪声、读写磁盘的字节、网络流量等各种随机事件产生的"熵"。在密码学中，安全的随机数非常重要。如果使用不安全的伪随机数，那么所有加密体系都将被攻破。因此，时刻牢记必须使用 SecureRandom 来产生安全的随机数。需要使用安全随机数的时候，必须使用 SecureRandom，绝不能使用 Random。

3. 常用构造方法

类 SecureRandom 的构造方法主要是用来定义随机数生成器，常用的构造方法有以下两种。

（1）SecureRandom()

构造一个实现默认随机数算法的安全随机数生成器（RNG）。不带参数比较常用，它使用内置的随机源作为种子，这样每次生成的随机数可以是不同的。

（2）SecureRandom(byte[] seed)

用一个种子 seed 来构造一个实现默认随机数算法的安全随机数生成器（RNG）。如果 seed 每次都一样，那么生成的随机数也是每次固定的。

比如下列代码生成一个随机数：

```
byte[] values = new byte[128];
//构造 SecureRandom 对象，定义随机数生成器
SecureRandom random = new SecureRandom();
random.nextBytes(values);  // 方法 nextBytes 生成用户指定的随机字节数
```

所谓随机数种子，就是随机源。第一个构造函数没有人为指定种子（随机源），所以使用系统随机源（取决于$JAVA_HOME/jre/lib/security/java.security 配置中的 securerandom.source 属性）。例如，JDK 1.8 中该配置为 securerandom.source=file:/dev/random，即从/dev/random 获取随机数。第二个构造函数可以人为指定随机源，但是往往用得不太恰当，比如：

```
byte[] salt = new byte[128];
//使用系统时间作为种子构造随机数发生器
SecureRandom secureRandom = new SecureRandom(System.currentTimeMillis());
secureRandom.nextBytes(salt);
```

这里指定用当前系统时间作为种子来替代系统默认随机源。如果同一毫秒连续调用，那么得到的随机数是相同的。因此，传递给 SecureRandom 的种子必须是不可预测的，seed 使用不当可能会引发安全漏洞，比如著名的比特币电子钱包漏洞。所以，安全性要求高的场合不要自己指定种子，应当使用系统随机源，一般使用默认的种子生成策略就行，对应 Linux 里面就是/dev/random 和/dev/urandom。其实现原理是：操作系统收集了一些随机事件，比如鼠标单击、键盘敲击等，SecureRandom 使用这些随机事件作为种子。

4. 常用方法

类 SecureRandom 的常用方法如下所示：

（1）generateSeed

当种子相同时，通过 SecureRandom 生成随机数是相同的，因此，为了让每次生成随机数不同，我们需要使用不同的种子。方法 generateSeed 就可以用来生成不同的种子。该方法用来获取一个随机的 byte 数组，该数组可以用来做其他随机生成器的种子。方法声明如下：

```
byte[] generateSeed(int numBytes);
```

其中，参数 numBytes 表示要获取的 byte 数组的大小，返回随机的 byte 数组。

（2）getSeed

该方法用来获取随机的 byte 数组，后续用来作为种子。只不过该方法是静态的，声明如下：

```
static byte[] getSeed(int numBytes);
```

其中，参数 numBytes 表示要获取的 byte 数组的大小，返回随机的 byte 数组。

（3）getAlgorithm

类 SecureRandom 本身并不是伪随机算法的实现，而是使用了其他类提供的算法来获取伪随机数。因此，可以通过方法 getAlgorithm 获取伪随机算法的名称，方法声明如下：

```
String getAlgorithm();
```

该方法返回伪随机算法。

（4）getInstance

除了使用默认的随机数算法外，我们还可以自己设置随机数算法。方法 getInstance 返回指定随机数生成器算法的 SecureRandom 对象，方法声明如下：

```
static SecureRandom getInstance(String algorithm);
static SecureRandom getInstance(String algorithm, String provider);
```

其中，参数 algorithm 指定生成随机数的算法；provider 指定 SecureRandom 对象的提供者，比如不是通过伪随机数算法生成，而是通过真正的随机数生成器（比如国内的 WNG8 随机数芯片等），此时 provider 就很有用了。

（5）getProvider

函数声明如下：

```
Provider getProvider();
```

此方法返回 SecureRandom 对象的提供者。

（6）setSeed

重新设置随机对象的种子，函数声明如下：

```
void setSeed(byte[] seed);
void setSeed(long seed);
```

其中，参数 seed 存放要设置的种子。该方法有两种形式：第一种形式的参数 seed 是一个字节数组；第二种形式的参数是 long 型，把 8 个字节的 seed 值作为要设置的种子。值得注意的是，setSeed 给定的种子是补充而不是取代现有的种子。因此，保证重复调用不会降低随机性。

（7）next

该方法生成一个包含用户指定伪随机位数的整数（右对齐，带前导零），函数声明如下：

```
protected int next(int numBits);
```

其中，参数 numBits 用于指定伪随机位数。该方法返回用户指定伪随机位数的整数。

（8）nextBytes

该方法比较常用，用于生成用户指定的随机数。方法声明如下：

```
void nextBytes(byte[] bytes);
```

其中，参数 bytes 是输出参数，存放生成的随机数，结果存放在 bytes 数组中。值得注意的是，如果之前没有调用过 setSeed，那么第一次调用此方法时将强行将此 SecureRandom 对象设置为自身的种子。如果之前调用了 setSeed，则不会发生该操作。这就要注意两种情况。第一种情况，如果调用 setSeed 时，前面已经调用 nextBytes，则新种子将是前面内置种子与 setSeed 的数据合起来形成的，就算 setSeed 设置了一个固定数据，由于以前（调用 nextBytes 且 nextBytes 之前没有调用 setSeed）设置过内置（随机）种子，因此新种子也是随机的（每次运行都将产生不同的随机数）。第二种情况，如果 nextBytes 之前调用了 setSeed，则不会发生该操作，也就是不会使用内置的随机种子，因此此时的种子就是 setSeed 的参数。如果 setSeed 的参数是固定的，那么每次运行会产生相同的随机数。对于这两种情况，我们稍后会在示例中体会到。

由于类 SecureRandom 从父类 Random 派生，因此类 Random 中的一些方法也可以使用。下面我们看几个小例子，设置相同的种子（随机源），然后看生成的随机数是否相同。

【例 4.1】　实验随机源相同随机数相同

（1）打开 Eclipse，新建一个 Java 工程，工程名是 myprj。

（2）在 Eclipse 中，新建一个 java 类，类名是 test。在 test.java 中输入如下代码：

```java
package myprj;
import java.security.*;
import java.util.Arrays;
import javax.xml.bind.DatatypeConverter;
public class test {

    public static void main(String[] args) {
        int i;
        String str="hello";
        byte[] salt = new byte[128];

        for(i=0;i<3;i++)
        {
            //使用固定字符串 str 作为种子构造随机数发生器
            SecureRandom secureRandom = new SecureRandom(str.getBytes());
            secureRandom.nextBytes(salt); //得到随机数
            //字节数组转为十六进制字符串
            String strHexBytes = DatatypeConverter.printHexBinary(salt);
            System.out.println(strHexBytes); //输出十六进制的随机数
            //如果想输出十进制随机数，可以去掉下行注释
            //System.out.print(Arrays.toString(salt));
        }
    }
}
```

在上述代码中，我们用字符串“hello”作为 SecureRandom 的种子，然后调用该类成员函数 nextBytes 来得到随机数，并且把随机数转为十六进制的字符串后再输出。由于 3 次循环的种子都是固定的，因此我们将得到 3 组同样的随机数。

（3）保存工程并按 Ctrl+F11 快捷键运行，运行结果如图 4-1 所示。

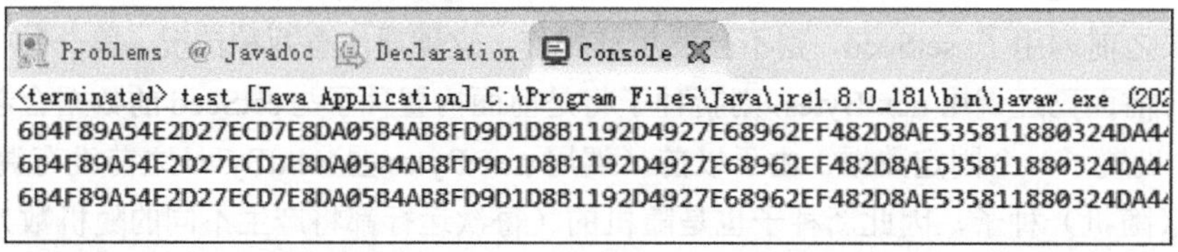

```
Problems  @ Javadoc  Declaration  Console
<terminated> test [Java Application] C:\Program Files\Java\jre1.8.0_181\bin\javaw.exe (202
6B4F89A54E2D27ECD7E8DA05B4AB8FD9D1D8B1192D4927E68962EF482D8AE535811880324DA4
6B4F89A54E2D27ECD7E8DA05B4AB8FD9D1D8B1192D4927E68962EF482D8AE535811880324DA4
6B4F89A54E2D27ECD7E8DA05B4AB8FD9D1D8B1192D4927E68962EF482D8AE535811880324DA4
```

图 4-1

果然，输出了 3 组相同的随机数。这就证明了种子相同，得到的随机数相同。不使用种子来构造随机数，可参看下例。

【例 4.2】 不使用种子构造随机数

（1）打开 Eclipse，新建一个 Java 工程，工程名是 myprj。

（2）在 Eclipse 中，新建一个 java 类，类名是 test。在 test.java 中输入如下代码：

```
package myprj;
import java.security.*;
import java.util.Arrays;
import javax.xml.bind.DatatypeConverter;
public class test {

    public static void main(String[] args) {
        int i;
        byte[] salt = new byte[128];

        for(i=0;i<3;i++)
        {
            //不使用种子构造随机数发生器
            SecureRandom secureRandom = new SecureRandom();
            secureRandom.nextBytes(salt); //得到随机数
            //字节数组转为十六进制字符串
            String strHexBytes = DatatypeConverter.printHexBinary(salt);
            //输出十六进制的随机数
            System.out.println(strHexBytes);
            //如果想输出十进制随机数，可以去掉下行注释
            //System.out.print(Arrays.toString(salt));
        }
    }
}
```

在上述代码中，我们没有采用无参数的构造函数 SecureRandom 来定义随机数发生器，然后调用该类成员函数 nextBytes 来得到随机数，并且把随机数转为十六进制的字符串后再输出。由于使用了默认随机源，因此我们每次将得到 3 组不同的随机数。

（3）保存工程并按 Ctrl+F11 快捷键运行，运行结果如图 4-2 所示。

图 4-2

果然，输出了 3 组不同的随机数，而且重新运行程序又会发现 3 组和上一次运行不同的随机数了。所以，通常我们编程时使用默认无参数的 SecureRandom 构造函数即可。

下面我们来做一个实验，看 nextBytes 前有无调用 setSeed 的两种情况，也就是说如果 nextBytes 前没调过 setSeed，就会使用系统内置的随机种子，以后产生的随机数每次都是不同的；如果 nextBytes 前调用了 setSeed，就不会使用系统内置的随机种子，以后产生的随机数每次相同（setSeed 的参数要固定）。

【例 4.3】 实验 nextBytes 有无 setSeed 的两种情况

（1）打开 Eclipse，新建一个 Java 工程，工程名是 myprj。

（2）在 Eclipse 中新建一个 java 类，类名是 test。在 test.java 中输入如下代码：

```java
package myprj;

import java.security.*;
import java.util.Arrays;
import javax.xml.bind.DatatypeConverter;
import static java.lang.System.out;

public class test {

    public static void  func1()
    {
        int i;
        String strHexBytes;
        String str="hh";
        byte[] salt = new byte[32];
        byte[] seed= new byte[16];

        for(i=0;i<16;i++)
            seed[i]= (byte)i;



        SecureRandom secureRandom = new SecureRandom();
        out.println(secureRandom.getAlgorithm());

        //前面没有使用 setSeed
        secureRandom.nextBytes(salt); //得到随机数
        //字节数组转为十六进制字符串
        strHexBytes = DatatypeConverter.printHexBinary(salt);
        //输出十六进制的随机数
        System.out.println(strHexBytes);

        for(i=0;i<2;i++)
        {
            secureRandom.setSeed(seed);
            secureRandom.nextBytes(salt); //得到随机数
            //字节数组转为十六进制字符串
            strHexBytes = DatatypeConverter.printHexBinary(salt);
             System.out.println(strHexBytes);  //输出十六进制的随机数
        }
    }

    public static void  func2()
    {
```

```
        int i;
        String strHexBytes;
        String str="hh";
        byte[] salt = new byte[32];
        byte[] seed= new byte[16];

        for(i=0;i<16;i++)
            seed[i]= (byte)i;

        SecureRandom secureRandom = new SecureRandom();
        out.println(secureRandom.getAlgorithm());
        secureRandom.setSeed(seed);
        //前面使用 setSeed
         secureRandom.nextBytes(salt); //得到随机数
        //字节数组转为十六进制字符串
        strHexBytes = DatatypeConverter.printHexBinary(salt);
        System.out.println(strHexBytes);  //输出十六进制的随机数

        for(i=0;i<2;i++)
        {
            secureRandom.setSeed(seed);
            secureRandom.nextBytes(salt); //得到随机数
            //字节数组转为十六进制字符串
            strHexBytes = DatatypeConverter.printHexBinary(salt);
            System.out.println(strHexBytes);  //输出十六进制的随机数
        }
    }

    public static void main(String[] args) {
        func1();
        func2();
        return;
    }
}
```

在上述代码中，我们定义了 2 个函数 func1 和 func2。其中，func1 中第一次 nextBytes 函数前没有调用过 setSeed，因此使用了内置随机源作为种子，而该 nextBytes 后面的 for 循环中调用了 setSeed，此时的 setSeed 只是在原来的种子基础上再增加 setSeed 所设置的数据而形成新种子，所以最终的种子依旧是每次程序运行都不同，每次运行得到的随机数依旧是不同的，大家可以在随后的运行结果中体会到这一点。

在 func2 中，第一次 nextBytes 前调用过 setSeed，所以就不会使用系统内置的随机源作为种子，而是把 setSeed 的参数作为种子，这里 setSeed 的参数又是一个固定数组 seed，所以程序每次运行生成的最终随机数都是相同的。

为了让两个函数的输出内容之间有点界限，每个函数中打印了一下伪随机数算法，通过函数 getAlgorithm 可以得到伪随机数算法。

（3）保存工程并运行，运行结果如图 4-3 所示。

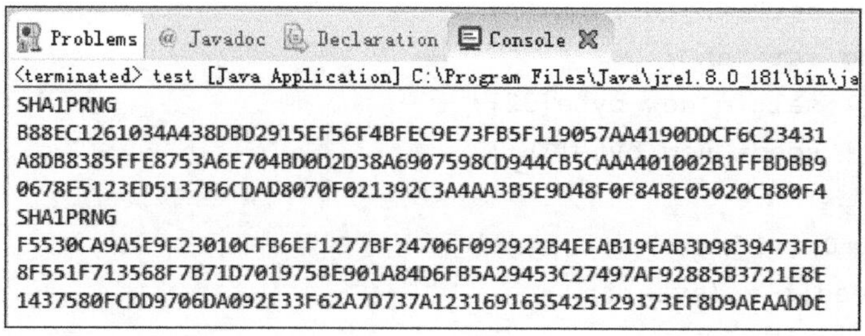

```
Problems  @ Javadoc  Declaration  Console
<terminated> test [Java Application] C:\Program Files\Java\jre1.8.0_181\bin\ja
SHA1PRNG
B88EC1261034A438DBD2915EF56F4BFEC9E73FB5F119057AA4190DDCF6C23431
A8DB8385FFE8753A6E704BD0D2D38A6907598CD944CB5CAAA401002B1FFBDBB9
0678E5123ED5137B6CDAD8070F021392C3A4AA3B5E9D48F0F848E05020CB80F4
SHA1PRNG
F5530CA9A5E9E23010CFB6EF1277BF24706F092922B4EEAB19EAB3D9839473FD
8F551F713568F7B71D701975BE901A84D6FB5A29453C27497AF92885B3721E8E
1437580FCDD9706DA092E33F62A7D737A1231691655425129373EF8D9AEAADDE
```

图 4-3

如果再次运行，就会发现图中上面一段随机数变了，下面一段则没发生变化。

4.2 包 javax.crypto

在 JCA 中，包 javax.crypto 为加密操作提供类和接口。因此，我们这里所阐述的对称加密主要是和这个包中的类打交道。利用包 javax.crypto 进行对称加解密的基本步骤如下：

（1）生成密钥，存于接口 Secretkey 中。生成密钥常用以下两种方式：

第一种方式是使用密钥生成器 keyGenerator，定义密钥生成器 keyGenerator 的实例对象（密钥由密钥生成器来生成，就像米饭是由电饭锅来生成的一样），然后调用 init 方法进行密钥生成器的初始化，也就是为密钥生成器设置一些我们所需密钥的属性参数，比如密钥长度、随机数等（没有随机数肯定是没有办法生成密钥的，密钥通常是一个随机数）。就像我们要为电饭锅设置烧饭时间，并给电饭锅放入大米（没有大米，电饭锅这个米饭生成器是肯定无法生成米饭的）一样，最后调用密钥生成方法 generateKey 来生成密钥（相当于电饭锅开始烧出米饭来了），返回值存于 Secretkey 接口中。

第二种方式稍微简便些，即使用接口 Secretkey 的实现类 SecretKeySpec（该类是密钥规范类），实例化 SecretKeySpec 对象产生密钥，返回结果存于 Secretkey 接口中。

（2）创建 Cipher 的实例对象，并调用其 init 方法指定 Secretkey 对象，以及要进行的加密或者解密操作。

（3）调用 Cipher 对象的 doFinal 方法完成加密或解密操作。

比如用下列代码演示上述过程：

```
/*content: 加密内容
 * slatKey: 加密的盐，16 位字符串
 * vectorKey: 加密的向量，16 位字符串*/
public String encrypt(String content, String slatKey, String vectorKey) throws
Exception {
    //产生密钥
    SecretKey secretKey = new SecretKeySpec(slatKey.getBytes(), "AES");
```

```
Cipher cipher = Cipher.getInstance("AES/CBC/PKCS5Padding");
//实例化 IV，CBC 需要向量 iv
IvParameterSpec iv = new IvParameterSpec(vectorKey.getBytes());
//加解密对象初始化，就是准备一些必要数据
cipher.init(Cipher.ENCRYPT_MODE, secretKey, iv);
byte[] encrypted = cipher.doFinal(content.getBytes());  //完成加密
return Base64.encodeBase64String(encrypted);  //加密结果进行 Base64 编码
}
```

下面我们来看一下包 javax.crypto 中和对称加解密相关的一些接口或类。

4.2.1　安全密钥接口 SecretKey

接口 SecretKey 用于保存对称密钥，从接口 Key 派生。该接口自己并没有提供成员方法，而是使用 Key 中的方法，比如 getFormat 和 getEncoded，前者返回密钥的编码格式，后者得到原始密钥（没有编码过的密钥）数组。对于没有编码过的密钥，getFormat 返回的结果是"RAW"。

4.2.2　密钥生成类 KeyGenerator

该类位于包 javax.crypto 中。KeyGenerator 是专门生成密钥的类，即此类提供（对称）密钥生成器的功能。该类常用的方法如表 4-1 所示。

表4-1　KeyGenerator的常用方法

KeyGenerator 的常用方法	描　述
getAlgorithm();	获得算法名称
getInstance();	通过指定算法亦可指定提供者来构造 KeyGenerator 对象，该函数有多种重载形式
getProvider();	返回此算法实现的提供商
init(SecureRandom sRandoom);	通过随机源的方式初始化 KeyGenerator 对象
init(int size);	通过指定生成秘钥的大小来初始化
init(AlgorithmParameterSpec params);	通过指定参数集来初始化
init(AlgorithmParameterSpec params, SecureRandom sRandoom);	通过指定参数集和随机数源的方式生成
init(int arg0, SecureRandom arg1);	通过指定大小和随机源的方式产生
generatorKey();	生成密钥，返回 SecertKey 接口变量

1. 创建密钥生成器对象

KeyGenerator 没有公开的构造方法，所以只能调用其静态方法 getInstance 进行创建，以此来生成指定算法的对称密钥的 KeyGenerator 对象。这个方法有多个重载，具体如下：

```
public static final KeyGenerator getInstance(String algorithm) throws
NoSuchAlgorithmException
    public static final KeyGenerator getInstance(String algorithm, Provider
provider) throws NoSuchAlgorithmException
```

```
public static final KeyGenerator getInstance(String algorithm, String
provider)
        throws NoSuchAlgorithmException, NoSuchProviderException
```

第一种形式最为常用，需要一个字符串作为参数，用于说明使用哪个密钥算法，比如下列代码就生成了一个 KeyGenerator 对象：

```
//得到一个 AES 算法的密钥生成器对象
KeyGenerator keygen=KeyGenerator.getInstance("AES");
```

KeyGenerator 对象可重复使用，也就是说，在生成密钥后可以重复使用同一个 KeyGenerator 对象来生成更多的密钥。为 KeyGenerator.getInstance 传入加密算法名称这个参数的主要原因是，在后续初始化的时候用于判断传入的密钥长度是否正确。

2. 获得密钥生成器算法

getInstance 有一个参数是设置加密算法的，比如 DES、AES 等。要查看密钥生成器所设置的算法，可以用类 KeyGenerator 的方法 getAlgorithm，该方法声明如下：

```
String getAlgorithm();
```

函数返回 KeyGenerator 对象的算法名称（与创建此 KeyGenerator 对象的 getInstance 调用中指定的算法名称相同）。

3. 初始化密钥生成器对象

有了 KeyGenerator 对象就可以调用 init 方法进行 keyGenerator 对象的初始化了。初始化的主要目的是用于指定密钥长度和随机源，因为密钥就是一组满足一定条件的随机序列，所以随机性对于密钥至关重要。方法 init 有以下几种形式：

```
//用指定参数集和用户提供的随机源初始化此密钥生成器
void init(AlgorithmParameterSpec params, SecureRandom random);
//初始化此密钥生成器，使其具有确定的密钥大小
void init(int keysize);
//使用用户提供的随机源初始化此密钥生成器，使其具有确定的密钥大小
void init(int keysize, SecureRandom random);
//初始化此密钥生成器
void init(SecureRandom random);
```

比如，初始化一个 DES 算法的 56 比特的密钥：

```
keygen.init(56);
```

又比如使用用户提供的随机源初始化此密钥生成器，并且确定密钥大小为 128 位：

```
String str="myseed";
keygen.init(56, new SecureRandom(str.getBytes()));
```

如果密钥生成器 KeyGenerator 定义了 DES 算法，但是初始化传入的密钥长度不是 56 比特，会如何呢？运行报错！因为不同的加密算法对密钥长度都是有要求的。下面我们来做一个小实验。

【例 4.4】　实验不同的算法必须对应不同的密钥长度

（1）打开 Eclipse，设置工作区路径 D:\eclipse-workspace\myws。如果已经存在 myws，就删除掉。然后新建一个 Java 工程，工程名是 myprj。

（2）在工程中新建一个类，类名是 test，然后在 test.java 中输入如下代码：

```
package myprj;

import java.io.IOException;
import java.io.UnsupportedEncodingException;
import java.security.InvalidKeyException;
import java.security.NoSuchAlgorithmException;
import javax.crypto.Cipher;
import javax.crypto.KeyGenerator;
import javax.crypto.SecretKey;
import javax.crypto.spec.SecretKeySpec;

public class test {
    public static void main(String[] args) {
        // TODO Auto-generated method stub
        try {
            KeyGenerator keygen=KeyGenerator.getInstance("DES");
            keygen.init(55);
        } catch (NoSuchAlgorithmException e) {
            e.printStackTrace();
        }
    }
}
```

在上述代码中，我们首先定义了密钥生成器对象 keygen，并用 DES 算法来实例化 keygen，然后调用密钥长度 55 来初始化密钥生成器对象。由于 DES 算法支持的密钥长度是 56 位，因此运行后肯定会报错。

（3）保存工程并按 Ctrl+F11 快捷键运行，运行结果如图 4-4 所示。

```
Wrong keysize: must be equal to 56
```

图 4-4

提示密钥长度出错，应该等于 56。这说明在 getInstance 方法中指定了算法后初始化时，还会检查相应算法的密钥长度。所以，对密钥生成器初始化时，要注意算法的密钥长度。

4. 生成原始对称密钥

密钥生成器初始化（也就是帮密钥生成器设置相关参数装配完成）结束，就可以让这个密钥生成器为我们生成密钥了，但是这里产生的密钥还是原始密钥（没有编码过的密钥）。很多商业密码软件的密钥都是有某种编码格式的。其实，密码学中很多数据都是要编码的，比如证书数据等。

生成原始密钥的方法是 generateKey，声明如下：

```
public final SecretKey generateKey();
```

该方法返回新生成的密钥，返回类型是接口 SecretKey。接口 SecretKey 是包 javax.crypto 中的接口，从 Key 中派生。从 SecretKey 字面上可以看出这是一个秘密密钥，而对称密钥是一个需要保密的密钥，所以接口 SecretKey 用于对称密钥。存于 SecretKey 中的密钥是原始密钥（没有编码过）。

比如下列代码生成一个 DES 算法的密钥：

```
KeyGenerator keygen;  //KeyGenerator 提供对称密钥生成器的功能，支持各种算法
//实例化支持 DES 算法的密钥生成器(算法名称命名需按规定，否则抛出异常)
keygen = KeyGenerator.getInstance("DES" );
//生成密钥
SecretKey deskey = keygen.generateKey();    //接口 SecretKey 负责保存对称密钥
```

如果要获取原始密钥，可以用 SecretKey 父接口的方法 getEncoded()；如果要获取密钥的编码格式，可以用其父接口的方法 getFormat()。

【例 4.5】 生成 DES 和 AES 的原始密钥

（1）打开 Eclipse，设置工作区路径 D:\eclipse-workspace\myws，如果已经存在 myws，就删除掉。然后新建一个 Java 工程，工程名是 myprj。

（2）在工程中新建一个类，类名是 test，然后在 test.java 中输入如下代码：

```
package myprj;

import java.io.IOException;
import java.io.UnsupportedEncodingException;
import java.security.InvalidKeyException;
import java.security.NoSuchAlgorithmException;
import javax.crypto.Cipher;
import javax.crypto.KeyGenerator;
import javax.crypto.SecretKey;
import javax.crypto.spec.SecretKeySpec;
import javax.xml.bind.DatatypeConverter;

public class test {
    public static void main(String[] args) {
        String strHexBytes;
        try {
            //定义 DES 密钥生成器对象实例
            KeyGenerator keygen=KeyGenerator.getInstance("DES");
            keygen.init(56);   //初始化密钥生成器，56 是 DES 算法的密钥有效长度（位数）
            SecretKey deskey = keygen.generateKey();        //生成密钥
            //打印密钥的编码格式，应该为 RAW，表示未编码
            System.out.println(deskey.getFormat());
            //转为十六进制字符串
            strHexBytes = DatatypeConverter.printHexBinary(deskey.
getEncoded());
```

```
System.out.println(strHexBytes);    //打印原始密钥

//定义 AES 密钥生成器对象实例
KeyGenerator keygenAES=KeyGenerator.getInstance("AES");
keygenAES.init(128); //初始化密钥生成器，128 是 AES 算法的密钥长度（位数）
SecretKey aeskey = keygenAES.generateKey();    //生成密钥
//打印密钥的编码格式，应该为 RAW，表示未编码
System.out.println(aeskey.getFormat());
//转为十六进制字符串
strHexBytes = DatatypeConverter.printHexBinary(aeskey. getEncoded());
System.out.println(strHexBytes);    //打印原始密钥
} catch (NoSuchAlgorithmException e) {
    e.printStackTrace();
}
}
}
```

在上述代码中，我们首先定义了基于 DES 算法和 AES 算法的密钥生成器对象，初始化过后产生了密钥，此时产生的密钥是没有编码的密钥，称为原始密钥，最后打印出原始密钥。值得注意的是，DES 算法的密钥长度形式上是一个 64 位数，但有效密钥为 56 位，所以初始化时要将 56 作为参数，而最终打印出来的是形式密钥长度，有 8 个字节（64 位）。

（3）保存工程并按 Ctrl+F11 快捷键运行，运行结果如图 4-5 所示。每次的运行结果是不同的，再次运行结果可能如图 4-6 所示。

图 4-5   图 4-6

4.2.3 密钥规范类 SecretKeySpec

如果不通过密钥生成类 KeyGenerator 来生成密钥，那么也可以通过密钥规范类 SecretKeySpec 来获得密钥。该类以与 provider 无关的方式指定一个密钥。类 SecretKeySpec 是 SecretKey 的接口实现类，即：

```
public class SecretKeySpec implements SecretKey
```

其构造函数声明如下：

```
SecretKeySpec(byte[] key, String algorithm);
```

其中，key 是密钥原始数据。注意，不同的算法所要求的密钥长度不同。比如采用 DES 时，key 的长度必须是 8，否则后续加密初始化的时候会出现异常。algorithm 是加解密算法的名称，比如"DES"。

在 Java 中，接口是不能实例化的（不能新建一个接口），但可以将一个对象赋值给一个接口，只要这个对象实现了接口所定义的方法。类 SecretKeySpec 实现了接口 SecretKey，因此我们可以如下使用 SecretKeySpec：

```
String deskey="12345678";
SecretKey secretKey = new SecretKeySpec(deskey.getBytes(), "DES");
```

也可以这样使用：

```
String deskey="12345678";
SecretKeySpec  secretKey = new SecretKeySpec(deskey.getBytes(), "DES");
```

还可以这样使用：

```
String deskey="12345678";
Key secretKey = new SecretKeySpec(deskey.getBytes(), "DES");
```

这里生成的 secretKey 会在后面加解密初始化的时候用到。

4.2.4　初始向量类 IvParameterSpec

在分组加密算法的 CBC 模式下需要一个称为初始向量（IV）的字节数组。有了初始向量 iv，可以增加加密算法的强度。这个初始向量以后会作为参数传入加解密对象（Cipher）的初始化函数（init 函数）。类 IvParameterSpec 就是用来生成初始向量的，其构造函数如下：

```
IvParameterSpec(byte[] iv)
```

其中，iv 是输入参数，存放指定的初始向量。比如下列代码定义一个 IvParameterSpec 对象：

```
IvParameterSpec iv = IvParameterSpec("0102030405060708".getBytes());
```

实际上就是把一个字符串形式的 iv 转为 IvParameterSpec 对象形式，后面 Cipher.init 的参数需要 IvParameterSpec 形式。

如果我们想以字节数组的形式打印 IvParameterSpec 中的向量，就可以使用该类的成员函数 getIV，具体声明如下：

```
byte[]  getIV();
```

该函数返回字节形式的向量 iv，也就是构造函数 IvParameterSpec 传入的参数。

【例 4.6】　得到字节形式的向量

（1）打开 Eclipse，设置工作区路径 D:\eclipse-workspace\myws。如果已经存在 myws，就删除掉。然后新建一个 Java 工程，工程名是 myprj。

（2）在工程中新建一个类，类名是 test。然后在 test.java 中输入如下代码：

```
package myprj;
import javax.crypto.spec.IvParameterSpec;
import javax.xml.bind.DatatypeConverter;

public class test {
    public static void main(String[] args) {
        IvParameterSpec iv = new IvParameterSpec("0102030405060708".getBytes());
        //将字节数组转为十六进制字符串
        String strHexBytes = DatatypeConverter.printHexBinary(iv.getIV());
```

```
        System.out.println(strHexBytes);  //输出十六进制形式字符串
    }
}
```

在 上 述 代 码 中 ， 我 们 首 先 构 造 了 IvParameterSpec 对 象 ， 并 传 入 指 定 的 向 量 "0102030405060708"，然后用 getIV 得到这个向量，并转为十六进制形式输出。

（3）保存工程并按 Ctrl+F11 快捷键运行，运行结果如
图 4-7 所示。该结果正是"0102030405060708"的十六进制
字节形式。

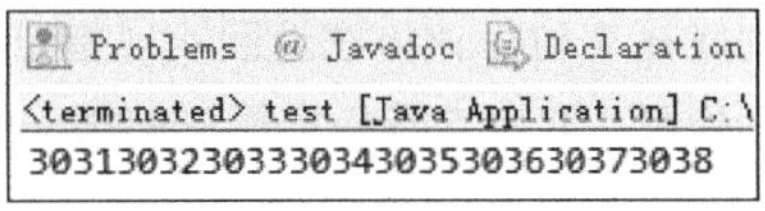

```
Problems  @ Javadoc  Declaration
<terminated> test [Java Application] C:\
3031303230333034303530363037303 8
```

图 4-7

4.2.5 加解密类 Cipher

类 Cipher 提供加解密功能，不但可以实现对称分组加解密，还可以用来实现非对称加解密，比如 RSA。它是 Java Cryptographic Extension（JCE）框架的核心。这里主要用它来实现对称分组加解密。使用该类进行对称分组加解密的流程如下：

（1）新建 Cipher 对象，需要传入一个参数，指定算法、模式和填充方式。例如，传入"AES/CBC/NoPadding"表示进行 AES 加密，模式为 CBC，不填充（NoPadding）；传入"DESede/CBC/NoPadding"可进行 DES3 加密，模式为 CBC，不填充。

（2）Cipher 对象在使用之前还需要初始化，需要传入三个参数("加密模式或者解密模式", "密匙", "向量")。

（3）调用函数 doFinal 完成加解密工作。

实际上 Cipher 类实现了多种加密算法。在创建 Cipher 对象时，传入不同的参数可以进行不同的加密算法，只是创建密匙的方法不同而已。因此，使用类 Cipher 并不是很复杂，基本上就是一个套路。

类 Cipher 常用的方法如表 4-2 所示。

表 4-2   类 Cipher 常用的方法

常用方法	描　　述
getInstance	返回实现指定转换的 Cipher 对象
getIV	返回新缓冲区中的初始化向量（IV）
init	初始化 Cipher
wrap	包装密钥
update	继续多部分加密或解密操作（具体取决于此 Cipher 的初始化方式），以处理其他数据部分
doFinal	结束多部分加密或解密操作
getAlgorithm	返回此 Cipher 对象的算法名称
getBlockSize	返回块（每个分组）的大小（以字节为单位）
getOutputSize	根据给定的输入长度 inputLen（以字节为单位），返回保存下一个 update 或 doFinal 操作结果所需的输出缓冲区长度（以字节为单位）

1. 创建加解密对象

为创建 Cipher 对象，可以调用类 Cipher 的 getInstance 方法。它是一个静态方法，有以下 3 种形式：

```
static Cipher getInstance(String transformation);
```

其中，参数 transformation 表示转换的名称，按"算法/模式/填充模式"赋值。常用的模式有 CBC（有向量 IV 模式）和 ECB（无向量模式）。常用的填充模式有 NoPadding 和 PKCS5Padding：NoPadding 表示加密内容不足 8 位时用 0 补足，需自己实现代码给加密内容添加 0；PKCS5Padding 表示加密内容不足 8 位用余位数补足，如{65, 65, 65, 5, 5, 5, 5, 5}或{97, 97, 97, 97, 97, 97, 2, 2}，刚好补 8 位。该方法返回实现指定转换的 Cipher 对象，从首选 Provider 开始遍历已注册安全提供者列表，取自支持指定算法的第一个 Provider。

```
static Cipher getInstance(String transformation, Provider provider);
```

其中，参数 transformation 表示转换的名称，provider 表示提供者。该方法返回一个封装 CipherSpi 实现的新 Cipher 对象，该实现取自指定提供者（指定提供者必须在安全提供者列表中注册）。注意，可以通过 Security.getProviders 方法获取已注册提供者列表。

```
static Cipher getInstance(String transformation, String provider);
```

基本同第二种形式，只不过参数 provider 表示提供者名称。

比如用下列代码创建一个 Cipher 对象：

```
Cipher cipher = Cipher.getInstance("DES/CBC/PKCS5Padding");
```

2. 初始化加解密对象

Cipher 对象创建成功后，需要进行初始化。初始化就是将加解密所需要的密钥和一组参数准备给 Cipher 对象。初始化的函数 init 根据算法所需的数据不同，其形式也有多种，常用的是以下几种形式：

```
void init(int opmode, Key key);
void init(int opmode, Key key, AlgorithmParameters params);
//用一个密钥、一组算法参数和一个随机源初始化此 Cipher
void init(int opmode, Key key, AlgorithmParameters params, SecureRandom random)
```

其中，参数 opmode 表示此 Cipher 的操作模式（取值为 ENCRYPT_MODE、DECRYPT_MODE、WRAP_MODE 或 UNWRAP_MODE）；key 表示加解密密钥，可以由 new SecretKeySpec 得到；params 表示算法参数（比如 cbc 需要向量 iv）；random 表示一个随机数。

如果此 Cipher 需要算法参数，而 params 为 null，则在为加密或密钥包装初始化时，底层 Cipher 实现应自己生成所需的参数（使用特定于提供者的默认值或随机值）；如果此 Cipher（包括其底层反馈或填充方案）需要随机字节（例如，用于参数生成），那么它将从 random 获取这些随机字节。

值得注意的是，初始化 Cipher 对象时，它将失去所有以前获得的状态。换句话说，初始化 Cipher 相当于创建该 Cipher 的一个新实例并将其初始化。

如果 init 执行出错，则抛出异常，可能的异常有：

- InvalidKeyException：如果给定的 key 不适合初始化此 Cipher，或其键大小超出所允许的最大值（由已配置的仲裁策略文件确定），则抛出此异常。
- InvalidAlgorithmParameterException：如果给定的算法参数不适合此 Cipher，此 Cipher 为解密初始化，并且需要算法参数而 params 为 null，或者给定的算法参数所含的加密强度超出了合法限制（由已配置的仲裁策略文件确定），则抛出此异常。

3. 完成加解密运算

初始化后，就可以真正开始加解密运算工作了。函数 doFinal 用于完成大数据最后一部分的加解密操作，或者小数据的全部加解密工作。如果对长度不是很大的数据进行加解密，就用 doFinal 完成工作。如果对长度很大的数据进行加解密，那么不可能一下子把所有数据都传给 doFinal，只能分段后进行加解密，而且要借助于分段加解密函数 update（后面会讲到）。联合 update 一起进行加解密，通常要把原始数据分割成多部分数据后再进行。如果 doFinal 单独作战，则原始数据通常会称为单部分数据。

函数 doFinal 有多种形式，常用的有如下几种：

（1）byte[]　doFinal();

该函数结束多部分加密或解密操作（具体取决于此 Cipher 的初始化方式）。函数返回加解密结果，加密是就是返回密文，解密就是返回明文。如果出错，就会抛出异常。

（2）byte[]　doFinal(byte[] input);

该函数按单部分操作加密或解密数据，或者结束一个多部分操作。其中，参数 input 是输入缓冲区，存放要加密或解密的单部分数据或多部分的最后一部分数据。函数返回加解密结果。如果出错，就会抛出异常，可能的异常和上面的函数一样。

（3）int　doFinal(byte[] output，　int outputOffset);

该函数结束多部分加密或解密操作（具体取决于此 Cipher 的初始化方式），不能用于单部分加密，该函数处理在上一次 update 操作中缓存的输入数据，结果存储在 output 缓冲区中从 outputOffset（包含）开始的位置。其中，参数 output 用于保存结果的缓冲区；outputOffset 表示 output 中保存结果处的偏移量。函数返回 output 中存储结果数据的字节数。如果 output 缓冲区太小无法保存该结果，就抛出 ShortBufferException。这种情况下，使用一个稍大的缓冲区再次调用。使用 getOutputSize 确定输出缓冲区应为多大。

结束时，此方法将此 Cipher 对象重置为上一次调用 init 初始化得到的状态，即该对象被重置，并可用于加密或解密（具体取决于调用 init 时指定的操作模式）更多的数据。函数如果出错就会抛出异常。值得注意的是，如果抛出了任何异常，那么再次使用此 Cipher 对象前需要将其重置。

（4）byte[] doFinal(byte[] input，　int inputOffset，　int inputLen);

该函数按单部分操作加密或解密数据，或者结束一个多部分操作。数据将被加密或解密（具体取决于此 Cipher 的初始化方式），函数处理 input 缓冲区中从 inputOffset 开始（包含）的前 inputLen 个字节，以及在上一次 update 操作过程中缓存的任何输入字节，其中应用了填充（如果需要）。结果将存储在新缓冲区中。结束时，此方法将此 Cipher 对象重置为上一次调用 init 初始化得到的状态，即该对象被重置，并可用于加密或解密更多的数据（具体取决于调用 init 时指定的操作模式）。

其中，参数 input 表示输入缓冲区；inputOffset 表示 input 中输入起始处的偏移量；inputLen 表示输入长度。如果执行正确，那么函数返回包含加解密结果的新缓冲区；如果出错，就抛出异常。

函数 doFinal 可能的异常有：

- IllegalStateException: 此 Cipher 处于错误状态（例如，尚未初始化）。
- IllegalBlockSizeException: 此 Cipher 为 Cipher 块，未请求任何填充（只针对加密模式），并且由此 Cipher 处理的数据总输入长度不是块大小的倍数；或者此加密算法无法处理所提供的输入数据。
- ShortBufferException: 给定的输出缓冲区太小，无法保存结果。
- BadPaddingException: Cipher 为解密模式，并且未请求填充（或不填充），但解密的数据没有用适当的填充字节进行限制。

值得注意的是，如果抛出了任何异常，那么再次使用此 Cipher 对象前需要将其重置。

下一小节我们用实例来实现 DES 加解密。DES 算法是对称算法，所以加解密所使用的密钥是相同的。

4.2.6　利用 JCA 实现 DES 加密

DES 算法是分组（对称）算法，明文按 64 位（8 字节）进行分组，密钥长 64 位，密钥事实上是 56 位参与 DES 运算（第 8、16、24、32、40、48、56、64 位是校验位，使得每个密钥都有奇数个 1），分组后的明文组和 56 位的密钥按位替代或交换的方法形成密文组。

DES 是基于数据块的加密。它将待加密数据以 64bit 为单位拆分为若干数据块，然后进行两重迭代（具体内部细节前面已经介绍过，这里不再赘述）。外层迭代是数据块之间的迭代，迭代的方式有 ECB、CBC 等。内层迭代是通过 Feistel 网络来实现的。

基于 CBC（Cipher Block Chaining，密码分组链接模式）的数据块的加密和解密迭代过程如图 4-8 所示。

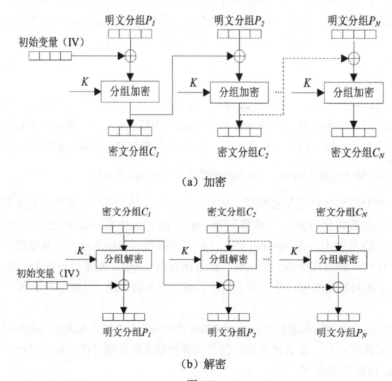

（a）加密

（b）解密

图 4-8

CBC 这种模式是先将明文切分成若干小段，然后每一小段与初始块或者上一段的密文段进行异或运算，再与密钥进行加密。每一个数据块的加密和解密过程都依赖上一个数据块。一旦有一个数据块出现错误就将会出现"雪崩效应"。CBC 模式不容易主动攻击，安全性好于 ECB，适合传输长度长的报文，是 SSL、IPSec 的标准，但它不利于并行计算，有可能误差传递，需要初始化向量 IV。

基于 ECB（Electronic Codebook Book，电码本模式）的数据块的加密和解密迭代过程如图 4-9 所示。

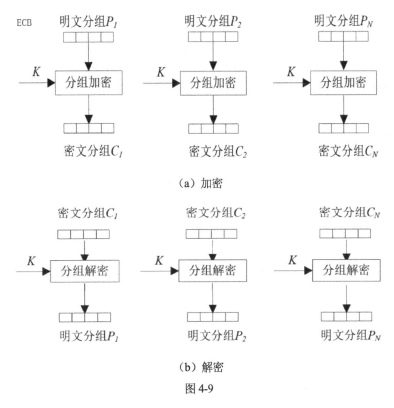

（a）加密

（b）解密

图 4-9

ECB 将明文分成若干段相同的小段，然后对每一小段进行加密。ECB 的优点是简单，有利于并行计算，误差不会被传送；缺点是不能隐藏明文的模式，可能对明文进行主动攻击。

DES 算法需要将明文进行分组，每组 8 个字节，如果不满 8 个字节，就需要填充，常用的填充方式有 PKCS5Padding（PKCS#5）。在 PKCS5Padding 中，明确定义 Block 的大小是 8 位，假设数据长度需要填充 n（n>0）个字节才满一组（即对齐），那么填充 n 个字节，每个字节都是 n；如果数据本身就已经对齐了，则填充一块长度为块大小的数据，每个字节值都是块大小（8 就是分组大小，也称块大小）。比如现在用户给了一个明文"abc"，是 3 个字节，还缺 5 个字节才能满一组，那么就填 5 个 5。

由于使用 PKCS5Padding 填充时最后一个字节为填充数据的长度，因此在解密后可以准确删除填充的数据。解密的最终结果一定要把填充数据去掉。下面来"实现"（其实应该是调用，毕竟不是我们自主可控实现的）DES 算法。

在 JCA 中，对密钥的产生提供了多种方式，通常可以分为三种：不使用密钥生成器方式、使用密钥生成器方式和密钥工厂方式。我们将结合不同的密钥生成方式来实现 DES 算法。

1. 不使用密钥生成器方式

这种方式最简单，直接通过类 SecretKeySpec 实例化一个 Key 就可以传入加解密类的初始化函数中，比如：

```
Key sKeySpec = new SecretKeySpec(key, "DES"); //实例化 Key
cipher.init(Cipher.DECRYPT_MODE, sKeySpec, generateIV(ivByte));// 初始化
```

【例 4.7】 不用密钥生成器实现 DES-CBC 加解密

（1）打开 Eclipse，设置工作区路径 D:\eclipse-workspace\myws。如果已经存在 myws，就删除掉。然后新建一个 Java 工程，工程名是 myprj。

（2）在工程中新建一个类，类名是 test，然后在 test.java 中输入如下代码：

```java
package myprj;
import java.security.AlgorithmParameters;
import java.security.InvalidKeyException;
import java.security.Key;
import java.security.NoSuchProviderException;
import java.security.Security;
import javax.crypto.Cipher;
import javax.crypto.spec.IvParameterSpec;
import javax.crypto.spec.SecretKeySpec;
import javax.xml.bind.DatatypeConverter;

public class test {
    public byte[] encrypt(byte[] originalContent, byte[] key, byte[] ivByte) {
        try {
            Cipher cipher = Cipher.getInstance("DES/CBC/PKCS5Padding");
            SecretKeySpec skeySpec = new SecretKeySpec(key, "DES");
            cipher.init(Cipher.ENCRYPT_MODE, skeySpec, new
IvParameterSpec(ivByte));
            byte[] encrypted = cipher.doFinal(originalContent);
            return encrypted;
        } catch (Exception e) {
            throw new RuntimeException(e);
        }
    }

    public byte[] decrypt(byte[] content, byte[] key, byte[] ivByte) {
        try {
            Cipher cipher = Cipher.getInstance("DES/CBC/PKCS5Padding");
            Key sKeySpec = new SecretKeySpec(key, "DES");
            // 初始化
            cipher.init(Cipher.DECRYPT_MODE, sKeySpec, generateIV(ivByte));
            byte[] result = cipher.doFinal(content);
            return result;
```

```
        } catch (Exception e) {
            throw new RuntimeException(e);
        }
    }

    // 生成 iv
    public static AlgorithmParameters generateIV(byte[] iv) throws Exception {
        AlgorithmParameters params = AlgorithmParameters.getInstance("DES");
        params.init(new IvParameterSpec(iv));
        return params;
    }

    public static void main(String[] args) {
        // TODO Auto-generated method stub
        test des = new test();
        byte []out,chk;

        String in = "abc";
        String key="12345678";   //密钥长度必须为 8 个字节
        String iv="12345678";    //iv 长度必须为 8 个字节
        System.out.print("原文:");
        System.out.println(in);

        out = des.encrypt(in.getBytes(), key.getBytes(), iv.getBytes());
        //字节数组转为十六进制字符串
        String strHexBytes = DatatypeConverter.printHexBinary(out);
        System.out.print("加密结果: ");
        System.out.println(strHexBytes);   //输出十六进制的随机数

        chk = des.decrypt(out, key.getBytes(), iv.getBytes());
        String strChk =  new String (chk);
        System.out.print("解密结果: ");
        System.out.println(strChk);   //输出十六进制的随机数
    }
}
```

在加密函数 encrypt 中，我们先构造了一个 "DES/CBC/PKCS5Padding" 的 Cipher 对象，然后利用类 SecretKeySpec 把输入密钥数据（encryptKey）进行 DES 规范化，接着初始化 cipher，告诉 cipher 要加密（Cipher.DECRYPT_MODE）。所用的 init 函数形式是：

```
void init(int opmode, Key key, AlgorithmParameters params);
```

因为 CBC 需要 iv，所以 init 把 iv 作为 AlgorithmParameters（算法参数）传入第三个参数。最后调用实际运算函数 doFinal。

解密过程类似，区别就是 cipher 初始化的时候传入的第一个参数是解密标记（Cipher.DECRYPT_MODE）。另外，我们规范密钥的时候把返回结果赋给了 Key 接口，这是为了演示 cipher.init 第二个参数也是可以用 Key 接口类型的。

函数 generateIV 用于把用户输入的 iv 数据（必须是 8 字节）
构造出 AlgorithmParameters 对象。

在 main 函数中，先加密，再解密，最后把结果打印出来。

（3）保存工程并按 Ctrl+F11 快捷键运行，运行结果如图 4-10
所示。

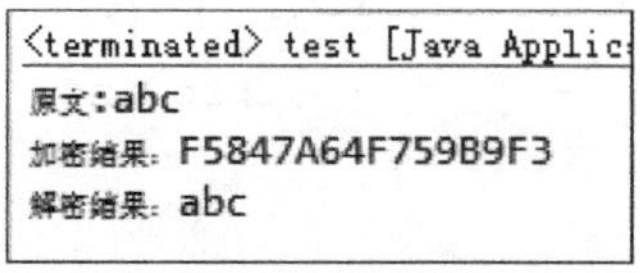

图 4-10

至此，DES 算法 CBC 模式加解密成功。下面再看 ECB 模式。相对而言，ECB 模式更加简单，
不需要初始向量 iv。

【例 4.8】 不用密钥生成器实现 DES-ECB 加解密

（1）打开 Eclipse，设置工作区路径 D:\eclipse-workspace\myws，如果已经存在 myws，就删除
掉。然后新建一个 Java 工程，工程名是 myprj。

（2）在工程中新建一个类，类名是 test，然后在 test.java 中输入如下代码：

```java
package myprj;
import java.security.AlgorithmParameters;
import java.security.InvalidKeyException;
import java.security.Key;
import java.security.NoSuchProviderException;
import java.security.Security;
import javax.crypto.Cipher;
import javax.crypto.spec.IvParameterSpec;
import javax.crypto.spec.SecretKeySpec;
import javax.xml.bind.DatatypeConverter;

public class test {
    public byte[] encrypt(byte[] originalContent, byte[] key)
    {
        try {
            Cipher cipher = Cipher.getInstance("DES/ECB/PKCS5Padding");
            SecretKeySpec skeySpec = new SecretKeySpec(key, "DES");
            cipher.init(Cipher.ENCRYPT_MODE, skeySpec);
            byte[] encrypted = cipher.doFinal(originalContent);
            return encrypted;
        } catch (Exception e) {
            throw new RuntimeException(e);
        }
    }

    public byte[] decrypt(byte[] content, byte[] key) {
        try {
            Cipher cipher = Cipher.getInstance("DES/ECB/PKCS5Padding");
            Key sKeySpec = new SecretKeySpec(key, "DES");
            cipher.init(Cipher.DECRYPT_MODE, sKeySpec);  // 初始化
```

```
        byte[] result = cipher.doFinal(content);
        return result;
    } catch (Exception e) {
        throw new RuntimeException(e);
    }
}


public static void main(String[] args) {
    // TODO Auto-generated method stub
    test des = new test();
    byte []out,chk;

    String in = "abc";
    String key="12345678";    //对于 DES 算法，密钥长度必须为 8 个字节
    System.out.print("原文:");
    System.out.println(in);

    out = des.encrypt(in.getBytes(), key.getBytes());
    //字节数组转为十六进制字符串
    String strHexBytes = DatatypeConverter.printHexBinary(out);
    System.out.print("加密结果: ");
    System.out.println(strHexBytes);   //输出十六进制的随机数

    chk = des.decrypt(out, key.getBytes());
    String strChk =  new String (chk);
    System.out.print("解密结果: ");
    System.out.println(strChk);   //输出十六进制的随机数
    }
}
```

基本流程和 CBC 加密相似，只不过不需要 iv 了，所用的加密初始化函数 init 的形式是：

```
void init(int opmode, Key key);
```

另外，Cipher.getInstance 时传入的参数是 "DES/ECB/PKCS5Padding"。

（3）保存工程并按 Ctrl+F11 快捷键运行，运行结果如图 4-11 所示。

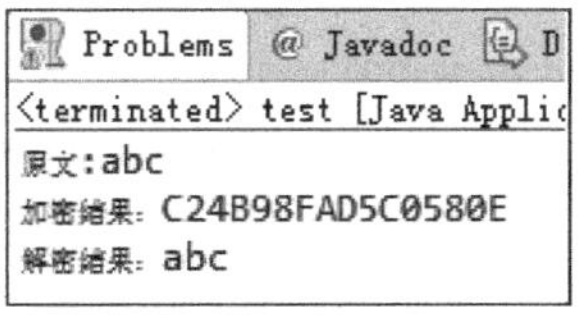

2. 使用密钥生成器方式

这种方式要复杂一些，但灵活性较好，通常有 5 步：

（1）构造密钥生成器，指定为 DES 算法，不区分大小写：

图 4-11

```
KeyGenerator keygen=KeyGenerator.getInstance("DES");
```

（2）根据 seed 生成安全随机数，以初始化密钥生成器。比如对于 DES 算法，初始化密钥生成器，指定密钥长度是 56 位，并使用用户提供的随机源，代码如下：

```
keygen.init(56, new SecureRandom(seed.getBytes()));
```

（3）产生原始对称密钥：

```
SecretKey original_key=keygen.generateKey();
```

（4）获得原始对称密钥的字节数组：

```
byte [] raw=original_key.getEncoded();
//如果需要，可以打印原始密钥
//字节数组转为十六进制字符串
//String strHexBytes = DatatypeConverter.printHexBinary(raw);
//System.out.print("enc key: ");
//System.out.println(strHexBytes);
```

（5）根据原始密钥生成符合规范的 DES 密钥格式：

```
SecretKey key=new SecretKeySpec(raw, "DES");
```

接下来就可以把 key 代入加解密对象的初始化函数中了。

【例 4.9】　使用密钥生成器实现 DES-ECB 加解密

（1）打开 Eclipse，设置工作区路径 D:\eclipse-workspace\myws，如果已经存在 myws，就删除掉。然后新建一个 Java 工程，工程名是 myprj。

（2）在工程中新建一个类，类名是 mydes，然后在 mydes.java 中输入如下代码：

```java
package myprj;

import java.io.IOException;
import java.io.UnsupportedEncodingException;
import java.security.InvalidKeyException;
import java.security.NoSuchAlgorithmException;
import java.security.SecureRandom;
import java.util.Scanner;
import javax.crypto.BadPaddingException;
import javax.crypto.Cipher;
import javax.crypto.IllegalBlockSizeException;
import javax.crypto.KeyGenerator;
import javax.crypto.NoSuchPaddingException;
import javax.crypto.SecretKey;
import javax.crypto.spec.SecretKeySpec;
import javax.xml.bind.DatatypeConverter;

public class mydes {
    public byte[] encrypt(String seed,byte[] in)
    {
        try {
            //1.构造密钥生成器，指定为 DES 算法，不区分大小写
```

```
        KeyGenerator keygen=KeyGenerator.getInstance("DES");
        //2.根据 seed 生成安全随机数，以初始化密钥生成器
        //初始化密钥生成器，指定密钥长度是 56 位，并使用用户提供的随机源
        keygen.init(56, new SecureRandom(seed.getBytes()));
        //3.产生原始对称密钥
        SecretKey original_key=keygen.generateKey();
        //4.获得原始对称密钥的字节数组
        byte [] raw=original_key.getEncoded();

        //如果需要，可以打印原始密钥
        //字节数组转为十六进制字符串
        //String strHexBytes = DatatypeConverter.printHexBinary(raw);
        //System.out.print("enc key: ");
        //System.out.println(strHexBytes);

        //5.根据原始密钥生成符合规范的 DES 密钥格式
        SecretKey key=new SecretKeySpec(raw, "DES");
        //6.根据指定算法 DES 生成密码器
        Cipher cipher=Cipher.getInstance("DES/ECB/PKCS5Padding");
        //7.初始化密码器
        cipher.init(Cipher.ENCRYPT_MODE, key);
        //8.将明文数据进行加密操作
        byte[]tmp =cipher.doFinal(in);
        return tmp;   //返回密文
    } catch (NoSuchAlgorithmExccption e) {
        e.printStackTrace();
    } catch (NoSuchPaddingException e) {
        e.printStackTrace();
    } catch (InvalidKeyException e) {
        e.printStackTrace();
    } catch (IllegalBlockSizeException e) {
        e.printStackTrace();
    } catch (BadPaddingException e) {
        e.printStackTrace();
    }
    return null;   //如果有异常，则返回 null
}

public byte[] decrypt(String seed,byte[] in){

    try {
        //1.构造密钥生成器，指定为 DES 算法，不区分大小写
        KeyGenerator keygen=KeyGenerator.getInstance("DES");
        //2.根据 seed 生成安全随机数，以初始化密钥生成器
```

```
        //根据传入的字节数组生成一个 56 位的随机源
        keygen.init(56, new SecureRandom(seed.getBytes()));
        //3.生成原始对称密钥
        SecretKey original_key=keygen.generateKey();
        //4.获得原始对称密钥的字节数组
        byte [] raw=original_key.getEncoded();
        //根据需要，可以打印原始密钥，也就是没有编码过的密钥的实际内容
        //字节数组转为十六进制字符串
        //String strHexBytes = DatatypeConverter.printHexBinary(raw);
        //System.out.print("dec key: ");
        // System.out.println(strHexBytes);

        //5.根据原始密钥生成 DES 专用密钥
        SecretKeySpec key=new SecretKeySpec(raw, "DES");
        //6.根据指定算法/算法工作模式/填充模式实例化一个 DES 密码器(Cipher)
        Cipher cipher=Cipher.getInstance("DES/ECB/PKCS5Padding");
        //7.初始化密码器，这里是解密，所以用 Cipher.DECRYPT_MODE
        cipher.init(Cipher.DECRYPT_MODE, key);
        //8.进行实际解密操作
        byte[] tmp =cipher.doFinal(in,0,8);
        return tmp;
    } catch (NoSuchAlgorithmException e) {
        e.printStackTrace();
    } catch (NoSuchPaddingException e) {
        e.printStackTrace();
    } catch (InvalidKeyException e) {
        e.printStackTrace();
    } catch (IllegalBlockSizeException e) {
        e.printStackTrace();
    } catch (BadPaddingException e) {
        e.printStackTrace();
    }
    return null;

}

public static void main(String[] args) {              //main 主函数
    byte []in,out,chk; //in 存放原文，out 存放密文，chk 存放解密后的明文
    mydes des=new mydes();
    Scanner scanner=new Scanner(System.in);
    //加密
    System.out.println("使用 DES 对称加密，请输入随机数种子：");
    String seed=scanner.nextLine();
    System.out.println("请输入要加密的内容:");
```

```
        String content = scanner.nextLine();
        try
        {
            in = content.getBytes("utf-8");
            out=des.encrypt(seed, in ); //加密
            System.out.println("加密后的密文是:");
            //字节数组转为十六进制字符串
            String strHexBytes = DatatypeConverter.printHexBinary(out);
            System.out.print("加密结果：");
            System.out.println(strHexBytes);

            chk = des.decrypt(seed, out); //解密
            //字节数组转为十六进制字符串
            strHexBytes = DatatypeConverter.printHexBinary(chk);
            System.out.print("解密结果：");
            System.out.println(strHexBytes);
        }
        catch (UnsupportedEncodingException e) {
            e.printStackTrace();
        }
    }
}
```

在上述代码中，我们通过密钥生成器生成了密钥，密钥生成器初始化（keygen.init）的时候使用了一个随机数，随机数的种子（seed）是用户输入的，由于加密和解密都用了同一个种子，生成的随机数一样，因此密钥生成器生成的密钥也是一样的。如果不放心，可以打印原始密钥，把程序中注释的 3 行代码放开即可。生成原始密钥后再转为 DES 专用的 SecretKeySpec 就可以作为参数传入 Cipher 的初始化函数 init 中了，其他步骤都和前面的例子相同。

（3）保存工程并按 Ctrl+F11 快捷键运行，运行结果如图 4-12 所示。

其中，616263 是"abc"的 ASCII 码值。

【例 4.10】　使用密钥生成器实现 DES-CBC 加解密

（1）打开 Eclipse，设置工作区路径 D:\eclipse-workspace\myws，如果已经存在 myws，就删除掉。然后新建一个 Java 工程，工程名是 myprj。

图 4-12

（2）在工程中新建一个类，类名是 mydes，然后在 mydes.java 中输入代码如下：

```
package myprj;

import java.io.IOException;
import java.io.UnsupportedEncodingException;
import java.security.InvalidKeyException;
import java.security.NoSuchAlgorithmException;
```

```
import java.security.SecureRandom;
import java.util.Scanner;

import javax.crypto.BadPaddingException;
import javax.crypto.Cipher;
import javax.crypto.IllegalBlockSizeException;
import javax.crypto.KeyGenerator;
import javax.crypto.NoSuchPaddingException;
import javax.crypto.SecretKey;
import javax.crypto.spec.SecretKeySpec;
import javax.xml.bind.DatatypeConverter;
import javax.crypto.spec.IvParameterSpec;
import java.security.AlgorithmParameters;

public class mydes {
    public byte[] encrypt(byte[] seed,byte[] in,byte[] ivByte)
    {
        try {
            //构造密钥生成器，指定为 DES 算法，不区分大小写
            KeyGenerator keygen=KeyGenerator.getInstance("DES");
            //根据 seed 生成安全随机数，以初始化密钥生成器
            //初始化密钥生成器，指定密钥长度是 56 位，并使用用户提供的随机源
            keygen.init(56, new SecureRandom(seed));
            //产生原始对称密钥
            SecretKey original_key=keygen.generateKey();
            //获得原始对称密钥的字节数组
            byte [] raw=original_key.getEncoded();
            //根据需要可以打印密钥内容
            //字节数组转为十六进制字符串
            // String strHexBytes = DatatypeConverter.printHexBinary(raw);
            //System.out.print("enc key: ");
            // System.out.println(strHexBytes);  //输出十六进制的随机数


            SecretKey key=new SecretKeySpec(raw, "DES");
            //根据指定算法 DES 生成密码器
            Cipher cipher=Cipher.getInstance("DES/CBC/PKCS5Padding");
            /*初始化密码器，第一个参数为加密(Encrypt_mode)或者解密
                (Decrylpt_mode)操作，第二个参数为使用的 KEY，第三个参数是 iv*/
            cipher.init(Cipher.ENCRYPT_MODE, key,generateIV(ivByte));
            byte[]tmp =cipher.doFinal(in); //真正开始加密
            return tmp;
        } catch (NoSuchAlgorithmException e) {
            e.printStackTrace();
        } catch (NoSuchPaddingException e) {
```

```
                e.printStackTrace();
        } catch (InvalidKeyException e) {
                e.printStackTrace();
        } catch (IllegalBlockSizeException e) {
                e.printStackTrace();
        } catch (BadPaddingException e) {
                e.printStackTrace();
        }
        catch (Exception e) {
                throw new RuntimeException(e);
        }
        return null;
}
 //解密
public byte[] decrypt(byte[] seed,byte[] in,byte[] ivByte){

        try {
                //构造密钥生成器，指定为 DES 算法，不区分大小写
                KeyGenerator keygen=KeyGenerator.getInstance("DES");
                //根据 seed 生成安全随机数，以初始化密钥生成器
                //根据传入的字节数组生成一个 56 位的随机源
                keygen.init(56, new SecureRandom(seed));
                //生成原始对称密钥
                SecretKey original_key=keygen.generateKey();
                //获得原始对称密钥的字节数组
                byte [] raw=original_key.getEncoded();
                //根据需要，可以打印解密密钥
                //String strHexBytes = DatatypeConverter.printHexBinary(raw);
                            //System.out.print("dec key: ");
                // System.out.println(strHexBytes);  //输出十六进制的随机数
                //根据字节数组生成 DES 专用密钥
                SecretKeySpec key=new SecretKeySpec(raw, "DES");
                //根据指定算法 DES 生成密码器
                Cipher cipher=Cipher.getInstance("DES/CBC/PKCS5Padding");
                //初始化密码器，第一个参数为加密(Encrypt_mode)或者解密(Decrypt_mode)操作，
                //第二个参数为使用的 KEY
                cipher.init(Cipher.DECRYPT_MODE, key, generateIV(ivByte));
                //将加密并编码后的内容解码成字节数组
                byte[] tmp =cipher.doFinal(in);
                return tmp;
        } catch (NoSuchAlgorithmException e) {
                e.printStackTrace();
        } catch (NoSuchPaddingException e) {
                e.printStackTrace();
```

```
        } catch (InvalidKeyException e) {
            e.printStackTrace();
        } catch (IllegalBlockSizeException e) {
            e.printStackTrace();
        } catch (BadPaddingException e) {
            e.printStackTrace();
        }
        catch (Exception e) {
            throw new RuntimeException(e);
        }
        return null;
    }

    // 将 iv 数据转换为算法参数形式
    public static AlgorithmParameters generateIV(byte[] iv) throws Exception {
        AlgorithmParameters params = AlgorithmParameters.getInstance("DES");
        params.init(new IvParameterSpec(iv));
        return params;
    }
    public static void main(String[] args) {
        byte []in,out,chk;

        mydes des=new mydes();
        Scanner scanner=new Scanner(System.in);
        //加密
        System.out.println("使用 DES-CBC 对称加密，请输入随机数种子：");
        String strSeed=scanner.nextLine();
        System.out.println("请输入要加密的内容:");
        String content = scanner.nextLine();
        String iv="12345678";//iv 长度必须 8 个字节
        try
        {
            in = content.getBytes("utf-8");
            out=des.encrypt(strSeed.getBytes(), in ,iv.getBytes()); //加密
            System.out.println("加密后的密文是:");
            //字节数组转为十六进制字符串
            String strHexBytes = DatatypeConverter.printHexBinary(out);
            System.out.print("加密结果: ");
            System.out.println(strHexBytes);
            chk = des.decrypt(strSeed.getBytes(), out,iv.getBytes()); //解密
            //字节数组转为十六进制字符串
            strHexBytes = DatatypeConverter.printHexBinary(chk);
            System.out.print("解密结果: ");
            System.out.println(strHexBytes);
        }
```

```
    catch (UnsupportedEncodingException e) {
        e.printStackTrace();
    }
  }
}
```

图 4-13

基本流程和上例类似,只不过多了一个 iv 参数要传入 init 函数中。

（3）保存工程并按 Ctrl+F11 快捷键运行,运行结果如图4-13所示。

其中，616263 是"abc"的 ASCII 码值。

3. 秘密密钥工厂方式

工厂就是加工生产的地方，密钥工厂就是生产密钥的地方。工厂通常都需要有原料才能生成，这里的原料通常是用户输入的一个秘密数据，比如用户的口令（Password）等，言外之意密钥工厂就是需要根据一个秘密（比如 password）去生成一个密钥。

类 SecretKeyFactory 表示秘密密钥工厂，这里的 Secret 翻译成秘密的，这样 SecretKey 就是秘密的密钥，不能公开，也就是对称算法中的对称密钥。该类位于包 javax.crypto 下。安全密钥工厂用来将密钥（类型 Key 的不透明加密密钥）转换为密钥规范（底层密钥材料的透明表示形式），反之亦然。秘密密钥工厂只对秘密（对称）密钥进行操作。注意，类 SecretKeyFactory 仅用于对称密钥。非对称密钥使用类 KeyFactory，在后面 RSA 那一章节会讲到。

密钥工厂为双工模式，也就是说，它们允许根据给定的密钥规范（密钥材料）构建不透明的密钥对象，也允许获取以恰当格式表示的密钥对象的底层密钥材料。应用程序开发人员可以通过帮助文档找出 generateSecret 和 getKeySpec 方法所支持的密钥规范。例如，"SunJCE"提供者提供的 DES 秘密密钥工厂支持 DESKeySpec 作为 DES 密钥的透明表示形式，并且该提供者的 Triple DES 密钥的秘密密钥工厂支持 DESedeKeySpec 作为 Triple DES 密钥的透明表示形式。

类 SecretKeyFactory 的常用方法如表 4-3 所示。

表 4-3 类 SecretKeyFactory 的常用方法

方　法	描　述
SecretKeyFactory	protected SecretKeyFactory(SecretKeyFactorySpi keyFacSpi, Provider provider, String algorithm); 创建一个 SecretKeyFactory 对象
generateSecret	SecretKey generateSecret(KeySpec keySpec); 根据提供的密钥规范（密钥材料）生成 SecretKey 对象
getAlgorithm	String getAlgorithm(); 返回此 SecretKeyFactory 对象的算法名称
getInstance	static SecretKeyFactory getInstance(String algorithm); 返回转换指定算法的秘密密钥的 SecretKeyFactory 对象
getInstance	static SecretKeyFactory getInstance(String algorithm, Provider provider); 返回转换指定算法的秘密密钥的 SecretKeyFactory 对象

方　法	描　述
getInstance	static SecretKeyFactory getInstance(String algorithm, String provider); 返回转换指定算法的秘密密钥的 SecretKeyFactory 对象
getKeySpec	KeySpec getKeySpec(SecretKey key, Class keySpec); 以请求的格式返回给定密钥对象的规范（密钥材料）
getProvider	Provider getProvider(); 返回此 SecretKeyFactory 对象的提供者
translateKey	SecretKey translateKey(SecretKey key); 将一个密钥对象（其提供者未知或可能不受信任）转换为此秘密密钥工厂的相应密钥对象

【例 4.11】　密钥工厂实现 DES-CBC 算法

（1）打开 Eclipse，设置工作区路径 D:\eclipse-workspace\myws，如果已经存在 myws，就删除掉。然后新建一个 Java 工程，工程名是 myprj。

（2）在工程中新建一个类，类名是 DES，然后在 DES.java 中输入如下代码：

```java
package myprj;

import javax.crypto.Cipher;
import javax.crypto.KeyGenerator;
import javax.crypto.SecretKey;
import javax.crypto.SecretKeyFactory;
import javax.crypto.spec.DESKeySpec;
import javax.xml.bind.DatatypeConverter;
import java.io.File;
import java.io.FileInputStream;
import java.io.FileOutputStream;
import java.io.IOException;
import javax.crypto.*;
import javax.crypto.spec.*;

public class DES{
    // 默认密匙
    private static String key = "19491001";
    // 缓冲区大小
    private static final int BufferSize = 1024 * 1024 * 10;

    // 加密解密测试测试
    public static void test() {
        String text = "111测试asdY^&*NN!__s some plaintext!";
        System.out.println("加密前的明文:" + text);

        String cryperText = "";
        try {
```

```
        cryperText = toHexString(encrypt(text));
        System.out.println("加密后的明文:" + cryperText);
    } catch (Exception e) {
        e.printStackTrace();
    }
    try {
        System.out.println("解密后的明文:"
                + new String(decrypt(convertHexString(cryperText), key),
                    "UTF-8"));
    } catch (Exception e) {
        e.printStackTrace();
    }
    try {
        System.in.read();
    } catch (IOException e) {
        e.printStackTrace();
    }
}

// 设置默认密匙
public static void setKey(String k) {
    key = k;
}

// 用指定密匙对密文 message 解密并返回解密后 byte[]
public static byte[] decrypt(String message, String key) throws Exception {
    return decrypt(message.getBytes("UTF-8"), key);
}

// 用默认密匙对密文 message 解密并返回解密后 byte[]
public static byte[] decrypt(String message) throws Exception {
    return decrypt(message, key);
}

// 用指定密匙对密文数据 data 解密并返回解密后 byte[]
public static byte[] decrypt(byte[] data, String key) throws Exception {
    Cipher cipher = Cipher.getInstance("DES/CBC/PKCS5Padding");
    DESKeySpec desKeySpec = new DESKeySpec(key.getBytes("UTF-8"));
    SecretKeyFactory keyFactory = SecretKeyFactory.getInstance("DES");
    SecretKey secretKey = keyFactory.generateSecret(desKeySpec);
    IvParameterSpec iv = new IvParameterSpec(key.getBytes("UTF-8"));
    cipher.init(Cipher.DECRYPT_MODE, secretKey, iv);
    return cipher.doFinal(data);
}

// 用指定密匙对密文 data 从 offset 开始长度为 len 的数据解密并返回解密后 byte[]
public static byte[] decrypt(byte[] data, int offset, int len, String key)
```

```
throws Exception {
        Cipher cipher = Cipher.getInstance("DES/CBC/PKCS5Padding");
        DESKeySpec desKeySpec = new DESKeySpec(key.getBytes("UTF-8"));
        SecretKeyFactory keyFactory = SecretKeyFactory.getInstance("DES");
        SecretKey secretKey = keyFactory.generateSecret(desKeySpec);
        IvParameterSpec iv = new IvParameterSpec(key.getBytes("UTF-8"));
        cipher.init(Cipher.DECRYPT_MODE, secretKey, iv);
        return cipher.doFinal(data, offset, len);
    }

    // 用指定密匙对字符串 message 加密并返回加密后 byte[]
    public static byte[] encrypt(String message, String key) throws Exception {
        return encrypt(message.getBytes("UTF-8"), key);
    }

    // 用默认密匙对字符串 message 加密并返回加密后 byte[]
    public static byte[] encrypt(String message) throws Exception {
        return encrypt(message, key);
    }

    // 用指定密匙对数据 data 加密并返回加密后 byte[]
    public static byte[] encrypt(byte[] data, String key) throws Exception {
        return encrypt(data, 0, data.length, key);
    }

    // 用指定密匙对密文 data 从 offset 开始长度为 len 的数据加密并返回加密后 byte[]
    public static byte[] encrypt(byte[] data, int offset, int len, String key)
throws Exception {
        //CBC 模式
        Cipher cipher = Cipher.getInstance("DES/CBC/PKCS5Padding");
        DESKeySpec desKeySpec = new DESKeySpec(key.getBytes("UTF-8"));
        SecretKeyFactory keyFactory = SecretKeyFactory.getInstance("DES");
        SecretKey secretKey = keyFactory.generateSecret(desKeySpec);
        IvParameterSpec iv = new IvParameterSpec(key.getBytes("UTF-8"));
        cipher.init(Cipher.ENCRYPT_MODE, secretKey, iv);
        return cipher.doFinal(data, offset, len);
    }

    public static byte[] convertHexString(String ss) {
        byte digest[] = new byte[ss.length() / 2];
        for (int i = 0; i < digest.length; i++) {
            String byteString = ss.substring(2 * i, 2 * i + 2);
            int byteValue = Integer.parseInt(byteString, 16);
            digest[i] = (byte) byteValue;
        }
        return digest;
    }
```

```java
public static String toHexString(byte b[]) {
    StringBuffer hexString = new StringBuffer();
    for (int i = 0; i < b.length; i++) {
        String plainText = Integer.toHexString(0xff & b[i]);
        if (plainText.length() < 2)
            plainText = "0" + plainText;
        hexString.append(plainText);
    }
    return hexString.toString();
}

//用指定密匙 key 对路径为 path 的文件加密并写入路径为 out 的文件中
public static void fileEncrypt(String path, String out, String key)
        throws Exception {
    File file = new File(path);
    FileInputStream in = new FileInputStream(file);
    file = new File(out);
    if (file.exists())
        file.delete();
    file.createNewFile();
    FileOutputStream fos = new FileOutputStream(file);
    byte[] buffer = new byte[BufferSize];
    byte[] outbuf;
    int size = in.available();
    int done = 0;
    while (in.available() > 0) {
        int len = in.read(buffer);
        outbuf = DES.encrypt(buffer, 0, len, key);
        fos.write(outbuf, 0, outbuf.length);
        done += len;
        System.out.print(100 * (long) done / size);
        System.out.println('%');
    }
    fos.close();
    in.close();
}

//用指定密匙 key 对路径为 path 的文件加密并写入路径为 out 的文件中，且不使用缓冲区
public static void $fileEncrypt(String path, String out, String key) throws
Exception {
    File file = new File(path);
    FileInputStream in = new FileInputStream(file);
    file = new File(out);
    if (file.exists())
        file.delete();
```

```
        file.createNewFile();
        FileOutputStream fos = new FileOutputStream(file);
        byte[] buffer = new byte[in.available()];
        in.read(buffer);
        buffer = DES.encrypt(buffer, key);
        fos.write(buffer, 0, buffer.length);
        fos.close();
        in.close();
    }
```

//用指定密匙 key 将字符串 message 加密并写入路径为 out 的文件中

```
    public static void StringEncryptIntoFile(String message, String out,
        String key) throws Exception {
        File file = new File(out);
        if (file.exists())
            file.delete();
        file.createNewFile();
        FileOutputStream fos = new FileOutputStream(file);
        byte[] data = encrypt(message, key);
        fos.write(data);
        fos.close();
    }
```

//用指定密匙 key 对路径为 path 的密文文件解密并写入路径为 out 的文件中

```
    public static void fileDecrypt(String path, String out, String key)
            throws Exception {
        File file = new File(path);
        FileInputStream in = new FileInputStream(file);
        file = new File(out);
        if (file.exists())
            file.delete();
        file.createNewFile();
        FileOutputStream fos = new FileOutputStream(file);
        byte[] buffer = new byte[BufferSize + 8];
        byte[] outbuf;
        int size = in.available();
        int done = 0;
        while (in.available() > 0) {
            int len = in.read(buffer);
            outbuf = DES.decrypt(buffer, 0, len, key);
            fos.write(outbuf, 0, outbuf.length);
            done += len;
            System.out.print(100 * (long) done / size);
            System.out.println('%');
        }
```

```
        fos.close();
        in.close();
    }

//用指定密匙 key 对路径为 path 的密文文件解密并写入路径为 out 的文件中，且不使用缓冲区
public static void $fileDecrypt(String path, String out, String key)
        throws Exception {
    File file = new File(path);
    FileInputStream in = new FileInputStream(file);
    file = new File(out);
    if (file.exists())
        file.delete();
    file.createNewFile();
    FileOutputStream fos = new FileOutputStream(file);
    byte[] buffer = new byte[in.available()];
    in.read(buffer);
    buffer = DES.decrypt(buffer, key);
    fos.write(buffer, 0, buffer.length);
    fos.close();
    in.close();
}
//用指定密匙 key 对路径为 path 的密文文件解密得到明文字符串并返回
public static String fileDecrypt(String path, String key) throws Exception {
    File file = new File(path);
    FileInputStream in = new FileInputStream(file);
    byte[] buffer = new byte[BufferSize + 8];
    StringBuffer sb = new StringBuffer();
    int size = in.available();
    int done = 0;
    byte[] outbuf;
    while (in.available() > 0) {
        int len = in.read(buffer);
        outbuf = DES.decrypt(buffer, 0, len, key);
        sb.append(new String(outbuf, 0, outbuf.length, "UTF-8"));
        done += len;
        System.out.print(100 * (long) done / size);
        System.out.println('%');
    }
    in.close();
    return sb.toString();
}
public static void main(String args[])
{
    try
    {
```

```
        DES des = new DES();
        String test="123";
        String strHexBytes = DatatypeConverter.printHexBinary
(des.encrypt(test));
        System.out.println(strHexBytes); //打印原始密钥
    } catch (Exception e) {
        e.printStackTrace();
    }
  }
}
```

代码稍微有点长，因为功能比较丰富，除了对普通字符串进行加解密外，还实现了对文件加解密，这也算弥补一下前面没有对文件加解密的遗憾。文件加解密也是常见的应用，大家可以通过此例来学习文件加解密的方法步骤和注意点。在整个 DES 类中，核心的加解密函数是 encrypt 和 decrypt，它们有多种函数形式，以满足不同场合的调用。在核心的 encrypt 和 decrypt 函数中，基本流程也是通过加解密类 Cipher 来实现加解密的，唯一和前面例子不同的是，这里我们的密钥对象通过密钥工厂来产生，例如：

```
DESKeySpec desKeySpec = new DESKeySpec(key.getBytes("UTF-8"));
//实例化 DES 的密钥工厂对象
SecretKeyFactory keyFactory = SecretKeyFactory.getInstance("DES");
SecretKey secretKey = keyFactory.generateSecret(desKeySpec);
```

其中，DESKeySpec 是符合 DES 密钥规范的接口类。安全密钥工厂对象 keyFactory 实例化后就可以调用方法 generateSecret 产生安全密钥，并返回 SecretKey。有了 SecretKey 这个安全密钥接口后，就可以代入加解密类的初始化函数中了。因此，不管是不用密钥生成器方式、使用密钥生成器方式还是安全密钥工厂方式，最终都要生成安全密钥接口类 SecretKey 或 Key 接口，然后开始调用加解密类 Cipher 的初始化函数，最后进行加解密。

（3）保存工程并按 Ctrl+F11 快捷键运行，运行结果如下：

```
E2EBE8AC9CDB0F71
```

第**5**章

杂凑函数和 HMAC

5.1 杂凑函数概述

5.1.1 什么是杂凑函数

杂凑函数（又叫 Hash 函数、哈希函数、消息摘要函数、散列函数）就是把任意长的输入消息串变化成固定长的输出串的一种函数。杂凑函数是信息安全中一个非常重要的工具，对一个任意长度的消息 m 施加运算，返回一个固定长度的杂凑值 h(m)，杂凑函数 h 是公开的，不用对处理过程保密。杂凑值也被称为哈希（Hash）值、散列值、消息摘要等。

杂凑函数这个过程是单向的，逆向操作难以完成，而且碰撞（两个不同的输入产生相同的杂凑值）发生的概率非常小。杂凑函数的消息输入中，单个比特的变化将会导致输出比特串中大约一半的比特发生变化。

一个安全的杂凑函数应该至少满足以下几个条件：

（1）输入长度是任意的。

（2）输出长度是固定的，根据目前的计算技术应至少取 128bit，以便抵抗生日攻击（生日攻击是一种密码学攻击手段，所利用的是概率论中生日问题的数学原理）。

（3）对每一个给定的输入，计算输出（杂凑值）是很容易的。

（4）给定杂凑函数的描述，找到两个不同的输入消息杂凑到同一个值是计算上不可行的，或给定杂凑函数的描述和一个随机选择的消息，找到另一个与该消息不同的消息使得它们杂凑到同一个值是计算上不可行的。

Hash 函数主要用于完整性校验和提高数字签名的有效性，目前已有很多方案。杂凑函数最初是为了消息的认证性。在合理的假设下，杂凑函数还有很多其他应用，比如保护口令的安全、构造有效的数字签名方案、构造更加安全、高效的加密算法等。

5.1.2 密码学和杂凑函数概述

随着信息化的发展，信息技术在社会发展的各个领域发挥着越来越重要的作用，不断推动人类文明的进步。然而，当信息技术的不断发展使人们日常生活越来越方便的时候，信息安全问题则变得日趋突出，各种针对消息保密性和数据完整性的攻击日益频繁。特别是在开放式的网络环境中，保障消息的完整性和不可否认性已逐渐成为网络通信不可或缺的一部分，如何防止消息篡改和身份假冒是信息安全的重要研究内容。

密码技术是一门古老的技术，早期的密码技术主要用于军事、政治、外交等重要领域，使得在密码领域的研究成果难以公开发表。随着计算机和网络通信技术的迅猛发展，大量敏感信息通过公共通信设施或计算机网络进行交换，特别是 telnet 的广泛应用、电子商务和电子政务的发展，越来越多的个人信息需要严格的保密，由此密码学揭去了神秘的面纱，逐渐走进了公众的日常生活中。

1949 年，Shannon 发表了"保密系统的信息理论"，为现代密码学研究与发展奠定了理论基础，把已有数千年历史的密码技术推向了科学的轨道，使密码学成为一门真正的科学。

1977 年，美国国家标准局正式公布实施了美国的数据加密标准（DES），标志着密码学理论与技术划时代的革命性变革，同时也宣告了近代密码学的开始。更具有意义的是 DES 密码算法开创了公开全部密码算法的先例，大大推动了分组密码理论的发展和技术的应用。

另一个具有里程碑意义的事件是 20 世纪 70 年代中期公钥密码体制的出现。1976 年，著名密码学家 Diffie 和 Hellman 在"密码学的新方向"中首次提出了公钥密码体制的概念和设计思想。1978 年，Rivest、Shamir 和 Adleman 提出了第一个较完善的公钥密码体制——RSA 算法，成为公钥密码的杰出代表。公钥密码体制为信息认证提供了一种解决途径。由于 RSA 算法使用的是模幂运算，对文件签名的执行效率难以恭维，必须提出一种有效的方案来提高签名的效率。杂凑函数在这方面的优越特性为这一问题提供了很好的解决方案。

杂凑函数于 20 世纪 70 年代末被引入密码学，早期的杂凑函数主要被用于消息认证。杂凑函数具有压缩性、简易性、单向性、抗原根、抗第二原根、抗碰撞等性质，在信息安全和密码学领域的应用非常广泛。它是数据完整性检测、构造数字签名和认证方案等不可缺少的工具。比如，杂凑函数的重要用途之一是用于数字签名，通常用公钥密码算法进行数字签名时，一般不是对消息进行直接签名，而是对消息的杂凑值进行签名，这样既可以减少计算量、提高效率，也可以不破坏数字签名算法的某些代数结构。因此，杂凑函数在现代信息安全领域中具有非常高的使用价值和研究价值。

常见的杂凑函数有 MD4、MD5、SHA-1 和 SHA-256 和国产 SM1/SM3 等。近些年出现了对于这些标准的杂凑算法的许多攻击方法，因此总结杂凑函数的攻击方法、设计新型的杂凑函数成为当前密码学研究的热点课题。

5.1.3 杂凑函数的发展

杂凑函数是现代密码学中相对较新的研究领域。最初的杂凑函数并非用于密码学，直到 20 世纪 70 年代末，杂凑函数才被引入密码学。从这个时期开始，杂凑函数的研究成为密码学一个十分重要的部分。

5.1.4　杂凑函数的设计

目前，杂凑函数主要有基于分组密码算法的杂凑函数和直接构造的杂凑函数，并且都是迭代型的杂凑函数。其中，基于分组密码构造杂凑函数是 Rabin 提出的，通过对分组密码输入输出模式进行组合构造杂凑函数。本章我们主要介绍基于分组密码算法的杂凑函数，也就是分组迭代单向杂凑算法。

要想将不限定长度的输入数据压缩成定长输出的杂凑值，不可能设计一种逻辑电路使其一次到位。实际中，总是先将输入数字串划分成固定长的段，如 m bit 段，而后将此 m bit 映射成 n bit，称完成此映射的函数为迭代函数。采用类似于分组密文反馈的模式对一段 m bit 输入做类似映射，以此类推，直到全部输入数字串完全做完，以最后的输出值作为整个输入的杂凑值。类似于分组密码，当输数字串不是 m 的整数倍时，可采用填充等方法处理。

目前很多杂凑算法都是迭代型杂凑算法，比如 SM3。

5.1.5　杂凑函数的分类

杂凑函数可以按其是否有密钥参与运算分为两大类：不带密钥的杂凑函数和带密钥的杂凑函数。

1. 不带密钥的杂凑函数

不带密钥的杂凑函数在运算过程中没有密钥参与。不带密钥的杂凑函数的杂凑值只是消息输入的函数，无须密钥就可以计算。因此，这种类型的杂凑函数不具有身份认证功能，仅提供数据完整性检验，如篡改检测码（MDC）。按照所具有的性质，MDC 又可分为弱单向杂凑函数（OWHF）和强单向杂凑函数（CRHF），比如 SM3 就是不带密钥的杂凑函数。

2. 带密钥的杂凑函数

带密钥的杂凑函数在消息运算过程中有密钥参与。这类杂凑函数需要满足各种安全性要求，其杂凑值同时与密钥和消息输入相关，只有拥有密钥的人才能计算出相应的杂凑值。带密钥的杂凑函数不仅能够检验数据完整性，还能提供身份认证功能，被称为消息认证码（MAC）。消息认证码的性质保证了只有拥有秘密密钥杂凑函数的人，才能产生正确的消息：MAC 对。后面 HMAC 一节我们将重点阐述。

5.1.6　杂凑函数的碰撞

杂凑算法的一个重要功能是产生独特的散列，当两个不同的值或文件可以产生相同的散列时，则称为碰撞。保证数字签名的安全性就是在不发生碰撞时才行。碰撞对于哈希算法来说是极其危险的，因为碰撞允许两个文件产生相同的签名。当计算机检查签名时，即使该文件未真正签署，也会被计算机识别为有效。

一个哈希位有 0 和 1 两个可能值，则每一个独立的哈希值通过位的可能值的数量对于 SHA-256 有 2^{256} 种组合，这是一个庞大的数值。哈希值越大，碰撞的概率越小。每个散列算法（包括安全算法），都会发生碰撞。SHA-1 的大小结构发生碰撞的概率比较大，所以 SHA-1 被认为是不安全的。

5.2 SM3 杂凑算法

5.2.1 SM3 算法概述

SM3 密码杂凑算法是中国国家密码管理局于 2010 年公布的中国商用密码杂凑算法标准。该算法由王小云等人设计，消息分组 512 比特，输出杂凑值 256 比特（32 字节），采用 Merkle-Damgard 结构。SM3 密码杂凑算法的压缩函数与 SHA-256 的压缩函数具有相似的结构，但是 SM3 密码杂凑算法的压缩函数结构和消息拓展过程的设计都更加复杂，比如，压缩函数的每一轮都使用 2 个消息字，消息拓展过程的每一轮都使用 5 个消息字等。

对长度为 l（1 < 264）比特的消息 m，SM3 杂凑算法经过填充和迭代压缩生成的杂凑值长度为 256 比特（32 字节）。

5.2.2 SM3 算法的特点

SM3 密码杂凑算法压缩函数整体结构与 SHA-256 相似，但是增加了多种新的设计技术，包括 16 步全异或操作、消息双字介入、快速雪崩效应的 P 置换等，能够有效地避免高概率的局部碰撞，有效地抵抗强碰撞性的差分分析、弱碰撞性的线性分析和比特追踪法等密码分析。

SM3 密码杂凑算法合理使用字加运算，构成进位加 4 级流水，在不显著增加硬件开销的情况下采用 P 置换，加速了算法的雪崩效应，提高了运算效率。同时，SM3 密码杂凑算法采用了适合 32b 微处理器和 8b 智能卡实现的基本运算，具有跨平台实现的高效性和广泛的适用性。

5.2.3 常量和函数

这些常量和函数都是算法中要用到的，我们统一定义在此。

- 初始值：IV =7380166f 4914b2b9 172442d7 da8a0600 a96f30bc 163138aa e38dee4d b0fb0e4e。
- 常量：如图 5-1 所示。

$$T_j = \begin{cases} 79cc4519 & 0 \leqslant j \leqslant 15 \\ 7a879d8a & 16 \leqslant j \leqslant 63 \end{cases}$$

图 5-1

- 布尔函数：如图 5-2 所示。

$$FF_j(X, Y, Z) = \begin{cases} X \oplus Y \oplus Z & 0 \leqslant j \leqslant 15 \\ (X \wedge Y) \vee (X \wedge Z) \vee (Y \wedge Z) & 16 \leqslant j \leqslant 63 \end{cases}$$

$$GG_j(X, Y, Z) = \begin{cases} X \oplus Y \oplus Z & 0 \leqslant j \leqslant 15 \\ (X \wedge Y) \vee (\neg X \wedge Z) & 16 \leqslant j \leqslant 63 \end{cases}$$

图 5-2

其中，X、Y、Z 为字（长度为 32 字节的比特串）。

- 置换函数：如图 5-3 所示。

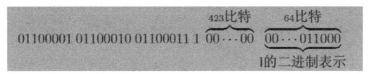

$$P_0(X) = X \oplus (X \lll 9) \oplus (X \lll 17)$$
$$P_1(X) = X \oplus (X \lll 15) \oplus (X \lll 23)$$

图 5-3

其中，X 为字。

5.2.4　填充

假设消息 m 的长度为 l 比特，首先将比特"1"添加到消息的末尾，再添加 k 个"0"，k 是满足 l + 1 + k≡448 mod 512 的最小的非负整数；然后添加一个 64 位的比特串，该比特串是长度为 l 的二进制表示。填充后的消息 m′ 的比特长度为 512 的倍数。其中，l + 1 + k≡448 mod 512 中的≡表示同余，即（l + 1 + k）mod 512=448，相当于（l + 1 + k）被 512 整除的余数等于 448。

例如，对于消息 01100001 01100010 01100011，其长度 l 为 24，经填充得到比特串如图 5-4 所示。

$$\underbrace{01100001\ 01100010\ 01100011\ 1\ \underbrace{00\cdots00}_{423比特}\ \underbrace{00\cdots011000}_{64比特}}_{}$$

l的二进制表示

图 5-4

5.2.5　迭代压缩

1. 迭代过程

将填充后的消息 m′ 按 512 比特进行分组：

$$m' = B^{(0)}B^{(1)} \cdots B^{(n-1)}$$

其中，$n=(l+k+65)/512$。

对 m′ 按下列方式迭代：

```
FOR i=0 TO n-1
    V^(i+1) = CF(V^(i), B^(i))
ENDFOR
```

其中，CF 是压缩函数，$V^{(0)}$ 为 256 比特初始值 IV，$B^{(i)}$ 为填充后的消息分组，迭代压缩的结果为 $V^{(n)}$。

初始值 IV 是一个常数，其值为：

```
IV =7380166f 4914b2b9 172442d7 da8a0600 a96f30bc 163138aa e38dee4d b0fb0e4e
```

2. 消息扩展

将消息分组 $B^{(i)}$ 按以下方法扩展生成 132 个字 $W_0, W_1, \cdots, W_{67}$，$W_0', W_1', \cdots, W_{63}'$，用于压缩函数 CF：

（1）将消息分组 $B^{(i)}$ 划分为 16 个字 $W_0, W_1, \cdots, W_{15}$。

（2）执行图 5-5 所示的循环。

FOR j=16 TO 67

$W_j \leftarrow P_1(W_{j-16} \oplus W_{j-9} \oplus (W_{j-3} \lll 15)) \oplus (W_{j-13} \lll 7) \oplus W_{j-6}$

ENDFOR

图 5-5

（3）执行图 5-6 所示的循环。

FOR j=0 TO 63

$W'_j = W_j \oplus W_{j+4}$

ENDFOR

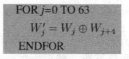

图 5-6

注意：字是长度为 32 字节的比特串。

3. 压缩函数

令 A,B,C,D,E,F,G,H 为字寄存器，SS1,SS2,TT1,TT2 为中间变量，压缩函数 $V^{i+1} = CF(V^{(i)}; B^{(i)})$，$0 <= i <= n-1$。计算过程描述如图 5-7 所示。

$ABCDEFGH \leftarrow V^{(i)}$

FOR j=0 TO 63

$SS1 \leftarrow ((A \lll 12) + E + (T_j \lll j$

$SS2 \leftarrow SS1 \oplus (A \lll 12)$

$TT1 \leftarrow FF_j(A, B, C) + D + SS2 +$

$TT2 \leftarrow GG_j(E, F, G) + H + SS1 -$

$D \leftarrow C$

$C \leftarrow B \lll 9$

$B \leftarrow A$

$A \leftarrow TT1$

$H \leftarrow G$

$G \leftarrow F \lll 19$

$F \leftarrow E$

$E \leftarrow P_0(TT2)$

ENDFOR

$V^{(i+1)} \leftarrow ABCDEFGH \oplus V^{(i)}$

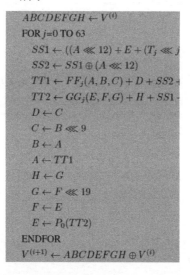

图 5-7

其中，字的存储为大端（big-endian）格式。所谓大端，就是数据在内存中的一种表示格式，规定左边为高有效位、右边为低有效位。数的高阶字节放在存储器的低地址，数的低阶字节放在存储器的高地址。

5.2.6 杂凑值

$ABCDEFGH \leftarrow V_{(n)}$

输出 256 比特的杂凑值 y = ABCDEFGH。

5.2.7 一段式 SM3 算法的实现

算法原理阐述完毕后，相信大家已经有了一定的理解，但真正掌握算法还需要上机实践。现在我们将按照前面的算法描述过程，用代码实现算法。这里尽可能对 SM3 密码杂凑算法进行原汁原味的实现。代码里的函数、变量名称尽量使用算法描述中的名称，并遵循算法描述的原始步骤，而不使用算法技巧进行处理，以便于初学者理解。

一段式 SM3 算法也称单包式，只向外提供一个函数，输入全部消息，得到全部消息的哈希值。该方式通常针对小数据量做摘要的场景，如果需要大数据量做摘要，则需要三段式，暂且不表。

【例 5.1】 手工实现单包 SM3 算法

（1）打开 Eclipse，设置工作区路径 D:\eclipse-workspace\myws，如果已经存在 myws，就删除掉。然后新建一个 Java 工程，工程名是 myprj。

（2）在工程中新建一个类，类名是 SM3，然后在 SM3.java 中输入如下代码：

```java
package myprj;
import java.io.UnsupportedEncodingException;

public class SM3 {
    private String charset = "ISO-8859-1";
    // 要哈希的字符串
    private String message = "abc";

    // 填充后的字符串
    private String PaddinqMessaqe;

    // 获取常量 T0 和 T1
    private int T(int j) {
        if (j <= 15) {
            return 0x79cc4519;
        } else {
            return 0x7a879d8a;
        }
    }

    // 布尔函数 FF
    private int FF(int X, int Y, int Z, int j) {
        int result = 0;
        if (j >= 0 && j <= 15) {
            result = X ^ Y ^ Z;
        } else if (j >= 16 && j <= 63) {
            result = (X & Y) | (X & Z) | (Y & Z);
        }
        return result;
```

```java
    }

    // 布尔函数 GG
    private int GG(int X, int Y, int Z, int j) {
        int result = 0;
        if (j >= 0 && j <= 15) {
            result = X ^ Y ^ Z;
        } else if (j >= 16 && j <= 63) {
            result = (X & Y) | (~X & Z);
        } else {

            System.out.println("Wrong Param J in GG: " + j);
        }
        return result;
    }


    // 置换函数 P0
    private int P0(int X) {
        return X ^ (CircleLeftShift(X, 9)) ^ CircleLeftShift(X, 17);
    }


    // 置换函数 P1
    private int P1(int X) {
        return X ^ (CircleLeftShift(X, 15)) ^ CircleLeftShift(X, 23);
    }


    // 循环左移
    private static int CircleLeftShift(int x, int N) {
        return (x << N) | (x >>> (32 -N));
    }


    // 填充字符串
    private void Padding() {
        // 获取原始消息二进制位长度
        long strLength = this.message.length() * 8;
        // 填充的部分
        String padding = "";

        // 超出整数个 512 字节的部分消息长度
        int left = (int) (strLength -(strLength / 512) * 512);

        // 消息长度除去整数个 512 位后剩余的消息长度，不够 447 位时再补一个 512 位
        int k = 0; // 要填充 0 的位数
        if (left <= 447) {
```

```java
        k = 447 -left; // 要填充这么多个 0
    } else {
        k = left + 512 -65;
    }
    // System.out.println("填充" + k +"个 0");
    // 开始填充
    byte a[] = {(byte)0x80};
    try {
        padding += new String(a, charset);
    } catch (Exception e) {
        System.out.println("Error:" + e.getMessage());
    }
    for (int ch_k = k / 8; ch_k > 0; ch_k--) {
        padding += (char) 0x00;
    }
    // 后面加上 64 位的 1 来表示消息的长度
    /*
     * byte[] strLengthByte = longToByte8(strLength); for(int i = 0; i < 8;
     * i++){ padding += (char) strLengthByte[i]; }
     */
    padding += longToString(strLength);
    // 填充后的字符串
    this.PaddingMessage = this.message + padding;

}

public static String hash(String message) {
    String hash = "";
    int result[];
    SM3 obj = new SM3();
    obj.message = message;
    // 1.填充消息
    obj.Padding();
    // 2.迭代压缩
    result = obj.IterativeCompression();
    for (int i = 0; i < result.length; i++) {
        hash += String.format("%08x", result[i]);
    }
    return hash;
}
/**
 * 迭代压缩
 */
private int[] IterativeCompression() {
```

```java
        // 用于存储分段消息
        int[] Message = new int[16];
        // 消息总段数
        int n = this.PaddingMessage.length() / 64;
        // 初始向量
        int[] Vi = { 0x7380166f, 0x4914b2b9, 0x172442d7, 0xda8a0600, 0xa96f30bc,
0x163138aa, 0xe38dee4d, 0xb0fb0e4e };
        int[] Vi1 = new int[8];
        // 循环时的每个 Vi
        for (int i = 0; i < n; i++) {
            // System.out.println("进入循环每个 512 位");
            try {
                // 这是一段 64 字节的字符串
                byte[] bts = this.PaddingMessage.substring(64 * i, 64 * (i + 1)).
getBytes(charset);
                // 分成 16 个 int
                for (int j = 0; j < 16; j++) {
                    Message[j] = bytesToInt(bts, j * 4);
                    // System.out.println("整数"+j+":"+Message[j]);
                }
                // 消息扩展
                int[][] Ws = this.messageExpand(Message);
                /*
                 * System.out.println("W0-W67: "); dump(Ws[0]);
                 * System.out.println("W1-0-W1-63: "); dump(Ws[1]);
                 */
                Vi = this.CF(Vi, Message, Ws[0], Ws[1]);
                Vi1 = Vi;

            } catch (UnsupportedEncodingException e) {
                System.out.println("charset Error In IterativeCompression:" +
e.getMessage());
            }
        }
        /*
         * System.out.println("最终结果: "); dump(Vi1);
         */
        return Vi1;
    }

    /**
     * 把 byte 转成 int
     */
```

```
    private int bytesToInt(byte[] bts, int index) {
        int result;
        result = (int) ((bts[index] & 0xFF) << 24) | ((bts[index + 1] & 0xFF)
<< 16) | ((bts[index + 2] & 0xFF) << 8)
                    | ((bts[index + 3] & 0xFF));
        return result;
    }


    /**
     * 消息扩展 Message 是一个 512 位（64 字节，16 个字）的消息
     */
    private int[][] messageExpand(int[] Message) {
        int W[] = new int[68];
        int W1[] = new int[64];
        // 1.将消息划分为 16 个字
        for (int i = 0; i < Message.length; i++) {
            W[i] = Message[i];
        }
        /*
         * System.out.println("分组赋值给 W 的前 16 个字: "); dump(W);
         */
        // 2.给 W 赋值
        for (int j = 16; j <= 67; j++) {
            W[j] = this.P1(W[j -16] ^ W[j -9] ^ CircleLeftShift(W[j -3], 15))
^ CircleLeftShift(W[j -13], 7)
                        ^ W[j -6];
        }
        // 3.给 W1 赋值
        for (int j = 0; j <= 63; j++) {
            W1[j] = W[j] ^ W[j + 4];
        }
        // 把 W 和 W1 一起返回
        int result[][] = new int[2][];
        result[0] = W;
        result[1] = W1;
        /*
         * System.out.println("消息扩展计算完后的 W: "); dump(W);
         */
        return result;
    }


    /**
     * 消息压缩函数 CF
     *
```

```
     * @param V
     *            256 比特 矢量
     *
     * @param Message
     *            填充后的消息分组，512 位，书上的 B(i)
     */
    private int[] CF(int V[], int Message[], int W[], int W1[]) {
        /*
         * System.out.println("开始消息压缩: "); dump(V);
         */
        int Vn[] = new int[8]; // 计算完后返回的结果
        int A, B, C, D, E, F, G, H, SS1, SS2, TT1, TT2;
        A = V[0];
        B = V[1];
        C = V[2];
        D = V[3];
        E = V[4];
        F = V[5];
        G = V[6];
        H = V[7];
        for (int j = 0; j <= 63; j++) {
            SS1 = CircleLeftShift((CircleLeftShift(A, 12) + E +
CircleLeftShift(T(j), j)), 7);
            SS2 = SS1 ^ CircleLeftShift(A, 12);
            TT1 = FF(A, B, C, j) + D + SS2 + W1[j];
            TT2 = GG(E, F, G, j) + H + SS1 + W[j];
            D = C;
            C = CircleLeftShift(B, 9);
            B = A;
            A = TT1;
            H = G;
            G = CircleLeftShift(F, 19);
            F = E;
            E = P0(TT2);
            //System.out.printf("%d: %08x %08x %08x %08x %08x %08x
%08x %08x\n", j, A, B,C,D,E,F,G,H);
        }
        // Vn = ABCDEFGH ^ V
        Vn[0] = A ^ V[0];
        Vn[1] = B ^ V[1];
        Vn[2] = C ^ V[2];
        Vn[3] = D ^ V[3];
        Vn[4] = E ^ V[4];
        Vn[5] = F ^ V[5];
```

```java
        Vn[6]  = G ^ V[6];
        Vn[7]  = H ^ V[7];

        return Vn;
}

private void dump() {
    System.out.println("========开始打印========");
    try {
        byte bts[] = this.PaddingMessage.getBytes(this.charset);
        for (int i = 0; i < bts.length; i++) {
            if (i % 16 != 0 && i % 2 == 0 && i != 0) {
                System.out.print("  ");
            }
            if (i % 16 == 0 && i != 0) {
                System.out.println();
            }
            System.out.printf("%02x", bts[i]);
        }
    } catch (Exception e) {
        System.out.println("Error Catch");
    }
    System.out.println("\n========结束打印========");
}


//将字符串输出为十六进制形式
private static void dump(String str) {
    System.out.println("========开始打印========");
    byte bts[] = str.getBytes();
    for (int i = 0; i < bts.length; i++) {
        if (i % 8 != 0 && i % 2 == 0 && i != 0) {
            System.out.print("  ");
        }
        if (i % 8 == 0 && i != 0) {
            System.out.println();
        }
        System.out.printf("%02x", bts[i]);
    }
    System.out.println("\n========结束打印========");
}
//将整型数组输出为十六进制形式
private static void dump(int nums[]) {
    System.out.println("========开始打印========");
    for (int i = 0; i < nums.length; i++) {
```

```java
        if (i % 8 != 0 && i != 0) {
            System.out.print("  ");
        }
        if (i % 8 == 0 && i != 0) {
            System.out.println();
        }
        System.out.printf("%08x", nums[i]);
    }
    System.out.println("\n========结束打印========");
}
//长整数转字符串
private static String longToString(long n) {
    String res = "";
    for (int i = 0; i < 8; i++) {
        int offset = (7 -i) * 8;
        res += (char) ((n >>> offset) & 0xFF);
    }
    return res;
}


public static void main(String args[]) {
    System.out.println("hash('abc')="+hash("abc"));
}
}
```

（3）保存工程并运行，运行结果如图 5-8 所示。

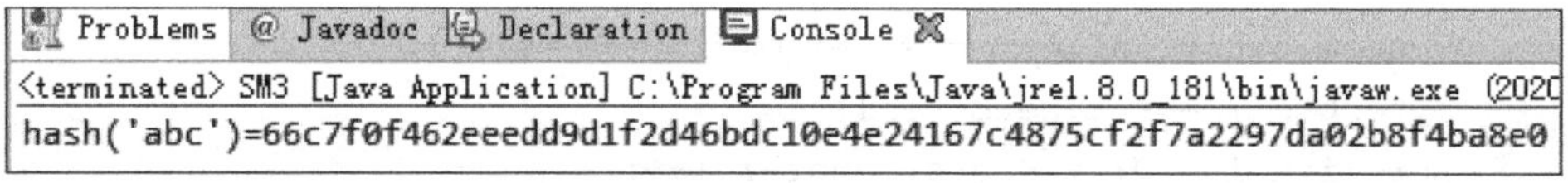

```
 Problems  @ Javadoc  Declaration  Console 
<terminated> SM3 [Java Application] C:\Program Files\Java\jre1.8.0_181\bin\javaw.exe (2020
hash('abc')=66c7f0f462eeedd9d1f2d46bdc10e4e24167c4875cf2f7a2297da02b8f4ba8e0
```

图 5-8

5.2.8 三段式 SM3 杂凑的实现

上面我们实现了单包式 SM3 算法，它通常用于小数据量作摘要的场景。如果是数据量大的原始数据或原始数据不是一次能全部得到，就要用到三段式 SM3 算法，即把原始数据分为多包，一包一包地进行计算，做最后一包数据的时候得到最终 SM3 哈希结果。比如，在 Linux 内核的 IPsec 处理中，有时进行杂凑运算的消息原文不会一下子得到，通常会先给一部分，再给一部分，而实际场合也没有那么大的存储空间把所有消息原文先存储好，等到全部凑齐再进行杂凑运算，所以通常需要先对部分消息原文进行杂凑运算，但这个结果是一个中间值，等到下一次消息原文到来后再和上次运算的中间值一起参与运算，如此反复，一直到最后消息原文到来后再进行最后一次运算。

再比如，A、B、C 三方通信，A 通过 B 这个中点站向 C 发送大文件，B 如果要计算整个文件的哈希值，只能分段进行，因为 B 无法缓存全部文件数据后再调用 hash 函数。针对这些场景，人们又设计了三步式杂凑函数，即提供 3 个函数：一个初始化函数（Init），一个中间函数（update），一个结束函数（Final）。其中，第二个函数可以多次调用。三段式杂凑形式也可以实现单包的效果，实用性更好。

【例 5.2】　手工实现三段式 SM3 算法

（1）打开 Eclipse，设置工作区路径 D:\eclipse-workspace\myws，如果已经存在 myws，就删除掉。然后新建一个 Java 工程，工程名是 myprj。

（2）在工程中新建一个类，类名是 SM3Digest，然后在 SM3Digest.java 中输入如下代码：

```java
package myprj;
import javax.xml.bind.DatatypeConverter;
public class SM3Digest {
    /** SM3 值的长度 */
    private static final int BYTE_LENGTH = 32;

    /** SM3 分组长度 */
    private static final int BLOCK_LENGTH = 64;

    /** 缓冲区长度 */
    private static final int BUFFER_LENGTH = BLOCK_LENGTH * 1;

    /** 缓冲区 */
    private byte[] xBuf = new byte[BUFFER_LENGTH];

    /** 缓冲区偏移量 */
    private int xBufOff;

    /** 初始向量 */
    private byte[] V = SM3.iv.clone();

    private int cntBlock = 0;

    public SM3Digest() {
    }

    public SM3Digest(SM3Digest t)
    {
        System.arraycopy(t.xBuf, 0, this.xBuf, 0, t.xBuf.length);
        this.xBufOff = t.xBufOff;
        System.arraycopy(t.V, 0, this.V, 0, t.V.length);
    }

    /**
     * SM3 结果输出
```

```
         *
         * @param out 保存 SM3 结构的缓冲区
         * @param outOff 缓冲区偏移量
         * @return
         */
        public int doFinal(byte[] out, int outOff)
        {
            byte[] tmp = doFinal();
            System.arraycopy(tmp, 0, out, 0, tmp.length);
            return BYTE_LENGTH;
        }


        public void reset()
        {
            xBufOff = 0;
            cntBlock = 0;
            V = SM3.iv.clone();
        }


        /**
         * 明文输入
         *
         * @param in
         *          明文输入缓冲区
         * @param inOff
         *          缓冲区偏移量
         * @param len
         *          明文长度
         */
        public void update(byte[] in, int inOff, int len)
        {
            int partLen = BUFFER_LENGTH -xBufOff;
            int inputLen = len;
            int dPos = inOff;
            if (partLen < inputLen)
            {
                System.arraycopy(in, dPos, xBuf, xBufOff, partLen);
                inputLen -= partLen;
                dPos += partLen;
                doUpdate();
                while (inputLen > BUFFER_LENGTH)
                {
                    System.arraycopy(in, dPos, xBuf, 0, BUFFER_LENGTH);
                    inputLen -= BUFFER_LENGTH;
```

```
                    dPos += BUFFER_LENGTH;
                    doUpdate();
                }
        }

        System.arraycopy(in, dPos, xBuf, xBufOff, inputLen);
        xBufOff += inputLen;
    }

    private void doUpdate()
    {
        byte[] B = new byte[BLOCK_LENGTH];
        for (int i = 0; i < BUFFER_LENGTH; i += BLOCK_LENGTH)
        {
            System.arraycopy(xBuf, i, B, 0, B.length);
            doHash(B);
        }
        xBufOff = 0;
    }

    private void doHash(byte[] B)
    {
        byte[] tmp = SM3.CF(V, B);
        System.arraycopy(tmp, 0, V, 0, V.length);
        cntBlock++;
    }

    private byte[] doFinal()
    {
        byte[] B = new byte[BLOCK_LENGTH];
        byte[] buffer = new byte[xBufOff];
        System.arraycopy(xBuf, 0, buffer, 0, buffer.length);
        byte[] tmp = SM3.padding(buffer, cntBlock);
        for (int i = 0; i < tmp.length; i += BLOCK_LENGTH)
        {
            System.arraycopy(tmp, i, B, 0, B.length);
            doHash(B);
        }
        return V;
    }

    public void update(byte in)
    {
        byte[] buffer = new byte[] { in };
```

```
        update(buffer, 0, 1);
    }

    public int getDigestSize()
    {
        return BYTE_LENGTH;
    }

    public static void main(String[] args)
    {
        byte[] md = new byte[32];
        byte[] msg1 = "abc".getBytes();
        SM3Digest sm3 = new SM3Digest();
        sm3.update(msg1, 0, msg1.length);
        sm3.doFinal(md, 0);
        //字节数组转为十六进制字符串
        String strHexBytes = DatatypeConverter.printHexBinary(md);
            System.out.print("三段式 sm3 结果：");
        System.out.println(strHexBytes);
    }
}
```

其中，类 SM3 是我们在另外一个文件中定义的 SM3 单包实现类。

（3）在工程中新建一个名为 SM3 的类，用于实现 SM3 算法，代码流程和上例类似，限于篇幅，这里不再列出，大家可以参考配套源码。

类 SM3 和类 SM3Digest 共同实现了三段式 SM3 算法。其中，类 Util 是一个自定义类，实现了一些常见数据转换，限于篇幅这里就不列出源码了，大家可以参考配套工程源码。

（4）保存工程并运行，运行结果如图 5-9 所示。

图 5-9

5.2.9 Java 和 OpenSSL1.1.1b 联合实现 SM3 算法

前面我们从零开始实现了 SM3 算法，在实际开发中也可以基于现有的密码算法库（比如 OpenSSL）来实现，避免重复造轮子。目前，较新版的 OpenSSL 库已经提供了 SM3 算法，因此这里我们可以通过调用 OpenSSL 库函数来"实现" SM3（其实应该叫调用，过程比较简单），然后在 Java 中使用。

这种联合作战在一线企业开发中非常常见，一方面可以使用业界知名成熟的算法库，减少自己实现时可能产生的 Bug；另一方面可以做到开发工作的分工并行，并且可以让两个不同语言的开发人员同时工作，比如 C 程序员专注于 OpenSSL 的 SM3 封装、Java 程序员负责具体调用和使用。

【例 5.3】　Java 和 OpenSSL 联合实现 SM3

（1）打开 Eclipse，设置工作区路径 D:\eclipse-workspace\myws，如果已经存在 myws，就删除掉。然后新建一个 Java 工程，工程名是 myprj。

在工程中新建一个类，类名是 sm3test，其他保持默认。然后在 sm3test.java 中输入如下代码：

```
package myprj;
import javax.xml.bind.DatatypeConverter;

public class sm3test {
    public static native byte[] sm3(String data,int len);
        public static void main(String[] args) {
            String data = "abc";
            byte[] md = sm3(data,data.length());

            //字节数组转为十六进制字符串
            String strHexBytes = DatatypeConverter.printHexBinary(md);
            System.out.print("sm3 结果: ");
            System.out.println(strHexBytes);
        }
        static {
            //hello.dll 要放在系统路径下，比如 c:\windows\
            System.loadLibrary("mysm3");
        }
    }
```

在 main 函数中，调用 sm3 函数。注意，sm3()方法的声明中有一个关键字 native，表明这个方法是使用 Java 以外的语言实现的。该方法不包括业务功能实现，因为我们要用 C/C++语言实现它。注意，System.loadLibrary("mysm3")这句代码是在静态初始化块中定义的，用来装载 mysm3 库，这就是我们在后面生成的 mysm3.dll。

（2）生成.h 文件。打开命令行窗口，进入 sm3test.java 所在的目录，这里是 D:\eclipse-workspace\myws\myprj\src\myprj\，输入如下命令：

```
javac sm3test.java -h .
```

注意，-h 后面有一个空格，然后是一个黑点。选项-h 表示需要生成 jni 的头文件，黑点表示在当前目录下生成头文件，如果需要指定目录，可以把点改成文件夹名称（文件夹会自动新建）。该命令执行后，会在同一目录生成两个文件：sm3test.class 和 myprj_sm3test.h。

（3）编写本地实现代码。打开 VC 2017，按 Ctrl+Shift+N 快捷键打开"新建项目"对话框，然后在左边选择"Windows 桌面"，在右边选择"Windows 桌面向导"，然后输入工程名"mysm3"，并设置好工程所存放的位置 D:\eclipse-workspace\，然后单击"确定"按钮，在随后出现的"Windows 桌面项目"对话框中，设置"应用程序类型"为"动态链接库(.dll)"，并取消勾选"预编译标头"，然后单击"确定"按钮，一个 dll 工程就建好了。在 VC 解决方案中双击 mysm3.cpp，然后在编辑框中输入如下代码：

```
#include "header.h"
#include "jni.h"
#include "stdio.h"
#include "string.h"
#include "myprj_sm3test.h"
#include "OpenSSL/evp.h"    //openssl 的头文件

#pragma comment(lib, "libcrypto.lib")    //openssl 的静态库
#pragma comment(lib, "ws2_32.lib")
#pragma comment(lib, "Crypt32.lib")

int sm3_hash(const unsigned char *message, size_t len, unsigned char *hash,
unsigned int *hash_len)
{
    EVP_MD_CTX *md_ctx;
    const EVP_MD *md;

    md = EVP_sm3();
    md_ctx = EVP_MD_CTX_new();
    EVP_DigestInit_ex(md_ctx, md, NULL);
    EVP_DigestUpdate(md_ctx, message, len);
    EVP_DigestFinal_ex(md_ctx, hash, hash_len);
    EVP_MD_CTX_free(md_ctx);
    return 0;
}


JNIEXPORT jbyteArray JNICALL Java_myprj_sm3test_sm3(
    JNIEnv *env, jclass cls, jstring j_str,jint len)
{
    const char *c_str = NULL;
    char buff[512] = "";
    unsigned char md[32];
    unsigned int hash_len,i;
    jboolean isCopy;
    c_str = env->GetStringUTFChars(j_str, &isCopy);    //生成 native 的 char 指针
    if (c_str == NULL)
    {
        printf("out of memory.\n");
        return NULL;
    }

    printf("From Java String:addr: %x  string: %s  len:%d  isCopy:%d\n", c_str,
c_str, strlen(c_str), isCopy);
    sprintf_s(buff, "%s", c_str);
```

```
        env->ReleaseStringUTFChars(j_str, c_str);

        sm3_hash((unsigned char*)buff, len, md,&hash_len);

        jbyteArray RtnArr = NULL;  //下面一系列操作是把btPath转成jbyteArray后返回
        RtnArr = env->NewByteArray(hash_len);

        //for (i = 0; i < hash_len; i++)   //根据需要可以实现内部打印
        //    printf("%02x,", md[i]);

        env->SetByteArrayRegion(RtnArr, 0, hash_len, (jbyte*)md);
        return RtnArr;
    }
```

上述代码主要实现了 sm3，里面的内容很简单，就是把 Java 程序传进来的字符串做了 sm3 摘要并转为字节数组返回。核心实现函数是 sm3_hash（调用 OpenSSL 的 sm3 相关库函数），基本流程就是 init-update-final 三部曲，这个过程和前面我们手工实现的步骤类似。注意，要把前面生成的 myprj_sm3test.h 复制到本工程目录下，并把该文件添加到 VC 工程中。jni.h 是 JDK 的自带文件，我们需要为 VC 工程添加 openssl 和 jdk 的头路径包含。在 VC 菜单栏中选择"项目→属性→配置属性→C/C++"，然后在右边"平台"下选择"x64"（因为我们要生成 64 位的 dll），并在"附加包含目录"旁输入"D:\OpenSSL-1.1.1b\win64-debug\include; %JAVA_HOME%\include;%JAVA_HOME%\include\win32"。其中，第一个路径是 OpenSSL 头文件所在的路径，后两个是 JDK 相关的头文件。

在前面的章节中，我们把 openssl1.1.1b 的 debug 版本的静态库生成在 d:/OpenSSL-1.1.1b/win64-debug/lib/下了，可以到该目录下把 libcrypto.lib 复制到本 VC 工程目录下。

在 VC 工具栏处切换解决方案平台为 x64，按 F7 键生成解决方案，此时将在 hello\x64\Debug 下生成 mysm3.dll，把该文件复制到 c:\windows 下。至此，VC 本地代码开发工作完成。

（4）重新回到 Eclipse 中，按 Ctrl+F11 快捷键运行工程，下方控制台窗口上会显示输出，如图 5-10 所示。

<terminated> sm3test [Java Application] C:\Program Files\Java\jre1.8.0_181\bin\javaw.exe
sm3结果: 66C7F0F462EEEDD9D1F2D46BDC10E4E24167C4875CF2F7A2297DA02B8F4BA8E0
From Java String:addr: 23670d0 string: abc len:3 isCopy:1

图 5-10

5.3　MD5 消息摘要算法

MD5 加密是一种常见的加密方式，我们经常用在保存用户密码和关键信息上。作为初学者，MD5 也是需要了解的。

5.3.1　MD5 算法概述

MD5 信息摘要算法（MD5，Message-Digest Algorithm）是一种被广泛使用的密码散列函数，可以产生出一个 128 位（16 字节）的散列值（hash value），用于确保信息传输完整一致。MD5 由美国密码学家罗纳德·李维斯特（Ronald Linn Rivest）设计，于 1992 年公开，用以取代 MD4 算法。这套算法的程序在 RFC 1321 标准中被加以规范。1996 年后该算法被证实存在弱点，可以被加以破解，对于需要高度安全性的数据，专家一般建议改用其他算法，如 SHA-2。2004 年，证实 MD5 算法无法防止碰撞（collision），因此不适用于安全性认证，如 SSL 公开密钥认证或是数字签名等用途。

1992 年 8 月，罗纳德·李维斯特向互联网工程任务组（IETF）提交了一份重要文件，描述了这种算法的原理。这种算法的公开性和安全性很好，在 20 世纪 90 年代被广泛使用在各种程序语言中，以确保资料传递无误等。MD5 由 MD4、MD3、MD2 改进而来，主要增强算法复杂度和不可逆性。MD5 算法因其普遍、稳定、快速的特点广泛应用于普通数据的加密保护领域。（注意，是普通数据。）

5.3.2　MD5 算法的特点

MD5 算法具有以下 3 个特点：

（1）输入任意长度的信息，经过处理，输出为 128 位的信息（数字指纹）。

（2）不同的输入得到不同的结果（唯一性）。

（3）根据 128 位的输出结果不可能反推出输入的信息（不可逆）。

5.3.3　MD5 是否属于加密算法

有些文献或资料会提到 MD5 加密这样的说法。目前，业界有两派：一派认为是加密算法，一派不认为是加密算法。认为不属于加密算法的人觉得不能从密文（散列值）反过来得到原文，即没有解密算法，所以 MD5 只能属于摘要算法，不能称为加密算法；认为属于加密算法的人觉得经过 MD5 处理后看不到原文，即已经将原文加密了，所以 MD5 属于加密算法。

既然有了新称呼"摘要算法"，那就用摘要算法好了，没必要再去套加密的概念，因为说到加密，通常都会自然而然想到解密，既然摘要算法没有解密，就没必要去和加密这个概念混淆了。一个摘要算法就能讲清楚该算法的本质，即不可逆。

搞密码学的人应该用词严谨，加密就是加密，摘要就是摘要，没必要混为一谈。如果称 MD5 是加密算法，那么"摘要算法"又有何意义呢？

5.3.4　MD5 用途

（1）防止被篡改

假设发送一个电子文档前先得到 MD5 的输出结果 a，然后在对方收到电子文档后也得到一个 MD5 的输出结果 b。如果 a 与 b 一样，就代表中途未被篡改。为了防止不法分子在安装程序中添加木马，可以在网站上公布由安装文件得到的 MD5 输出结果。SVN 在检测文件是否在 CheckOut 后被修改过，也用到了 MD5。

（2）防止直接看到明文

现在很多网站在数据库存储用户的密码时都是存储用户密码的 MD5 值，这样就算不法分子得到数据库的用户密码 MD5 值，也无法知道用户的密码。其实这样是不安全的，比如在 UNIX 系统中用户的密码就是以 MD5（或其他类似的算法）经加密后存储在文件系统中。当用户登录的时候，系统把用户输入的密码计算成 MD5 值，然后去和保存在文件系统中的 MD5 值进行比较，进而确定输入的密码是否正确。通过这样的步骤，系统在并不知道用户密码的明码时就可以确定用户登录系统的合法性。这不但可以避免用户的密码被具有系统管理员权限的用户知道，而且在一定程度上增加了密码被破解的难度。

5.3.5　MD5 算法原理

MD5 算法以 512 位分组来处理输入的信息，且每一分组又被划分为 16 个 32 位子分组，经过一系列的处理后，算法的输出由四个 32 位分组组成，将这四个 32 位分组级联后，将生成一个 128 位散列值，主要步骤如下：

（1）第一步是填充。如果输入信息的长度（bit）对 512 求余的结果不等于 448，就需要填充使得对 512 求余的结果等于 448。填充的方法是填充一个 1 和 n 个 0。填充完后，信息的长度为 $N \times 512+448$。

（2）第二步是记录信息长度。用 64 位来存储填充前的信息长度，这 64 位加在第一步结果的后面，这样信息长度就变为 $N \times 512+448+64=(N+1) \times 512$ 位。

（3）第三步是装入标准的幻数（四个整数，物理顺序）：A=(01234567)₁₆，B=(89ABCDEF)₁₆，C=(FEDCBA98)₁₆，D=(76543210)₁₆。在程序中定义应该是 A=0X67452301L，B=0XEFCDAB89L，C=0X98BADCFEL，D=0X10325476L。

（4）第四步是四轮循环运算，循环的次数是分组的个数（N+1）。

① 将每一个 512 字节细分成 16 个小组，每个小组 64 位（8 个字节）。
② 认识四个线性函数（&是与，|是或，~是非，^是异或）。

```
F(X,Y,Z)=(X&Y)|((~X)&Z)
G(X,Y,Z)=(X&Z)|(Y&(~Z))
H(X,Y,Z)=X^Y^Z
I(X,Y,Z)=Y^(X|(~Z))
```

③ 设 Mj 表示消息的第 j 个子分组（从 0 到 15），<<<s 表示循环左移 s 位，则四种操作为：

```
FF(a,b,c,d,Mj,s,ti) //表示 a=b+((a+F(b,c,d)+Mj+ti)<<<s)
GG(a,b,c,d,Mj,s,ti) //表示 a=b+((a+G(b,c,d)+Mj+ti)<<<s)
HH(a,b,c,d,Mj,s,ti) //表示 a=b+((a+H(b,c,d)+Mj+ti)<<<s)
II(a,b,c,d,Mj,s,ti) //表示 a=b+((a+I(b,c,d)+Mj+ti)<<<s)
```

④ 进行四轮运算。

第一轮	第二轮
a=FF(a,b,c,d,M0,7,0xd76aa478)	a=GG(a,b,c,d,M1,5,0xf61e2562)
b=FF(d,a,b,c,M1,12,0xe8c7b756)	b=GG(d,a,b,c,M6,9,0xc040b340)
c=FF(c,d,a,b,M2,17,0x242070db)	c=GG(c,d,a,b,M11,14,0x265e5a51)

（续表）

第一轮	第二轮
d=FF(b,c,d,a,M3,22,0xc1bdceee)	d=GG(b,c,d,a,M0,20,0xe9b6c7aa)
a=FF(a,b,c,d,M4,7,0xf57c0faf)	a=GG(a,b,c,d,M5,5,0xd62f105d)
b=FF(d,a,b,c,M5,12,0x4787c62a)	b=GG(d,a,b,c,M10,9,0x02441453)
c=FF(c,d,a,b,M6,17,0xa8304613)	c=GG(c,d,a,b,M15,14,0xd8a1e681)
d=FF(b,c,d,a,M7,22,0xfd469501)	d=GG(b,c,d,a,M4,20,0xe7d3fbc8)
a=FF(a,b,c,d,M8,7,0x698098d8)	a=GG(a,b,c,d,M9,5,0x21e1cde6)
b=FF(d,a,b,c,M9,12,0x8b44f7af)	b=GG(d,a,b,c,M14,9,0xc33707d6)
c=FF(c,d,a,b,M10,17,0xffff5bb1)	c=GG(c,d,a,b,M3,14,0xf4d50d87)
d=FF(b,c,d,a,M11,22,0x895cd7be)	d=GG(b,c,d,a,M8,20,0x455a14ed)
a=FF(a,b,c,d,M12,7,0x6b901122)	a=GG(a,b,c,d,M13,5,0xa9e3e905)
b=FF(d,a,b,c,M13,12,0xfd987193)	b=GG(d,a,b,c,M2,9,0xfcefa3f8)
c=FF(c,d,a,b,M14,17,0xa679438e)	c=GG(c,d,a,b,M7,14,0x676f02d9)
d=FF(b,c,d,a,M15,22,0x49b40821)	d=GG(b,c,d,a,M12,20,0x8d2a4c8a)
第三轮	第四轮
a=HH(a,b,c,d,M5,4,0xfffa3942)	a=II(a,b,c,d,M0,6,0xf4292244)
b=HH(d,a,b,c,M8,11,0x8771f681)	b=II(d,a,b,c,M7,10,0x432aff97)
c=HH(c,d,a,b,M11,16,0x6d9d6122)	c=II(c,d,a,b,M14,15,0xab9423a7)
d=HH(b,c,d,a,M14,23,0xfde5380c)	d=II(b,c,d,a,M5,21,0xfc93a039)
a=HH(a,b,c,d,M1,4,0xa4beea44)	a=II(a,b,c,d,M12,6,0x655b59c3)
b=HH(d,a,b,c,M4,11,0x4bdecfa9)	b=II(d,a,b,c,M3,10,0x8f0ccc92)
c=HH(c,d,a,b,M7,16,0xf6bb4b60)	c=II(c,d,a,b,M10,15,0xffeff47d)
d=HH(b,c,d,a,M10,23,0xbebfbc70)	d=II(b,c,d,a,M1,21,0x85845dd1)
a=HH(a,b,c,d,M13,4,0x289b7ec6)	a=II(a,b,c,d,M8,6,0x6fa87e4f)
b=HH(d,a,b,c,M0,11,0xeaa127fa)	b=II(d,a,b,c,M15,10,0xfe2ce6e0)
c=HH(c,d,a,b,M3,16,0xd4ef3085)	c=II(c,d,a,b,M6,15,0xa3014314)
d=HH(b,c,d,a,M6,23,0x04881d05)	d=II(b,c,d,a,M13,21,0x4e0811a1)
a=HH(a,b,c,d,M9,4,0xd9d4d039)	a=II(a,b,c,d,M4,6,0xf7537e82)
b=HH(d,a,b,c,M12,11,0xe6db99e5)	b=II(d,a,b,c,M11,10,0xbd3af235)
c=HH(c,d,a,b,M15,16,0x1fa27cf8)	c=II(c,d,a,b,M2,15,0x2ad7d2bb)
d=HH(b,c,d,a,M2,23,0xc4ac5665)	d=II(b,c,d,a,M9,21,0xeb86d391)

⑤ 每轮循环后，将 A、B、C、D 分别加上 a、b、c、d，然后进入下一轮循环。

至此，算法原理介绍完毕，下面我们按照算法理论进行实战。

5.3.6　手工实现 MD5 算法

有两种方式可以实现 MD5 算法。一种是手工方式，不用任何现成算法库，完全根据算法原理来实现。这种方式需要准确理解算法原理，代码稍多。第二种方式是基于 JCA 方式（下一小节介绍），即通过 Java 提供的摘要类。

【例 5.4】　手工实现 MD5 算法

（1）打开 Eclipse，设置工作区路径为 D:\eclipse-workspace\myws。如果已经存在 myws，就将其删除。然后新建一个 Java 工程，工程名是 myprj。

（2）在工程中新建一个类，类名是 MD5，然后在 MD5.java 中输入如下代码：

```
package myprj;

public class MD5 {
    static final String hexs[]={"0","1","2","3","4","5","6","7","8","9","A",
"B","C","D","E","F"};
    //标准的幻数
    private static final long A=0x67452301L;
    private static final long B=0xefcdab89L;
    private static final long C=0x98badcfeL;
    private static final long D=0x10325476L;

    //下面的 S11～S44 实际上是一个 4×4 的矩阵，在四轮循环运算中用到
    static final int S11 = 7;
    static final int S12 = 12;
    static final int S13 = 17;
    static final int S14 = 22;

    static final int S21 = 5;
    static final int S22 = 9;
    static final int S23 = 14;
    static final int S24 = 20;

    static final int S31 = 4;
    static final int S32 = 11;
    static final int S33 = 16;
    static final int S34 = 23;

    static final int S41 = 6;
    static final int S42 = 10;
    static final int S43 = 15;
    static final int S44 = 21;

    //Java 不支持无符号的基本数据（unsigned）
    //存储 hash 结果，共 4×32=128 位，初始化值为（幻数的级联）
    private long [] result={A,B,C,D};

    public static void main(String []args){
        MD5 md=new MD5();
        System.out.println("md5(abc)="+md.digest("abc"));
```

```
    }

private String digest(String inputStr){
    byte [] inputBytes=inputStr.getBytes();
    int byteLen=inputBytes.length;//长度（字节）
    int groupCount=0;//完整分组的个数
    groupCount=byteLen/64;//每组 512 位（64 字节）
    long []groups=null;//每个小组(64 字节)再细分后的 16 个小组(4 字节)

    //处理每一个完整的分组
    for(int step=0;step<groupCount;step++){
        groups=divGroup(inputBytes,step*64);
        trans(groups);//处理分组，核心算法
    }

    //处理完整分组后的尾巴
    int rest=byteLen%64;//512 位分组后的余数
    byte [] tempBytes=new byte[64];
    if(rest<=56){
        for(int i=0;i<rest;i++)
            tempBytes[i]=inputBytes[byteLen-rest+i];
        if(rest<56){
            tempBytes[rest]=(byte)(1<<7);
            for(int i=1;i<56-rest;i++)
                tempBytes[rest+i]=0;
        }
        long len=(long)(byteLen<<3);
        for(int i=0;i<8;i++){
            tempBytes[56+i]=(byte)(len&0xFFL);
            len=len>>8;
        }
        groups=divGroup(tempBytes,0);
        trans(groups);//处理分组
    }else{
        for(int i=0;i<rest;i++)
            tempBytes[i]=inputBytes[byteLen-rest+i];
        tempBytes[rest]=(byte)(1<<7);
        for(int i=rest+1;i<64;i++)
            tempBytes[i]=0;
        groups=divGroup(tempBytes,0);
        trans(groups);//处理分组

        for(int i=0;i<56;i++)
            tempBytes[i]=0;
```

```java
        long len=(long)(byteLen<<3);
        for(int i=0;i<8;i++){
            tempBytes[56+i]=(byte)(len&0xFFL);
            len=len>>8;
        }
        groups=divGroup(tempBytes,0);
        trans(groups);//处理分组
    }

    //将 Hash 值转换成十六进制的字符串
    String resStr="";
    long temp=0;
    for(int i=0;i<4;i++){
        for(int j=0;j<4;j++){
            temp=result[i]&0x0FL;
            String a=hexs[(int)(temp)];
            result[i]=result[i]>>4;
            temp=result[i]&0x0FL;
            resStr+=hexs[(int)(temp)]+a;
            result[i]=result[i]>>4;
        }
    }
    return resStr;
}


/**
 * 从 inputBytes 的 index 开始取 512 位，作为新的分组
 * 将每一个 512 位的分组再细分成 16 个小组，每个小组 64 位（8 个字节）
 * @param inputBytes
 * @param index
 * @return
 */
private static long[] divGroup(byte[] inputBytes,int index){
    long [] temp=new long[16];
    for(int i=0;i<16;i++){
        temp[i]=b2iu(inputBytes[4*i+index])|
            (b2iu(inputBytes[4*i+1+index]))<<8|
            (b2iu(inputBytes[4*i+2+index]))<<16|
            (b2iu(inputBytes[4*i+3+index]))<<24;
    }
    return temp;
}

/**
```

```
 * 这时不存在符号位（符号位存储不再是代表正负），所以需要处理一下
 * @param b
 * @return
 */
public static long b2iu(byte b){
    return b < 0 ? b & 0x7F + 128 : b;
}


/**
 * 主要的操作，四轮循环
 * @param groups[]--每一个分组 512 位（64 字节）
 */
private void trans(long[] groups) {
    long a = result[0], b = result[1], c = result[2], d = result[3];
    /*第一轮*/
    a = FF(a, b, c, d, groups[0], S11, 0xd76aa478L); /* 1 */
    d = FF(d, a, b, c, groups[1], S12, 0xe8c7b756L); /* 2 */
    c = FF(c, d, a, b, groups[2], S13, 0x242070dbL); /* 3 */
    b = FF(b, c, d, a, groups[3], S14, 0xc1bdceeeL); /* 4 */
    a = FF(a, b, c, d, groups[4], S11, 0xf57c0fafL); /* 5 */
    d = FF(d, a, b, c, groups[5], S12, 0x4787c62aL); /* 6 */
    c = FF(c, d, a, b, groups[6], S13, 0xa8304613L); /* 7 */
    b = FF(b, c, d, a, groups[7], S14, 0xfd469501L); /* 8 */
    a = FF(a, b, c, d, groups[8], S11, 0x698098d8L); /* 9 */
    d = FF(d, a, b, c, groups[9], S12, 0x8b44f7afL); /* 10 */
    c = FF(c, d, a, b, groups[10], S13, 0xffff5bb1L); /* 11 */
    b = FF(b, c, d, a, groups[11], S14, 0x895cd7beL); /* 12 */
    a = FF(a, b, c, d, groups[12], S11, 0x6b901122L); /* 13 */
    d = FF(d, a, b, c, groups[13], S12, 0xfd987193L); /* 14 */
    c = FF(c, d, a, b, groups[14], S13, 0xa679438eL); /* 15 */
    b = FF(b, c, d, a, groups[15], S14, 0x49b40821L); /* 16 */

    /*第二轮*/
    a = GG(a, b, c, d, groups[1], S21, 0xf61e2562L); /* 17 */
    d = GG(d, a, b, c, groups[6], S22, 0xc040b340L); /* 18 */
    c = GG(c, d, a, b, groups[11], S23, 0x265e5a51L); /* 19 */
    b = GG(b, c, d, a, groups[0], S24, 0xe9b6c7aaL); /* 20 */
    a = GG(a, b, c, d, groups[5], S21, 0xd62f105dL); /* 21 */
    d = GG(d, a, b, c, groups[10], S22, 0x2441453L); /* 22 */
    c = GG(c, d, a, b, groups[15], S23, 0xd8a1e681L); /* 23 */
    b = GG(b, c, d, a, groups[4], S24, 0xe7d3fbc8L); /* 24 */
    a = GG(a, b, c, d, groups[9], S21, 0x21e1cde6L); /* 25 */
    d = GG(d, a, b, c, groups[14], S22, 0xc33707d6L); /* 26 */
    c = GG(c, d, a, b, groups[3], S23, 0xf4d50d87L); /* 27 */
```

```
b = GG(b, c, d, a, groups[8], S24, 0x455a14edL); /* 28 */
a = GG(a, b, c, d, groups[13], S21, 0xa9e3e905L); /* 29 */
d = GG(d, a, b, c, groups[2], S22, 0xfcefa3f8L); /* 30 */
c = GG(c, d, a, b, groups[7], S23, 0x676f02d9L); /* 31 */
b = GG(b, c, d, a, groups[12], S24, 0x8d2a4c8aL); /* 32 */

/*第三轮*/
a = HH(a, b, c, d, groups[5], S31, 0xfffa3942L); /* 33 */
d = HH(d, a, b, c, groups[8], S32, 0x8771f681L); /* 34 */
c = HH(c, d, a, b, groups[11], S33, 0x6d9d6122L); /* 35 */
b = HH(b, c, d, a, groups[14], S34, 0xfde5380cL); /* 36 */
a = HH(a, b, c, d, groups[1], S31, 0xa4beea44L); /* 37 */
d = HH(d, a, b, c, groups[4], S32, 0x4bdecfa9L); /* 38 */
c = HH(c, d, a, b, groups[7], S33, 0xf6bb4b60L); /* 39 */
b = HH(b, c, d, a, groups[10], S34, 0xbebfbc70L); /* 40 */
a = HH(a, b, c, d, groups[13], S31, 0x289b7ec6L); /* 41 */
d = HH(d, a, b, c, groups[0], S32, 0xeaa127faL); /* 42 */
c = HH(c, d, a, b, groups[3], S33, 0xd4ef3085L); /* 43 */
b = HH(b, c, d, a, groups[6], S34, 0x4881d05L); /* 44 */
a = HH(a, b, c, d, groups[9], S31, 0xd9d4d039L); /* 45 */
d = HH(d, a, b, c, groups[12], S32, 0xe6db99e5L); /* 46 */
c = HH(c, d, a, b, groups[15], S33, 0x1fa27cf8L); /* 47 */
b = HH(b, c, d, a, groups[2], S34, 0xc4ac5665L); /* 48 */

/*第四轮*/
a = II(a, b, c, d, groups[0], S41, 0xf4292244L); /* 49 */
d = II(d, a, b, c, groups[7], S42, 0x432aff97L); /* 50 */
c = II(c, d, a, b, groups[14], S43, 0xab9423a7L); /* 51 */
b = II(b, c, d, a, groups[5], S44, 0xfc93a039L); /* 52 */
a = II(a, b, c, d, groups[12], S41, 0x655b59c3L); /* 53 */
d = II(d, a, b, c, groups[3], S42, 0x8f0ccc92L); /* 54 */
c = II(c, d, a, b, groups[10], S43, 0xffeff47dL); /* 55 */
b = II(b, c, d, a, groups[1], S44, 0x85845dd1L); /* 56 */
a = II(a, b, c, d, groups[8], S41, 0x6fa87e4fL); /* 57 */
d = II(d, a, b, c, groups[15], S42, 0xfe2ce6e0L); /* 58 */
c = II(c, d, a, b, groups[6], S43, 0xa3014314L); /* 59 */
b = II(b, c, d, a, groups[13], S44, 0x4e0811a1L); /* 60 */
a = II(a, b, c, d, groups[4], S41, 0xf7537e82L); /* 61 */
d = II(d, a, b, c, groups[11], S42, 0xbd3af235L); /* 62 */
c = II(c, d, a, b, groups[2], S43, 0x2ad7d2bbL); /* 63 */
b = II(b, c, d, a, groups[9], S44, 0xeb86d391L); /* 64 */

/*加入之前计算的结果中*/
result[0] += a;
```

```java
        result[1] += b;
        result[2] += c;
        result[3] += d;
        result[0]=result[0]&0xFFFFFFFFL;
        result[1]=result[1]&0xFFFFFFFFL;
        result[2]=result[2]&0xFFFFFFFFL;
        result[3]=result[3]&0xFFFFFFFFL;
    }


    /**
     * 下面处理要用到的线性函数
     */
    private static long F(long x, long y, long z) {
        return (x & y) | ((~x) & z);
    }


    private static long G(long x, long y, long z) {
        return (x & z) | (y & (~z));
    }


    private static long H(long x, long y, long z) {
        return x ^ y ^ z;
    }


    private static long I(long x, long y, long z) {
        return y ^ (x | (~z));
    }


    private static long FF(long a, long b, long c, long d, long x, long s,
            long ac) {
        a += (F(b, c, d)&0xFFFFFFFFL) + x + ac;
        a = ((a&0xFFFFFFFFL)<< s) | ((a&0xFFFFFFFFL) >>> (32 -s));
        a += b;
        return (a&0xFFFFFFFFL);
    }


    private static long GG(long a, long b, long c, long d, long x, long s,
            long ac) {
        a += (G(b, c, d)&0xFFFFFFFFL) + x + ac;
        a = ((a&0xFFFFFFFFL) << s) | ((a&0xFFFFFFFFL) >>> (32 -s));
        a += b;
        return (a&0xFFFFFFFFL);
    }
```

```
private static long HH(long a, long b, long c, long d, long x, long s,
        long ac) {
    a += (H(b, c, d)&0xFFFFFFFFL) + x + ac;
    a = ((a&0xFFFFFFFFL) << s) | ((a&0xFFFFFFFFL) >>> (32 -s));
    a += b;
    return (a&0xFFFFFFFFL);
}

private static long II(long a, long b, long c, long d, long x, long s,
        long ac) {
    a += (I(b, c, d)&0xFFFFFFFFL) + x + ac;
    a = ((a&0xFFFFFFFFL) << s) | ((a&0xFFFFFFFFL) >>> (32 -s));
    a += b;
    return (a&0xFFFFFFFFL);
}
}
```

上述代码完全是按照 MD5 算法原理实现的，建议对照着算法原理来看代码。

（3）保存工程并运行，运行结果如图 5-11 所示。

图 5-11

上面我们从零开始实现了 MD5 算法，下面我们通过基于 JCA 提供的消息类来实现。

5.3.7　基于 Java 消息摘要类实现 MD5 算法

Java 提供了类 MessageDigest 为应用程序提供信息摘要算法的功能，如 MD5 或 SHA 算法。信息摘要是安全的单向哈希函数，接收任意大小的数据，并输出固定长度的哈希值。类 MessageDigest 的使用方式比较简单，首先是实例化，然后使用成员方法 update 处理数据，任何时候都可以调用 reset 方法重置摘要。一旦所有需要更新的数据都已经被更新（update），就应该调用 digest 方法完成哈希计算。对于给定数量的更新数据，digest 方法只能被调用一次。

摘要类 MessageDigest 是包 java.security 中的类。该类的公有成员方法如表 5-1 所示。

表 5-1　MessageDigest 类的公有成员方法

成员方法	描　　述
clone	Object　clone () 如果实现是可复制的，则返回一个副本
digest	byte[]　digest() 通过执行诸如填充之类的最终操作完成哈希计算
digest	byte[]　digest(byte[] input) 使用指定的 byte 数组对摘要进行更新，然后完成摘要计算

（续表）

成员方法	描　述
digest	int　digest(byte[] buf, int offset, int len) 通过执行诸如填充之类的最终操作完成哈希计算
getAlgorithm	String　getAlgorithm() 返回标识算法的独立于实现细节的字符串
getDigestLength	int　getDigestLength() 返回以字节为单位的摘要长度，如果提供者不支持此操作并且实现是不可复制的，则返回 0
getInstance	static MessageDigest getInstance(String algorithm) 返回实现指定摘要算法的 MessageDigest 对象
getInstance	static MessageDigest　getInstance(String algorithm, Provider provider) 返回实现指定摘要算法的 MessageDigest 对象
getInstance	static MessageDigest　getInstance(String algorithm, String provider) 返回实现指定摘要算法的 MessageDigest 对象
getProvider	Provider　getProvider() 返回此信息摘要对象的提供者
isEqual	static boolean　isEqual(byte[] digesta, byte[] digestb) 比较两个摘要的相等性
reset	void　reset() 重置摘要以供再次使用
toString	String　toString() 返回此信息摘要对象的字符串表示形式
update	void　update(byte input) 使用指定的字节更新摘要
update	void　update(byte[] input) 使用指定的 byte 数组更新摘要
update	void　update(byte[] input, int offset, int len) 使用指定的 byte 数组从指定的偏移量开始更新摘要
update	void　update(ByteBuffer input) 使用指定的 ByteBuffer 更新摘要

其中，最常用的是 3 个函数，即实例化函数 getInstance、新函数 update 和结束函数 digest，这和三段式哈希的基本流程一样，即 init-update-final，而且 update 可以多次调用，可以应对大数据和不能一次全部给出原文的场景。digest 相当于 final，只能在最后调用，并调用一次，从而得到最终结果。

【例 5.5】　基于 Java 消息摘要类实现 MD5 算法

（1）打开 Eclipse，设置工作区路径为 D:\eclipse-workspace\myws。如果已经存在 myws，就将其删除。然后新建一个 Java 项目，工程名是 myprj。

（2）在工程中新建一个类，类名是 MessageDigestTest，其他保持默认，然后在 MessageDigestTest.java 中输入如下代码：

```java
package myprj;

import java.security.MessageDigest;
import java.security.NoSuchAlgorithmException;

public class MessageDigestTest {
    public static void main(String[] args) throws NoSuchAlgorithmException {
        String str = "abc"; //要进行哈希的原文
        System.out.println("MD5 哈希结果: " + encryptMode(str, "MD5"));
    }

    public static String encryptMode(String str, String mode) throws
NoSuchAlgorithmException {
        MessageDigest md = MessageDigest.getInstance(mode);   //实例化
        md.update(str.getBytes()); //更新
        byte[] bt = md.digest();  //得到摘要值
        // 转换
        StringBuffer buffer = new StringBuffer();
        for (int i = 0; i < bt.length; i++) {
            buffer.append(Character.forDigit((bt[i] & 240) >> 4, 16));
            buffer.append(Character.forDigit(bt[i] & 15, 16));
        }
        return buffer.toString();
    }
}
```

方法 getInstance 根据传入的字符串（比如"MD5"），来实例化相应算法的消息摘要对象，然后 update 和 digest 就可以得到结果了。基本上就是三部曲，和大多数三段式哈希算法类似。

（3）保存工程并运行，运行结果如图 5-12 所示。

图 5-12

5.4　HMAC

5.4.1　什么是 HMAC

HMAC 是密钥相关的哈希运算消息认证码（Hash-based Message Authentication Code）的缩写，

是由 H.Krawezyk、M.Bellare、R.Canetti 三人于 1996 年提出。它是一种基于 Hash 函数和密钥进行消息认证的方法，于 1997 年作为 RFC2104 公布，并在 IPSec 和其他网络协议（如 SSL）中得以广泛应用，现在已经成为事实上的 Internet 安全标准。它可以与任何迭代型散列函数捆绑使用。

HMAC 是一种使用单向散列函数来构造消息认证码的方法，其中 HMAC 中的 H 就是 Hash 的意思。

HMAC 中所使用的单向散列函数并不仅限于一种，任何高强度的单向散列函数都可以被用于 HMAC，将来设计出的新的单向散列函数也同样可以使用。使用 SM3-HMAC、SHA-1、SHA-224、SHA-256、SHA-384、SHA-512 所构造的 HMAC 分别称为 HMAC-SM3、HMAC-SHA1、HMAC-SHA-224、HMAC-SHA-384、HMAC-SHA-512。

5.4.2 HMAC 产生的背景

随着 Internet 的不断发展，网络安全问题日益突出。为了确保接收方所接收到的报文数据的完整性，人们采用消息认证来验证上述性质。目前，用来对消息进行认证的主要方式有以下 3 种：消息认证码、散列函数和消息加密。

- 消息认证码：一个需要密钥的算法，可以对可变长度的消息进行认证，把输出的结果作为认证符。
- 散列函数：将任意长度的消息映射成为定长的散列值的函数，以该散列值消息摘要作为认证符。
- 消息加密：将整个消息的密文作为认证符。

近年来，人们越来越感兴趣于利用散列函数来设计 MAC，原因有 2 个：

（1）一般的散列函数的软件执行速度比分组密码的要快。
（2）密码散列函数的库代码来源广泛。

HMAC 应运而生。HMAC 是一种利用密码学中的散列函数来进行消息认证的机制，它能提供的消息认证包括两方面内容：

（1）消息完整性认证：能够证明消息内容在传送过程中没有被修改。
（2）信源身份认证：因为通信双方共享了认证的密钥，所以接收方能够认证发送该数据的信源与所宣称的一致，即能够可靠地确认接收的消息与发送的一致。

HMAC 是当前许多安全协议所选用的提供认证服务的方式，应用十分广泛，并且经受住了多种形式攻击的考验。

5.4.3 HMAC 在身份认证中的应用

HMAC 主要应用在身份认证中，使用方法如下：

（1）客户端发出登录请求（假设是浏览器的 GET 请求）。
（2）服务器返回一个随机值，并在会话中记录这个随机值。
（3）客户端将该随机值作为密钥，对用户密码进行 HMAC 运算，然后提交给服务器。
（4）服务器读取用户数据库中的用户密码和（2）中发送的随机值，做与客户端一样的 HMAC 运算，然后与用户发送的结果比较，如果结果一致，就验证用户合法。

在这个过程中，可能遭到安全攻击的是服务器发送的随机值和用户发送的 HMAC 结果，而对于截获了这两个值的黑客而言，这两个值是没有意义的，绝无获取用户密码的可能性。随机值的引入，使 HMAC 只在当前会话中有效，大大增强了安全性和实用性。大多数的语言都实现了 HMAC 算法，比如 PHP 的 mhash、Python 的 hmac.py、Java 的 MessageDigest 类，在 Web 验证中使用 HMAC 也是可行的，用 JS 进行 md5 运算的速度也是比较快的。

5.4.4　设计目标

在 HMAC 规划之初就有了以下设计目标：

（1）不必修改而直接套用已知的散列函数，并且很容易得到软件上执行速度较快的散列函数及其代码。

（2）若找到或需要更快或更安全的散列函数，则能够容易地代替原来嵌入的散列函数。

（3）应保持散列函数的原来性能，不能因为嵌入在 HMAC 中而过分降低其性能。

（4）对密钥的使用和处理比较简单。

（5）若已知嵌入的散列函数强度，则完全可以推断出认证机制抵抗密码分析的强度。

5.4.5　算法描述

HMAC 算法本身并不复杂，需要有一个哈希函数，记为 H；同时还需要有一个密钥，记为 K。每种信息摘要函数都对信息进行分组，每个信息块的长度是固定的，记为 B（如 SHA1 为 512 位，即 64 字节；SM3 也是 64 字节为分组大小）。每种信息摘要算法都会输出一个固定长度的信息摘要，我们将信息摘要的长度记为 L（如 MD5 为 16 字节，SHA-1 为 20 字节）。正如前面所述，K 的长度在理论上是任意的，一般为了安全强度考虑，选取不小于 L 的长度。

HMAC 算法其实就是利用密钥和明文进行两轮哈希运算，公式为：

$$\text{HMAC}(K, M) = H(K \oplus \text{opad} | H(K \oplus \text{ipad} | M)))$$

其中，ipad 为 0x36，重复 B 次；opad 为 0x5c，重复 B 次；M 代表一个消息输入。

根据上面的算法表示公式，我们可以描述 HMAC 算法的运算步骤：

（1）检查密钥 K 的长度。如果 K 的长度大于 B，则先使用摘要算法计算出一个长度为 L 的新密钥。如果 K 的长度小于 B，则在后面追加 0 使其长度达到 B。

（2）将上一步生成的 B 字长的密钥字符串与 ipad 做异或运算。

（3）将需要处理的数据流 text 填充至步骤（2）的结果字符串中。

（4）使用哈希函数 H 计算上一步中生成的数据流的信息摘要值。

（5）将步骤（1）生成的 B 字长密钥字符串与 opad 做异或运算。

（6）将步骤（4）得到的结果填充到步骤（5）的结果之后。

（7）使用哈希函数 H 计算上一步中生成的数据流的信息摘要值，输出结果就是最终的 HMAC 值。

由上述描述过程我们知道 HMAC 算法的计算过程实际是对原文做了两次类似于加盐处理的哈希过程。在应用中，出于安全的考虑和数据的保密，需要使用加密算法，有时为了让加密的结果更加扑朔迷离，常常会给被加密的数据加点"盐"。说白了，盐就是一串数字，完全是自己定义的。

5.4.6 手工实现 HMAC-MD5

计算 HMAC 需要一个哈希函数（可以是 md5、sha1、SM3 等）和一个密钥 key。对于 HMAC 算法，我们先不用算法库，从 HMAC 算法原理基础上实现 HMAC-MD5 算法。

【例 5.6】 手工实现 HMAC-MD5 算法

（1）打开 Eclipse，设置工作区路径为 D:\eclipse-workspace\myws，如果已经存在 myws，就删除掉。然后新建一个 Java 工程，工程名是 myprj。

（2）在工程中新建一个类，类名是 HMacMD5，其他保持默认。然后在 HMacMD5.java 中输入如下代码：

```
package myprj;

import java.security.MessageDigest;
import java.security.NoSuchAlgorithmException;
import javax.xml.bind.DatatypeConverter;

public class HMacMD5
{
    /**
     * 计算参数的 md5 信息
     * @param str 待处理的字节数组
     * @return md5 摘要信息
     * @throws NoSuchAlgorithmException
     */
    private static byte[] md5(byte[] str)
throws NoSuchAlgorithmException
    {
        MessageDigest md = MessageDigest.getInstance("MD5");
        md.update(str);
        return md.digest();
    }

    /**
     * 将待加密数据 data 通过密钥 key 使用 hmac-md5 算法进行加密，然后返回加密结果
     * 参照 rfc2104 HMAC 算法介绍实现
     * @author ljy
     * @param key 密钥
     * @param data 待加密数据
     * @return 加密结果
     * @throws NoSuchAlgorithmException
     */
    public static byte[] getHmacMd5Bytes(byte[] key,byte[] data) throws
NoSuchAlgorithmException
```

```
{
    /* HmacMd5 calculation formula: H(K XOR opad, H(K XOR ipad, text))
    * HmacMd5 计算公式: H(K XOR opad, H(K XOR ipad, text))
    * H 代表 hash 算法, 本类中使用 MD5 算法; K 代表密钥; text 代表要加密的数据
    * ipad 为 0x36, opad 为 0x5C
    */
    int length = 64;
    byte[] ipad = new byte[length];
    byte[] opad = new byte[length];
    for(int i = 0; i < 64; i++)
    {
        ipad[i] = 0x36;
        opad[i] = 0x5C;
    }
    byte[] actualKey = key; //Actual key.
    byte[] keyArr = new byte[length]; //Key bytes of 64 bytes length
    /*If key's length is longer than 64,then use hash to digest it and use
the result as actual key.
    * 如果密钥长度大于 64 字节, 就使用哈希算法计算其摘要, 作为真正的密钥
    */
    if(key.length>length)
    {
        actualKey = md5(key);
    }
    for(int i = 0; i < actualKey.length; i++)
    {
        keyArr[i] = actualKey[i];
    }


    /*append zeros to K
    * 如果密钥长度不足 64 字节, 就使用 0x00 补齐到 64 字节
    */
    if(actualKey.length < length)
    {
        for(int i = actualKey.length; i < keyArr.length; i++)
            keyArr[i] = 0x00;
    }


    /*calc K XOR ipad
    * 使用密钥和 ipad 进行异或运算
    */
    byte[] kIpadXorResult = new byte[length];
    for(int i = 0; i < length; i++)
    {
```

```
            kIpadXorResult[i] = (byte) (keyArr[i] ^ ipad[i]);
        }


        /*append "text" to the end of "K XOR ipad"
         * 将待加密数据追加到 K XOR ipad 计算结果后面
         */
        byte[] firstAppendResult = new
byte[kIpadXorResult.length+data.length];
        for(int i=0;i<kIpadXorResult.length;i++)
        {
            firstAppendResult[i] = kIpadXorResult[i];
        }
        for(int i=0;i<data.length;i++)
        {
            firstAppendResult[i+keyArr.length] = data[i];
        }


        /*calc H(K XOR ipad, text)
         * 使用哈希算法计算上面结果的摘要
         */
        byte[] firstHashResult = md5(firstAppendResult);


        /*calc K XOR opad
         * 使用密钥和 opad 进行异或运算
         */
        byte[] kOpadXorResult = new byte[length];
        for(int i = 0; i < length; i++)
        {
            kOpadXorResult[i] = (byte) (keyArr[i] ^ opad[i]);
        }


        /*append "H(K XOR ipad, text)" to the end of "K XOR opad"
         * 将 H(K XOR ipad, text)结果追加到 K XOR opad 结果后面
         */
        byte[] secondAppendResult = new byte[kOpadXorResult.
length+firstHashResult.length];
        for(int i=0;i<kOpadXorResult.length;i++)
        {
            secondAppendResult[i] = kOpadXorResult[i];
        }
        for(int i=0;i<firstHashResult.length;i++)
        {
            secondAppendResult[i+keyArr.length] = firstHashResult[i];
        }
```

```
    /*H(K XOR opad, H(K XOR ipad, text))
    * 对上面的数据进行哈希运算
    */
    byte[] hmacMd5Bytes = md5(secondAppendResult);

    return hmacMd5Bytes;

    }

    public static void main(String[] args) throws Exception
    {
        String key="123",data="abc";
        byte[] res = getHmacMd5Bytes(key.getBytes(),data.getBytes());
        String strHexBytes = DatatypeConverter.printHexBinary(res);
        System.out.println("HMAC-MD5: "+strHexBytes);
    }
}
```

其中，函数 getHmacMd5Bytes 用于返回最终的 HMAC 结果，该函数 getHmacMd5Bytes 完全按照前面所述的算法原理来实现。函数 md5 用于实现 MD5 算法，是基于 Java 的消息摘要类 MessageDigest 实现的。

（3）保存工程并运行，运行结果如图 5-13 所示。

```
<terminated> HMacMD5 [Java Application] C:\Program F
HMAC-MD5: FFB7C0FC166F7CA075DFA04D59AED232
```

图 5-13

5.4.7　基于 Java Mac 类实现 HMAC-MD5

类 Mac 用于提供"消息验证码"（Message Authentication Code，MAC）算法的功能。MAC 基于秘密密钥提供一种方式来检查在不可靠介质上进行传输或存储的信息的完整性。通常，消息验证码在共享秘密密钥的两个参与者之间使用，以验证这两者之间传输的信息。

基于加密哈希函数的 MAC 机制也叫作 HMAC。结合秘密共享密钥，HMAC 可以用于任何加密哈希函数（如 MD5 或 SHA-1）。HMAC 在 RFC 2104 中指定。类 Mac 位于 javax.crypto 包中。类 Mac 的成员方法如表 5-2 所示。

表 5-2　类 Mac 的成员方法

成员方法	描　　述
clone	Object clone() 如果提供者实现可以复制，则返回一个副本
doFinal	byte[]　doFinal() 完成 MAC 操作

成员方法	描　　述
doFinal	byte[] doFinal(byte[] input) 处理给定的 byte 数组并完成 MAC 操作
getAlgorithm	String getAlgorithm() 返回此 Mac 对象的算法名称
getInstance	static Mac getInstance (String algorithm) 返回实现指定 MAC 算法的 Mac 对象
getInstance	static Mac　　　getInstance(String algorithm, Provider provider) 返回实现指定 MAC 算法的 Mac 对象
getInstance	static Mac getInstance(String algorithm, String provider) 返回实现指定 MAC 算法的 Mac 对象
getMacLength	int getMacLength() 返回 MAC 的长度，以字节为单位
getProvider	Provider getProvider() 返回此 Mac 对象的提供者
init	void init(Key key) 用给定的密钥初始化此 Mac 对象
init	void init(Key key, AlgorithmParameterSpec params) 用给定的密钥和算法参数初始化此 Mac 对象
reset	void reset() 重置此 Mac 对象
update	void update(byte input) 处理给定的字节
update	void update(byte[] input) 处理给定的 byte 数组
update	void update(byte[] input, int offset, int len) 从 offset（包含）开始，处理 input 中的前 len 个字节
update	void update(ByteBuffer input) 从 input.position()开始，处理 ByteBuffer input 中的 input.remaining()个字节

最常用的三个函数是实例化函数 getInstance、初始化函数 init 和结束函数 doFinal。

【例 5.7】　基于 Java Mac 类实现 HMAC-md5 算法

（1）打开 Eclipse，设置工作区路径 D:\eclipse-workspace\myws。如果已经存在 myws，就删除掉。然后新建一个 Java 工程，工程名是 myprj。

（2）在工程中新建一个类，类名是 HMacMD5，其他保持默认。然后在 HMacMD5.java 中输入如下代码：

```java
package myprj;

import javax.crypto.Mac;
import javax.crypto.spec.SecretKeySpec;
public class HmacMd5 {
    public static final String KEY_MAC = "HmacMD5";
    public static String doHMAC(String source, String authKey) throws Exception
    {
        Mac hmac_md5 = Mac.getInstance(KEY_MAC);  //实例化 Mac 对象
        //初始化，第一个参数是 HMAC 算法所需要的密钥
        hmac_md5.init(new SecretKeySpec(authKey.getBytes("ISO-8859-1"),
KEY_MAC));
        //结束函数，参数是要进行 HMAC 运算的原文，执行后返回 HMAC 结果
        byte[] b = hmac_md5.doFinal(source.getBytes("ISO-8859-1"));
        return HmacMd5.getHexStr(b);
    }

    public static String getHexStr(byte[] b) {
        String tempstr = "", str = "";
        for (int i = 0; i < b.length; i++) {
            tempstr = Integer.toHexString(b[i] & 0xFF);
            if (tempstr.length() == 1) {
                str += "0" + tempstr;
            } else {
                str += tempstr;
            }
            if ((i + 1) % 16 == 0) {
                str += "\n";
            }
        }
        return str;
    }
    public static void main(String[] args) throws Exception {
        String authKey = "65235c72ba25bfd277b2bd2b958e6533";
        String source = "UserIDKeyFromServer00000000127.0.0.1";
        String key = HmacMd5.doHMAC(source, authKey);
        System.out.println("key=" + key);
        // a748c97ecfa5311e07e3f6d7aac745b6
    }
}
```

利用 Java 提供的 Mac 类及其成员方法大大简便了 HMAC-MD5 的实现，根本不需要自己实现 HMAC 算法，也不需要实现 MD5 算法，只需要在 init 时指定字符串 "HmacMD5" 即可，非常方便。但是要记住：舒适区有一定隐患，核心技术掌握在别人手里，不能说会使用 Java 的 Mac 类就是掌握了 HMAC-MD5 算法，这根本就是两回事。另外，函数 getHexStr 用于将字节数组转为字符串。

（3）保存工程并运行，运行结果如图 5-14 所示。

```
<terminated> HmacMd5 [Java Application] C:\P
key=a748c97ecfa5311e07e3f6d7aac745b6
```

图 5-14

5.4.8 实现 HMAC-SM3

在 HMAC 算法实现后，如果要搭配不同的哈希算法，只需要替换哈希函数即可，比如要实现 HMAC-SM3，只需在 HMAC-MD5 例子中把 md5 哈希函数替换成 sm3 即可，而 HMAC 本身不变。

【例 5.8】 实现 HMAC-SM3 算法

（1）打开 Eclipse，设置工作区路径 D:\eclipse-workspace\myws，如果已经存在 myws，就删除掉。然后新建一个 Java 工程，工程名是 myprj。

（2）在工程中新建一个类，类名是 HMacSM3，其他保持默认。然后在 HMacSM3.java 中输入如下代码：

```java
package myprj;

import java.security.MessageDigest;
import java.security.NoSuchAlgorithmException;
import javax.xml.bind.DatatypeConverter;
public class HMacSM3 {
    public static byte[] sm3(byte[] msg,int offset,int len)
    {
        byte[] md = new byte[32];
        SM3Digest sm3 = new SM3Digest();
        sm3.update(msg, offset, len);
        sm3.doFinal(md, 0);
        return md;
    }

    public static byte[] getHmacSM3(byte[] key,byte[] data) throws
NoSuchAlgorithmException
    {
        int length = 64;
        byte[] ipad = new byte[length];
        byte[] opad = new byte[length];
        for(int i = 0; i < 64; i++)
        {
            ipad[i] = 0x36;
            opad[i] = 0x5C;
        }
        byte[] actualKey = key; //Actual key.
        byte[] keyArr = new byte[length]; //Key bytes of 64 bytes length
```

```
        /*If key's length is longer than 64,then use hash to digest it and use
the result as actual key.
        * 如果密钥长度大于 64 字节，就使用哈希算法计算其摘要，作为真正的密钥
        */
        if(key.length>length)
        {
        actualKey = sm3(key,0,key.length);
        }
        for(int i = 0; i < actualKey.length; i++)
        {
            keyArr[i] = actualKey[i];
        }


        /*append zeros to K
        * 如果密钥长度不足 64 字节，就使用 0x00 补齐到 64 字节。*/
        if(actualKey.length < length)
        {
            for(int i = actualKey.length; i < keyArr.length; i++)
                keyArr[i] = 0x00;
        }


        /*calc K XOR ipad
        * 使用密钥和 ipad 进行异或运算。*/
        byte[] kIpadXorResult = new byte[length];
        for(int i = 0; i < length; i++)
        {
            kIpadXorResult[i] = (byte) (keyArr[i] ^ ipad[i]);
        }


        /*append "text" to the end of "K XOR ipad"
        * 将待加密数据追加到 K XOR ipad 计算结果后面。    */
        byte[] firstAppendResult = new byte[kIpadXorResult.length+data.
length];
        for(int i=0;i<kIpadXorResult.length;i++)
        {
            firstAppendResult[i] = kIpadXorResult[i];
        }
        for(int i=0;i<data.length;i++)
        {
            firstAppendResult[i+keyArr.length] = data[i];
        }


        /*calc H(K XOR ipad, text)
        * 使用哈希算法计算上面结果的摘要。*/
```

```
        byte[] firstHashResult = sm3(firstAppendResult,0,
firstAppendResult.length);

        /*calc K XOR opad
        * 使用密钥和 opad 进行异或运算。*/
        byte[] kOpadXorResult = new byte[length];
        for(int i = 0; i < length; i++)
        {
        kOpadXorResult[i] = (byte) (keyArr[i] ^ opad[i]);
        }

        /*append "H(K XOR ipad, text)" to the end of "K XOR opad"
        * 将 H(K XOR ipad, text)结果追加到 K XOR opad 结果后面*/
        byte[] secondAppendResult = new byte[kOpadXorResult.length+
firstHashResult.length];
        for(int i=0;i<kOpadXorResult.length;i++)
        {
        secondAppendResult[i] = kOpadXorResult[i];
        }
        for(int i=0;i<firstHashResult.length;i++)
        {
        secondAppendResult[i+keyArr.length] = firstHashResult[i];
        }

        /*H(K XOR opad, H(K XOR ipad, text))
        * 对上面的数据进行哈希运算。
        */
        byte[] hmac = sm3(secondAppendResult,0,secondAppendResult.length);
        return hmac;
        }
        public static void main(String[] args) throws Exception
        {
            String key="123",data="abc";
            byte[] res = getHmacSM3(key.getBytes(),data.getBytes());
            String strHexBytes = DatatypeConverter.printHexBinary(res);
            System.out.println("HMAC-SM3: "+strHexBytes);
        }
    }
```

getHmacSM3 中的 HMAC 算法流程没有改变，只有哈希函数变成了 sm3。注意，本例的 sm3 稍微进行了扩展，即函数形式增加了 2 个参数，一个是偏移量，另一个是要进行哈希的原文长度，这样可以增加 sm3 使用场景的灵活性。比如，例 5.9 使用更简便的 HMAC 算法，就需要 sm3 这两个新增的参数了。

另外，SM3Digest 类（来自例 5.2）在 SM3Digest.java 中实现。我们只需把例 5.2 中的 SM3.java、SM3Digest.java 和 Util.java 导入本工程就可以使用该类了。

（3）保存工程并运行，运行结果如下：

HMAC-SM3：82FB97A1EE8B8153A65D9AABE9A5E86397273029CBABDCB80FF78C623B2E2F3D

当然，HMAC 算法也不一定要这样实现，下面的例子将用更加简洁的方式实现 HMAC 算法。

【例 5.9】　更简洁的 HMAC-SM3 算法

（1）打开 Eclipse，设置工作区路径 D:\eclipse-workspace\myws，如果已经存在 myws，就删除掉。然后新建一个 Java 工程，工程名是 myprj。

（2）在工程中新建一个类，类名是 HMacSM3，其他保持默认。然后在 HMacSM3.java 中输入如下代码：

```java
package myprj;
import java.util.Arrays;
import javax.xml.bind.DatatypeConverter;

public class HMACSM3 {
    public static byte[] sm3(byte[] msg,int offset,int len)
      {
        byte[] md = new byte[32];
        SM3Digest sm3 = new SM3Digest();
        sm3.update(msg, offset, len);
        sm3.doFinal(md, 0);
        return md;
      }

    public static byte[] hmacsm3(byte[]key,byte[] text)
    {
        byte[] keypaded = new byte[64];
        byte[] hmac;
        int i,textlen=text.length;
        int keylen =key.length;
        Arrays.fill(keypaded, (byte)0);    // 初始化字节数组为 0
        if(keylen > 64)
        {
            keypaded=sm3(key,0,keylen);
        }
        else
        {
            System.arraycopy(key, 0, keypaded, 0, keylen);
        }

        byte[] p = new byte[64+textlen+32];

        for(i = 0; i < 64; i++)
```

```
            p[i] = (byte)((byte)keypaded[i] ^ (byte)0x36);

        System.arraycopy(text, 0, p,64, textlen);
        hmac = sm3(p, 0,64 + textlen);
        for(i = 0; i < 64; i++)
            p[i] = (byte)((byte)keypaded[i] ^ (byte)0x5C);

         System.arraycopy(hmac, 0, p, 64, 32);
         hmac = sm3(p,0,64+32);

        return hmac;
    }

    public static void main(String[] args) {
        // TODO Auto-generated method stub
        String key="123",data="abc";
        byte[] res = hmacsm3(key.getBytes(),data.getBytes());
        String strHexBytes = DatatypeConverter.printHexBinary(res);
        System.out.println("HMAC-SM3: "+strHexBytes);
    }
}
```

相对来讲，本例的 HMAC 算法 hmacsm3 稍微比上例简洁些，但是两者的原理都是一样的。

（3）保存工程并运行，运行结果如下：

HMAC-SM3: 82FB97A1EE8B8153A65D9AABE9A5E86397273029CBABDCB80FF78C623B2E2F3D

我们用两个例子来实现 HMAC 算法的目的是为了证明算法的正确性。提示一下：虽然有一些网站提供了 HMAC-SM3 算法的在线实现，但是结果有可能是错的。

5.5　更通用的基于 OpensSSL 的哈希运算

使用 OpenSSL 算法库进行哈希运算是实际应用开发中经常会碰到的，前面我们介绍哈希算法的时候也用到了 OpenSSL 提供的哈希运算函数，但是基本流程都是针对某种特定哈希算法的。除此之外，OpenSSL 还提供了更加通用的哈希函数接口，也是就是 OpenSSL 的 EVP 封装。

OpenSSL EVP（high-level cryptographic functions）提供了丰富的密码学中的各种函数。OpenSSL 中实现了各种对称算法、摘要算法以及签名/验签算法。EVP 函数将这些具体的算法进行了封装。EVP 系列的函数声明包含在 evp.h 里面，这是一系列封装了 OpenSSL 加密库里面所有算法的函数。通过这样统一的封装，只需要在初始化参数的时候做很少的改变就可以使用相同的代码并采用不同的加密算法，进行数据的加密和解密。

EVP 系列函数主要封装了加密、摘要、编码三大类型的算法，使用算法前需要调用 OpenSSL_add_all_algorithms 函数。其中，以加密算法与摘要算法为基本，公开密钥算法是对数据加密采用了对称加密算法，对密钥采用非对称加密（公钥加密，私钥解密）。数字签名是非对称算法（私钥签名，公钥认证）。

在 OpenSSL 1.0.2m 中，常用哈希函数包括 EVP_MD_CTX_create、EVP_MD_CTX_destroy、EVP_DigestInit_ex、EVP_DigestUpdate、EVP_DigestFinal_ex 和 EVP_Digest。其中，函数 EVP_MD_CTX_create 用于创建摘要上下文结构体并进行初始化；当摘要上下文结构体不再需要使用时，需要用 EVP_MD_CTX_destroy 来销毁。EVP_DigestInit_ex、EVP_DigestUpdate 和 EVP_Digest_Final_ex 用于计算不定长消息摘要（也就是可以用来实现多包哈希运算）。EVP_Digest 用于计算长度比较短的消息摘要（也就是用于单包哈希运算）。

值得注意的是，这些函数使用时都需要包含头文件：#include <openssl/evp.h>。

1. 获取摘要算法函数 EVP_get_digestbyname

根据字串获取摘要算法（EVP_MD），本函数查询摘要算法哈希表。其返回值可以传给其他 hash 函数使用。该函数声明如下：

```
const EVP_MD *EVP_get_digestbyname(const char *name);
```

其中，name 指向一个字符串，表示哈希算法名称，如"sha256""sha384""sha512"等。如果函数成功，则返回哈希算法的 EVP_MD 结构体指针，以供后续函数使用；如果函数失败，就返回 NULL。

2. 创建结构体并初始化函数 EVP_MD_CTX_create

这个函数内部会分配结构体所需的内存空间，然后进行初始化，并返回摘要上下文结构体指针。EVP_MD_CTX_init 只能初始化，结构体需要在函数外面定义好。

函数 EVP_MD_CTX_create 的声明如下：

```
EVP_MD_CTX *EVP_MD_CTX_create();
```

返回已经初始化了的摘要上下文结构体指针。摘要上下文结构体 EVP_MD_CTX 定义如下：

```
struct env_md_ctx_st {
    const EVP_MD *digest;
    ENGINE *engine;                /* functional reference if 'digest' is
                                    * ENGINE-provided */
    unsigned long flags;
    void *md_data;
    /* Public key context for sign/verify */
    EVP_PKEY_CTX *pctx;
    /* Update function: usually copied from EVP_MD */
    int (*update) (EVP_MD_CTX *ctx, const void *data, size_t count);
} /* EVP_MD_CTX */ ;
```

该结构体是在 OpenSSL1.0.2m\crypto\evp.h 中定义的，然后在 OpenSSL1.0.2m\crypto\ossl_typ.h 中定义了以下宏：

```
typedef struct env_md_ctx_st EVP_MD_CTX;
```

值得注意的是，因为结构体是在函数内部创建的，所以在不再需要使用上下文结构体时需要调用函数 EVP_MD_CTX_destroy 来销毁。

3. 销毁摘要上下文结构体 EVP_MD_CTX_destroy

当不再需要使用摘要上下文结构体时，需要调用函数 EVP_MD_CTX_destroy 来销毁。该函数声明如下：

```
void EVP_MD_CTX_destroy(EVP_MD_CTX *ctx);
```

其中，参数 ctx 是指向摘要上下文结构体的指针，必须是已经分配空间并初始化过的，即必须已经调用 EVP_MD_CTX_create。EVP_MD_CTX_destroy 和 EVP_MD_CTX_create 通常是成对使用的。

4. 摘要初始化函数 EVP_DigestInit_ex

该函数用来设置摘要算法、算法引擎等，需要在 EVP_DigestUpdate 前调用的。该函数声明如下：

```
int EVP_DigestInit_ex(EVP_MD_CTX *ctx, const EVP_MD *type, ENGINE *impl);
```

其中，参数 ctx[in]指向摘要上下文结构体，该结构体必须是已经初始化过的；type 表示所使用的摘要算法，算法用 EVP_MD 结构体来表示，type 指向这个结构体，该结构体地址可以用表 5-3 所示的函数返回来获得。

表 5-3 摘要算法函数

摘要算法函数	说　明
const EVP_MD *EVP_md2(void);	返回 MD2 摘要算法
const EVP_MD *EVP_md4(void);	返回 MD4 摘要算法
const EVP_MD *EVP_sha1(void);	返回 sha1 摘要算法
const EVP_MD *EVP_sha256(void);	返回 sha256 摘要算法
const EVP_MD *EVP_sha384(void);	返回 sha384 摘要算法
const EVP_MD *EVP_sha512(void);	返回 sha512 摘要算法

也可以使用函数 EVP_get_digestbyname 来获得。参数 impl 是指向 ENGINE*类型的指针，表示摘要算法所使用的引擎。应用程序可以使用自定义的算法引擎，如硬件摘要算法等；如果此参数为 NULL，则使用默认引擎。函数成功时返回 1，否则返回 0。

5. 摘要 Update 函数 EVP_DigestUpdate

这是摘要算法第二步调用的函数，可以被多次调用，这样就可以处理大数据了。该函数声明如下：

```
int EVP_DigestUpdate(EVP_MD_CTX *ctx, const void *d, size_t cnt);
```

其中，参数 ctx[in]指向摘要上下文结构体，该结构体必须是已经初始化过的；d[in]指向要进行摘要计算的源数据的缓冲区；cnt[in]表示要进行摘要计算的源数据的长度，单位是字节。函数成功时返回 1，否则返回 0。

6. 摘要结束函数 EVP_Digest_Final_ex

这是摘要算法的第三步要调用的函数，也是最后一步调用的函数。该函数只能调用一次，而且是最后调用。调用完该函数，哈希结果就出来了。该函数声明如下：

```
int EVP_DigestFinal_ex(EVP_MD_CTX *ctx, unsigned char *md, unsigned int *s);
```

其中，参数 ctx[in]指向摘要上下文结构体，该结构体必须是已经初始化过的；md[out]存放输出的哈希结果，对于不同的哈希算法，哈希结果长度不同，因此 md 所指向的缓冲区长度不要开辟小了；s[out]指向整型变量的地址，该变量存放输出哈希结果的长度。函数成功时返回 1，否则返回 0。

7. 单包摘要计算函数 EVP_Digest

该函数独立使用，输入要进行摘要计算的源数据，直接输出哈希结果。该函数适合于小长度的数据，函数声明如下：

```
int EVP_Digest(const void *data, size_t count,unsigned char *md,
unsigned int *size, const EVP_MD *type,ENGINE *impl);
```

其中，参数 data[in]指向要进行摘要计算的源数据的缓冲区；count[in]表示要进行摘要计算的源数据的长度，单位是字节；md[out]存放输出的哈希结果，对于不同的哈希算法，哈希结果长度不同，因此 md 所指向的缓冲区长度不要开辟小了；size[out]指向整型变量的地址，该变量存放输出哈希结果的长度；type 表示所使用的摘要算法，算法用 EVP_MD 结构体来表示，type 指向这个结构体，该结构体地址可以用表 5-4 所示的函数返回来获得。

表 5-4　常用摘要算法函数

常用摘要算法函数	说　　明
const EVP_MD *EVP_md2(void);	返回 MD2 摘要算法
const EVP_MD *EVP_md4(void);	返回 MD4 摘要算法
const EVP_MD *EVP_md5(void);	返回 MD5 摘要算法
const EVP_MD *EVP_sha1(void);	返回 sha1 摘要算法
const EVP_MD *EVP_sha256(void);	返回 sha256 摘要算法
const EVP_MD *EVP_sha384(void);	返回 sha384 摘要算法
const EVP_MD *EVP_sha512(void);	返回 sha512 摘要算法

参数 impl 是指向 ENGINE*类型的指针，表示摘要算法所使用的引擎。应用程序可以使用自定义的算法引擎，如硬件摘要算法等；如果此参数为 NULL，则使用默认引擎。函数成功时返回 1，否则返回 0。

【例 5.10】　Java 和 OpenSSL1.0.2m 的 EVP 多 update 的联合作战

（1）打开 Eclipse，设置工作区路径 D:\eclipse-workspace\myws，如果已经存在 myws，就删除掉。然后新建一个 Java 工程，工程名是 myprj。

（2）在工程中新建一个类，类名是 evptest，其他保持默认，然后在 evptest.java 中输入如下代码：

```
package myprj;
import javax.xml.bind.DatatypeConverter;

public class evptest {
    public static native byte[] doEvp(String data,int len,int count);
      public static void main(String[] args) {
```

```
        String data = "abc";
        byte[] md = doEvp(data,data.length(),2);

        //字节数组转为十六进制字符串
        String strHexBytes = DatatypeConverter.printHexBinary(md);
        System.out.print("evp 结果: ");
        System.out.println(strHexBytes);
    }
    static {
        //myevp.dll 要放在系统路径下, 比如 c:\windows\
        System.loadLibrary("myevp");
    }

}
```

在 main 函数中, 调用 doEvp 函数, 该函数的 count 参数表示做几次 update, 每一次 update 都把长度为 len 的字符串 data 输入 update 中。注意, doEvp()方法的声明有一个关键字 native, 表明这个方法使用 Java 以外的语言实现。该方法不包括业务功能实现, 因为我们要用 C/C++语言实现它。注意 System.loadLibrary("myevp")这句代码, 它是在静态初始化块中定义的, 系统用来装载 mysm3 库, 这就是我们在下面生成的 myevp.dll。

（3）生成.h 文件。打开命令行窗口, 然后进入 evptest.java 所在的目录（D:\eclipse-workspace\myws\myprj\src\myprj\）, 然后输入如下命令:

```
javac evptest.java -h .
```

（4）编写本地实现代码。打开 VC 2017, 按 Ctrl+Shift+N 快捷键打开"新建项目"对话框, 然后在左边选择"Windows 桌面", 在右边选择"Windows 桌面向导", 然后输入工程名 myevp, 并设置好工程所存放的位置 D:\eclipse-workspace\, 单击"确定"按钮。在随后出现的"Windows 桌面项目"对话框中, 设置"应用程序类型"为"动态链接库(.dll)", 并取消勾选"预编译标头"复选框。然后单击"确定"按钮, 一个 dll 工程就建立起来了。在 VC 解决方案中双击 myevp.cpp, 然后在编辑框中输入如下代码:

```
#include "header.h"
#include "jni.h"
#include "stdio.h"
#include "string.h"
#include "myprj_evptest.h"
#include "OpenSSL/evp.h"    //openssl 的头文件
#pragma comment(lib, "libeay32.lib")    //openssl 的静态库
int evp_hash(const unsigned char *message, size_t len,int cn, unsigned char
*md_value, unsigned int *hash_len)
{
    EVP_MD_CTX mdctx;
    const EVP_MD *md;
    //char mess1[] = "Test Message\n";    //第 1 次 update 的消息
    ///char mess2[] = "Hello World\n";    //第 2 次 update 的消息
```

```
    //unsigned char md_value[EVP_MAX_MD_SIZE];
    unsigned int md_len, i;
    OpenSSL_add_all_digests();  //加载所有函数，这个函数要第一个调用
    md = EVP_get_digestbyname("md5");   //如果要改其他哈希算法，只需要替换字符串
    //开始哈希运算
    EVP_MD_CTX_init(&mdctx);
    EVP_DigestInit_ex(&mdctx, md, NULL);
    for(i=0;i<cn;i++)
        EVP_DigestUpdate(&mdctx, message,len); //update 连续两次调用
    EVP_DigestFinal_ex(&mdctx, md_value, &md_len);
    EVP_MD_CTX_cleanup(&mdctx);
    *hash_len = md_len;
    return 0;
}


JNIEXPORT jbyteArray JNICALL Java_myprj_evptest_doEvp(
    JNIEnv *env, jclass cls, jstring j_str, jint len,jint cn)
{
    const char *c_str = NULL;
    char buff[512] = "";
    unsigned char md[32];
    unsigned int hash_len, i;
    jboolean isCopy;
    c_str = env->GetStringUTFChars(j_str, &isCopy);   //生成 native 的 char 指针
    if (c_str == NULL)
    {
        printf("out of memory.\n");
        return NULL;
    }

    printf("From Java String:addr: %x  string: %s  len:%d  isCopy:%d\n", c_str,
c_str, strlen(c_str), isCopy);
    sprintf_s(buff, "%s", c_str);
    env->ReleaseStringUTFChars(j_str, c_str);

    evp_hash((unsigned char*)buff, len, cn,md, &hash_len);

    jbyteArray RtnArr = NULL;  //下面一系列操作把 btPath 转成 jbyteArray 返回
    RtnArr = env->NewByteArray(hash_len);

    //for (i = 0; i < hash_len; i++)   //根据需要可以内部打印一下
    //    printf("%02x,", md[i]);

    env->SetByteArrayRegion(RtnArr, 0, hash_len, (jbyte*)md);
    return RtnArr;
}
```

上述代码主要实现了 doEvp，里面的内容很简单，我们把 Java 程序传进来的字符串做 md5 摘要，并转为字节数组返回。核心实现函数是 evp_hash，调用 OpenSSL1.0.2m 中的摘要相关的 EVP 库函数，基本流程也就是 init-update-final 三部曲，这个过程和前面我们手工实现时的步骤类似。注意，要把前面生成的 myprj_evptest.h 复制到本工程目录下，并把该文件添加到 VC 工程中。jni.h 是 JDK 的自带文件，我们需要为 VC 工程添加 OpenSSL 和 JDK 的头路径包含，在 VC 菜单栏选择"项目→属性→配置属性→C/C++"，然后在右边"平台"下选择"x64"（生成 64 位的 dll），并在"附加包含目录"旁输入"C:\myOpenSSLstout64st\include; %JAVA_HOME%\include;%JAVA_HOME%\include\win32"。其中，第一个路径是 OpenSSL 头文件所在的路径，后两个是 JDK 相关的头文件。

我们在第 2 章把 OpenSSL 1.0.2m 的 64 位静态库生成在 C:\myOpenSSLstout64st\lib 下了，可以从该目录下把 libeay32.lib 复制到本 VC 工程目录下。

在 VC 工具栏处切换解决方案平台为 x64，按 F7 键生成解决方案，此时将在\myevp\x64\Debug 下生成 mydevp.dll，然后把该文件复制到 c:\windows 下。至此，VC 本地代码开发工作完成。

（5）重新回到 Eclipse 中，按 Ctrl+F11 快捷键运行工程，可以看到下方控制台窗口上有输出了，具体如下所示：

```
evp 结果: 440AC85892CA43AD26D44C7AD9D47D3E
From Java String:addr: 23b70d0  string: abc  len:3  isCopy:1
```

注意，两次"abc" update 后的 md5 哈希结果和一次"abcabc"的结果是一样的。

5.6　SHA 系列杂凑算法

5.6.1　SHA 算法概述

SHA 算法（Security Hash Algorithm，安全哈希算法）是美国的 NIST（National Institute of Standards and Technology，美国国家标准与技术研究院）和 NSA（National Security Agency，美国国家安全局）设计的一种标准的 Hash 算法，是安全性很高的一种 Hash 算法。SHA 算法经过密码学专家多年来的发展和改进已日益完善，现在已成为公认的、最安全的散列算法之一，并被广泛使用。

SHA 是一系列的哈希算法，有 SHA-1、SHA-2、SHA-3 三大类，而 SHA-1 已经被破解，SHA-3 应用较少。SHA-1 是第一代 SHA 算法标准，后来的 SHA-224、SHA-256、SHA-384 和 SHA-512 被统称为 SHA-2。目前应用广泛、相对安全的是 SHA-2 算法。

SHA 算法是 FIPS（Federal Information Processing Standards，联邦信息处理标准）所认证的安全散列算法。同 SM3 一样，SHA 算法能对输入的消息计算出长度固定的字符串（又称消息摘要）。各种 SHA 算法的数据比较如图 5-15 所示，其中的长度单位均为比特位。

类别	SHA-1	SHA-224	SHA-256	SHA-384	SHA-512
消息摘要长度	160	224	256	384	512
消息长度	小于2^{64}位	小于2^{64}位	小于2^{64}位	小于2^{128}位	小于2^{128}位
分组长度	512	512	512	1024	1024
计算字长度	32	32	32	64	64
计算步骤数	80	64	64	80	80

图 5-15

从中我们不难发现，SHA-224 和 SHA-256、SHA-384 和 SHA-512 在消息长度、分组长度、计算字长以及计算步骤各方面都是一致的。事实上，通常认为 SHA-224 是 SHA-256 的缩减版，而 SHA-384 是 SHA-512 的缩减版。

SHA 由美国标准与技术研究所（NIST）设计并于 1993 年发布，该版本称为 SHA-0，不过很快被发现存在安全隐患，所以于 1995 年又发布了 SHA-1。

2002 年，NIST 分别发布了 SHA-256、SHA-384、SHA-512，这些算法统称 SHA-2。2008 年又新增了 SHA-224。

SHA-1 不太安全，目前 SHA-2 各版本已成为主流。

5.6.2　SHA 系列算法核心思想和特点

该算法的思想是接收一段明文，然后以一种不可逆的方式将其转换成一段密文，也可以简单地理解为取一串输入码，并把它们转化为长度较短、位数固定的输出序列（散列值）的过程。

1. 单向性特点

单向散列函数的安全性在于其产生散列值的操作过程具有较强的单向性。如果在输入序列中嵌入密码，那么任何人在不知道密码的情况下，都不能产生正确的散列值，从而保证其安全性。

2. 主要用途

通过散列算法可实现数字签名。数字签名的原理是将要传送的明文通过一种函数运算（Hash）转换成报文摘要，报文摘要加密后与明文一起传送给接收方，接收方将接收的明文产生的新报文摘要和发送方发来的报文摘要比较，比较结果一致就表示明文未被改动，不一致则表示明文已被篡改。

5.6.3　SHA256 算法原理解析

为了更好地理解 SHA256 的原理，这里先介绍算法中可以单独抽出的模块（包括常量的初始化、信息预处理、使用到的逻辑运算），再一起来探索 SHA256 算法的主体部分，即消息摘要是如何计算的。

1. 常量的初始化

这些常量的作用是和数据源进行计算，增加数据的加密性。如果常量是 1、2、3 之类的整数，是不是就没有什么加密可言了？所以，这些常量通常都很复杂，生成的规则是：对自然数中前 8 个（或 64 个）质数（2,3,5,7,11,13,17,19）的平方根的小数部分取前 32 位。在后面映射的过程中会用到这些常量。

SHA256 中用到两种常量：8 个哈希初值和 64 个哈希常量。

（1）8个哈希初值

SHA256 算法的 8 个哈希初值如下：

```
h0 := 0x6a09e667
h1 := 0xbb67ae85
h2 := 0x3c6ef372
h3 := 0xa54ff53a
```

```
h4 := 0x510e527f
h5 := 0x9b05688c
h6 := 0x1f83d9ab
h7 := 0x5be0cd19
```

这些初值是由对自然数中前 8 个质数（2,3,5,7,11,13,17,19）的平方根的小数部分取前 32 位而来的。例如，2 的平方根的小数部分约为 0.4142135623730950488，然后 0.4142135623730950488≈6*16^-1+a*16^-2+0*16^-3+...

所以，质数 2 的平方根的小数部分取前 32 位就得到 0x6a09e667。

（2）64个哈希常量

在 SHA256 算法中，用到的 64 个常量如下：

```
428a2f98 71374491 b5c0fbcf e9b5dba5
3956c25b 59f111f1 923f82a4 ab1c5ed5
d807aa98 12835b01 243185be 550c7dc3
72be5d74 80deb1fe 9bdc06a7 c19bf174
e49b69c1 efbe4786 0fc19dc6 240ca1cc
2de92c6f 4a7484aa 5cb0a9dc 76f988da
983e5152 a831c66d b00327c8 bf597fc7
c6e00bf3 d5a79147 06ca6351 14292967
27b70a85 2e1b2138 4d2c6dfc 53380d13
650a7354 766a0abb 81c2c92e 92722c85
a2bfe8a1 a81a664b c24b8b70 c76c51a3
d192e819 d6990624 f40e3585 106aa070
19a4c116 1e376c08 2748774c 34b0bcb5
391c0cb3 4ed8aa4a 5b9cca4f 682e6ff3
748f82ee 78a5636f 84c87814 8cc70208
90befffa a4506ceb bef9a3f7 c67178f2
```

和 8 个哈希初值类似，这些常量是对自然数中前 64 个质数（2,3,5,7,11,13,17,19,23,29,31,37,41,43,47,53,59,61,67,71,73,79,83,89,97…）的立方根的小数部分取前 32 位而来的。

2. 信息预处理

信息预处理分两部分：第一部分是附加填充比特，第二部分是附加长度。目的是让整个消息满足指定的结构，从而处理起来可以统一化、格式化，这也是计算机的基本思维方式，就是把复杂的数据转化为特定的格式，化繁为简、"去伪存真"。

（1）附加填充比特

在报文末尾进行填充，使报文长度在对 512 取模以后的余数是 448。具体操作是：先补第一个比特为 1，然后都补 0，直到长度满足对 512 取模后余数是 448。需要注意的是，即使长度已经满足对 512 取模后余数是 448，补位也必须进行，这时要填充 512 个比特。所以，填充时至少补一位，最多补 512 位。例如，"abc"补位的过程如下：

第 1 步，a、b、c 对应的 ASCII 码分别是 97、98、99。

第 2 步，对应的二进制编码为 01100001 01100010 01100011。

第 3 步，首先补一个"1"，即 0110000101100010 011000111 1。

第 4 步，然后补 423 个"0"，即 01100001 01100010 01100011 10000000 00000000 … 00000000。补位完成后的数据如下：

```
61626380 00000000 00000000 00000000
00000000 00000000 00000000 00000000
00000000 00000000 00000000 00000000
00000000 00000000
```

为什么是 448？因为在第一步的预处理后，第二步会再附加上一个 64bit 的数据，用来表示原始报文的长度信息。448+64=512，正好拼成一个完整的结构。

（2）附加长度值

将原始数据的长度信息补到已经进行了填充操作的消息后面（就是第一步预处理后的信息），SHA256 用一个 64 位的数据来表示原始消息的长度，所以 SHA256 加密的原始信息长度最大是 2^{64}。

用上面的消息"abc"来操作，3 个字符占用 24 bit，在进行了补长度的操作以后，整个消息变为：

```
61626380 00000000 00000000 00000000 00000000 00000000 00000000 00000000
00000000 00000000 00000000 00000000 00000000 00000000 00000000 00000018
```

3. 逻辑运算

SHA256 散列函数中涉及的操作全部是逻辑的位运算，包括如下逻辑函数：

$$Ch(x,y,z)=(x\wedge y)\oplus(\neg x\wedge z)$$
$$Ma(x,y,z)=(x\wedge y)\oplus(x\wedge z)\oplus(y\wedge z)Ma(x,y,z)=(x\wedge y)\oplus(x\wedge z)\oplus(y\wedge z)$$
$$\Sigma 0(x)=S2(x)\oplus S13(x)\oplus S22(x)\Sigma 0(x)=S2(x)\oplus S13(x)\oplus S22(x)$$
$$\Sigma 1(x)=S6(x)\oplus S11(x)\oplus S25(x)\Sigma 1(x)=S6(x)\oplus S11(x)\oplus S25(x)$$
$$\sigma 0(x)=S7(x)\oplus S18(x)\oplus R3(x)\sigma 0(x)=S7(x)\oplus S18(x)\oplus R3(x)$$
$$\sigma 1(x)=S17(x)\oplus S19(x)\oplus R10(x)\sigma 1(x)=S17(x)\oplus S19(x)\oplus R10(x)$$

其中，$\wedge$ 表示按位"与"；$\neg$ 表示按位"补"；$\oplus$ 表示按位"异或"；Sn 表示循环右移 n bit；Rn 表示右移 n bit。

5.6.4　SHA256 算法核心思想

下面介绍 SHA256 算法的主体部分，即消息摘要是如何计算的。

首先将消息分解成 512bit 大小的块，如图 5-16 所示。

假设消息 M 可以被分解为 n 块，整个算法需要做的就是完成 n 次迭代，n 次迭代的结果就是最终的哈希值，即 256bit 的数字摘要。

一个 256bit 的摘要的初始值为 H0，经过第一个数据块进行运算得到 H1，即完成了第一次迭代。H1 经过第二个数据块得到 H2，……，依次处理，最后得到 Hn（最终的 256bit 消息摘要）。将每次迭代进行的映射用 $Map(H_{i-1})=H_i$ 表示，于是迭代可以更形象地展示为图 5-17 所示的形式。

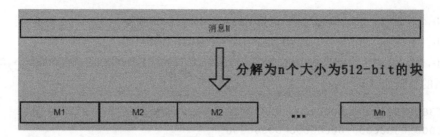

图 5-16

其中，256bit 的 Hi 被描述为 8 个小块，这是因为 SHA256 算法中的最小运算单元称为"字"（Word），一个字是 32 位。

此外，在第一次迭代中，映射的初值设置为前面介绍的 8 个哈希初值，如图 5-18 所示。

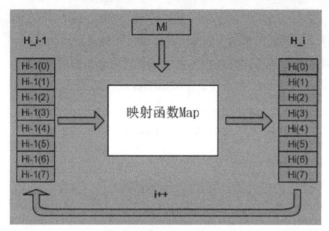

图 5-17

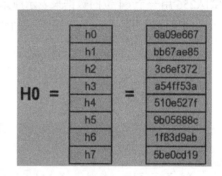

图 5-18

下面开始介绍每一次迭代的内容，即映射 $Map(H_{i-1}) = H_{i}$ 的具体算法。

1. 构造 64 个字（word）

对于每一块，将块分解为 16 个 32bit 的 big-endian 的字，记为 w[0], ..., w[15]。也就是说，前 16 个字直接由消息的第 i 个块分解得到。其余的字由如下迭代公式得到：

$$Wt=\sigma1(Wt-2)+Wt-7+\sigma0(Wt-15)+Wt-16$$
$$Wt=\sigma1(Wt-2)+Wt-7+\sigma0(Wt-15)+Wt-16$$

2. 进行 64 次循环

映射 $Map(H_{i-1}) = H_{i}$ 包含了 64 次加密循环，即进行 64 次加密循环可完成一次迭代。每次加密循环可以由图 5-19 描述。

图 5-19 中，ABCDEFGH 这 8 个字（word）按照一定的规则进行更新，其中 4 个深色方块是事先定义好的非线性逻辑函数（上文已经做过铺垫）。6 个田字方块代表 mod 2^{32} addition，即将两个数字加在一起，如果结果大于 2^{32}，就必须除以 2^{32} 并找到余数。

ABCDEFGH 一开始的初始值分别为 $H_{i-1}(0), H_{i-1}(1), ..., H_{i-1}(7)$。

Kt 是第 t 个密钥，对应上文提到的 64 个常量。

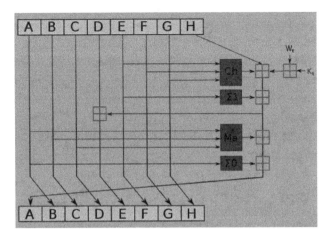

图 5-19

Wt 是本区块产生的第 t 个 word。原消息被切成固定长度 512bit 的区块，对每一个区块，产生 64 个 word，通过重复运行循环 n 次对 ABCDEFGH 这 8 个字循环加密。

最后一次循环所产生的 8 个字合起来即是第 i 个块对应到的散列字符串 H_{i}。

由此便完成了 SHA256 算法的所有介绍。

3. SHA256 算法伪代码

结合 SHA256 算法的伪代码将上述所有步骤进行梳理整合：

```
Note: All variables are unsigned 32 bits and wrap modulo 232 when calculating
Initialize variables
(first 32 bits of the fractional parts of the square roots of the first 8 primes
2..19):
h0 := 0x6a09e667
h1 := 0xbb67ae85
h2 := 0x3c6ef372
h3 := 0xa54ff53a
h4 := 0x510e527f
h5 := 0x9b05688c
h6 := 0x1f83d9ab
h7 := 0x5be0cd19


Initialize table of round constants
(first 32 bits of the fractional parts of the cube roots of the first 64 primes
2..311):
k[0..63] :=
    0x428a2f98, 0x71374491, 0xb5c0fbcf, 0xe9b5dba5, 0x3956c25b, 0x59f111f1,
0x923f82a4, 0xab1c5ed5,
    0xd807aa98, 0x12835b01, 0x243185be, 0x550c7dc3, 0x72be5d74, 0x80deb1fe,
0x9bdc06a7, 0xc19bf174,
```

0xe49b69c1, 0xefbe4786, 0x0fc19dc6, 0x240ca1cc, 0x2de92c6f, 0x4a7484aa, 0x5cb0a9dc, 0x76f988da,

0x983e5152, 0xa831c66d, 0xb00327c8, 0xbf597fc7, 0xc6e00bf3, 0xd5a79147, 0x06ca6351, 0x14292967,

0x27b70a85, 0x2e1b2138, 0x4d2c6dfc, 0x53380d13, 0x650a7354, 0x766a0abb, 0x81c2c92e, 0x92722c85,

0xa2bfe8a1, 0xa81a664b, 0xc24b8b70, 0xc76c51a3, 0xd192e819, 0xd6990624, 0xf40e3585, 0x106aa070,

0x19a4c116, 0x1e376c08, 0x2748774c, 0x34b0bcb5, 0x391c0cb3, 0x4ed8aa4a, 0x5b9cca4f, 0x682e6ff3,

0x748f82ee, 0x78a5636f, 0x84c87814, 0x8cc70208, 0x90befffa, 0xa4506ceb, 0xbef9a3f7, 0xc67178f2

Pre-processing:
append the bit '1' to the message
append k bits '0', where k is the minimum number >= 0 such that the resulting message
        length (in bits) is congruent to 448(mod 512)
append length of message (before pre-processing), in bits, as 64-bit big-endian integer

Process the message in successive 512-bit chunks:
break message into 512-bit chunks
for each chunk
    break chunk into sixteen 32-bit big-endian words w[0..15]

Extend the sixteen 32-bit words into sixty-four 32-bit words:
for i from 16 to 63
    s0 := (w[i-15] rightrotate 7) xor (w[i-15] rightrotate 18) xor(w[i-15] rightshift 3)
    s1 := (w[i-2] rightrotate 17) xor (w[i-2] rightrotate 19) xor(w[i-2] rightshift 10)
    w[i] := w[i-16] + s0 + w[i-7] + s1

Initialize hash value for this chunk:
a := h0
b := h1
c := h2
d := h3
e := h4
f := h5
g := h6

```
    h := h7

    Main loop:
    for i from 0 to 63
        s0 := (a rightrotate 2) xor (a rightrotate 13) xor(a rightrotate 22)
        maj := (a and b) xor (a and c) xor(b and c)
        t2 := s0 + maj
        s1 := (e rightrotate 6) xor (e rightrotate 11) xor(e rightrotate 25)
        ch := (e and f) xor ((not e) and g)
        t1 := h + s1 + ch + k[i] + w[i]
        h := g
        g := f
        f := e
        e := d + t1
        d := c
        c := b
        b := a
        a := t1 + t2

    Add this chunk's hash to result so far:
    h0 := h0 + a
    h1 := h1 + b
    h2 := h2 + c
    h3 := h3 + d
    h4 := h4 + e
    h5 := h5 + f
    h6 := h6 + g
    h7 := h7 + h

    Produce the final hash value (big-endian):
    digest = hash = h0 append h1 append h2 append h3 append h4 append h5 append
h6 append h7
```

4. 温故知新：大端与小端

整型、长整型数据类型都存在字节排列的高低位顺序问题。

big endian（大端）认为第一个字节是最高位字节（按照从低地址到高地址的顺序存放数据的高位字节到低位字节）。little endian（小端）则相反，它认为第一个字节是最低位字节（按照从低地址到高地址的顺序存放数据的低位字节到高位字节）。

例如，从内存地址 0x0000 开始有以下数据：

地　　　址	数　　　据
...	...
0x0000	0x12
0x0001	0x34

（续表）

地　址	数　据
0x0002	0xab
0x0003	0xcd
...	...

假设我们去读取一个地址为 0x0000 的 4 字节变量，若字节序为 big-endian，则读出结果为 0x1234abcd；若字节序为 little-endian，则读出结果为 0xcdab3412。

如果将 0x1234abcd 写入以 0x0000 开始的内存中，则 little endian 和 big endian 模式的存放结果如下：

地址	0x0000	0x0001	0x0002
big-Big_endian	0x12	0x34	0xab
little-endian	0xcd	0xab	0x34

5.6.5　SHA256 算法的实现

算法原理阐述完毕后，相信大家已经有了一定的理解，但真正掌握算法还需要上机实践。下面我们将按照前面的算法描述过程用代码实现一下。这里的实现既有基于原来的从 0 开始的"手工蛋糕"，也有基于算法库（OpenSSL）的"机器蛋糕"。

【例 5.11】　手工实现 SHA-256 算法

（1）打开 Eclipse，设置工作区路径 D:\eclipse-workspace\myws，如果已经存在 myws，就将其删除。然后新建一个 Java 工程，工程名是 myprj。

（2）在工程中新建一个类，类名是 Sha256，其他保持默认，然后在 Sha256.java 中输入如下代码：

```
package myprj;
import javax.xml.bind.DatatypeConverter;
import java.nio.ByteBuffer;
//Offers a {@code hash(byte[])} method for hashing messages with SHA-256.
public class Sha256
{
    private static final int[] K = { 0x428a2f98, 0x71374491, 0xb5c0fbcf,
            0xe9b5dba5, 0x3956c25b, 0x59f111f1, 0x923f82a4, 0xab1c5ed5,
            0xd807aa98, 0x12835b01, 0x243185be, 0x550c7dc3, 0x72be5d74,
            0x80deb1fe, 0x9bdc06a7, 0xc19bf174, 0xe49b69c1, 0xefbe4786,
            0x0fc19dc6, 0x240ca1cc, 0x2de92c6f, 0x4a7484aa, 0x5cb0a9dc,
            0x76f988da, 0x983e5152, 0xa831c66d, 0xb00327c8, 0xbf597fc7,
            0xc6e00bf3, 0xd5a79147, 0x06ca6351, 0x14292967, 0x27b70a85,
            0x2e1b2138, 0x4d2c6dfc, 0x53380d13, 0x650a7354, 0x766a0abb,
            0x81c2c92e, 0x92722c85, 0xa2bfe8a1, 0xa81a664b, 0xc24b8b70,
            0xc76c51a3, 0xd192e819, 0xd6990624, 0xf40e3585, 0x106aa070,
            0x19a4c116, 0x1e376c08, 0x2748774c, 0x34b0bcb5, 0x391c0cb3,
```

```
        0x4ed8aa4a, 0x5b9cca4f, 0x682e6ff3, 0x748f82ee, 0x78a5636f,
        0x84c87814, 0x8cc70208, 0x90befffa, 0xa4506ceb, 0xbef9a3f7,
        0xc67178f2 };

private static final int[] H0 = { 0x6a09e667, 0xbb67ae85, 0x3c6ef372,
        0xa54ff53a, 0x510e527f, 0x9b05688c, 0x1f83d9ab, 0x5be0cd19 };

// working arrays
private static final int[] W = new int[64];
private static final int[] H = new int[8];
private static final int[] TEMP = new int[8];
 /* Hashes the given message with SHA-256 and returns the hash.
  * @param message The bytes to hash.
  * @return The hash's bytes. */
public static byte[] hash(byte[] message)
{
    // let H = H0
    System.arraycopy(H0, 0, H, 0, H0.length);
    // initialize all words
    int[] words = toIntArray(pad(message));
    // enumerate all blocks (each containing 16 words)
    for (int i = 0, n = words.length / 16; i < n; ++i) {
        // initialize W from the block's words
        System.arraycopy(words, i * 16, W, 0, 16);
        for (int t = 16; t < W.length; ++t) {
            W[t] = smallSig1(W[t -2]) + W[t -7] + smallSig0(W[t -15])
                    + W[t -16];
        }
        // let TEMP = H
        System.arraycopy(H, 0, TEMP, 0, H.length);
        // operate on TEMP
        for (int t = 0; t < W.length; ++t) {
            int t1 = TEMP[7] + bigSig1(TEMP[4])
                    + ch(TEMP[4], TEMP[5], TEMP[6]) + K[t] + W[t];
            int t2 = bigSig0(TEMP[0]) + maj(TEMP[0], TEMP[1], TEMP[2]);
            System.arraycopy(TEMP, 0, TEMP, 1, TEMP.length -1);
            TEMP[4] += t1;
            TEMP[0] = t1 + t2;
        }
        // add values in TEMP to values in H
        for (int t = 0; t < H.length; ++t) {
            H[t] += TEMP[t];
        }
    }
```

```java
        return toByteArray(H);
}


/**
 * Internal method, no need to call. Pads the given message to have a length
 * that is a multiple of 512 bits (64 bytes), including the addition of a
 * 1-bit, k 0-bits, and the message length as a 64-bit integer.
 *
 * @param message The message to pad.
 * @return A new array with the padded message bytes.
 */
public static byte[] pad(byte[] message)
{
    final int blockBits = 512;
    final int blockBytes = blockBits / 8;

    // new message length: original + 1-bit and padding + 8-byte length
    int newMessageLength = message.length + 1 + 8;
    int padBytes = blockBytes -(newMessageLength % blockBytes);
    newMessageLength += padBytes;

    // copy message to extended array
    final byte[] paddedMessage = new byte[newMessageLength];
    System.arraycopy(message, 0, paddedMessage, 0, message.length);

    // write 1-bit
    paddedMessage[message.length] = (byte) 0b10000000;

    // skip padBytes many bytes (they are already 0)
    // write 8-byte integer describing the original message length
    int lenPos = message.length + 1 + padBytes;
    ByteBuffer.wrap(paddedMessage, lenPos, 8).putLong(message.length * 8);

    return paddedMessage;
}
/**
 * Converts the given byte array into an int array via big-endian conversion
 * (4 bytes become 1 int).
 *
 * @param bytes The source array.
 * @return The converted array.
 */
public static int[] toIntArray(byte[] bytes)
{
```

```
        if (bytes.length % Integer.BYTES != 0) {
            throw new IllegalArgumentException("byte array length");
        }

        ByteBuffer buf = ByteBuffer.wrap(bytes);

        int[] result = new int[bytes.length / Integer.BYTES];
        for (int i = 0; i < result.length; ++i) {
            result[i] = buf.getInt();
        }
        return result;
    }
    /**
     * Converts the given int array into a byte array via big-endian conversion
     * (1 int becomes 4 bytes).
     *
     * @param ints The source array.
     * @return The converted array.
     */
    public static byte[] toByteArray(int[] ints)
    {
        ByteBuffer buf = ByteBuffer.allocate(ints.length * Integer.BYTES);
        for (int i = 0; i < ints.length; ++i) {
            buf.putInt(ints[i]);
        }
        return buf.array();
    }

    private static int ch(int x, int y, int z)
    {
        return (x & y) | ((~x) & z);
    }

    private static int maj(int x, int y, int z)
    {
        return (x & y) | (x & z) | (y & z);
    }

    private static int bigSig0(int x)
    {
        return Integer.rotateRight(x, 2) ^ Integer.rotateRight(x, 13)
                ^ Integer.rotateRight(x, 22);
    }
```

```
private static int bigSig1(int x)
{
    return Integer.rotateRight(x, 6) ^ Integer.rotateRight(x, 11)
        ^ Integer.rotateRight(x, 25);
}

private static int smallSig0(int x)
{
    return Integer.rotateRight(x, 7) ^ Integer.rotateRight(x, 18)
        ^ (x >>> 3);
}

private static int smallSig1(int x)
{
    return Integer.rotateRight(x, 17) ^ Integer.rotateRight(x, 19)
        ^ (x >>> 10);
}

public static void main(String[] args) {
    // TODO Auto-generated method stub
    Sha256 mysha256= new Sha256();
    byte [] hash = mysha256.hash("abc".getBytes());
    String strHexBytes = DatatypeConverter.printHexBinary(hash);
    System.out.println("hash256 result: "+strHexBytes);
}
}
```

上面的代码完全是按照 SHA256 的算法原理来实现的,其中在函数 hash 中输入要进行哈希运算的原文,返回 SHA256 结果。

(3)保存工程并运行,运行结果如下:

```
hash256 result: BA7816BF8F01CFEA414140DE5DAE2223B00361A396177A9CB410FF61F20015AD
```

SHA256 "手工蛋糕" 做完了,下面尝试机器的制作方法(调用算法库)。下面基于 OpenSSL 库来实现 SHA256 算法,而且使用 EVP 编程方式(后面会详述),以供 Java 程序调用。纯 Java 爱好者也不用着急,后面还会基于 Java 提供的类库进行 hash256 调用。

【例 5.12】 Java 和 OpenSSL1.1.1b 联合实现 SHA256

(1)打开 Eclipse,设置工作区路径 D:\eclipse-workspace\myws。如果已经存在 myws,就将其删除。然后新建一个 Java 工程,工程名是 myprj。

(2)在工程中新建一个类,类名是 shatest,其他保持默认,然后在 shatest.java 中输入如下代码:

```
package myprj;
import javax.xml.bind.DatatypeConverter;
```

```
public class shatest {
    public static native byte[] doSha(String data,int len);
        public static void main(String[] args) {
            String data = "abc";
            byte[] md = doEvp(data,data.length());

            //字节数组转为十六进制字符串
            String strHexBytes = DatatypeConverter.printHexBinary(md);
              System.out.print("evp 结果: ");
            System.out.println(strHexBytes);
        }
        static {
            //mysha.dll 要放在系统路径下，比如 c:\windows\
            System.loadLibrary("mysha");
        }
}
```

在 main 函数中，调用 doEvp 函数，该函数的 count 参数表示做几次 update，每一次 update 都把长度为 len 的字符串 data 输入 update 中。注意，doEvp()方法的声明中有一个关键字 native，表明这个方法使用 Java 以外的语言实现。该方法不包括业务功能实现，因为我们要用 C/C++语言实现它。注意 System.loadLibrary("myevp")这句代码是在静态初始化块中定义的，系统用来装载 mysm3 库，这就是我们在后面生成的 myevp.dll。

（3）生成.h 文件。打开命令行窗口，进入 shatest.java 所在目录，这里是 D:\eclipse-workspace\myws\myprj\src\myprj\，然后输入如下命令：

```
javac shatest.java -h .
```

（4）编写本地实现代码。打开 VC 2017，按 Ctrl+Shift+N 快捷键打开"新建项目"对话框，然后在左边选择"Windows 桌面"，在右边选择"Windows 桌面向导"，然后输入工程名 mysha，并设置好工程所存放的位置 D:\eclipse-workspace\，然后单击"确定"按钮。在随后出现的"Windows 桌面项目"对话框中，设置"应用程序类型"为"动态链接库(.dll)"，并勾选"预编译标头"复选框。然后单击"确定"按钮，此时一个 dll 工程就建立起来了。在 VC 解决方案中双击 mysha.cpp，然后在编辑框中输入如下代码：

```
#include "header.h"
#include "jni.h"
#include "stdio.h"
#include "string.h"
#include "myprj_evptest.h"
#include "OpenSSL/evp.h"   //OpenSSL 的头文件
#pragma comment(lib, "libeay32.lib")   //OpenSSL 的静态库
 int evp_hash(const unsigned char *message, size_t len,int cn, unsigned char
*md_value, unsigned int *hash_len)
 {
```

```
    EVP_MD_CTX mdctx;
    const EVP_MD *md;
    //char mess1[] = "Test Message\n";   //第 1 次 update 的消息
    ///char mess2[] = "Hello World\n";      //第 2 次 update 的消息
    //unsigned char md_value[EVP_MAX_MD_SIZE];
    unsigned int md_len, i;
    OpenSSL_add_all_digests();   //加载所有函数，这个函数要第一个调用
    md = EVP_get_digestbyname("md5");   //如果要改其他哈希算法，只需要替换字符串即可
    //开始哈希运算
    EVP_MD_CTX_init(&mdctx);
    EVP_DigestInit_ex(&mdctx, md, NULL);
    for(i=0;i<cn;i++)
        EVP_DigestUpdate(&mdctx, message,len); //update 连续两次调用
    EVP_DigestFinal_ex(&mdctx, md_value, &md_len);
    EVP_MD_CTX_cleanup(&mdctx);
    *hash_len = md_len;
    return 0;
}


JNIEXPORT jbyteArray JNICALL Java_myprj_evptest_doEvp(
    JNIEnv *env, jclass cls, jstring j_str, jint len,jint cn)
{
    const char *c_str = NULL;
    char buff[512] = "";
    unsigned char md[32];
    unsigned int hash_len, i;
    jboolean isCopy;
    c_str = env->GetStringUTFChars(j_str, &isCopy);    //生成 native 的 char 指针
    if (c_str == NULL)
    {
        printf("out of memory.\n");
        return NULL;
    }

    printf("From Java String:addr: %x  string: %s  len:%d  isCopy:%d\n", c_str,
c_str, strlen(c_str), isCopy);
    sprintf_s(buff, "%s", c_str);
    env->ReleaseStringUTFChars(j_str, c_str);

    evp_hash((unsigned char*)buff, len, cn,md, &hash_len);

    jbyteArray RtnArr = NULL;  //下面一系列操作把 btPath 转成 jbyteArray 返回出去
    RtnArr = env->NewByteArray(hash_len);
```

```
//for (i = 0; i < hash_len; i++)   //根据需要可以内部打印下
//    printf("%02x,", md[i]);

    env->SetByteArrayRegion(RtnArr, 0, hash_len, (jbyte*)md);
    return RtnArr;
}
```

上述代码主要实现了 doEvp，里面的内容很简单，我们把 Java 程序传进来的字符串做了 MD5 摘要，并转为字节数组返回出去。核心实现函数是 evp_hash，该函数中我们调用 OpenSSL 1.0.2m 中的摘要相关的 EVP 库函数，基本流程也就是 init-update-final 三部曲，这过程和前面我们手工实现时的步骤类似。注意，要把前面生成 myprj_evptest.h 复制到本工程目录下，并把该文件添加到 VC 工程中。jni.h 是 JDK 的自带文件，我们需要为 VC 工程添加 openssl 和 jdk 的头路径包含，在 VC 菜单栏选择"项目→属性→配置属性→C/C++"，然后在右边"平台"下选择"x64"（因为我们要生成 64 位的 dll），并在"附加包含目录"旁输入"D:\openssl-1.1.1b\win64-release\include;%JAVA_HOME%\include;%JAVA_HOME%\include\win32"，其中第一个路径是 OpenSSL 头文件所在的路径，后两者是 JDK 相关头文件。

我们在第 2 章把 openssl1.1.1b 的 64 位静态库生成在 D:\openssl-1.1.1b\win64-release\lib 下了，可以从该目录下把 libcrypto.lib 复制到本 VC 工程目录下。

在 VC 工具栏处切换解决方案平台为 x64，按 F7 生成解决方案，此时将在\myevp\x64\Debug 下生成 mydevp.dll，把该文件复制到 c:\windows 下。至此，VC 本地代码开发工作完成。

（5）重新回到 Eclipse 中，按 Ctrl+F11 快捷键运行工程，可以看到下方控制台窗口上有输出，具体如下所示：

```
sha256 结果：BA7816BF8F01CFEA414140DE5DAE2223B00361A396177A9CB410FF61F20015AD
From Java String:addr: 24170d0  string: abc  len:3  isCopy:1
```

【例 5.13】　基于 Java 消息摘要类实现 SHA256 算法

（1）打开 Eclipse，设置工作区路径 D:\eclipse-workspace\myws，如果已经存在 myws，就删除掉。然后新建一个 Java 工程，工程名是 myprj。

（2）在工程中新建一个类，类名是 Sha256，其他保持默认。然后在 Sha256.java 中输入如下代码：

```
package myprj;

import java.security.MessageDigest;
import java.security.NoSuchAlgorithmException;

public class Sha256 {
    public static void main(String[] args) throws NoSuchAlgorithmException {
        String str = "abc"; //要进行哈希的原文
        System.out.println("Sha256 哈希结果::" + encryptMode(str, "SHA-256"));
    }

    public static String encryptMode(String str, String mode) throws
```

```
NoSuchAlgorithmException {
        MessageDigest md = MessageDigest.getInstance(mode);    //实例化
        md.update(str.getBytes()); //更新
        byte[] bt = md.digest();  //得到摘要值
        // 转换
        StringBuffer buffer = new StringBuffer();
        for (int i = 0; i < bt.length; i++) {
            buffer.append(Character.forDigit((bt[i] & 240) >> 4, 16));
            buffer.append(Character.forDigit(bt[i] & 15, 16));
        }
        return buffer.toString();
    }
}
```

方法 getInstance 根据传入的字符串（比如 "Sha-256"），来实例化相应算法的消息摘要对象，然后 update 和 digest 就可以得到结果了。基本上就是三部曲，和大多数三段式哈希算法类似。

（3）保存工程并运行，运行结果如下：

Sha256 哈希结果::ba7816bf8f01cfea414140de5dae2223b00361a396177a9cb410ff61f20015ad

第6章

密码学中常见的编码格式

6.1 Base64 编码

6.1.1 概述

Base64 的主要用途是把一些二进制数转成普通字符，方便在网络上传输。由于历史原因，Email 只被允许传送 ASCII 字符，即一个 8 位字节的低 7 位。如果你发送了一封带有非 ASCII 字符（字节 的最高位是 1）的 Email，通过有"历史问题"的网关时，就可能会出现问题。所以，Base64 编码才 存在。Base64 内容传送编码被设计用来把任意序列的 8 位字节描述为一种不易被人直接识别的形式。 Base64 编解码就是将二进制数据和 64 个可打印字符相互转化。

6.1.2 Base64 编码的由来

因为有些网络传送渠道并不支持所有的字节，例如传统的邮件只支持可见字符的传送，像 ASCII 码的控制字符就不能通过邮件传送。这样用途就受到了很大的限制，比如图片二进制流的每个字节 不可能全部是可见字符，所以就传送不了。最好的方法就是在不改变传统协议的情况下做一种扩展 方案来支持二进制文件的传送。把不可打印的字符也能用可打印字符来表示，问题就解决了。Base64 编码应运而生。

6.1.3 Base64 的索引表

Base64 就是一种基于 64 个可打印字符来表示二进制数据的表示方法，下面来看一下这 64 个可 打印字符（见图 6-1）。

数值	字符	数值	字符	数值	字符	数值	字符
0	A	16	Q	32	g	48	w
1	B	17	R	33	h	49	x
2	C	18	S	34	i	50	y
3	D	19	T	35	j	51	z
4	E	20	U	36	k	52	0
5	F	21	V	37	l	53	1
6	G	22	W	38	m	54	2
7	H	23	X	39	n	55	3
8	I	24	Y	40	o	56	4
9	J	25	Z	41	p	57	5
10	K	26	a	42	q	58	6
11	L	27	b	43	r	59	7
12	M	28	c	44	s	60	8
13	N	29	d	45	t	61	9
14	O	30	e	46	u	62	+
15	P	31	f	47	v	63	/

图 6-1

可以从图 6-1 所示的 Base64 索引表（也称码表）看出，字符选用了 A-Z、a-z、0-9、+、/ 这 64 个可打印字符。数值代表字符的索引，是标准 Base64 协议规定的，不能更改。

6.1.4 Base64 的转化原理

Base64 的码表只有 64 个字符，如果要表达 64 个字符，那么使用 6bit 即可完全表示（2 的 6 次方为 64）。因为 Base64 的编码只用 6bit 即可表示，而正常的字符是使用 8bit 表示的，而 8 和 6 的最小公倍数是 24，所以 4 个 Base64 字符（4×6=24）可以表示 3 个标准的 ASCII 字符（3×8=24）。

如果是字符串转换为 Base64 码，就会先把对应的字符串转换为 ASCII 码表对应的数字，再把数字转换为二进制。比如，a 的 ASCII 码是 97，97 的二进制是 01100001，把 8 个二进制提取成 6 个，剩下的 2 个二进制和后面的二进制继续拼接，最后把前面 6 个二进制码转换为 Base64 对应的编码。实际转换过程如下：

（1）将二进制数据中的每三个字节分为一组，每个字节占 8bit，那么共有 24 个二进制位。

（2）将上面的 24 个二进制位每 6 个一组，共分为 4 组。

（3）在每组前添加 2 个 0，每组由 6 个变为 8 个二进制位，总共有 32 个二进制位，也就是四个字节。

（4）根据 Base64 编码对照表将每个字节转化成对应的可打印字符。

为什么每 6 位分为一组？因为 6 个二进制位就是 2 的 6 次方，也就是 64 种变化，正好对应 64 个可打印字符。举一反三，如果是 5 位一组，就对应 32 种可打印字符，也就是说可以设计 Base32。

另外，分成四组后为什么要为每组添 2 个 0 变成四个字节呢？这是因为计算机存储的最小单位是字节，也就是 8 位。所以，要在每组 6 位前添 2 个 0 凑成 8 位的一个字节存储，转换实例如图 6-2 所示。

文本	M		a		n	
ASSII编码	77		97		110	
二进制位	0 1 0 0 1 1 0 1	0 1 1 0 0 0 1 0	1 1 0 1 1 1 0			
索引	19	22	5	46		
Base64编码	T	W	F	u		

图 6-2

下面再看几个案例：

（1）把 abc 这三个字符转换为 Base64：

字符串	a		b		c	
ASCII	97		98		99	
二进制位（8 位）	01100001		01100010		01100011	
二进制位（6 位）	011000	010110	001001	100011		
十进制	24	22	9	35		
对应编码	Y	W	J	j		

（2）把 man 这三个字符转换为 Base64：

字符串	m		a		n	
ASCII	109		97		110	
二进制位（8 位）	01101101		01100001		01101110	
二进制位（6 位）	011011	010110	000101	101110		
十进制	27	22	5	46		
对应编码	b	W	F	u		

Base64 是将二进制每三个字节转为四个字节，再根据 Base64 编码对照表进行转化，那么不足三个字节该怎么办呢？最后的字符不足三个字节时，要看最后是剩下两个字节还是一个字节。

- 剩下两个字节：两个字节共 16 个二进制位，依旧按照规则进行分组。此时总共有 16 个二进制位，每 6 个一组，则第三组缺少 2 位（每组 6 位），用 0 补齐，得到 3 个 Base64 编码，第四组完全没有数据则用 "=" 补上。因此，图 6-3 所示的 "BC" 转换之后为 "QKM="。
- 剩下一个字节：一个字节共 8 个二进制位，依旧按照规则进行分组。此时共 8 个二进制位，每 6 个一组，则第二组缺少 4 位，用 0 补齐，得到 2 个 Base64 编码，后面两组没有对应数据，都用 "=" 补上。因此，图 6-3 所示的 "A" 转换之后为 "QQ=="。

至此，我们了解了 Base64 的编码过程。下面我们进入实战。首先利用 OpenSSL 自带工具在命令行中转换 Base64 编码，然后进行编程实战。

文本（1 Byte）	A									
二进制位	0	1	0	0	0	0	0	1		
二进制位（补0）	0	1	0	0	0	0	0	1	0	0 0 0 0
Base64编码	Q		Q		=		=			
文本（2 Byte）	B			C						
二进制位	0	1	0	0	0	0	1	0	0 1 0 0	0 0 1 1
二进制位（补0）	0	1	0	0	0	0	1	0	0 1 0 0	0 0 1 1 0 0
Base64编码	Q		k		I		=			

图 6-3

6.1.5 使用 OpenSSL 的 base64 命令

OpenSSL 的命令行工具提供了一个名为 base64 的命令，我们可以利用该命令对文本文件中的字符串进行 base64 编码，也可以将文本文件中的 base64 码反编译为原来的字符串。

首先，在硬盘某个路径上（比如 D 盘）新建一个文本文件（比如 zcb.txt），并输入一个字符 A，然后保存关闭。接着，打开操作系统的命令行窗口，利用 cd 命令进入 D:\openssl-1.1.1b\win32-debug\bin\，输入"openssl.exe"，并按回车键开始运行。虽然也可以用鼠标双击 openssl.exe，但是此时在 OpenSSL 命令行窗口中居然不能粘贴。很幸运，我们可以从操作系统的命令行窗口中启动 openssl.exe。在 OpenSSL 命令提示符下输入"base64 -in d:\zcb.txt"。其中-in 表示要输入文件，后面加文件名。执行后会出现 A 的 base64 编码结果"QQ=="，如图 6-4 所示。

命令行爱好者要注意，DOS 命令 echo 是可以在命令行上把字符串输出到硬盘文件中去的，但会在文件末尾自动加上回车换行，所以我们在用 base64 命令解析该文件的时候，实际上是把回车换行也进行了编码。注意，如果要准备编码时的源文件，建议不要用 echo 命令。如果要准备解码时的源文件，建议使用 echo，因为解码时读取源文件要在文件末尾加个回车换行符。

在 D 盘下新建一个文本文件 zcb2.txt，然后输入内容"QQ=="后按回车键，并保存关闭文件。接着在 OpenSSL 命令提示符后输入"base64 -d -in d:\zcb2.txt"（见图 6-5），其中 d 表示解码的意思。

图 6-4

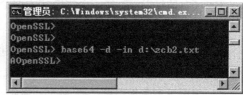

图 6-5

从图 6-5 所示我们看到 OpenSSL 前面多了一个 A。

下面再来一个例子：在 D 盘下准备文本文件 zcb.txt，并输入内容"hello"，然后用 base64 命令进行编码，输出到 d:\zcb2.txt 中去，得到的结果如图 6-6 所示。

我们用命令参数-out 表示把编码结果输出到文件中去，而且会自动建立文件。打开 d:\zcb2.txt，可以看到里面的内容"aGVsbG8="，而且第一行末尾是有回车换行的！再解码，如图 6-7 所示。

 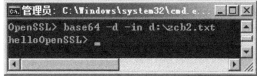

图 6-6　　　　　　　　　　　　　　　　　　图 6-7

至此，工具 base64 编解码阐述完毕，下面进入 Base64 编程实战。

6.1.6　Java 编程实现 Base64 编解码

前面我们通过现成的命令工具实现了 Base64 的编解码，下面用代码实现。早期在 Java 上做
Base64 的编码与解码会用到 JDK 中 sun.misc 套件下的 BASE64Encoder 和 BASE64Decoder 两个类，
用法如下：

```
final BASE64Encoder encoder = new BASE64Encoder();
final BASE64Decoder decoder = new BASE64Decoder();
final String text = "字串文字";
final byte[] textByte = text.getBytes("UTF-8");
//编码
final String encodedText = encoder.encode(textByte);
System.out.println(encodedText);
//解码
System.out.println(new String(decoder.decodeBuffer(encodedText), "UTF-8"));

final BASE64Encoder encoder = new BASE64Encoder();
final BASE64Decoder decoder = new BASE64Decoder();
final String text = "字串文字";
final byte[] textByte = text.getBytes("UTF-8");
//编码
final String encodedText = encoder.encode(textByte);
System.out.println(encodedText);

//解码
System.out.println(new String(decoder.decodeBuffer(encodedText), "UTF-8"));
```

从以上程序可以发现，在 Java 中用 Base64 一点都不难，用几行代码就解决了！只是 sun.misc
套件所提供的 Base64 功能在编码和解码上的效率不太好。这种方法在早期有用，在维护一些老项目
时经常会碰到。

后来 Apache Commons Codec 也提供了 Base64 的编码与解码功能，我们可能会用到
org.apache.commons.codec.binary 套件下的 Base64 类，用法如下：

```
final Base64 base64 = new Base64();
final String text = "字串文字";
final byte[] textByte = text.getBytes("UTF-8");
//编码
final String encodedText = base64.encodeToString(textByte);
```

```
System.out.println(encodedText);
//解码
System.out.println(new String(base64.decode(encodedText), "UTF-8"));

final Base64 base64 = new Base64();
final String text = "字串文字";
final byte[] textByte = text.getBytes("UTF-8");
//编码
final String encodedText = base64.encodeToString(textByte);
System.out.println(encodedText);
//解码
System.out.println(new String(base64.decode(encodedText), "UTF-8"));
```

这种方法用的场合不是很多，有点过渡性质。很快到了 Java 8 时代，在 Java 8 的 java.util 套件中新增了 Base64 的类，可以专门用来处理 Base64 的编码与解码，用法如下：

```
final Base64.Decoder decoder = Base64.getDecoder();
final Base64.Encoder encoder = Base64.getEncoder();
final String text = "字串文字";
final byte[] textByte = text.getBytes("UTF-8");
//编码
final String encodedText = encoder.encodeToString(textByte);
System.out.println(encodedText);
//解码
System.out.println(new String(decoder.decode(encodedText), "UTF-8"));
final Base64.Decoder decoder = Base64.getDecoder();
final Base64.Encoder encoder = Base64.getEncoder();
final String text = "字串文字";
final byte[] textByte = text.getBytes("UTF-8");
//编码
final String encodedText = encoder.encodeToString(textByte);
System.out.println(encodedText);
//解码
System.out.println(new String(decoder.decode(encodedText), "UTF-8"));
```

与 sun.misc 套件和 Apache Commons Codec 所提供的 Base64 编解码器相比较，Java 8 提供的 Base64 拥有更好的效能。测试编码与解码速度，Java 8 提供的 Base64 至少要比 sun.misc 套件提供的快 11 倍，比 Apache Commons Codec 提供的快 3 倍。因此，在 Java 上使用 Base64，Java 8 中 java.util 套件所提供的 Base64 类别绝对是首选！这种方式的编解码通常称为现代法。

下面我们分别基于 sun.misc 套件和 java.util 套件来实现 Base64 编解码。

【例 6.1】 基于 sun.misc 套件实现 Base64 编解码

（1）打开 Eclipse，设置工作区路径 D:\eclipse-workspace\myws，如果已经存在 myws，则删除掉。然后新建一个 Java 工程，工程名是 myprj。

（2）在工程中新建一个类，类名是 test，其他保持默认。在 test.java 中输入如下代码：

```java
package myprj;
import sun.misc.BASE64Decoder;
import sun.misc.BASE64Encoder;
import java.io.IOException;
import java.io.InputStream;
import java.io.OutputStream;
import java.io.File;
import java.io.FileInputStream;
import java.io.ByteArrayOutputStream;
public class test {
    private static BASE64Encoder encoder = new BASE64Encoder();
    private static BASE64Decoder decoder = new BASE64Decoder();

    public static String encode64(String inputStr) {
        String value = "";
        try {
            byte[] key = inputStr.getBytes();
            value = encoder.encodeBuffer(key);
        } catch (Exception e) {
            e.printStackTrace();
        }
        return value;
    }

    public static String decode64(String outputStr) {
        String value = "";
        try {
            byte[] key = decoder.decodeBuffer(outputStr);
            value = new String(key);
        } catch (Exception e) {
        }
        return value;
    }

    private static String encodeFile( String path) {
        InputStream in = null;
        OutputStream out = null;
        String key = "";
        File f;
        try {
            f = new File(path);
            in = new FileInputStream(f);
            out = new ByteArrayOutputStream();
```

```
            // System.out.println(f.getAbsolutePath());
            // System.out.println(f.length());
            encoder.encodeBuffer(in, out);
            key = out.toString();
            in.close();
            out.close();
        } catch (IOException e) {
            e.printStackTrace();
        }
        return key;
    }


    private static String decodeFile( String path) {
        File f;
        InputStream in = null;
        OutputStream out = null;
        String key = "";
        try {
            f = new File(path);
            in = new FileInputStream(f);
            out = new ByteArrayOutputStream();
            decoder.decodeBuffer(in, out);
            key = out.toString();
            in.close();
            out.close();
        } catch (IOException e) {
            e.printStackTrace();
        }
        return key;
    }


    public static void main(String[] args) {
        String str = "江南好，风景旧曾谙";

        String encodedText = encode64(str);
        System.out.print("对字符串编码结果："+encodedText);
        System.out.println("对字符串解码结果："+decode64(encodedText));

        encodedText = encodeFile("e:\\改密码.rar");
        System.out.print("对文件编码结果："+encodedText);
        str = decode64(encodedText);
        //字节数组转为十六进制字符串
        String strHexBytes = DatatypeConverter.printHexBinary(str.getBytes());
```

```
        System.out.println("对文件解码结果: "+strHexBytes);
    }
}
```

在上述代码中，我们不但实现了字符串的 Base64 编码和解码，还实现了一个文件的编解码。我们对一个文件（e:\\改密码.rar）进行了编码，然后解码，并打印了解码后的字符串内容和十六进制形式的字符串内容。通过和文件（e:\\改密码.rar）进行对比，发现解码的内容和源文件内容完全一致（可以用 UltraEdit 这个编辑软件以十六进制方式查看文件内容，然后和打印结果进行比较）。如果有兴趣，还可以把编码结果 encodedText 保存到一个文件中，然后用 decryptFile 解码。

（3）保存工程并运行，运行结果如下：

对字符串编码结果：

va3Ez7rDo6y3576wvsnU+NrP

对字符串解码结果：

江南好，风景旧曾谙

对文件编码结果：

UmFyIRoHAQAzkrXlCgEFBgAFAQGAgACWJoTWKQIDC40ABI0AIKilq7+AAAAN5pS55a+G56CBLnR4

dAoDAqCsx46cWNQBvsnD3MLrY9DCw9zC6x13VlEDBQQA

对文件解码结果：

526172211A0701003392B53F0A010506000501013F3F003F2684D62902030B3F00043F0020A8A5ABBF3F00000DE694B9E5AF86E7A03F2E7478740A0302A0ACC78E9C583F01BEC9C3DCC2EB63D0C2C3DCC2EB1D77565103050400

用 UltraEdit 查看 rar 文件的内容，如图 6-8 所示。

图 6-8

和程序打印的解码结果完全一致，说明解码成功。

【例 6.2】　基于 java.util 套件来实现 Base64 编解码

（1）打开 Eclipse，设置工作区路径 D:\eclipse-workspace\myws，如果已经存在 myws，则删除。然后新建一个 Java 工程，工程名是 myprj。

（2）在工程中新建一个类，类名是 test，其他保持默认。在 test.java 中输入如下代码：

```
package myprj;
import java.util.Base64;
import java.io.UnsupportedEncodingException;
```

```
public class test {
    public static void main(String[] args) {
        // TODO Auto-generated method stub
        Base64.Decoder decoder = Base64.getDecoder();
        Base64.Encoder encoder = Base64.getEncoder();
        String text = "祖国万岁"; //原文

        try
        {
            byte[] textByte = text.getBytes("UTF-8");
            String encodedText = encoder.encodeToString(textByte);  //编码
            System.out.println("编码结果: "+encodedText);
            System.out.println("解码结果: "+new
String(decoder.decode(encodedText), "UTF-8"));//解码

        }
        catch (UnsupportedEncodingException ex) {
            throw new RuntimeException("Unsupported encoding type.");
        }
    }//main
}
```

代码很简单，主要利用了编码函数 encodeToString 和解码函数 decode，然后分别打印出结果。

（3）保存工程并运行，运行结果如下：

编码结果：56WW5Zu95LiH5bKB
解码结果：祖国万岁

6.2　PEM 文件

6.2.1　什么是 PEM 文件

PEM 是 OpenSSL 和许多其他 SSL 工具的标准格式。OpenSSL 使用 PEM 文件格式存储证书和密钥。在 OpenSSL 中，PEM 文件是 Base64 编码的证书。PEM 证书通常用于 Web 服务器，因为它们可以通过一个简单的文本编辑器很容易地转换成可读的数据。通常，当一个 PEM 编码在文本编辑器中打开文件时会包含不同的页眉和页脚。例如，证书签名请求 CSR 的格式如下：

-----BEGIN CERTIFICATE REQUEST-----
...
-----END CERTIFICATEREQUEST-----

RSA 私钥文件格式如下：

-----BEGIN RSA PRIVATE KEY-----

```
...
-----END RSA PRIVATEKEY-----
```

证书文件格式如下：

```
-----BEGIN CERTIFICATE-----
...
-----END CERTIFICATE-----
```

　　它们通常都以后缀名.pem 进行保存。后缀名为.pem 的文件是常见的密钥、证书存储信息的文件，是一个文本文件，实际内容进行了编码（比如使用 Base64），然后在内容首尾添加一些标记信息。PEM（Privacy Enhanced Mail），定义了加密一个准备要发送邮件的标准，主要用来将各种对象保存成 PEM 格式，并将 PEM 格式的各种对象读取到相应的结构中。它的基本流程是这样的：

　　（1）信息转换为 ASCII 码或其他编码方式（比如 Base64）。

　　（2）使用对称算法加密转换了的邮件信息。

　　（3）使用 Base64 对加密后的邮件信息进行编码。

　　（4）使用一些信息头对信息进行封装。头信息格式（不一定都需要，可选的）如下：

```
Proc-Type,4:ENCRYPTED
DEK-Info: cipher-name, ivec
```

　　其中，第一个头信息标注该文件进行了加密，该信息头可能的值包括 ENCRYPTED（信息已经加密和签名）、MIC-ONLY（信息经过数字签名但没有加密）、MIC-CLEAR（信息经过数字签名但是没有加密、没有编码，可使用非 PEM 格式阅读），以及 CLEAR（信息没有签名和加密并且没有进行编码，该项是 OpenSSL 自身的扩展）；第二个头信息标注加密的算法以及使用的 ivec 参量，ivec 提供的应该是一个随机产生的数据序列，与块加密算法中要使用的初始化变量（IV）不一样。

　　（5）在实际信息的前后加上如下形式的标注信息（标注信息根据实际内容不同而不同）。

　　比如 RSA 私钥文件的标注信息如下：

```
-----BEGIN RSA PRIVATE KEY-----
实际私钥信息
-----END RSA PRIVATE KEY-----
```

再比如证书请求文件的标注信息：

```
-----BEGIN CERTIFICATE REQUEST-----
实际证书请求信息
-----END CERTIFICATE REQUEST-----
```

　　以上是 OpenSSL 的 PEM 文件的基本结构。需要注意的是，OpenSSL 并没有实现 PEM 的全部标准，只是对 OpenSSL 中需要使用的一些选项做了实现，详细的 PEM 格式请参考 RFC1421-1424。下面是一个 PEM 编码的经过加密的 DSA 私钥的例子：

```
-----BEGIN DSA PRIVATE KEY-----
Proc-Type: 4,ENCRYPTED
DEK-Info: DES-EDE3-CBC,F80EEEBEEA7386C4
GZ9zgFcHOlnhPoiSbVi/yXc9mGoj44A6IveD4UlpSEUt6Xbse3Fr0KHIUyQ3oGnS
```

```
mClKoAp/eOTb5Frhto85SzdsxYtac+X1v5XwdzAMy2KowHVk1N8A5jmE2OlkNPNt
of132MNlo2cyIRYaa35PPYBGNCmUm7YcYS8O9OYtkrQZZTf4+2C4kllhMcdkQwkr
FWSWC8YOQ7w0LHb4cX1FejHHom9Nd/0PN3vn3UyySvfOqoR7nbXkrpHXmPIr0hxX
RcF0aXcV/CzZ1/nfXWQf4o3+oD0T22SDoVcZY60IzI0oIc3pNCbDV3uKNmgekrFd
qOUJ+QW8oWp7oefRx62iBfIeC8DZunohMXaWAQCU0sLQOR4yEdeUCnzCSywe0bG1
diD0KYaEe+Yub1BQH4aLsBgDjardgpJRTQLq0DUvw0/QGO1irKTJzegEDNVBKrVn
V4AHOKT1CUKqvGNRP1UnccUDTF6miOAtaj/qpzra7sSk7dkGBvIEeFoAg84kfh9h
hVvF1YyzC9bwZepruoqoUwke/WdNIR5ymOVZ/4LiwOJdIOcq+atbdRX08niqIRkf
dsZrUj4leo3zdefYUQ7w4N2Ns37yDFq7
-----END DSA PRIVATE KEY-----
```

有时 PEM 编码的内容并没有经过加密，只是简单进行了 Base64 编码。下面是一个没有加密的证书请求的例子：

```
-----BEGIN CERTIFICATE REQUEST-----
MIICVTCCAhMCAQAwUzELMAkGA1UEBhMCQVUxEzARBgNVBAgTClNvbWUtU3RhdGUx
ITAfBgNVBAoTGEludGVybmV0IFdpZGdpdHMgUHR5IEx0ZDEMMAoGA1UEAxMDUENB
MIIBtTCCASkGBSsOAwIMMIIBHgKBgQCnP26Fv0FgKX3wn0cZMJCaCR3aajMexT2G
lrMV4FMuj+BZgnOQPnUxmUd6UvuF5NmmezibaIqEm4fGHrV+hktTW1nPcWUZiG7O
Zq5riDb77Cjcwtelu+UsOSZL2ppwGJU3lRBWI/YV7boEXt45T/23Qx+1pGVvzYAR
5HCVW1DNSQIVAPcHMe36bAYD1YWKHKycZedQZmVvAoGATd9MA6aRivUZb1BGJZnl
aG8w42nh5bNdmLsohkj83pkEP1+IDJxzJA0gXbkqmj8YlifkYofBe3RiU/xhJ6h6
kQmdtvFNnFQPWAbuSXQHzlV+I84W9srcWmEBfslxtU323DQph2j2XiCTs9v15Als
QReVkusBtXOlan7YMu0OArgDgYUAAoGBAKbtuR5AdW+ICjCFe2ixjUiJJzM2IKwe
6NZEMXg39+HQ1UTPTmfLZLps+rZfolHDXuRKMXbGFdSF0nXYzotPCzi7GauwEJTZ
yr27ZZjA1C6apGSQ9GzuwNvZ4rCXystVEagAS8OQ4H3D4dWS17Zg31ICb5o4E5r0
z09o/Uz46u0VoAAwCQYFKw4DAhsFAAMxADAuAhUArRubTxsbIXy3AhtjQ943AbNB
nSICFQCu+g1iW3jwF+gOcbroD4S/ZcvB3w==
-----END CERTIFICATE REQUEST-----
```

可以看到，该文件没有了前面的两个头信息。如果大家经常使用 OpenSSL 的应用程序，就会对这些文件格式很熟悉。

PEM 格式被设计用来安全地包含在 ASCII 甚至富文本文档中，如电子邮件。.pem 其实是一个文本文件，可以用记事本查看，这就意味着我们可以简单地复制和粘贴 PEM 文件的内容到另一个文件中。

6.2.2 生成一个 PEM 文件

下面我们用 OpenSSL 命令来生成一个 RSA 私钥（我们在后面章节详述，现在主要熟悉 PEM 的格式）。打开操作系统的命令行窗口，然后利用 cd 命令进入 D:\openssl-1.1.1b\win32-debug\bin\，输入 "openssl.exe"，并按回车键开始运行。虽然也可以用鼠标双击 openssl.exe，但是此时在 OpenSSL 命令行窗口中不能粘贴，不过可以从操作系统的命令行窗口中启动 openssl.exe。

输入生成密钥的命令：

```
genrsa -out rsa_private_key.pem 1024
```

其中，genrsa 生成密钥的命令；-out 表示输出到文件；rsa_private_key.pem 表示存放私钥的文件名；1024 表示密钥长度。稍等片刻生成完毕，如图 6-9 所示。

图 6-9

此时，会在同目录 D:\openssl-1.1.1b\win32-debug\bin\下生成一个文件 rsa_private_key.pem，它里面就是私钥内容，并且是 PEM 编码的。用记事本打开，可以发现如下内容（注意 RSA 私钥每次生成的内容不同，所以下面的文件内容和你操作的结果是不同的）：

```
-----BEGIN RSA PRIVATE KEY-----
MIICXAIBAAKBgQCzdq65Nr5HVuwQasrVA1EsDB2aOTwfWZ/da43ftS5rmJHA6YVN
U5hb9ueQofhSTWj8CRDaWFrZwqjXFDrJv/2bXqSPK/gCgA4vNEjTVF56ccASd4Q+
HHtEsbJYMv5uvqhSrU7VB9SkLW1Fa80hXjJ5TUkOoOxyCeYLjFkarSwezwIDAQAB
AoGAVXpO6FrhsHr/PyaOa30D+ZXft6hRMaFvmnfzAD182bS2n4raeiU56Xuleecb
rp++RGVRCJ6Szyt/Xcn94kA22y/7vLHRTrLfw32nDe4d7C0OC+P67y1RzFUUDglk
qhWn3kPWsmglmzql+WLnaspa88gGce2L8o35Ln1WaLWKbskCQQDprh/gsofr91KW
iPoyc9Z6rP7fN70LyRaWiTXOB8iC893qo5yzU0n/tkv7Px3MqivOcGgwg8XUL+nP
oTDhBJerAkEAxJrfA6RpWKbKIrHA9lH9SunVToOjsl2+WXyMM9Dz6YeH2NQoiTCI
4dokCaGohVKup7YAIrIKJ7CI52G+N3+hbQJADEmBl5kLmJa6mvu83CZHItAx3p7Z
q+L48xVn5Nt36ZrVEl9j//HjNDTrrdxVvss73nD+qX5kSpHyY16AaXSKXQJBALIJ
GNkAgpFQAI3ob7ffSUMUeyAtXwh/kYcRnRizKJ2aKK92d/q748i6NJYwOR36YMTo
sDi7By0n1OHLBmjVgAUCQCJL9IpV69Ra9aYa4ojxDXWAR8wtOw5R0axfrdOqXRbm
twXoAR11BkUGmaOggc6OOLbar9f+lkglwZgxT3WEJOc=
-----END RSA PRIVATE KEY-----
```

至此，我们基本了解了 PEM 文件的格式。OpenSSL 中大量应用 PEM 文件，还提供了一套 PEM 编程接口，我们将在后面结合具体存储的信息介绍 PEM 文件编程。

6.3　ASN.1 及其编解码

6.3.1　ASN.1 的基本概念

在网络通信中，大多数网络都采用了多个制造商的设备，这些设备所采用的"局部语法"都是不一样的。这些差异就决定了同一数据对象在不同的计算机上被表示为不同的符号串。为了使不同制造商设备之间能够实现互通，就必须引入一种数据序列化的方法，它是一种标准的与具体的网络环境无关的语法格式，目前出现了以下几种数据序列化的方法：ASN.1、XML、JSON 等。其中，ASN.1 愈发流行，尤其是在密码学领域。

ASN.1（Abstract Syntax Notation One，抽象语法标记）是一种 ISO/ITU-T 标准，描述了一种对数据进行表示、编码、传输和解码的数据格式。它提供了一整套正规的格式用于描述对象的结构，而不管语言上如何执行以及这些数据的具体指代，也不用去管到底是什么样的应用程序。

在任何需要以数字方式发送信息的地方，ASN.1 都可以发送各种形式的信息（声频、视频、数据等）。ASN.1 和特定的 ASN.1 编码规则推进了结构化数据的传输，尤其是网络中应用程序之间的结构化数据传输，它以一种独立于计算机架构和语言的方式来描述数据结构。

ASN.1 本身只定义了表示信息的抽象句法，但是没有限定其编码的方法，它与语言实现和物理标识无关，即使用 ASN.1 描述的数据结构需要具象化，也就是编码。标准的 ASN.1 编码规则有基本编码规则（BER，Basic Encoding Rules）、规范编码规则（CER，Canonical Encoding Rules）、唯一编码规则（DER，Distinguished Encoding Rules）、压缩编码规则（PER，Packed Encoding Rules）和 XML 编码规则（XER，XML EncodingRules）。其中，DER 编码是最常见的。

ASN.1 可以与 C 语言进行类比，ASN.1 的主要用途是描述数据结构，而 C 语言的主要用途是控制程序走向。使用 ASN.1 可以描述复杂的数据对象，比如一块数据中哪里是长度、哪里是内容、哪里是标志等（类似 C 语言的 struct）。ASN.1 可以转换为 C、Java 语言等的数据结构。

1984 年，ASN.1 已经成为一种国际标准。它的编码规则已经成熟并经受住了可靠性和兼容性考验。

在电信和计算机网络领域，ASN.1 是一套标准，是描述数据的表示、编码、传输、解码的灵活记法。它提供了一套正式、无歧义和精确的规则，以描述独立于特定计算机硬件的对象结构。ASN.1 本身只定义了表示信息的抽象句法，但是没有限定其编码的方法。

ASN.1 作为一门抽象的计算机语言，有自己的语法，其语法遵循传统的巴科斯范式 BNF 风格。例如：Name ::= type 表示定义某个名称为 Name 的元素，它的类型为 type；MyName ::= IA5String 表示定义了一个名为 MyName 的元素或变量，其类型为 ASN.1 类型 IA5String （类似于 ASCII 字符串）。

6.3.2　ASN.1 的编码格式

ASN.1 的编码格式有很多种（BER、CER、DER、XER），可以编码成 XML 格式，不仅仅是常用的二进制流。BER、CER、DER 是 ASN.1 的三种常用编码格式。

所有 X.509 都是 DER 编码的。DER 是指 ASN.1 的编码规则，.der 证书文件一般是二进制文件。CER 可用于 PKCS#7 证书（p7b）的编码，但一般是指证书的文件后缀，.cer 证书可以是纯 BASE64 文件或二进制文件。PEM 通常也是指文件的后缀，为内容使用 Base64 编码且带头带尾的特定格式，二进制的文件不应该命名为 pem。CRT 是微软的证书后缀名，和.CER 是一回事。

微软的 CryptAPI 很强大，证书的各种格式都可以识别，比如纯 Base64 编码的、标准 PEM 格式的、非标识 PEM 格式的（不是 64 字节换行、没有头尾等）、二进制格式的。

6.3.3　ASN 的优点

简单地说，ASN 有三大主要优点：

（1）独立于机器。

（2）独立于程序语言。

（3）独立于应用程序的内部表示，用一种统一的方式来描述数据结构。

有了这三大优点，ASN 就能解决如下几个问题：

（1）程序语言之间的数据类型不同。

（2）不同机器平台之间的数据存储方式不同。

（3）不同种类的计算机内部数据表示不同。

比如：IBM 公司采用的字符编码表是为 EBCDIC（Extended Binary Coded Decimal Interchange Code），而美国国家标准学会（American National Standard Institute，ANSI）制定的字符编码表是 ASCII（American Standard Code for Information Interchange，美国信息交换标准代码）；Intel 的芯片从右到左计数字节数，而 Motorola 的芯片则从左到右计数字节数。

在任何需要以数字方式发送信息的地方都可以使用 ASN.1 发送各种形式的信息，包括音频、视频、图片、数据等。各种系统对数据的定义并不完全相同，给利用其他系统的数据造成了障碍。表示层担负了消除这种障碍的任务。表示层如同应用程序和网络之间的翻译官，主要解决用户信息的语法表示问题，即提供统一的、格式化的表示和转换数据服务。数据的压缩、解压、加密、解密都在该层完成。

6.3.4 基本语法规则

在 ASN.1 中，符号的定义没有先后次序：只要能够找到该符号的定义即可，而不必关心在使用它之前是否被定义过。

所有的标识符、参考、关键字都要以一个字母开头，后接字母（大、小写都可以）、数字或者连字符"-"，不能出现下画线"_"，不能以连字符"-"结尾，不能出现两个连字符（注释格式）。

关键字一般都是全部大写的，除了一些字符串类型（如 PrintableString、UTF8String 等，因为这些都是由原类型 OCTET STRING 衍生出来的）。

在标识符中，只有类型和模块名字是以大写字母开头的，其他标识符都是以小写字母开头的。

带小数点的小数形式不能在 ASN.1 中直接使用，在 ASN.1 中实数实际定义为三个整数：尾数、基数和指数。

注释以两个连字符"--"开始，结束于行的结尾或者该行中另一个双连字符。

如同大多数计算机语言，ASN.1 不对空格、制表符、换行符和注释做翻译，但是在定义符号（或者分配符号 Assignment）"::="中不能有分隔符，否则不能正确处理。

6.3.5 ASN.1 数据类型

ASN.1 针对广泛的应用定义了多种数据类型，我们这里只讨论跟密码学应用相关的数据类型：布尔型（Boolean）、八位位组串（OCTETString）、位串（BIT String）、IA5String、可打印字符串（PrintableString）、整数（INTEGER）、标识符（BJECTIdentifier，OID）、世界协调时（UTCTIME）、空（NULL）、序列、单一序列、集合、单一集合。任何 ASN.1 编码都是以两个字节（或者 8 位位组，含有 8 个二进制位）开始的，不管什么类型，它们都是通用的。第一个字节是类型标识符，包含一些修正位；第二个字节是长度。

1. ASN.1 头字节

头字节（hearder byte）位于 ASN.1 编码的开始，由三部分组成，如图 6-10 所示。

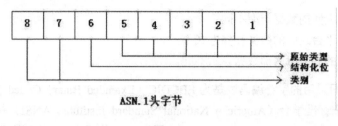

图 6-10

（1）类别位（classification bits）由两位表示，用来描述数据将要解释的上下文，具体取值如表 6-1 所示。

表 6-1 类别位的取值

位 8	位 7	类　别
0	0	通用(Universal)
0	1	应用(Application)
1	0	上下文特定(Context Specific)
1	1	专用(Private)

在所有的类型中，通用类别最常用。

（2）结构化位（constructed bit）表示一个给定的编码是否是相同类型的多种编码的结构化。结构化元素是容器类型必需的，因为在逻辑上它们只是其他元素的集合。结构化元素有自己的头字节和长度字节，之后是元素各个要素组件的单独编码。也就是说，这些要素组件是独立地可解码的ASN.1 数据类型。严格地说，容器类是唯一允许使用结构化位的数据类型。这是因为对于其他数据类型，给定内容只允许一种编码，所以其他所有数据类型的结构化位都为 0。

（3）ASN.1 头字节的低 5 位定义了 32 种 ASN.1 的原始类型（primitive type），如表 6-2 所示。

表 6-2 ASN.1 的原始类型

代　码	ASN.1 类型	作　用
1	布尔型	储存布尔值
2	整数	储存大整数
3	位串	存储位数组
4	八位位串	存储字节数组
5	空	预留位（例如在选择修改器中）
6	对象标识符	标识算法及协议
16	序列和单一序列	未分类元素的容器
17	集合和单一集合	已分类元素的容器
19	可打印字符串	ASCII 编码（忽略一些不可打印字符）
22	IA5String	ASCII 编码
23	世界协调时	以统一格式表示的时间

2. ASN.1 长度编码

根据编码的实际长度，ASN.1 定义了两种长度编码（length encoding）方法（长编码和短编码），如图 6-11 所示。

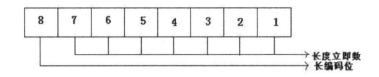

图 6-11

编码字节的最高位代表是短编码还是长编码，低 7 位形成一个长度立即数。

在短编码中，负载的长度必须小于 128 字节。长度立即数用来表示负载的长度。例如，对于一个长度为 65（0x41）的负载进行编码，其长度编码字节只需简单地设置为 0x41 即可。因为其最高位是 0，所以编码器可以判断出这是短编码，而且长度是 65。

在长编码中定义了附加的抽象数据来对长度进行编码，它仅适用于所有长度为 128 字节或以上的负载。在这种模式下，长度立即数存储的是为了表示负载长度所需的字节数。这个长度必须以 big-endian 格式进行编码（big endian 用低地址存放最高有效字节 MSB，little endian 用低地址存放最低有效字节 LSB）。例如，为一个长度为 47310（0xB8CE）的负载进行编码，因为它的长度大于 127，所以要采用长编码方式，实际的长度需要用两个字节来表示，长度编码字节为 0x82。用 big-endian 格式存储的长度值为 0xB8 0xCE，则全部长度编码为 0x82 B8 CE。

3. 布尔型

布尔编码的负载是全 0 或者全 1 的 8 位位组。头字节以 0x01 开始，长度编码字节为 0x01，负载内容取决于布尔值的取值（见表 6-3）。

表 6-3　布尔值对应的编码

布　尔　值	编　　码
False	0x01 01 00
True	0x01 01 FF

4. 整数类型

整数类型表示一个有符号的任意精度的标量，它的编码是可移植的、平台无关的。

正整数的编码比较简单，每个字节表示的最大整数是 255（0xFF），存储的实际数值分成字节大小的数字，并且以 big-endian 格式存储。

8 位位组 $\{X_k,X_{k-1},...,X_0\}$ 将以递减的顺序从 X_k 到 X_0 进行存储。编码规定正整数的第一个字节的最高位必须是 0，即 X_k 的最高位必须是 0，为 1 的话则为负数。例如，x = 49468= 193 * 256 + 60 = 0xC1 * 0x FF + 0x3C，即 X1=0xC1、X0= 0x3C。按正常规定，编码应该是 0x02 02 C1 3C，但是 X1 的最高位是 1，应该被看成负数。最简单的方法是用前端零字节进行填充，编码变为 0x02 02 00 C1 3C。

负整数的编码有些复杂，需要先找到一个最小的 256 的幂，使它比要编码的负数的绝对值还大。例如，x = -1555，比 1555 大的 256 的最小幂是 256^2 = 65536，然后将这个数跟负数相加以得到 2 的补码，即 65536 + (-1555) = 63981 = 0xF9 * 0xFF + 0x ED，则编码为 0x02 02F9 ED。

表 6-4 给出一些常用整数编码的例子。

表 6-4 整数编码实例

值	编 码
0	0x02 01 00
1	0x02 01 01
2	0x02 01 02
127	0x02 01 7F
128	0x02 02 00 80
-1	0x02 01 FF
-128	0x02 01 80
-32768	0x02 02 80 00
1234567890	0x02 04 49 96 02 D2

5. 位串类型

位串（BITSTRING）类型以可移植形式表示位数组，除了 ASN.1 头部两个字节之外，还有一个附加的头部用来表示填充数据（通常是一个字节，因为填充是为了形成一个完整的字节），编码规则是：位串的第一位放到第一个负载字节的第 8 位，位串的第二位放到第一个负载字节的第 7 位，以此类推。填充满第一个负载字节后继续填充第二个负载字节……如果最后一个负载字节未被填充满，则空的位用 0 来填充，0 的个数存放到头部以表示填充数据的那个字节。

例如，有一个位串{1, 0, 0, 0, 1, 1, 1, 0, 1, 0, 0, 1}，开始填充负载字节。第一个字节填充后为 10001110= 0x8E，第二个字节填充后为 10010000 = 0x90，低位 4 个 0 为填充的空位，则负载为 2 个字节加上表示填充 0 个数的一个字节 0x04，总共 3 个字节，完整的编码为 0x03 03 04 8E 90。

解码器通过计算"8×负载长度－填充数"来得到存储输出所需要的位数。

6.3.6 ASN.1 实例

ASN.1 格式一般分为三个部分，分别是类型、长度、值，也就是 Tag、Length、Value，简称 TLV 格式。ASN.1 包括几个标准化编码规则，如基本编码规则(BER)-X.209、规范编码规则(CER)、识别名编码规则（DER）、压缩编码规则（PER）和 XML 编码规则（XER）。这些编码规则描述了如何对 ASN.1 中定义的数值进行编码，以便用于传输，而不管计算机、编程语言或它在应用程序中如何表示等因素。ASN.1 的编码方法比许多与之相竞争的标记系统更先进，它支持可扩展信息快速可靠的传输—在无线宽带中，这是一种优势。1984 年，ASN.1 就已经成为一种国际标准，它的编码规则已经成熟并在可靠性和兼容性方面拥有更丰富的历程。

简洁的二进制编码规则（BER、CER、DER、PER，但不包括 XER）可当作更现代 XML 的替代。但是，ASN.1 支持对数据的语义进行描述，所以它是比 XML 更为高级的语言。

ASN.1 的描述可以容易地被映射成 C 或 C++或 Java 的数据结构，并可以被应用程序代码使用，并得到运行时程序库的支持，进而能够对编码和解码 XML 或 TLV 格式的，或一种非常紧凑的压缩编码格式的描述。同时，ASN.1 也是一种用于描述结构化实体的结构和内容的语言。比如，使用 ASN.1 语法可以这样定义一个类：

```
Report ::= SEQUENCE {
    author OCTET STRING,
```

```
    title OCTET STRING,
    body OCTET STRING,
}
```

有了 ASN.1 和相关编码的概念之后，接下来就是如何用 Java 语言实现 ASN.1 的编解码了。目前，在 Java 领域，主要有 JavaAsn1Comiler 和 bouncycastle 两个子库可以实现 ASN.1 编解码。

JavaAsn1Comiler（JAC.jar）可根据 ASN.1 协议描述文件，生成对应的 Java 类，同时提供的 API 接口非常友好，命名概念同理论基本一致，使用非常方便，但是前提是必须有完整的 ASN.1 描述文件，而且非常重要的一点使用限制是，该库目前支持 TAG 值在 0~127 之间，即：如果协议中的数据使用了超过 127 的 TAG 值，则该库无法支持，不可使用（否则会出现编码错误，无法解析）。

bouncycastle 没有提供自动生成 Java 代码的能力，如果要进行编解码，则需要手动对协议中的类进行定义，并且自己调用相应的 API 实现编解码。使用起来较 JAC 复杂，但是该库对 TAG 值没有限制，适合用在 TAG 值大于 127 的场景。这里我们通过 bouncycastle 包来实现一个 ASN.1 的编解码实例，该例子构建并解析 ASN.1 格式数据。ASN.1 格式一般分为三个部分，分别是类型、长度、值，也就是 Tag、Length、Value，简称 TLV 格式。类型一般分为以下几种：sequence（也叫集合和结构）、integer（整数）、utf8string（字符串）、boolean（布尔类型）、time（时间类型）。

bouncycastle 是一个第三方的轻量级的 Java 密码算法包，提供了强大的 ASN.1 的编解码功能。我们可以到其官网下载：http://www.bouncycastle.org/latest_releases.html 。这里我们下载 bcprov-jdk15to18-168.jar，如果大家不方便上网，笔者已经把 bcprov-jdk15to18-168.jar 放到本例源码路径中，可以直接使用。

【例 6.3】　通过 bouncycastle 实现 ASN.1 编解码

（1）打开 Eclipse，新建一个 Java 工程，工程名是 myprj。然后准备打开工程属性对话框，即在 "Project Explorer" 视图中，对 myprj 右击，然后在右击菜单上选择 "Properties"，或者直接按 Alt+Enter 快捷键，打开 "Properties for myprj" 对话框，接着在左边选择 "Java Build Path"，右边选中 "Libaraies"，并单击 "Add Exteranal JARS" 按钮，选中我们刚才下载下来的 bcprov-jdk15to18-168.jar 文件，如图 6-12 所示。

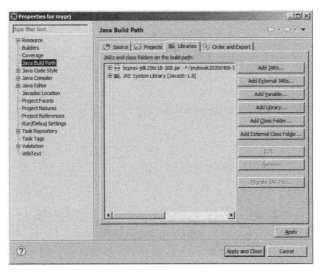

图 6-12

最后单击"Apply and Close"按钮。这样 bouncycastle 包就添加到我们的工程中，可以使用该包的功能了。

（2）在工程中添加一个名 student 的类，并输入如下代码：

```java
package myprj;

import org.bouncycastle.asn1.ASN1EncodableVector;
import org.bouncycastle.asn1.ASN1Integer;
import org.bouncycastle.asn1.ASN1Object;
import org.bouncycastle.asn1.ASN1Primitive;
import org.bouncycastle.asn1.DERSequence;
import org.bouncycastle.asn1.DERUTF8String;
import org.bouncycastle.asn1.x509.Time;

public class student extends ASN1Object {

    private ASN1Integer id;
    private DERUTF8String name;
    private ASN1Integer age;
    private Time createDate;

    public void setId(ASN1Integer id) {
        this.id = id;
    }
    public void setName(DERUTF8String name) {
        this.name = name;
    }
    public void setAge(ASN1Integer age) {
        this.age = age;
    }
    public void setCreateDate(Time createDate) {
        this.createDate = createDate;
    }

    public ASN1Integer getId() {
        return id;
    }
    public DERUTF8String getName() {
        return name;
    }
    public ASN1Integer getAge() {
        return age;
    }
    public Time getCreateDate() {
        return createDate;
    }

    public student() {
```

```
                // TODO Auto-generated constructor stub
        }

        public student(ASN1Integer id, DERUTF8String name, ASN1Integer age,Time
createDate) {
                super();
                this.id = id;
                this.name = name;
                this.age = age;
                this.createDate = createDate;
        }

        @Override
        public ASN1Primitive toASN1Primitive() {
                ASN1EncodableVector vector = new ASN1EncodableVector();
                vector.add(id);
                vector.add(name);
                vector.add(age);
                vector.add(createDate);
                return new DERSequence(vector);
        }
    }
```

该类很简单，就是实现了一个学生实体类。然后再在工程中添加一个名为 test 的主类，来分别构建 ASN.1 和解析 ASN.1 格式数据，代码如下：

```
package myprj;

import java.io.File;
import java.io.FileOutputStream;
import java.io.IOException;
import java.io.OutputStream;
import java.util.Date;

import org.bouncycastle.asn1.ASN1Encodable;
import org.bouncycastle.asn1.ASN1InputStream;
import org.bouncycastle.asn1.ASN1Integer;
import org.bouncycastle.asn1.ASN1Primitive;
import org.bouncycastle.asn1.ASN1Sequence;
import org.bouncycastle.asn1.ASN1SequenceParser;
import org.bouncycastle.asn1.DERUTF8String;
import org.bouncycastle.asn1.x509.Time;
import org.bouncycastle.util.encoders.Base64;

public class test {
        /**
         * 构建 asn.1
         */
```

```java
public static void buildStudent(){
    Integer id = 1;
String name = "buejee";
Integer age = 18;
Time createDate = new Time(new Date());
try {

    student student = new student(new ASN1Integer(id),
        new DERUTF8String(name),
        new ASN1Integer(age),
        createDate);
    String data = Base64.toBase64String(student.getEncoded());
    System.out.println(data);
    OutputStream out = new FileOutputStream(new File("student.cer"));
    out.write(data.getBytes());
    out.flush();
    out.close();
    } catch (Exception e) {
        e.printStackTrace();
    }
}

/**
 * 解析 ASN.1
 */
public static void resolveStudent(){
//"MB0CAQEMBmJ1ZWplZQIBEhcNMjEwMzI4MDgyMzE5Wg=="来自 student.cer 文件
    byte[] data = Base64.decode
("MB0CAQEMBmJ1ZWplZQIBEhcNMjEwMzI4MDgyMzE5Wg==");
    ASN1InputStream ais = new ASN1InputStream(data);
    ASN1Primitive primitive = null;
    try {
        while((primitive=ais.readObject())!=null){
            System.out.println("sequence->"+primitive);
            if(primitive instanceof ASN1Sequence){
                ASN1Sequence sequence = (ASN1Sequence)primitive;
                ASN1SequenceParser parser = sequence.parser();
                ASN1Encodable encodable = null;
                while((encodable=parser.readObject())!=null){
                    primitive = encodable.toASN1Primitive();
                    System.out.println("prop->"+primitive);
                }
            }
        }
    } catch (Exception e) {
        e.printStackTrace();
```

```
        }finally{
            try {
                ais.close();
            } catch (IOException e) {
                e.printStackTrace();
            }
        }
    }
    public static void main( String[] args ){
    //buildStudent();  //构建 ASN.1 格式数据，在工程目录下生成 student.cer 文件
    resolveStudent();
    }
}
```

我们分别运行 main 中的两个方法，第一方法 buildStudent 构建一个 ASN.1 格式数据，我们最后将它转为 base64 字符串，打印并存储在工程目录下 student.cer 文件中，文件中的内容是"MB0CAQEMBmJ1ZWplZQIBEhcNMjEwMzI4MDEyNzIyWg=="。我们可以通过 asn1view 工具（在本例源码目录中可以得到该工具）查看这个内容。

sequence 部分如图 6-13 所示。

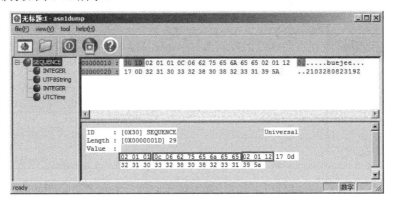

图 6-13

第一个 integer 如图 6-14 所示。

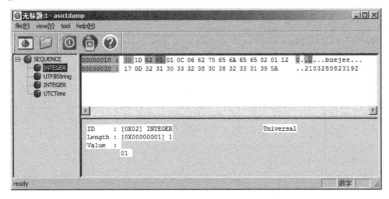

图 6-14

string 如图 6-15 所示。

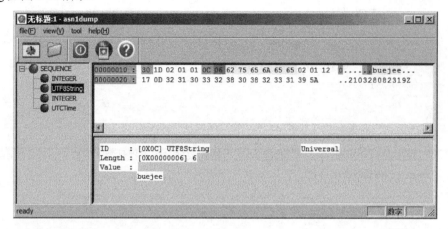

图 6-15

第二个 integer 如图 6-16 所示。

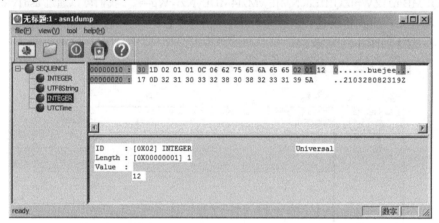

图 6-16

time 如图 6-17 所示。

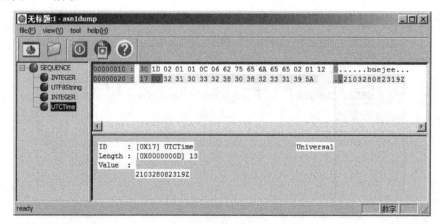

图 6-17

注　　意
(20)21/02/28 08:23:19 是世界时间，即 GMT 时间（格林尼治标准时间），0 时区的区时比北京时间（东八区）晚 8 小时。我们在东八区，时间还要换算一下，所以北京时间=世界时间+8小时。图中表明笔者电脑上的时间正是 2021.3.28 16:23:19。

这所有的内容都符合我们在代码中定义的数据：

```
Integer id = 1;
String name = "buejee";
Integer age = 18;
Time createDate = new Time(new Date());   //GMT 时间
```

我们再来看一下解析结果，调用 resolveStudent 方法，控制台打印结果如图 6-18 所示。

图 6-18

数据读出来了，跟我们构建时传入的参数一样，说明解析正确。

第**7**章

非对称算法 RSA 的加解密

7.1　非对称密码体制概述

  根据加密密钥和解密密钥是否相同或者本质上等同，可将现有的加密体制分为两种：一种是单钥加密体制（也叫对称加密密码体制），即从其中一个容易推出另一个，其典型代表是中国的 SM4 算法、美国的数据加密标准 DES（Data Ep Standard）；另一种是公钥密码体制（也叫非对称加密密码体制），其典型代表是 RSA 密码体制，其他比较重要的还有 Mceliece 算法、Merke-hellman 背包算法、椭圆曲线密码算法和 Elgamal 算法等。

  对称密码体制的特点是加密密钥与解密密钥相同，或者很容易从加密密钥导出解密密钥。在对称密码体制中，加密密钥的暴露会使系统变得不安全。对称密码系统的一个严重缺陷是在任何密文传输之前，发送者和接收者必须使用一个安全信道预先商定和传送密钥。在实际的通信网中，通信双方很难确定一条合理的安全通道。

  由 Diffie 和 Hellman 首先引入的公钥密码体制克服了对称密码体制的缺点。它的出现是密码学研究中的一项重大突破，也是现代密码学诞生的标志之一。在公钥密码体制中，解密密钥和加密密钥不同，难以从一个计算出另一个，解密运算和加密运算可以分离，通信双方无须事先交换密钥就可建立起保密通信。公钥密码体制克服了对称密码体制的缺点，特别适用于计算机网络中的多用户通信，它大大减少了多用户通信所需的密钥量，节省了系统资源，也便于密钥管理。1978 年 Rivest、Shamir 和 Adleman 提出了第一个比较完善的公钥密码算法，这就是著名的 RSA 算法。从那时起，人们基于不同的计算问题提出了大量的公钥密码算法，比较重要的有 RSA 算法、Merkle-Hellman 背包算法、Mceliece 算法、Elgamal 算法、椭圆曲线密码算法 ECC 和国产 SM2 算法等。

  非对称加密为数据的加密与解密提供了一个非常安全的方法，使用一对密钥：公钥（public key）和私钥（private key）。私钥只能由一方安全保管，不能外泄，而公钥则可以发给任何请求它的人。非对称加密使用这对密钥中的一个进行加密，而解密则需要另一个密钥。比如，你向银行请求公钥，银行将公钥发给你,你使用公钥对消息加密,那么只有私钥的持有人——银行才能对你的消息解密。与对称加密不同的是,银行不需要将私钥通过网络发送出去,因此安全性大大提高。

非对称加密算法的优点是安全性更高,公钥是公开的,私钥是自己保存的,不需要将私钥给别人。非对称加密算法的缺点是加密和解密花费时间长、速度慢,只适合对少量数据进行加密。对称加密算法相比非对称加密算法来说,加解密的效率要高得多,缺陷在于对于密钥的管理上,以及在非安全信道中通信时密钥交换的安全性不能保障。所以,在实际的网络环境中会将两者混合使用。

设计公钥密码体制的关键是先寻找一个合适的单向函数,大多数的公钥密码体制都是基于计算单向函数求逆的困难性建立的。例如,RSA 体制就是典型的基于单向函数模型的实现。这类密码的强度取决于它所依据的问题的计算复杂性。值得注意的是,公钥密码体制的安全性是指计算安全性,而不是无条件安全性,这是由它的安全性理论基础(复杂性理论)决定的。

单向函数在密码学中起一个中心作用,它对公钥密码体制的构造研究来说非常重要。虽然目前许多函数(包括 RSA 算法的加密函数)被认为或被相信是单向的,但目前还没有一个函数能被证明是单向的。

目前已经问世的公钥密码算法主要有三大类:

- 第一类是基于有限域范围内计算离散对数的难度而提出的算法。比如,世界上第一个公钥算法 Dfie-Hellman 算法就属此类,但是它只可用于密钥分发,不能用于加密解密信息。此外,比较著名的还有 Eigmaal 算法和 1991 年 NIST 提出的数字签名算法 Digital Signature Algorithm(DSA)。
- 第二类是 20 世纪 90 年代后期才得到重视的椭圆曲线密码体制。1985 年,美国 Washington 大学的 Neal Koblitz 和 IBM Watson 研究中心的 Victor Miller 各自独立地提出:一个称为椭圆曲线的不引人注目的数学分支可以用于实现公钥密码学。他们没有设计出用椭圆曲线的新的密码算法,但在有限域上用椭图曲线实现了己有的公钥算法,如 Dife-Henman、Igamal 和 Schon 算法等。
- 第三类就是 RSA 公钥密码算法。1977 年,MIT 的 RonaldL. Rivest. Adi Shamir Leonard 和 M. Adlmene 教授对 Difie 和 Hellman 的公钥密码学思想进行了深入的研究,开发出一个能够真正加密数据的算法。1978 年,用他们三个名字首字母命名的 RSA 算法问世。由于 Whitfield Ditie 和 Martin Hellman 提供的 ME 背包算法于 1984 年被破译,失去了实际意义,因而 RSA 算法是真正有生命力的公开密钥加密系统算法,也是第一个既能用于数据加密也能用于数字签名的算法。在过去数年中提出的所有公钥算法中,RSA 算法是最易于理解和实现的,也是最流行的,自提出后已经经过多年广泛的密码分析,至今还没有发现其中的严重缺陷,仍然在发挥着极其重要的作用。

另外,还有由 R. Merkle 和 Helhnan 设计出的第一个广义的公钥加密算法——背包算法、Rabin 算法、细胞自动机算法等许多算法。1988 年,Diffie 总结了已经出现的所有公钥密码算法,提出大多数公钥算法都基于背包问题、离散对数和因子分解这三个难题。所以说,公钥密码学的数学基础是很狭窄的,设计出全新的公钥密码算法的难度相当大,而且无论是数学上对因子分解还是计算离散对数问题的突破,都会使现在看起来安全的所有公钥算法变得不安全。

7.2　RSA 概述

著名的 RSA 公钥密码体制是在 1978 年由 R.L. Rivest、A. Shamir 和 L. Adleman 共同提出的。RSA 是最具代表性的公钥密码体制。由于算法完善（既可用于数据加密又可用于数字签名）、安全性良好、易于实现和理解，RSA 已成为一种应用极广的公钥密码体制，也是目前世界上唯一被广泛使用的公钥密码。在广泛的应用中，它不仅实现技术日趋成熟而且安全性逐渐得到证明。由此人们越发对 RSA 偏爱有加，并提出了许多基于 RSA 的加强或变形公钥密码体制。根据不同的应用需要，人们基于 RSA 算法开发了大量的加密方案与产品。例如，Internet 所采用的电子邮件安全协议 PGP（Pretty Good Privacy）将 RSA 作为传送会话密钥和数字签名的标准算法。

RSA 是第一个比较完善的公开密钥算法，经受住了多年深入的密码分析，虽然密码分析者既不能证明也不能否定 RSA 的安全性，但是这恰恰说明该算法有一定的可信性。

RSA 的安全基于大数分解的难度，其公钥和私钥是一对大素数（100 到 200 位十进制数或更大）的函数。从一个公钥和密文恢复出明文的难度，等价于分解两个大素数之积（这是公认的数学难题）。

7.3　RSA 的数学基础

一下子理解 RSA 算法并不十分容易，它涉及很多基础数学概念，我们将先打好基础，熟悉一下这些数学概念。

7.3.1　素数

素数又称"质数"，指在大于 1 的自然数中只能被 1 和本身整除的整数。例如，2 是一个素数，它只能被 1 和 2 整除；3 也是；8 不是素数，它还可以被 2 或 4 整除；13 是素数，它只能被 1 和 13 整除；以此类推，5、7、11、13、17、23……是素数；4、6、8、10、12、14、16……不是素数。可以发现，2 以上的素数必定是奇数，因为 2 以上所有的偶数都可以被 2 整除，所以不是素数。

素数的个数是无限的。顺便提一下，在大于 1 的整数中，不是素数的整数叫合数。1 既不是素数也不是合数，整数 0 和所有负整数既不是素数也不是合数。

素数具有许多特殊性质，在数论中举足轻重。下面给出一个小素数序列：

2, 3, 5, 6, 11, 13, 17, 19, 23, 29, 31, 37, 41, 43, 47, 53, 59, ...

亚里士多德和欧拉已经用反证法非常漂亮地证明了"素数有无穷多个"。

7.3.2　素性检测

常用的素数表通常只有几千个素数，显然无法满足密码学的要求，因为密码体制往往建立在极大的素数基础上，所以我们要为特定的密码体制临时计算符合要求的素数。这就牵涉到素性检测的问题。

判断一个整数是不是素数的过程叫素性检测。目前还没有一个简单有效的办法来确定一个大数是否是素数。理论上常用的方法有：

（1）wilson 定理：若(n-1)!=-1(mod n)，则 n 为素数。

（2）穷举检测：若根号 n 不为整数，且 n 不能被任何小于根号 n 的正整数整除，则 n 为素数。

这些理论上的方法在 n 很大时计算量太大，不适合在密码学中使用。现在常用的素性检测的方法是数学家 Solovay 和 Strassen 提出的概率算法，即在某个区间上能经受住某个概率检测的整数就认为是素数。

因子分解问题是 NP 困难问题。如果 n 为 200 位十进制数，那么对 n 进行素数的因式完全分解大概要花费几十亿年。所以，密码体制大都是建立在大数的因式分解基础上的。

7.3.3　倍数

一个整数能够被另一个整数整除，这个整数就是另一个整数的倍数。例如，15 能够被 3 或 5 整除，因此 15 是 3 的倍数，也是 5 的倍数。注意，倍数不是商，商只能说是多少倍。

一个数的倍数有无数个，也就是说一个数的倍数的集合为无限集。注意：不能把一个数单独叫作倍数，只能说谁是谁的倍数。

7.3.4　约数

约数又称因数。整数 a 除以整数 b（b≠0）所得的商正好是整数而且没有余数，我们就说 a 能被 b 整除，或 b 能整除 a。a 称为 b 的倍数，b 称为 a 的约数。

7.3.5　互质数

如果两个整数 a 与 b 仅有公因数 1，即 gcd(a,b)=1，则 a 与 b 称为互质数。例如，8 和 25 是互质数，因为 8 的约数为 1、2、4、8，而 15 的约数为 1、3、5、15。

对任意整数 a、b 和 p，如果 gcd(a, p)=1 且 gcd(b, p)=1，则 gcd(ab, p)=1。这说明如果两个整数中的每一个数都与一个整数 p 互为质数，则它们的积与 p 互为质数。

如果两个正整数都分别表示为素数的乘积，则很容易确定它们的最大公约数。例如，$300=2^2\times3\times5^2$、$15=2\times3^2$、$gcd(18, 300)=2\times3\times5^0=6$。

确定一个大数的素数因子是不容易的，实践中通常采用 Euclidena 和扩展的 Euclidena 算法来寻找最大公约数和各自的乘法逆元。

对于整数 $n_1, n_2, \cdots, n_k$，如果对任何 $i\neq j$ 都有 $gcd(n_i, n_j)=1$，则说整数 $n_1, n_2, \cdots, n_j$ 两两互质。

7.3.6　质因数

质因数就是一个数的约数，并且是质数。比如 $8=2\times2\times2$，2 就是 8 的质因数；$12=2\times2\times3$，2 和 3 就是 12 的质因数。

7.3.7　强素数

在密码学中，一个素数在满足下列条件时被称为强素数：

（1）p 必须是很大的数。

（2）p–1 有很大的质因数，或者说，p–1 有一个大素数因子。我们把这个大素数因子记为 r，那么存在某个整数 a，且有 p–1=a×r。

（3）有很大的质因数。也就是说，对于某个整数 a_2 以及大素数 q_2，有 $q_1=a_2q_2+1$。

（4）p+1 有很大的质因数。也就是说，对于某个整数 a_3 以及大素数 q_3，有 $p=a_3q_3–1$。

有时，当一个素数只满足上面一部分条件时，我们称之是强素数。有的时候，我们则要求加入更多的条件。

或者也可以这样判定：一个十进制形式的 n 位素数，如果最左边一位数为素数、最左边两位数为素数、……、最左边 n–1 位也为素数，则称该素数为强素数。例如，3119 为强素数，因为 3119 是素数，所以 3、31、311 也是素数。

7.3.8 因子

假如整数 a 除以 b，结果是无余数的整数，那么我们称 b 是 a 的因子。需要注意的是，唯有被除数、除数、商皆为整数，余数为零时，此关系才成立。因子不限正负，包括 1 但不包括本身。比如 10 的因子是 1、2、5，因为 10 可以整除 1、2 或 5；7 只有一个因子 1；4 有两个因子，即 1 和 2。

7.3.9 模运算

模运算也称取模运算。有两个整数 a、b，让 a 去被 b 整除，只取所得的余数作为结果，就叫作模运算，记为 a%b 或 a mod b。例如，10 mod 3=1、26 mod 6=2、28 mod 2 =0，等等。

已知一个整数 n，所有整数都可以划分为是 n 的倍数的整数与不是 n 的倍数的整数。对于不是 n 的倍数的那些整数，我们又可以根据它们除以 n 所得的余数来进行分类，数论的大部分理论都是基于上述划分的。

模算术运算也称为"时钟算术"。比如某人 10 点到达，但他迟到 13 个小时，则(10+13) mod 12=11 或者写成 10+13=11(mod12)。

对任意整数 a 和任意正整数 n，存在唯一的整数 q 和 r，满足 0<r<=n，并且 a=n*q+r，值 q= $\lfloor a/n \rfloor$ 称为除法的商，其中向下取整的运算称为 Floor，用数学符号 $\lfloor \rfloor$ 表示，比如 $\lfloor x \rfloor$ 表示小于等于 x 的最大整数。值 r=a mod n 称为除法的余数，因此对于任一整数，可表示为：

a=$\lfloor a/n \rfloor$*n+(a mod n) 或者 a mod n = a-$\lfloor a/n \rfloor$*n

比如，a=1、n=7、11=1*7+4、r=4、11 mod 7=4。

如果(a mod n)=(b mod n)，则称整数 a 和 b 模 n 同余，记作 a≡b mod n。比如，73≡4 mod 23。

模运算符具有如下性质：

（1）若 n|ab，则 a≡b mod n。

（2）(a mod n)=(b mod n)等价于 a≡b mod n。

（3）a≡b mod n 等价于 b≡a mod n。

（4）若 a≡b mod n 且 b≡c mod n，则 a≡b mod n。

7.3.10　模运算的操作与性质

从模运算的基本概念我们可以看出，模 n 运算将所有整数映射到整数集合 {0, 1, ..., (n–1)}，那么在这个集合内进行的算术运算就是所谓的模运算。模算术类似于普通算术，也满足交换律、结合律和分配律：

（1）[(a mod n)+(b mod n)] mod n=(a+b) mod n。

（2）[(a mod n)-(b mod n)]mod n=(a-b)mod n。

（3）[(a mod n) ×(b mod n)]mod n=(axb)mod n。

指数运算可看作多次重复的乘法运算，比如为了计算 11^7 mod 13，可按如下方法进行：

$11^2 \equiv 121 \equiv 4 \bmod 13$

$11^4 \equiv 4^2 \equiv 3 \bmod 13$

$11^7 \equiv 11 \times 4 \times 3 \equiv 132 \equiv 2 \bmod 13$

所以说，化简每一个模 n 的中间结果与整个运算求模再化简模 n 的结果是一样的。

7.3.11　单向函数

单向函数（one-way function）的概念是公开密钥密码学的核心之一。尽管其本身并非一个协议，但它是重要的理论基础，对于很多协议来说它是一个重要的基本结构模块。单向函数顺向计算起来非常容易，但求逆却非常困难。也就是说，已知 x，我们很容易计算出 f(x)。但已知 f(x)，却很难计算出 x。这里的"难"定义为，即使世界上所有的计算机都用来参与计算，从 f(x)计算出 x 也要花费数百万年的时间。

下面举一个现实生活中的例子帮助大家理解：打碎碗碟是一个很好的单向函数的例子，我们将碗碟打碎成数百片的碎片是一件很容易的事情，但是把这些碎片再拼成一个完整无缺的碗碟却是一件非常困难的事情。

按照严格的数学定义，目前其实并不能完美地证明单向函数的存在性，同时也没有实际的证据表明能够构造出单向函数。即使如此，还是有很多函数看起来像单向函数：我们可以有效地计算它们，但至今我们还不知道有什么有效的方法能够很容易地求出它们的逆。比如，在有限域中计算 x 的平方很容易，但计算 x 的根则难得多。

单向函数一般是不用于加密的，因为用单向函数进行加密往往是不可行的（没有人能破解它）。

继续用现实生活中的例子进行说明：你要给你的朋友传递一个信息，你将信息写在了盘子上，然后你将盘子摔成无数的碎片，并将这些碎片寄给你的朋友，要求你的朋友读取你在盘子上写的信息。这是不是一件十分滑稽的事情？

那么单向函数是不是就没有意义了呢？事实当然不是这样，单向函数在密码学领域里发挥着非常重要的作用，其更是很多应用的理论基础。

Massey 称此为视在困难性（Apparent Difficulty），相应的函数称之为视在单向函数。以此来和本质上（Essentially）的困难性相区分。单向函数是贯穿整个公钥密码体制的一个核心概念。单向函数在密码学上的常见应用如下：

（1）口令保护。我们熟知的口令保护方法是用对称加密算法进行加密。然而，对称算法加密必须有密钥，并且该密钥对验证口令的系统必须是可知的，因此验证口令的系统总是可以获取口令明文的。这样在口令的使用者与验证口令的系统之间就存在严重的信息不对称。我们可以使用单向函数对口令进行保护来解决这一问题。比如，系统方只存放口令经单向函数运算过的函数值，而验证则是将用户口令重新计算函数值，然后和系统中存放的值进行比对。如果比对成功，则验证通过。动态口令认证机制很多都是基于单向函数的原理进行设计的。

（2）用于数字签名时产生信息摘要的单向散列函数。公钥密码体制的运算量往往较大，为了避免对待签文件进行全文签名，一般在签名运算前使用单向散列算法对签名文件进行摘要处理，将待签文件压缩成一个分组之内的定长位串，以提高签名的效率。MD5 和 SHA-1 就是两个曾被广泛使用、具有单向函数性质的摘要算法。

7.3.12　费马定理和欧拉定理

费马定理和欧拉定理在公钥密码学中有重要的作用。

（1）费马定理

如果 p 是素数，a 是不能被 p 整除的正整数，则：

$a^{p-1} \equiv 1 \bmod p$

费马定理还有另一种等价形式，如果 P 是素数、a 是任意正整数，则：

$a^P = a \bmod p$

（2）欧拉定理

对于任何互质的整数 a 和 n，有：

$a^{\phi(n)} \equiv 1 \ (\bmod \ n)$

欧拉定理也有一种等价形式：

$a^{\phi(n)+1} \equiv a \bmod n$

费马定理和欧拉定理及其推论在证明 RSA 算法有效性时非常有用。给定两个素数 p 和 q，以及整数 n=pq 和 m，其中 0<m<n，则：

$a^{\phi(n)+1} \equiv m^{(p-1)(q-1)} \equiv m \bmod n$

7.3.13　幂与模幂运算

幂（power）指乘方运算的结果。a^b 表示 b 个 a 相乘。把 a^b 看作乘方的结果，叫作 a 的 b 次幂。其中，a 称为底数，b 称为指数。在编程语言或电子邮件中，通常写成 n^m 或 n**m。亦可以用高德纳箭号表示法，写成 n↑m，读作"n 的 m 次方"。

模幂运算先做求幂运算，再做模运算。

7.3.14　同余符号≡

≡是数论中表示同余的符号（注意，这个不是恒等号）。在公式中，≡符号的左边必须和符号右边同余，也就是两边模运算的结果相同。同余的定义如下：

给定一个正整数 n，如果两个整数 a 和 b 满足 a-b 能被 n 整除，即(a-b) mod n=0，就称整数 a 与 b 对模 n 同余，记作 a≡b(mod n)，同时 a mod n=b 也成立，相当于 a 被 n 整除的余数等于 b。比如，d×e≡1 mod 96，其中 e=11，求 d 的值？解答：

```
96=3*32
```

有观察可知：

```
3*11=1(mod 32)
2*11=1(mod 3)
```

所以 d=3(mod 32)，d=2(mod 3)。
设 d=32n+3，则 32n+3=2n (mod 3)，n=1，d=35，所以 d＝35 mod 96。
再次提醒注意，同余与模运算是不同的！a≡b(mod m)仅可推出 b=a mod m。

7.3.15　欧拉函数

欧拉函数本身需要一系列复杂推导，这里仅介绍对认识 RSA 算法有帮助的部分。任意给定正整数 n，计算在小于等于 n 的正整数之中有多少个数与 n 构成互质关系？计算这个值的方法就叫作欧拉函数，以 φ(n)表示。例如，在 1 到 8 之中，与 8 形成互质关系的是 1、3、5、7，所以 φ(n)=4。

在 RSA 算法中，我们需要明白欧拉函数对以下定理成立：

如果 n 可以分解成两个互质的整数之积，即 n=p×q，则有 φ(n)=φ(pq)=φ(p)φ(q)。

根据"大数是质数的两个数一定是互质数"可以知道一个数如果是质数，则小于它的所有正整数与它都是互质数；所以如果一个数 p 是质数，则有 φ(p)=p–1。

由上述内容易得，若我们知道一个数 n 可以分解为两个质数 p 和 q 的乘积，则有 φ(n)=(p–1)(q–1)。

7.3.16　最大公约数

所谓求整数 a、b 的最大公约数，就是求同时满足 a%c=0、b%c=0 的最大正整数 c，即求能够同时整除 a 和 b 的最大正整数 c。最大公约数表示成 gcd(a,b)。例如，gcd(24,30)=6，gcd(5,7)=1。注意：a、b 为负数时，先要求出 a 和 b 的绝对值，再求最大公约数。

gcd 函数有以下基本性质：

gcd(a,b)=gcd(b,a)　　　gcd(a,b)=gcd(-a,b)　　　gcd(a,b)=gcd(|a|,|b|)
gcd(a,0)=|a|　　　　　　gcd(a,ka)=|a|

求最大公约数通常有两种解法：暴力枚举和欧几里得算法（又称辗转相除法）。

（1）暴力枚举

若 a、b 均不为 0，则依次遍历不大于 a（或 b）的所有正整数，依次试验它是否同时满足两式，并在所有满足两式的正整数中挑选最大的那个即为所求。

若 a、b 中有一个为 0，则最大公约数为 a、b 中非零的那个。

若 a、b 均为 0，则最大公约数不存在（任意数均可同时整除它们）。

注意：当 a 和 b 值较大时（如 100000000），该算法耗时较多。

（2）欧几里得算法

两个正整数 a 和 b（a>b），它们的最大公约数等于 a 除以 b 的余数和 b 之间的最大公约数。比如 10 和 25，25 除以 10 余 5，那么 10 和 25 的最大公约数等同于 5 和 10 之间的最大公约数。

7.3.17　欧几里得算法

欧几里得算法是用来求解两个不全为 0 的非负整数 a 和 b 的最大公约数的一个高效且简单的算法。该算法来自于欧几里得的《几何原本》。数学公式表达如下：

对两个不全为 0 的非负整数 a 和 b，不断应用公式 gcd(a, b)=gcd(b, a mod b)，直到 a mod b 为 0 时 a 就是最大公约数。

下面简单证明一下欧几里得算法：我们假设有 a、b 两个不全为 0 的正整数，令 a % b = r，即 r 是余数，那么有 a = kb + r。假设 a、b 的公约数是 d，记作 d|a，d|b，表示 d 整除 a 和 b。给 r = a−kb 两边同除以 d，有 r/d = a /d−kb / d，由于 d 是 a 和 b 的公约数，因此 r/d 必将能整除，即 b 和 a%b 的公约数也是 d，即 gcd(a, b) = gcd(b, a % b)。到此，已经证明了 a 和 b 的公约数与 b 和 a % b 的公约数相等。直到 a mod b 为 0 的时候（即使 b > a，经过 a % b 后，也变成计算 gcd(b, a)。因此，a mod b 的值会一直变小，最终会变成 0），gcd(a, 0) = a。因为 0 除以任何数都是 0，所以 a 是 gcd(a, 0) 的最大公约数。根据上面已经证明等式 gcd(a, b) = gcd(b, a % b)，可得 a 就是最大公约数。定理得证。

欧几里得算法用较大数除以较小数，用出现的余数（第一余数）去除除数，再用出现的余数（第二余数）去除第一余数，如此反复，直到最后余数是 0 为止。如果是求两个数的最大公约数，那么最后的除数就是这两个数的最大公约数。用一句话来表达，就是两个整数的最大公约数等于其中较小的那个数和两数相除余数的最大公约数。下面看一个辗转相除法的例子，求 10、25 的最大公约数：

```
25 / 10 = 2 ······5
10 / 5 = 2 ······0
```

所以，10、25 的最大公约数为 5。下面用代码实现欧几里得算法。

【例 7.1】　实现欧几里得算法

（1）打开 Eclipse，设置工作区路径 D:\eclipse-workspace\myws，如果已经存在 myws，就将其删除。然后新建一个 Java 工程，工程名是 myprj。

（2）在工程中新建一个类，类名是 gcd，然后在 gcd.java 中输入如下代码：

```java
package myprj;
import java.util.Scanner;
public class gcd {
    public static int gcd(int a, int b) // 归纳法
    {
        int r;
        while (0 != b)
        {
            r = a % b;
            a = b;
            b = r;
```

```
        }
        return a;
    }
//递归法
    public static int  gcd_dg(int a, int b)    //a、b 为两个正整数
    {
        if (0 == b)  return a;
        else
        {
            int r = gcd_dg(b, a%b);
            return r;
        }
    }

    public static void main(String[] args) {   //主函数
        int a, b,res;
        System.out.println("请输入要计算的两个数，用空格隔开:");
        Scanner input=new Scanner(System.in);
        a=input.nextInt();
        b=input.nextInt();

        res =  gcd(a, b);
        System.out.println("归纳法得到最大公约数是： " );
        System.out.println(res);

        System.out.println("请输入要计算的两个数，用空格隔开:");
        a=input.nextInt();
        b=input.nextInt();
        res =  gcd_dg(a, b);
        System.out.println("递归法得到最大公约数是： " );
        System.out.println(res);
    }
}
```

我们分别用递归法和非递归法来实现欧几里得算法。原理就是欧几里得的数学公式。

（3）保存工程并运行，运行结果如下所示：

请输入要计算的两个数，用空格隔开：10 25
归纳法得到最大公约数是：5
请输入要计算的两个数，用空格隔开：10 25
递归法得到最大公约数是：5

7.3.18 扩展欧几里得算法

1. 实现扩展欧几里得算法

为了介绍扩展欧几里得算法，我们先介绍一下贝祖定理（裴蜀定理）：对于任意两个正整数 a, b，一定存在 x, y，使得 ax+by=gcd(a,b)成立。

其中，gcd(a,b)表示 a 和 b 的最大公约数，x 和 y 是可以为负数的。注意，a 和 b 是正整数，最大公约数和最小公倍数是在自然数范围内讨论的。比如，假设 a=17、b= 3120，它们的 gcd(17,3120)= 1，则一定存在 x 和 y，使得 17x+3120y= 1。由这条定理可以知道，如果 ax+by=m 有解，那么 m 一定是 gcd(a,b)的若干倍。如果 ax+by=1 有解，那么 gcd(a,b)=1。

值得注意的是，如果出现 ax−by=gcd(a,b)，应该先假设 y' = −y，使得算式变为 ax+by'=gcd(a,b)，算出 y'后再得到 y。

本节内容是重点的重点，也是求 RSA 私钥的关键，务必重视！首先复习一下二元一次方程的定义。含有两个未知数，并且含有未知数的项的次数都是 1 的整式方程，叫作二元一次方程。所有二元一次方程都可化为 ax+by+c=0（a、b≠0）的一般式与 ax+by=c（a、b≠0）的标准式，否则不为二元一次方程。

众所周知，解一个单一的二元一次方程是十分困难的，用枚举法的复杂度太大，可以采用扩展的欧几里得算法。

观察上面的欧几里得算法代码，当到达递归边界（b==0）的时候，gcd(a,b)=a，因此有 ax+0*y=a，从而得到 x=1，此时 x=1、y=0 可以是方程的一组解。注意，这时的 a 和 b 已经不是最开始的那个 a 和 b 了，所以如果想要求出解 x 和 y，就要回到最开始的模样。

欧几里得算法提供了一种快速计算最大公约数的方法，而扩展欧几里得算法不仅能够求出其最大公约数，还能够求出 a、b 及其最大公约数构成的二元一次方程 ax+by=d 的两个整数 x 和 y（这里 x 和 y 不一定为正整数)。

在欧几里得算法中，终止状态是 b == 0 时。这时其实就是 gcd(a, 0)，我们想从这个最终状态反推出刚开始的状态。由欧几里得算法可知 gcd(a,b) = gcd(b, a mod b)，即有如下表达式：

$$gcd(a,b) = a*x1+b*y1; \qquad\qquad (1)$$
$$gcd(b,a\ mod\ b) = b*x2+(a\ mod\ b)*y2 = b*x2+(a\ -a/b*b)*y2 \qquad (2)$$

其中，(x1,y1)和(x2,y2)是两组解。（此处的 a/b 表示整除，例如 6/4 = 1，所以 a mod b = a％b = a−a/b*b）。

我们对式（2）进行化简，有：

$$gcd(b,a\ mod\ b) = b*x2+(a−a/b*b)*y2 = b*x2+a*y2−a/b*b*y2 = a*y2 + b*(x2−a/b*y2)$$

与式（1）gcd(a,b) = a*x1+b*y1 对比，容易得出：

$$x1 = y2;$$
$$y1 = x2−a/b*y2;$$

根据上面的递归式和欧几里得算法的终止条件 b == 0，我们很容易就知道最终状态是 a * x1 + 0 * y1 = a，故 x1 = 1。根据上述的递推公式和最终状态，下面我们来实现这个过程。

【例 7.2】 实现扩展欧几里得算法

（1）打开 Eclipse，设置工作区路径 D:\eclipse-workspace\myws，如果已经存在 myws，就将其删除。然后新建一个 Java 工程，工程名是 myprj。

（2）在工程中新建一个类，类名是 exgcd，然后在 exgcd.java 中输入如下代码：

```java
package myprj;
import java.util.Scanner;
public class exgcd {
    public static int exgcd( int a,  int b, int []x,int []y)
    {
        if (0 == b)          //递归终止条件
        {
            x[0] = 1;
            y[0] = 0;
            return a;
        }
        int gcd = exgcd(b, a%b, x, y);        //递归求解最大公约数
        int temp = x[0];
        x[0] = y[0];                          //回溯表达式 1: x1 = y2;
        y[0] = temp -a / b * y[0];            //回溯表达式 2: y1 = x1 -m/n * y2;
        return gcd;
    }

    public static void main(String[] args) {
        int a, b,gcd;
        int []x= {0}, y= {0};
        System.out.println(" 准备求解 ax+by=gcd(a,b),\n 请输入两个数字 a,b(用空格隔
开): ");
        Scanner input=new Scanner(System.in);
        a=input.nextInt(); //输入 a
        b=input.nextInt(); //输入 b
        gcd =  exgcd(a, b,x,y);
        System.out.println("满足贝祖等式:" +a + "*x + " + b + "*y = " + gcd);
        System.out.println("最大公约数是: " +gcd);
        System.out.println("其中一组解是: x = " + x[0] + ", y = " + y[0] );
    }
}
```

函数 exgcd 实现了扩展欧几里得算法，能求出 ax+by=gcd(a,b)的一组解，并且返回 a 和 b 的最大公约数。

（3）保存工程并运行，运行结果如下所示：

```
准备求解 ax+by=gcd(a,b),
请输入两个数字 a,b(用空格隔开): 5 96
满足贝祖等式:5*x + 96*y = 1
```

最大公约数是：1
其中一组解是：x = -19, y = 1

上述的方程 a*x+b*y=gcd(a,b)也被称为"贝祖等式"。它说明了对于 a、b 和它们的最大公约数 gcd 组成的二元一次方程，一定存在整数 x 和 y（不一定为正）使得 a*x+b*y=gcd(a,b)成立。从这里也可以得出一个重要推论：

a 和 b 互质的充要条件是方程 ax+by = 1 必有整数解，即 ax+by = 1 有解时该等式成立，则 gcd(a,b)=1，因此 a 和 b 互质。a 和 b 互质时，gcd(a,b)=1，则根据贝祖定理一定存在 x 和 y 使得 ax+by=1 成立。

2. 求解 ax+by=gcd(a，b)

上面我们求出了 ax+by=gcd(a,b)的一组解，下面继续探讨如何得出 ax+by=gcd(a,b)的所有解。设 (x_0, y_0) 是 a*x+b*y=gcd(a,b)的一组解（通过上例的函数 exgcd 求得），则该方程的通解为：

$$x1 = x0+kB$$
$$y1 = y0-kA$$

其中，B=b/gcd(a,b)，A=a/gcd(a,b)，k 是任意的整数。
下面看求解过程。设新的解为 x0+s1 和 y0-s2，则有：

$$a(x0+s1)+b(y0-s2)=ax0+by0$$
$$as1-bs2=0$$

$$\frac{s1}{s2} = \frac{b}{a} = \frac{b \,/\, \gcd(a, b)}{a \,/\, \gcd(a, b)}$$

显然，B 和 A 是互质的（没有大于 1 的公约数），所以取：

$$s1=B*k$$
$$s2=A*k$$

因此，通解为 x = x0+kB，y = y0-kA。
那么问题又来了，方程中的 x 的最小非负整数解是什么呢？从通解 x1=x0+kB 上看应当是 x1%B=x0%B。由于在递归边界时 y 可以取任意值，所得的特解 x0 可能为负，不能保证 x0%B 是非负的。如果 x0%B 是负数，那么其取值范围是(-B, 0)，所以 x 的最小正整数解 xmin 为：

$$x0\%B+B \qquad \text{if } x0<0$$
$$x0\%B \qquad \text{if } x0>=0$$

综合一下就是 xmin=(x0%B+B)%B，对应的 ymin = (g -a*xmin)/ b。

【例 7.3】 求 a*x+b*y=gcd(a,b)的最小正整数解和任意解

（1）打开 Eclipse，设置工作区路径 D:\eclipse-workspace\myws，如果已经存在 myws，就删除掉。然后新建一个 Java 工程，工程名是 myprj。
（2）在工程中新建一个类，类名是 test，然后在 test.java 中输入如下代码：

```java
package myprj;
import java.util.Scanner;
public class test {

    public static int exgcd( int a,  int b, int []x,int []y)
    {
        if (0 == b)                             //递归终止条件
        {
            x[0] = 1;
            y[0] = 0;
            return a;
        }
        int gcd = exgcd(b, a%b, x, y);          //递归求解最大公约数
        int temp = x[0];
        x[0] = y[0];                            //回溯表达式1：x1 = y2;
        y[0] = temp -a / b * y[0];              //回溯表达式2：y1 = x1 -m/n * y2;
        return gcd;
    }
    public static int gcdmin( int a,  int b)
    {
        int[] x0= {0}, y0= {0};
        int x_min,B;
        int gcd = exgcd(a, b, x0, y0);
        B = b /gcd;
        if (x0[0] < 0)    x_min = x0[0] % B + B;
        else  x_min = x0[0] % B;
        return x_min;
    }
    public static void gcdany( int a,  int b, int k, int []x, int []y)
    {
            int[] x0= {0}, y0= {0};
            int B,A;
            int gcd = exgcd(a, b, x0, y0);
            B = b / gcd;
            A = a / gcd;
            x[0] = x0[0] + k * B;
            y[0] = y0[0] -k * A;
    }
    public static void main(String[] args) {
        int []x= {0}, y= {0};
        int xmin,ymin,k,tmp;
        int a, b,gcd;
        System.out.println("准备求解 ax+by=gcd(a,b)，请输入两个正整数 a,b(用空格隔
开)：");
```

```
        Scanner input=new Scanner(System.in);
    a=input.nextInt();
    b=input.nextInt();
    gcd = exgcd(a, b, x, y);
    System.out.println("满足贝祖等式" + a + "*x + " + b +"*y = " +gcd);
    System.out.println("最大公约数是: " + gcd);
    System.out.println("其中一组解是: x = " + x[0] + ", y = " +y[0]);

    xmin=gcdmin(a, b);
    tmp = (gcd -a * xmin);
    if (tmp < 0)
    {
        tmp = -tmp;
        ymin = tmp / b;
        ymin = -ymin;
    }
    else ymin = tmp / b;

    System.out.println("x 为最小正整数解是: x = " +xmin + ", y = "+ymin);
    System.out.println("再求任意一组解，请输入一个整数 k 的值: ");
    k=input.nextInt();
    gcdany(a, b, k, x, y);
    System.out.println( "对应 k 的一组解是: x = " + x[0]+ ", y = " + y[0]);
    }
}
```

在上述代码中，函数 gcdmin 用来求方程 a*x+b*y=gcd(a，b)的最小正整数解，函数 gcdany 用来求任意一组解。值得注意的是，计算 ymin 的时候有可能出现负数除法，要先化为正数后再除，最后取负数。

（3）保存工程并运行，运行结果如下所示：

```
准备求解 ax+by=gcd(a,b)，请输入两个正整数 a,b(用空格隔开): 5 96
满足贝祖等式 5*x + 96*y = 1
最大公约数是: 1
其中一组解是: x = -19, y = 1
x 为最小正整数解是: x = 77, y = -4
再求任意一组解，请输入一个整数 k 的值: 2
对应 k 的一组解是: x = 173, y = -9
```

3. 求解 ax+by=c

现在来讨论一个更一般的方程：$ax + by = c$（a，b，c，xy 都是整数）。这个方程想要有整数解，那么根据扩展欧几里得算法可以知道 c 一定是 gcd(a,b)的倍数，否则无解，而且可以有无穷多组整数解，即 $ax+by=c$ 有解的充要条件是 $c\%gcd(a,b)==0$。如果 $ax+by=gcd(a,b)$ 有一组解为 $(x0,y0)$，即：

$$ax0+by0=gcd(a，b)$$

两边同时乘以 $\dfrac{c}{\gcd(a, b)}$：

$$a\,\dfrac{cx0}{\gcd(a, b)} + b\,\dfrac{cy0}{\gcd(a, b)} = c$$

所以（$\dfrac{cx0}{\gcd(a, b)}$，$\dfrac{cy0}{\gcd(a, b)}$）是 ax+by=c 的一个特解。同理可得：

$$a(x'+s1)+b(y'-s2)=c$$

$$ax'+by'=c$$

$$\frac{s1}{s2} = \frac{b}{a} = \frac{b \,/\, \gcd(a, b)}{a \,/\, \gcd(a, b)}$$

所以通解为：

$$x = x0 * \frac{c}{\gcd(a, b)} + \frac{b}{\gcd(a, b)} * k$$

$$y = y0 * \frac{c}{\gcd(a, b)} - \frac{b}{\gcd(a, b)} * k$$

其中，k 取整数即可。令 C=c/gcd(a,b)，B=b/gcd(a,b)，x 的最小正整数解 xmin=(x0*C% B + B) % B，对应的 ymin = (c -a*xmin)/ b。

【例 7.4】　求 ax+by=c 的最小正解和任意解

（1）打开 Eclipse，设置工作区路径 D:\eclipse-workspace\myws，如果已经存在 myws，就将其删除。然后新建一个 Java 工程，工程名是 myprj。

（2）在工程中新建一个类，类名是 test，然后在 test.java 中输入如下代码：

```java
package myprj;
import java.util.Scanner;
public class test {
    public static int exgcd( int a,  int b, int []x, int []y)
    {
        if (0 == b)         //递归终止条件
        {
            x[0] = 1;
            y[0] = 0;
            return a;
        }
        int gcd = exgcd(b, a%b, x, y);        //递归求解最大公约数
        int temp = x[0];
        x[0] = y[0];                          //回溯表达式1：x1 = y2;
        y[0] = temp -a / b * y[0];            //回溯表达式2：y1 = x1 -m/n * y2;
        return gcd;
    }
```

```java
public static int c_min( int a,  int b,  int c,int []xmin,int []ymin)
{
    int []x0= {0}, y0= {0};
    int B,C, tmp;
    int gcd = exgcd(a, b, x0, y0);

    if (c % gcd != 0)// 判断是否有解
        return -1;

    B = b / gcd;
    C = c / gcd;

    xmin[0] = (x0[0]*C % B + B)%B;

    tmp = (c -a * xmin[0]);
    if (tmp < 0)
    {
        tmp = -tmp;
        ymin[0] = tmp / b;
        ymin[0] = -ymin[0];
    }
    else ymin[0] = tmp / b;
    return 0;
}

public static int c_any( int a,  int b,  int c,int k, int []x, int []y)
{
    int []x0= {0}, y0= {0};
    int  B, A,C;
    int gcd = exgcd(a, b, x0, y0);

    if (c % gcd != 0)// 判断是否有解
        return -1;

    C = c / gcd;
    B = b / gcd;
    A = a / gcd;

    x[0] = x0[0]*C + k * B;
    y[0] = y0[0]*C -k * A;
    return 0;
}
```

```java
public static void main(String[] args) {
    // TODO Auto-generated method stub
    int []x= {0}, y= {0}, xmin= {0}, ymin= {0} ;
    int a, b, c,gcd,k;
    //比如求 5 96 200
    System.out.println("准备求解 ax+by=c,请输入两个正整数 a,b,c(用空格隔开):");
    Scanner input=new Scanner(System.in);
    a=input.nextInt();
    b=input.nextInt();
    c=input.nextInt();

    gcd = exgcd(a, b, x, y);
    System.out.println("满足贝祖等式:" + a + "*x + " +b + "*y = " + gcd);
    System.out.println("最大公约数是: " + gcd);

    if(0==c_min(a, b,c,xmin,ymin))
        System.out.println("最小正整数解是: x = " +xmin[0] + ", y = " + ymin[0]);
    else
    {
        System.out.println( "本方程无解");
        return;
    }

    System.out.println("再求任意一组解,请输入一个整数 k 的值: ");
    k=input.nextInt();
    if (0 == c_any(a, b,c, k, x, y))
        System.out.println("对应 k 的一组解是: x = " + x[0] +", y = " + y[0]);
    else
        System.out.println("本方程无解");
    }
}
```

在上述代码中,函数 c_min 用来求方程 a*x+b*y=c 的最小正整数解,函数 c_any 用来求任意一组解。值得注意的是,计算 ymin 的时候有可能出现负数除法,要先化为正数后再除,最后取负数。

(3) 保存工程并运行,运行结果如下所示:

准备求解 ax+by=c,请输入两个正整数 a,b,c(用空格隔开): 5 96 200
满足贝祖等式:5*x + 96*y = 1
最大公约数是:1
最小正整数解是: x = 40, y = 0
再求任意一组解,请输入一个整数 k 的值:1
对应 k 的一组解是: x = -3704, y = 195

7.4 RSA 算法描述

RSA 的理论基础是数论中的欧拉定理，它的安全性依赖于大数的因子分解，但并没有从理论上证明破译 RSA 的难度与大数分解难度等价。RSA 的理论基础是一种特殊的可逆模指数运算。它的安全性是基于数论和计算复杂性理论中的下述论断：求两个大素数的乘积是计算上容易的，但要分解两个大素数的积求出它的素因子是计算上困难的。大整数因子分解问题是数学上的著名难题，至今没有有效的方法予以解决，因此可以确保 RSA 算法的安全性。

下面给出 RSA 的算法描述。

（1）选择两个保密的大素数 p 和 q，实际实现时通常需要大素数，这样才能保证安全性，通常是随机生成大素数 p，直到 gcd(e,p–1)=1，再随机生成不同于 p 的大素数 q，直到 gcd(e,q–1)=1，e 就是步骤（3）的公钥指数。

（2）计算 N=p×q，N 通常称为模值，其二进制的位长度就是密钥长度。

（3）选择一个整数 e（公钥指数，把 e 和 N 称为公钥，但有时在不正规场合也直接把 e 简称公钥），使其满足 1<e<(p–1)×(q–1)，且 e 与(p–1)×(q–1)互质，即 e 不是(p–1)和(q–1)的因子。

（4）计算私钥 d，使其满足：(e×d) mod ((p–1)×(q–1))=1。

（5）加密时，先将明文数字化（编码），然后判断明文的十进制数大于 N（或明文位长大于 N 的位长，即密钥的长度），则首先要将明文进行分组（可以把明文转为二进制流，然后截取每组位数相等的明文块），使得每个明文分组对应的十进制数小于 N。比如 N=209，要选择的分组大小可以是 7 个二进制位，因为 2^7 = 128，比 209 小，但 2^8 = 256 又大于 209 了。分组后，再对每个明文分组 M 做加密运算：

C=M^e mod N

这个式子做了模幂运算，因为最后做了模运算，根据小学数学知识，密文的位数一定小于、等于 N 的位数。其中，C 为得到的密文；e 是公钥，用于加密。要让别人能加密，必须把自己的公钥公布给对方，也就是必须公开 e 和 N 才能对明文 M 进行加密，所以 e 和 N 是公开的，人们也把(e,N)称为公钥。

（6）解密时，对每个密文分组做如下运算：

M=C^d mod N

这也是一个模幂运算。其中，d 是私钥，用于解密，不能公开，自己要妥善保管好。

第三者进行窃听时，会得到密文 C、公钥 e、N。如果要解密，就必须想办法得到 d，而 d 又满足(d×e) mod ((p–1)×(q–1))=1，所以只要知道 p 和 q 就能计算出 d，虽然 N=pq，但对大素数 N（比如 2048 位）做素因子分解却非常困难，这就是 RSA 的安全性所在。

值得注意的是：e 与 n 应公开，两个素数 p 和 q 不再需要，可销毁，但绝对不可泄露。此外，RSA 是一种分组密码，其中的明文和密文都是对于某个 N（模数）的从 0 到 N–1 之间的整数，一定要确保每次参与运算的明文分组所对应的十进制整数要小于模数 N。

如果明文给出的是字符，则第一步需将明文数字化，也就是对字符取对应的数字码，比如英文字母顺序表、ASCII 码、Base64 码等。然后对每一段明文进行模幂运算，得到密文段，最后把密文组合起来形成密文。

为了安全性，对于实际商用软件所使用的 RSA 算法在运算时需要将数据填充至分组长度（与 RSA 密钥模长相等）。对于 RSA 加密来讲，填充（Padding）也是参与加密的。后面我们会详述，现在先掌握其最基本的运算。

7.5　RSA 算法实例

前面讲了理论，但真正要掌握还是得自己实践操作一番。这里我们来看几个小例子，说它小，就是取的 p 和 q 都比较小，这样方便演示，实际运用的 RSA 算法都要取大素数作为 p 和 q。在这些例子的描述中，大部分内容都一样，区别在于我们对私钥 d 的运算采用不同的方式，计算私钥 d 是实现 RSA 算法的关键步骤，我们这里采用查找法、简便法和扩展欧几里得法来实现。

7.5.1　查找法计算 d

前面我们描述了 RSA 算法原理，现在我们用实际数字来做具体的运算。当然为了便于理解算法原理，数字都比较简单。

（1）选择两个大素数 p 和 q。为了方便演示，我们选择两个小素数，这里假设 p=13、q=17。

（2）计算 N=p×q。这里得 N=13×17=221，写成二进制为 11011101，一共有 8 位二进制位，那么本例的密钥长度就是 8 位，即 N 的长度是 8。在实际应用中，RSA 密钥一般是 1024 位，重要场合则为 2048 位。

（3）选择一个整数 e 作为公钥，使其满足 1<e<(p-1)×(q-1)，且 e 与(p-1)×(q-1)互质，即 e 不是(p-1)和(q-1)的因子。计算(p-1)×(q-1)=(13-1)×(17-1)=12×16=192，因为 192=2×2×2×2×2×2×3，所以 192 的因子是 2、2、2、2、2 和 3，由此可得 e 不能有因子 2 和 3，比如不能选 4（2 是 4 的因子）、15（3 是 15 的因子）或 6（2 和 3 都是 6 的因子）。这里我们选 e=7，公钥就是（7，221）。当然 e 也可以选其他数值，只要所选数值没有因子 2 和 3 即可。

（4）计算私钥 d，使其满足(d×e) mod ((p-1)×(q-1))=1。将 e、p 和 q 代入公式，得(d×5) mod ((7-1)×(17-1))=1。用查找（试探）法让 d 从 1 开始递增，不停地测试是否满足上面的公式，最终可以得到私钥 d=55。

（5）加密时，对每个明文分组 M 做如下运算：

$$C=M^e \bmod N$$

其中，C 为得到的密文，e 是公钥指数，公钥用于加密。

这里假设要加密的明文为 20，20<221，所以不需要分组密文 C=20^7 mod 221 = 45，所以 45 就是密文。

（6）解密时，对每个密文分组做如下运算：

$$M=C^d \bmod N$$

其中，d 是私钥，用于解密。

这里 C 是 45、d 是 55、N 是 221，因此得到明文 M=45^{55} mod 221 = 20，解密出来的结果和我们第（5）步中的原明文一致，说明加解密成功。

下面将上面的加解密过程用小程序（RSA 加密单个数字）来实现一下。

【例 7.5】 RSA 加密单个数字

（1）打开 Eclipse，设置工作区路径 D:\eclipse-workspace\myws，如果已经存在 myws，就将其删除。然后新建一个 Java 工程，工程名是 myprj。

（2）在工程中新建一个类，类名是 test，然后在 test.java 中输入如下代码：

```java
package myprj;
import java.util.Scanner;
public class test {
    public static void main(String[] args) {
        int p, q;

        System.out.println( "输入p、q（p、q为质数，不支持过大）" );
        Scanner input=new Scanner(System.in);
        p=input.nextInt();
        q=input.nextInt();

        int n = p * q;
        int n1 = (p -1) * (q -1);
        int e;

        System.out.println("输入e（e与" + n1 + "互质）且 1<e<" + n1);
        e=input.nextInt();

        int d;
        for (d = 1;; d++)
        {
            if (d * e % n1 == 1)
                break;
        }

        System.out.println("{ " + e + "," + n + " }" + "为公钥");
        System.out.println("{ " + d + "," + n + " }" + "为私钥");

        int before;
        System.out.println("输入明文，且明文小于" + n);
        before=input.nextInt();

        int i;

        System.out.print("加密后的密文为:");
        int after;
        after = before % n;
```

```
    for (i = 1; i < e; i++)  //实现 Me mod N 运算
    {
        after = (after * before) % n;
    }
    System.out.println(after);

    System.out.print("解密后的明文为:");
    int real;
    real = after % n;
    for (i = 1; i < d; i++)    //实现 M=Cd mod N 运算
    {
        real = (real * after) % n;
    }
    System.out.println( real);

    }
}
```

以上代码和我们前面推演的步骤一致，可读性非常好。需要注意的是模幂运算，公式虽然只有一行 M^e mod N，看似很简单（先做幂运算再做模运算），但编程时却要变通一下，因为如果直接做 M^e，那么中间结果会很大，导致无法存储，尤其在数据大的时候。我们可以利用 mod 的分配律：

$$(a×b) \bmod c=(a \bmod c * b \bmod c) \bmod c$$

把 M^e mod N 拆开来运算，M^e mod N=（M*M....M)mod N=(M mod N * M mod N....M mod N) mod N，从而可以使用 for 循环。

另外，我们实现的这个算法使用了 int 类型，最大值为 21 亿，可能出现的最大值是 n*n，所以 n 要小于 21 亿的平方根（大致是 45000）。

（3）保存工程并运行，运行结果如下所示：

输入 p、q （p、q 为质数，不支持过大）
13 17
输入 e （e 与 192 互质）且 1<e<192
7
{ 7,221 }为公钥
{ 55,221 }为私钥
输入明文，且明文小于 221
20
加密后的密文为:45
解密后的明文为:20

7.5.2　简便法计算私钥 d

前面我们描述了 RSA 算法原理，也用查找法计算了私钥 d，现在我们用简便法来计算 d。为了便于理解算法原理，数字比较简单。简便法对于手工方式推算 d 提供了一个不错的方法。

（1）选择两个大素数 p 和 q。为了方便演示，我们选择两个小素数，这里假设 p=7、q=17。

（2）计算 N=p×q。这里得 N=7×17=119，写成二进制为 1110111，一共有 7 位二进制位，那么本例的密钥长度就是 7 位，即 N 的长度是 7。在实际应用中，RSA 密钥一般是 1024 位，重要场合则为 2048 位。

（3）选择一个整数 e 作为公钥，使其满足 1<e<(p−1)×(q−1)，且 e 与(p−1)×(q−1)互质，即 e 不是(p−1)和(q−1)的因子；计算(p−1)×(q−1)=(7−1)×(17−1)=6×16=96，因为 96=2×2×2×2×2×3，所以 96 的因子是 2、2、2、2、2 和 3，由此可得 e 不能有因子 2 和 3，比如不能选 4（2 是 4 的因子）、15（3 是 15 的因子）或 6（2 和 3 都是 6 的因子）。这里我们选 e=5，当然也可以选其他数值，只要所选数值没有因子 2 和 3 即可。

（4）计算私钥 d，使其满足(d×e) mod ((p−1)×(q−1))=1。将 e、p 和 q 代入公式，得(d×5) mod ((7−1)×(17−1))=1，即(d×5) mod (6×16)=1，(d×5) mod 96 =1。

d 的取值可用扩展欧几里得算法（该算法前面介绍过）求出。然而，手工用此方法求 d 有些麻烦，这里用一个简易办法快速求出大部分的 d 值。

从 e×d mod ((p−1)×(q−1))=1 我们可以知道 e×d 的值为((p−1×(q−1))的倍数+1，所以只要使用((p−1×(q−1))的倍数再加 1，然后除以 e，能整除时商便是 d 值。这个倍数可以用试探法，从 1 开始测试，如表 7-1 所示。

表 7-1　简易办法求 d 值

倍　　数	((p−1)×(q−1))的倍数+1	能否整除 e（本例 e=5）
1	96×1+1=97	97 无法整除 5
2	96×2+1=193	193 无法整除 5
3	96×3+1=289	289 无法整除 5
4	96×4+1=385	385 可以整除 5，得 77

我们试算到倍数为 4 的时候就可以得到 d=77 了。这个试探法比扩展欧几里得算法快得多，但不是正规解法，偶尔用用即可。至此，我们把私钥 d 计算出来了。公私钥都到位后，就可以开始加解密了。

（5）加密时，对每个明文分组 M 做如下运算：

$$C=M^e \bmod N$$

其中，C 为得到的密文；e 是公钥（或称公钥指数），用于加密。

这里假设要加密的明文为 10，则 C=10^5 mod 119 = 40，所以 40 就是密文。

（6）解密时，对每个密文分组做如下运算：

$$M=C^d \bmod N$$

其中，d 是私钥，用于解密。

C 是 40，d 是 77，N 是 119，因此得到明文 M=40^{77} mod 119 = 10，解密出来的结果和我们第（5）步中假设的明文一致，说明加解密成功。

最后，我们再来演示一下简便法。假设 p=43、q=59，则 N=pq=34×59=2537，(p−1)×(q−1)=42*58=2436。选 e=13（13 不是 42 和 58 的因子），用试探法来计算 d，让 d 满足 e×d mod ((p−1)×(q−1))=1，如表 7-2 所示。

表 7-2　用简便法计算 d

倍　　数	((p–1)×(q–1)) 的倍数+1	能否整除 e（本例 e=13）
1	2436×1+1=2437	2437 无法整除 5
2	2436×2+1=4873	4873 无法整除 5
3	2436×3+1=7309	7309 无法整除 5
4	2436×4+1=9745	9745 无法整除 5
5	2436×5+1=12181	12181 可以整除 13，得 937

最终得到 d=937。

7.5.3　扩展欧几里得计算私钥 d

扩展欧几里得算法计算私钥 d 是专业的做法，该算法在前面的数学基础知识部分实现过，可以直接调用。实际上，我们用到的是求二元一次方程的最小正整数解的函数 c_min，该函数在例 7.4 中有代码实现。

（1）选择两个大素数 p 和 q。为了方便演示，我们选择两个小素数，假设 p=7、q=17。

（2）计算 N=p×q。这里得 N=7×17=119，写成二进制为 1110111，一共有 7 位二进制位，所以本例的密钥长度就是 7 位。在实际应用中，RSA 密钥一般是 1024 位，重要场合则为 2048 位。

（3）选择一个整数 e（公钥），使其满足 1<e<(p–1)×(q–1)，且 e 与 (p–1)×(q–1) 互质，即 e 不是 (p–1) 和 (q–1) 的因子。这里得 (p–1)×(q–1)=(7–1)×(17–1)=6×16=96。因为 96=2×2×2×2×2×3，所以 96 的因子是 2、2、2、2、2 和 3，由此可得 e 不能有因子 2 和 3。

这里我们选 e=5，当然也可以选其他数值，只要所选数值没有因子 2 和 3 即可。

（4）计算私钥 d，使其满足 (d×e) mod ((p–1)×(q–1))=1。

这里将 e、p 和 q 代入公式，得 (d×5) mod ((7–1)×(17–1))=1，即 (d×5) mod (6×16)=1、(d×5) mod 96 =1。

下面我们用扩展欧几里得法计算 d。我们设商为 k，则 (d×5) mod 96 =1 可以化为 5d-96k=1。原理是"商×除数＋余数=被除数"。现在被除数等于 5d，除数等于 96，余数等于 1，我们设商为 k，就会有 96k+1=5d，即 5d-96k=1。令 y=-k，则方程可以转为 5d+96y=1，也就是一个二元一次方程。这里的 d 取满足该方程的最小正整数解即可，我们可以用扩展欧几里得算法来求解（前面的例子中已经给出）。此时，我们可以把 5、96 和 1 分别作为 a、b 和 c 代入例 7.4 的函数 c_min 中，得到 d=77。至此，我们把私钥 d 计算出来了。公私钥都到位后，就可以开始加解密了。

（5）加密时，对每个明文分组 M 做如下运算：

$$C=M^e \bmod N$$

其中，C 为得到的密文；e 是公钥，用于加密。这里假设要加密的明文为 10，则 C=10^5 mod 119 = 40，所以 40 就是密文。

（6）解密时，对每个密文分组做如下运算：

$$M=C^d \bmod N$$

其中，d 是私钥，用于解密。

这里的 C 是 40、d 是 77、N 是 119，因此得到明文 M=40^{77} mod 119 = 10，解密出来的结果和我们第（5）步中假设的明文一致，说明加解密成功。

7.5.4 加密字母

前面我们假设的明文是数字 10，所以参加解密运算非常自然，代入公式即可。如果明文是字母，把字母进行数字化编码即可参加运算。编码的方法有多种，比如英文字母顺序表、ASCII 码、Base64 码等。下面用对明文（字母 F）进行加解密、编码方式按照英文字母顺序表。假设公钥是(6,119)、私钥 d=77，发送方需要对字母 F 进行加密后发给接收方，发送方手头有公钥(5,119)和明文 F，加密步骤如下：

（1）利用英文字母的顺序（A:1，B:2，C:3，D:4，E:5，F:6，...，Z:26）可把 F 编码为 6。
（2）根据 C=M^e mod N，求得密文 C=6^5 mod 119=41。

对方收到密文后，需要解密，解密步骤如下：

（1）根据 M=C^d mod N，求得明文 M=41^{77} mod 119=6。
（2）查找字母顺序表，把 6 译码为 F，即初始明文。

7.5.5 分组加密字符串

假设明文为一个字符串"helloworld123"，那么加密的步骤如下：

（1）选择两个保密的大素数 p 和 q，这里选择 p=13、q=23。
（2）计算 N=p×q，其中 N 的长度就是密钥长度，则 N=13×23=299。
（3）选择一个整数 e，这里选择 e=5，则公钥为(5，299)。
（4）计算私钥 d，使其满足(e×d) mod ((p-1)×(q-1))=1，即要满足 5d mod ((13-1)*(23-1)) = 5d mod 264=1。利用小学知识将其转为二元一次方程 5d-264k=1。令 y=-k，方程变为 5d+264y=1。再利用例 7.4 中的 c_min 函数把 a=5、b=264 和 c=1 代入函数，求得最小正整数解作为私钥（d=53）。
（5）加密时，先将明文数字化（编码），然后判断明文的十进制数是否大于 N，如果大于 N，则将明文进行分组，使得每个分组对应的十进制数小于 N，再对每个明文分组进行模幂运算。

首先要对明文（helloworld123）编码。这里我们按照 ASCII 码表来进行编码，就是取每个字符的 ASCII 码值，这个值最大是 127，小于 N（299），因此我们可以把单个字符作为一组明文进行模幂运算。如果是两个字符，那么合在一起的数值可能会大于 299，比如"h"和"e"，它们的值合一起就是 104101，所以两个字符一组是不行的。编码很简单，查每个字符的 ASCII 码值即可。接着，对每个 ASCII 码值投入模幂运算中。比如"h"的 ASCII 码值为 104，104^5 mod 299=12166529024 mod 299=156，其他字符类似，最终得到的完整密文为 156 238 75 75 11 58 11 160 75 16 82 150 181。
（6）解密也一样，一个字节一组，对每个密文值进行解密的模幂运算。

下面把上述过程上机实现一下。

【例 7.6】 RSA 分组加密字符串

（1）打开 Eclipse，设置工作区路径 D:\eclipse-workspace\myws，如果已经存在 myws，就将其删除。然后新建一个 Java 工程，工程名是 myprj。

（2）在工程中新建一个类，类名是 test，然后在 test.java 中输入如下代码：

```java
package myprj;
import java.io.*;
import java.util.Scanner;
import java.util.Random;
import java.io.IOException;
import java.util.*;

public class test {
    public static int gcd(int a, int b) {
        int t;
        while (b!=0) {
            t = a;
            a = b;
            b = t % b;
        }
        return a;
    }
    public static boolean prime_w(int a, int b) {
        if (gcd(a, b) == 1)
            return true;
        else
            return false;
    }
    public static int mod_inverse(int a, int r) {
        int b = 1;
        while (((a*b) % r) != 1) {
            b++;
            if (b < 0) {
                System.out.println("error ,function can't find b ,and now b is
negative number");
                return -1;
            }
        }
        return b;
    }
    public static boolean prime(int i) {
        if (i <= 1)
            return false;
        for (int j = 2; j < i; j++) {
            if (i%j == 0)return false;
        }
        return true;
    }
```

```java
public static void secret_key(int[] p, int []q) {
    int rn;
    Random ra =new Random();

    do {
        rn = ra.nextInt(50);
        p[0] = rn + 1;
    } while (!prime(p[0]));
    do {
        rn = ra.nextInt(50);
        q[0] = rn % 50 + 1;
    } while (p[0] == q[0] || !prime(q[0]));
}
public static int getRand_e(int r) {
    int e = 2;
    while (e<1 || e>r || !prime_w(e, r)) {
        e++;
        if (e < 0) {
            System.out.println("error ,function can't find e ,and now e is
negative number");
            return -1;
        }
    }
    return e;
}
public static int rsa(int a, int b, int c) {
    int aa = a, r = 1;
    b = b + 1;
    while (b != 1) {     //运用了模运算的分配律
        r = r * aa;
        r = r % c;
        b--;
    }
    return r;
}

public static void main(String[] args) {
    try {
    File file = new File("prime.dat");
    file.createNewFile();
    FileWriter writer = new FileWriter(file);
    for (int i = 2; i <= 65535; i++)
        if (prime(i))
            writer.write(i+" ");
    writer.flush();
```

```java
        writer.close();
    }
    catch (IOException e) {
        throw new RuntimeException("文件写失败");
    }
    int []p= {0}, q= {0};
    int N, r, e, d;
    N = 0; e = 0; d = 0;
    secret_key(p, q);
    N = p[0] * q[0];  //计算模数
    r = (p[0] -1)*(q[0] -1);  //计算欧拉函数值
    e = getRand_e(r);  //随机获取公钥指数
    d = mod_inverse(e, r);  //计算私钥
    System.out.println("N:" + N + ',' + "p:" + p[0] + ',' + "q:" + q[0] +
',' + "r:" + r + ',' + "e:" + e + ',' + "d:" + d ); //打印各个参数
    char mingwen, jiemi;
    int miwen;
    char []mingwenStr=new char[1024],jiemiStr=new char[1024];
    int mingwenStrlen;
    int []miwenBuff;
    System.out.println("输入明文: ");
    Scanner sc=new Scanner(System.in);
    String str = sc.next();
    mingwenStr = str.toCharArray();

    mingwenStrlen = mingwenStr.length;
    miwenBuff = new int[mingwenStrlen];
    for (int i = 0; i < mingwenStrlen; i++) {
        //对每个字符进行加密的模幂运算
        miwenBuff[i] = rsa((int)mingwenStr[i], e, N);
    }
    for (int i = 0; i < mingwenStrlen; i++) {
        //对每个字符进行解密的模幂运算
        jiemiStr[i] = (char)rsa((int)miwenBuff[i], d, N);
    }

    System.out.println("明文长度: " + mingwenStrlen);  //输出结果
    System.out.println("密文: ");
    for (int i = 0; i < mingwenStrlen; i++)
        System.out.print(miwenBuff[i] + " ");
    System.out.println("\n 解密 ");
    for (int i = 0; i < mingwenStrlen; i++)
        System.out.print(jiemiStr[i]);
    }
}
```

代码中，首先把小于 65535 的素数全部存放在文件工程目录下的 **prime.dat** 中，其部分内容如图 7-1 所示。然后用随机数的方式来生成 p 和 q，所用的函数是 secret_key。需要注意的是，如果 p 和 q 过小，就会导致 N 是小于 127 的某个值，以至某些字符的 ASCII 码大于 N，就无法正确加密了。这个例子也是为了让大家体会明文分组（本例中一个字符是一组明文）必须小于 N。接着随机计算公钥指数 e，再计算私钥 d，让用户输入一段字符串作为明文，等到所有参数都准备好后再开始调用 rsa 函数进行加密的模幂运算，该函数以每个字符作为一个明文分组参与模幂运算，字符的编码是采用该字符的 ASCII 码。加密完成后，同样再解密。

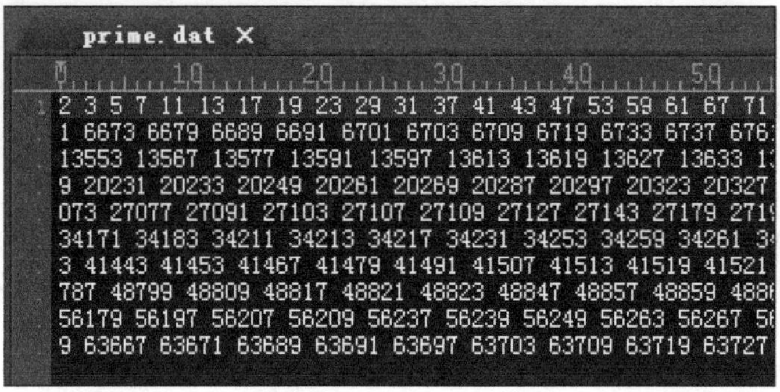

图 7-1

另外值得注意的是，在 rsa 函数中依然用了模运算的分配律来计算模幂运算，和上例一样。

（3）保存工程并运算，运行结果如下所示：

```
N:611,p:47,q:13,r:552,e:5,d:221
输入明文：
helloworld123
明文长度：13
密文：
78 498 426 426 128 435 128 381 426 68 173 384 272
解密
helloworld123
```

运气比较好，N 大于 129，每个 ASCII 字符都可以进行加解密。

7.6 RSA 加密长度限制问题

RSA 加解密中必须考虑到密钥长度、明文长度和密文长度问题。明文长度需要小于密钥长度，而密文长度则等于密钥长度。因此，当加密内容长度大于密钥长度时，有效的 RSA 加解密就需要对内容进行分段（分组）了。

RSA 算法本身要求加密内容（也就是明文）的长度 m 必须满足 0<m<密钥长度 n。如果小于这个长度就需要进行 padding（填充），如果没有 padding，就无法确定解密后内容的真实长度，字符串之类的内容问题不大，以 0 作为结束符即可，但是对二进制数据就很难了，因为不确定后面的 0 是内容还是内容结束符。只要用到 padding，就要占用实际的明文长度，于是实际明文长度需要减去

padding 字节长度。我们一般使用的 padding 标准有 NoPPadding、OAEPPadding、PKCS1Padding 等，其中 PKCS#1 建议的 padding 就占用了 11 个字节。

这样，对于 1024bit 的密钥，128 字节（1024bit）减去 11 字节正好是 117 字节；但对于 RSA 加密来讲 padding 也是参与加密的，所以依然按照 1024bit 去理解，不过实际的明文只有 117 字节。

对任意长度的数据进行加密，需要将数据分段后逐一加密，并将结果进行拼接。同样，解码也需要分段解码，并将结果进行拼接。

7.7　熟悉 PKCS#1

前面我们讲的是 RSA 最基本的原理和最简单的实现，现在我们要慢慢向商用环境进军了。在实际使用之前，我们同样要了解一些商用环境中使用 RSA 的相关背景知识，尤其是与标准相关的。标准能告诉我们该如何规范地使用某个算法。

商用环境所使用的 RSA 算法都是遵循标准规范的，这个标准规范就是 PKCS#1。那么什么是 PKCS 呢？

公钥密码学标准（The Public-Key Cryptography Standards，PKCS）是由 RSA 实验室与一个非正式联盟合作共同开发的一套公钥密码学的标准，这个非正式联盟最初包括 Apple、Microsoft、DEC、Lotus、Sun 和 MIT（麻省理工）。PKCS 已经被 OIW（OSI 标准实现研讨会）作为一个 OSI 标准实现。PKCS 是基于二进制和 ASCII 编码来设计的，也兼容 ITU-T X.509 标准。在撰写本内容时，已经发布的标准有 PKCS #1、#3、#5、#7、#8、#9、#10、#11、#12 和#15，PKCS #13 and #14 在开发中。

PKCS 包括算法指定（algorithm-specific）和算法独立（algorithm-independent）两种实现标准。多种算法被支持，包括 RSA 算法和 Diffie-Hellman 密钥交换算法。PKCS 也为数字签名、数字信封、可扩展证书定义了一种算法独立（algorithm-independent）的语法；这就意味着任何加密算法都可以实现这套标准的语法，并且因此获得互操作性。

以下是公钥加密标准（PKCS）：

PKCS #1 定义 RSA 算法的数理基础、公/私钥格式，以及加/解密、签/验章的流程加密和签名机制，主要用于 PKCS#7 中所描述的数字签名和数字信封。注意，1.5 版本曾经遭到攻击。

PKCS #3 定义了 Diffie-Hellman 密钥协商协议。

PKCS #5 描述了一种通过从密码衍生密钥来加密字符串的方法。

PKCS #6 被逐步淘汰，取而代之的是 X.509 的第三版本。

PKCS #7 为信息定义了大体语法，包括加密增强功能产生的信息，如数字签名和加密。

PKCS #8 描述了私钥信息的格式，这个信息包括某些公钥算法的私钥和一些可选的属性。

PKCS #9 定义了在其他的 PKCS 标准中可使用的选定属性类型。

PKCS #10 描述了认证请求的语法。

PKCS #11 为加密设备定义了一个技术独立的（technology-independent）编程接口，即 Cryptoki，比如智能卡、PCMCIA 卡这种加密设备。

PKCS #12 为存储或传输用户的私钥、证书、各种秘密等过程指定了一种可移植的格式。

PKCS #13 定义使用椭圆曲线加密和签名数据加密机制。

PKCS #14 正在酝酿中，涵盖了伪随机数生成。

PKCS #15 是 PKCS # 11 的补充，给出了一个存储在加密令牌上的加密证书的格式标准。

RSA 实验室的意图就是要时不时地修改 PKCS 文档，以跟上密码学和数据安全领域的新发展。

建议大家从网上下载一份 PKCS#1v2.1 RSA 密码学规范，在工作中使用到 RSA 的时候方便随时查询相关知识。限于篇幅，这里不可能把规范全部叙述一遍，具体理解需要在工作中去实践，这里挑选一些重点知识进行阐述。

7.7.1 PKCS#1 填充

跟 DES、AES 一样，RSA 也是一个块加密算法（block cipher algorithm），总是在一个固定长度的块上进行操作。RSA 跟 AES 等不同的是，块长度（分组长度）是跟密钥长度有关的。在实际使用中，每次 RSA 加密的实际明文长度是受 RSA 填充模式限制的，但是 RSA 每次参与运算的加密块（填充后的块）长度就是密钥长度。

填充模式多种多样，RSA 默认采用的是 PKCS#1 填充方式。RSA 加密时，需要将原文填充至密钥大小，填充的格式为 EB = 00 + BT + PS + 00 + D。各字段说明如下：

- EB：转化后十六进制表示的数据块，这个数据块所对应的整数会参与模幂运算，比如在密钥为 1024 位的情况下，EB 的长度为 128 个字节（要填充到与密码长度一样）。
- 00：开头固定为 00。
- BT：处理模式，公钥操作时为 02，私钥操作时为 00 或 01。
- PS：填充字节，填充数量为 k–3–len(D)，其中 k 表示密钥的字节长度，比如用 1024bit 的 RSA 密钥，这个长度就是 1024/8=128。len(D)表示明文的字节长度，PS 的最小长度为 8 个字节。填充的值根据 BT 值不同而不同：BT = 00 时，填充全 00；BT = 01 时，填充全 FF；BT = 02 时，随机填充，但不能为 00。
- 00：在源数据 D 前一个字节用 00 表示。
- D：实际源数据。

对于 BT 为 00 的，数据 D 中的数据不能以 00 字节开头，要不然会有歧义，因为这时 PS 填充的也是 00，就分不清哪些是填充数据哪些是明文数据了。假如明文数据是以 00 字节开头的，那么对于私钥操作可以把 BT 的值设为 01，这时 PS 填充的是 FF，那么用 00 字节就可以区分填充数据和明文数据；对于公钥操作，填充的都是非 00 字节，也能够用 00 字节区分开。如果使用私钥加密，那么建议 BT 用 01，以保证安全性。

对于 BT 为 02 和 01 的（02 肯定是公钥加密，01 肯定是私钥加密），PS 至少要有 8 个字节长（这是 RSA 操作的一种安全措施）。因为 EB= 00+BT+PS+00+D，设密钥长度是 k 字节，则 D 的长度≤k–11，所以当我们使用 128 字节密钥（1024 位密钥）对数据进行加密时，明文数据的长度不能超过 128–11=117 字节。当 RSA 要加密数据大于 k–11 字节时，把明文数据按照 D 的最大长度分块，然后逐块加密，最后把密文拼起来。

1. 自己实现 PKCS#1 加密填充

下面我们看一个公钥加密的填充例子，因为是加密，所以用到的是公钥，即 BT=02。

【例 7.7】 公钥加密时的 PKCS#1 填充

（1）打开 Eclipse，设置工作区路径 D:\eclipse-workspace\myws，如果已经存在 myws，就将其删除。然后新建一个 Java 工程，工程名是 myprj。

（2）在工程中新建一个类，类名是 test，然后在 test.java 中输入如下代码：

```java
package myprj;
import java.util.Random;
public class test {
    public static int rsaEncDataPaddingPkcs1( byte []in, int ilen,   byte []eb,
int olen)
    {
        int i;
        byte byteRand;
        if (ilen > (olen -11))
            return -1;

        eb[0] = 0x0;
        eb[1] = 0x2;   //加密用的是公钥
        Random ra =new Random();
        for (i = 2; i < (olen -ilen -1); i++)
        {
            do
            {
                byteRand = (byte)ra.nextInt(15);
            } while (byteRand == 0);   //BT = 02 时随机填充，但不能为 00

            eb[i] = byteRand;
        }
        eb[i++] = 0x0;                          //明文前是 00
        System.arraycopy(eb, i, in, 0, ilen);   //实际明文

        return 0;
    }
    public static void PrintBuf(byte[] buf, int len)      //打印字节缓冲区函数
    {
        int i;

        for (i = 0; i < len; i++) {
            System.out.printf("0x%x,", buf[i]);
            if (i % 16 == 15)
                System.out.printf("\n");
        }
        System.out.printf("\n");
    }
    public static void main(String[] args) {
        int i, lenN = 1024 / 8;
        //根据 1024 位的密钥长度来分配空间
        byte []pRsaPaddingBuf=new byte[lenN];
```

```
        byte []plain = "abc".getBytes();
        int ret = rsaEncDataPaddingPkcs1(plain, plain.length, pRsaPaddingBuf,
lenN);
        if (ret != 0)
        {
            System.out.println("rsaEncDataPaddingPkcs1 failed:" +ret);
            return;
        }
        PrintBuf(pRsaPaddingBuf, lenN);
    }
}
```

我们定义了加密时的明文填充函数 rsaEncDataPaddingPkcs1，填充规则完全按照 PKCS#1 进行，即前面的 EB = 00 + BT + PS + 00 + D。在 main 函数中，先根据密钥长度 1024 来分配一个填充后所需要的缓冲区，并假设明文是 abc，然后就可以调用填充函数了。填充完毕后，我们调用函数 PrintBuf 来打印 pRsaPaddingBuf 所指的缓冲区内容。这个填充函数以后大家可以直接在工作中使用。

（3）保存工程并运算，运行结果如下所示：

```
0x0,0x2,0x8,0x3,0xd,0x1,0x3,0xa,0x9,0x5,0x8,0xb,0xc,0xa,0xe,0x8,
0x5,0x8,0xc,0xd,0xb,0x8,0x8,0x4,0xe,0xd,0x9,0x2,0xc,0x6,0xb,0xe,
0x2,0x3,0x1,0x3,0x3,0x7,0x6,0x2,0x9,0x5,0xb,0xb,0xb,0x3,0x3,0x8,
0xe,0xe,0xc,0x1,0xd,0xd,0x1,0x9,0x6,0xe,0xc,0x1,0xc,0x4,0x3,0xd,
0xc,0x6,0x5,0x9,0x3,0x1,0x1,0xc,0x4,0x3,0x7,0x1,0xe,0x9,0x3,0x7,
0x6,0xa,0xd,0xe,0x6,0x8,0xe,0x7,0x2,0x5,0xa,0x2,0xd,0x8,0x3,0xa,
0xd,0x7,0xd,0x7,0x4,0x6,0x7,0x1,0x3,0x9,0xd,0xc,0xe,0xb,0x5,0x5,
0x2,0x2,0xa,0x7,0x3,0xc,0x1,0xb,0x4,0x8,0xe,0xc,0x0,0x0,0x0,0x0,
```

开头固定为 00 的好处是可以确保填充后的数据块所对应的数值小于 N！

2. OpenSSL 中的 RSA 填充

如果使用 OpenSSL 进行 RSA 加解密，那么填充函数已经备好，而且源码开放，路径位于 C:\openssl-1.0.2m\crypto\rsa\rsa_pk1.c，该文件中的 RSA_padding_add_PKCS1_type_1 函数用于私钥加密填充，标志为 0x01，填充为 0xFF，源码如下：

```
int RSA_padding_add_PKCS1_type_1(unsigned char *to, int tlen,
                                   const unsigned char *from, int flen)
{
    int j;
    unsigned char *p;

    if (flen > (tlen -RSA_PKCS1_PADDING_SIZE)) {
        RSAerr(RSA_F_RSA_PADDING_ADD_PKCS1_TYPE_1,
            RSA_R_DATA_TOO_LARGE_FOR_KEY_SIZE);
        return (0);
    }
```

```
    p = (unsigned char *)to;

    *(p++) = 0;
    *(p++) = 1;                   /* Private Key BT (Block Type) */

    /* pad out with 0xff data */
    j = tlen -3 -flen;
    memset(p, 0xff, j);
    p += j;
    *(p++) = '\0';
    memcpy(p, from, (unsigned int)flen);
    return (1);
}
```

函数 RSA_padding_add_PKCS1_type_2 用于公钥加密填充, 标志为 0x02, 填充为非零随机数, 源码如下:

```
int RSA_padding_add_PKCS1_type_2(unsigned char *to, int tlen,
                                 const unsigned char *from, int flen)
{
    int i, j;
    unsigned char *p;
    // 填充条件: 数据长度必须小于（模数长度-11） 字节
    if (flen > (tlen -11)) {
        RSAerr(RSA_F_RSA_PADDING_ADD_PKCS1_TYPE_2,
            RSA_R_DATA_TOO_LARGE_FOR_KEY_SIZE);
        return (0);
    }

    p = (unsigned char *)to;

    *(p++) = 0;
    *(p++) = 2;                   /* Public Key BT (Block Type) */

    /* pad out with non-zero random data */
    j = tlen -3 -flen;

    if (RAND_bytes(p, j) <= 0)
        return (0);
    for (i = 0; i < j; i++) {
        if (*p == '\0')
            do {
                if (RAND_bytes(p, 1) <= 0)
                    return (0);
```

```
        } while (*p == '\0');
    p++;
}

*(p++) = '\0';

memcpy(p, from, (unsigned int)flen);
return (1);
}
```

7.7.2 PKCS#1 中的 RSA 私钥语法

在 PKCS#1 中，RSA 私钥的 DER 结构语法如下：

```
RSAPrivateKey ::= SEQUENCE {
    version Version, //版本
    modulus INTEGER, // RSA 合数模 n
    publicExponent INTEGER, //RSA 公开幂 e
    privateExponent INTEGER, //RSA 私有幂 d
    prime1 INTEGER, //n 的素数因子 p
    prime2 INTEGER, //n 的素数因子 q
    exponent1 INTEGER, //值 d mod (p-1)
    exponent2 INTEGER, //值 d mod (q-1)
    coefficient INTEGER, //CRT 系数 (inverse of q) mod p
    otherPrimeInfos OtherPrimeInfos OPTIONAL
}
```

OtherPrimeInfos 按顺序包含了其他素数 r3, …,ru 的信息。如果 Version 是 0，就应该被忽略；如果 Version 是 1，就应该至少包含 OtherPrimeInfo 的一个实例。

```
OtherPrimeInfos ::= SEQUENCE SIZE(1..MAX) OF OtherPrimeInfo
OtherPrimeInfo ::= SEQUENCE {
    prime INTEGER, //ri - n 的一个素数因子 ri，其中 i ≥ 3
    exponent INTEGER, //di - di = d mod (ri ? 1)
    coefficient INTEGER //ti - CRT 系数 ti = (r1 · r2 · ⋯ · ri-1)-1 mod ri
}
```

RSAPrivateKey 和 OtherPrimeInfo 各域的意义如注释所示。

商用的 RSA 密钥通常有两种格式：一种为 pkcs1，另一种为 pkcs8。在 OpenSSL 中，通过命令生成公私钥都是 Base64 编码的，通过 PEM 文件的内容可以进行区分。pkcs1 首尾分别为：

```
# 公钥
-----BEGIN RSA PUBLIC KEY-----
-----END RSA PUBLIC KEY-----
# 私钥
-----BEGIN RSA PRIVATE KEY-----
-----END RSA PRIVATE KEY-----
```

pkcs8 首尾分别为：

```
# 公钥
-----BEGIN PUBLIC KEY-----
-----END PUBLIC KEY-----
# 私钥
-----BEGIN PRIVATE KEY-----
-----END PRIVATE KEY-----
```

OpenSSL 工具生成的公/私钥均为 PKCS#1 格式，而接口请求数据加密用的 rsa 库使用的是 PKCS#8 格式，于是 PKCS#1 格式公私钥与 PKCS#8 格式公私钥的转换成为必须解决的问题。不用担心，OpenSSL 提供了转换命令（下节介绍）。

7.8　在 OpenSSL 命令中使用 RSA

7.8.1　生成 RSA 公私钥

下面我们上机先生成 1024 位的 RSA 私钥，再转为 pkcs8 格式。

打开操作系统的命令行窗口，然后利用 cd 命令进入 D:\openssl-1.1.1b\win32-debug\bin\，输入 "openssl.exe"，并按回车键开始运行。虽然也可以用鼠标双击 openssl.exe，但是此时在 OpenSSL 命令行窗口中不能粘贴，不过可以从操作系统的命令行窗口中启动 openssl.exe。

输入生成私钥的命令：

```
genrsa -out rsa_private_key.pem 1024
```

其中，genrsa 是生成密钥的命令；-out 表示输出到文件；rsa_private_key.pem 表示存放私钥的文件名；1024 表示密钥长度。稍等片刻生成完毕，如图 7-2 所示。

图 7-2

此时会在同目录 D:\openssl-1.1.1b\win32-debug\bin\下生成一个文件 rsa_private_key.pem，它里面就是私钥内容，并且是 Base64 编码的，具体如下：

```
-----BEGIN RSA PRIVATE KEY-----
MIICXAIBAAKBgQCzdq65Nr5HVuwQasrVA1EsDB2aOTwfWZ/da43ftS5rmJHA6YVN
U5hb9ueQofhSTWj8CRDaWFrZwqjXFDrJv/2bXqSPK/gCgA4vNEjTVF56ccASd4Q+
HHtEsbJYMv5uvqhSrU7VB9SkLW1Fa80hXjJ5TUkOoOxyCeYLjFkarSwezwIDAQAB
```

AoGAVXpO6FrhsHr/PyaOa30D+ZXft6hRMaFvmnfzAD182bS2n4raeiU56Xuleecb
rp++RGVRCJ6Szyt/Xcn94kA22y/7vLHRTrLfw32nDe4d7C0OC+P67y1RzFUUDglk
qhWn3kPWsmglmzql+WLnaspa88gGce2L8o35Ln1WaLWKbskCQQDprh/gsofr91KW
iPoyc9Z6rP7fN70LyRaWiTXOB8iC893qo5yzU0n/tkv7Px3MqivOcGgwg8XUL+nP
oTDhBJerAkEAxJrfA6RpWKbKIrHA9lH9SunVToOjsl2+WXyMM9Dz6YeH2NQoiTCI
4dokCaGohVKup7YAIrIKJ7CI52G+N3+hbQJADEmBl5kLmJa6mvu83CZHItAx3p7Z
q+L48xVn5Nt36ZrVEl9j//HjNDTrrdxVvss73nD+qX5kSpHyY16AaXSKXQJBALIJ
GNkAgpFQAI3ob7ffSUMUeyAtXwh/kYcRnRizKJ2aKK92d/q748i6NJYwOR36YMTo
sDi7ByOn1OHLBmjVgAUCQCJL9IpV69Ra9aYa4ojxDXWAR8wtOw5R0axfrdOqXRbm
twXoAR11BkUGmaOggc6OOLbar9f+lkglwZgxT3WEJOc=
-----END RSA PRIVATE KEY-----

如果要把该文件转换为 pkcs8 的格式，可以输入如下命令：

pkcs8 -topk8 -inform PEM -in rsa_private_key.pem -outform pem -nocrypt -out
rsa_private_pkcs8.pem

其中，rsa_private_key.pem 文件是我们上一步生成的密钥文件，必须存在，否则会报错。该命令执行后，会在同目录下生成另外一个文件（rsa_private_pkcs8.pem），其内容如下：

-----BEGIN PRIVATE KEY-----
MIICdgIBADANBgkqhkiG9w0BAQEFAASCAmAwggJcAgEAAoGBALN2rrk2vkdW7BBq
ytUDUSwMHZo5PB9Zn91rjd+1LmuYkcDphU1TmFv255Ch+FJNaPwJENpYWtnCqNcU
Osm//ZtepI8r+AKADi80SNNUXnpxwBJ3hD4ce0Sxslgy/m6+qFKtTtUH1KQtbUVr
zSFeMnlNSQ6g7HIJ5guMWRqtLB7PAgMBAAECgYBVek7oWuGwev8/Jo5rfQP5ld+3
qFExoW+ad/MAPXzZtLafitp6JTnpe6V55xuun75EZVEInpLPK39dyf3iQDbbL/u8
sdFOst/DfacN7h3sLQ4L4/rvLVHMVRQOCWSqFafeQ9ayaCWbOqX5YudqylrzyAZx
7YvyjfkufVZotYpuyQJBAOmuH+Cyh+v3UpaI+jJz1nqs/t83vQvJFpaJNc4HyILz
3eqjnLNTSf+2S/s/HcyqK85waDCDxdQv6c+hMOEE16sCQQDEmt8DpGlYpsoiscD2
Uf1K6dVOg6OyXb5ZfIwz0PPph4fY1CiJMIjh2iQJoaiFUq6ntgAisgonsIjnYb43
f6FtAkAMSYGXmQuYlrqa+7zcJkci0DHentmr4vjzFWfk23fpmtUSX2P/8eM0NOut
3FW+yzvecP6pfmRKkfJjXoBpdIpdAkEAsgkY2QCCkVAAjehvt99JQxR7IC1fCH+R
hxGdGLMonZoor3Z3+rvjyLoOljA5HfpgxOiwOLsHLSfU4csGaNWABQJAIkv0ilXr
1Fr1phriiPENdYBHzC07DlHRrF+t06pdFua3BegBHXUGRQaZo6CBzo44ttqv1/6W
SCXBmDFPdYQk5w==
-----END PRIVATE KEY-----

注意，每次生成的公私钥不同（因为每次生成私钥时 p1 和 p2 是不同的）。下面再生成公钥，公钥可以从私钥中进行提取，在 OpenSSL 命令行提示符后输入命令：

rsa -in rsa_private_key.pem -pubout -out rsa_public_key.pem

其中，rsa 表示提取公钥的命令；-in 表示从文件中读入；rsa_private_key.pem 表示文件名；-pubout 表示输出公钥；-out 指定输出文件；rsa_public_key.pem 为输出的公钥文件名。

执行后，在同目录下生成公钥文件 rsa_public_key.pem，内容如下：

-----BEGIN PUBLIC KEY-----
MIGfMA0GCSqGSIb3DQEBAQUAA4GNADCBiQKBgQCzdq65Nr5HVuwQasrVAlEsDB2a

```
OTwfWZ/da43ftS5rmJHA6YVNU5hb9ueQofhSTWj8CRDaWFrZwqjXFDrJv/2bXqSP
K/gCgA4vNEjTVF56ccASd4Q+HHtEsbJYMv5uvqhSrU7VB9SkLW1Fa80hXjJ5TUkO
oOxyCeYLjFkarSwezwIDAQAB
-----END PUBLIC KEY-----
```

7.8.2　提取私钥参数

利用 OpenSSL 命令可以从私钥的 PEM 文件中获得 RSA 私钥中各个参数的值。在 OpenSSL 命令行提示符后输入命令：

```
rsa -in rsa_private_key.pem -text -out private.txt
```

执行后，会在同目录下生成 private.txt 文件，内容如下：

```
RSA Private-Key: (1024 bit, 2 primes)
modulus:
    00:b3:76:ae:b9:36:be:47:56:ec:10:6a:ca:d5:03:
    51:2c:0c:1d:9a:39:3c:1f:59:9f:dd:6b:8d:df:b5:
    2e:6b:98:91:c0:e9:85:4d:53:98:5b:f6:e7:90:a1:
    f8:52:4d:68:fc:09:10:da:58:5a:d9:c2:a8:d7:14:
    3a:c9:bf:fd:9b:5e:a4:8f:2b:f8:02:80:0e:2f:34:
    48:d3:54:5e:7a:71:c0:12:77:84:3e:1c:7b:44:b1:
    b2:58:32:fe:6e:be:a8:52:ad:4e:d5:07:d4:a4:2d:
    6d:45:6b:cd:21:5e:32:79:4d:49:0e:a0:ec:72:09:
    e6:0b:8c:59:1a:ad:2c:1e:cf
publicExponent: 65537 (0x10001)
privateExponent:
    55:7a:4e:e8:5a:e1:b0:7a:ff:3f:26:8e:6b:7d:03:
    f9:95:df:b7:a8:51:31:a1:6f:9a:77:f3:00:3d:7c:
    d9:b4:b6:9f:8a:da:7a:25:39:e9:7b:a5:79:e7:1b:
    ae:9f:be:44:65:51:08:9e:92:cf:2b:7f:5d:c9:fd:
    e2:40:36:db:2f:fb:bc:b1:d1:4e:b2:df:c3:7d:a7:
    0d:ee:1d:ec:2d:0e:0b:e3:fa:ef:2d:51:cc:55:14:
    0e:09:64:aa:15:a7:de:43:d6:b2:68:25:9b:3a:a5:
    f9:62:e7:6a:ca:5a:f3:c8:06:71:ed:8b:f2:8d:f9:
    2e:7d:56:68:b5:8a:6e:c9
prime1:
    00:e9:ae:1f:e0:b2:87:eb:f7:52:96:88:fa:32:73:
    d6:7a:ac:fe:df:37:bd:0b:c9:16:96:89:35:ce:07:
    c8:82:f3:dd:ea:a3:9c:b3:53:49:ff:b6:4b:fb:3f:
    1d:cc:aa:2b:ce:70:68:30:83:c5:d4:2f:e9:cf:a1:
    30:e1:04:97:ab
prime2:
    00:c4:9a:df:03:a4:69:58:a6:ca:22:b1:c0:f6:51:
    fd:4a:e9:d5:4e:83:a3:b2:5d:be:59:7c:8c:33:d0:
    f3:e9:87:87:d8:d4:28:89:30:88:e1:da:24:09:a1:
```

```
        a8:85:52:ae:a7:b6:00:22:b2:0a:27:b0:88:e7:61:
        be:37:7f:a1:6d
exponent1:
        0c:49:81:97:99:0b:98:96:ba:9a:fb:bc:dc:26:47:
        22:d0:31:de:9e:d9:ab:e2:f8:f3:15:67:e4:db:77:
        e9:9a:d5:12:5f:63:ff:f1:e3:34:34:eb:ad:dc:55:
        be:cb:3b:de:70:fe:a9:7e:64:4a:91:f2:63:5e:80:
        69:74:8a:5d
exponent2:
        00:b2:09:18:d9:00:82:91:50:00:8d:e8:6f:b7:df:
        49:43:14:7b:20:2d:5f:08:7f:91:87:11:9d:18:b3:
        28:9d:9a:28:af:76:77:fa:bb:e3:c8:ba:34:96:30:
        39:1d:fa:60:c4:e8:b0:38:bb:07:2d:27:d4:e1:cb:
        06:68:d5:80:05
coefficient:
        22:4b:f4:8a:55:eb:d4:5a:f5:a6:1a:e2:88:f1:0d:
        75:80:47:cc:2d:3b:0e:51:d1:ac:5f:ad:d3:aa:5d:
        16:e6:b7:05:e8:01:1d:75:06:45:06:99:a3:a0:81:
        ce:8e:38:b6:da:af:d7:fe:96:48:25:c1:98:31:4f:
        75:84:24:e7
```

-----BEGIN RSA PRIVATE KEY-----
MIICXAIBAAKBgQCzdq65Nr5HVuwQasrVA1EsDB2aOTwfWZ/da43ftS5rmJHA6YVN
U5hb9ueQofhSTWj8CRDaWFrZwqjXFDrJv/2bXqSPK/gCgA4vNEjTVF56ccASd4Q+
HHtEsbJYMv5uvqhSrU7VB9SkLW1Fa80hXjJ5TUkOoOxyCeYLjFkarSwezwIDAQAB
AoGAVXpO6FrhsHr/PyaOa30D+ZXft6hRMaFvmnfzAD182bS2n4raeiU56Xuleecb
rp++RGVRCJ6Szyt/Xcn94kA22y/7vLHRTrLfw32nDe4d7C0OC+P67y1RzFUUDglk
qhWn3kPWsmglmzql+WLnaspa88gGce2L8o35Ln1WaLWKbskCQQDprh/gsofr91KW
iPoyc9Z6rP7fN70LyRaWiTXOB8iC893qo5yzU0n/tkv7Px3MqivOcGgwg8XUL+nP
oTDhBJerAkEAxJrfA6RpWKbKIrHA9lH9SunVToOjsl2+WXyMM9Dz6YeH2NQoiTCI
4dokCaGohVKup7YAIrIKJ7CI52G+N3+hbQJADEmBl5kLmJa6mvu83CZHItAx3p7Z
q+L48xVn5Nt36ZrVEl9j//HjNDTrrdxVvss73nD+qX5kSpHyY16AaXSKXQJBALIJ
GNkAgpFQAI3ob7ffSUMUeyAtXwh/kYcRnRizKJ2aKK92d/q748i6NJYwOR36YMTo
sDi7By0n1OHLBmjVgAUCQCJL9IpV69Ra9aYa4ojxDXWAR8wtOw5R0axfrdOqXRbm
twXoAR11BkUGmaOggc6OOLbar9f+lkglwZgxT3WEJOc=
-----END RSA PRIVATE KEY-----

其中，prime1 和 prime2 是前面算法描述中的两个素数 p1 和 p2，每次生成私钥时 prime1 和 prime2 都是不同的；modulus 是模数。文件内容一目了然，符合 PKCS#1 的私钥格式。

7.8.3　利用 RSA 公钥加密一个文件

如果要用 RSA 公钥加密文件，可以使用命令 rsautl。该命令能够使用 RSA 算法加密/解密数据、签名/验签身份，功能异常强大，语法格式如下：

```
rsautl [-in file] [-out file] [-inkey file] [-passin arg] [-keyform PEM|DER|NET]
[-pubin] [-certin]
    [-asn1parse] [-hexdump] [-raw] [-oaep] [-ssl] [-pkcs] [-x931] [-sign]
[-verify][-encrypt] [-decrypt] [-rev]
    [-engine e]
```

选项说明：

- -in filen: 需要处理的文件，默认为标准输入。
- -out filen: 指定输出文件名，默认为标准输出。
- -inkey file: 指定私有密钥文件，格式必须是 RSA 私有密钥文件。
- -passin arg: 指定私钥包含口令存放方式。用户将私钥的保护口令写入一个文件，采用此选项指定文件，可以免去用户输入口令的操作，比如用户要将口令写入文件 "pwd.txt"，输入的参数为 "-passin file:pwd.txt"。
- -keyform PEM|DER|NET: 证书私钥格式。
- -pubin: 表明输入的是一个公钥文件，默认输入为私钥文件。
- -certin: 表明输入的是一个证书文件。
- -asn1parse: 对输出的数据进行 ASN1 分析。该指令一般和-verify 一起用的时候威力较大。
- -hexdump: 用十六进制输出数据。
- -pkcs、-oaep、-ssl、-x931: 采用的填充模式，分别代表: PKCS#1.5（默认值）、PKCS#1 OAEP、SSLv2、X931 里面特定的填充模式，或者不填充。如果要签名，那么只有-pkcs 可以使用。
- -sign: 给输入的数据签名，需要私有密钥文件。
- -verify: 对输入的数据进行验证。
- -encrypt: 用公共密钥对输入的数据进行加密。
- -decrypt: 用 RSA 的私有密钥对输入的数据进行解密。
- -rev: 数据是否倒序。
- -engine e: 硬件引擎。

在某个目录（比如 d:\test\下）新建一个文本文件，文件名为 plain.txt，然后输入 3 个字符 "abc"，然后利用此前生成的公钥加密文件（注意加密是利用公钥，解密是利用私钥）。在 OpenSSL 提示符后输入如下命令：

```
 rsautl -encrypt -in d:\test\plain.txt -inkey rsa_public_key.pem -pubin-out
d:\test\enfile.dat
```

其中，rsa_public_key.pem 公钥文件是我们前面生成的公钥文件；d:\test\enfile.dat 是我们加密后生成的密文文件。

注意，每次的加密结果是不同的，因为明文填充时加入的是随机数。

7.8.4　利用私钥解密一个文件

在 OpenSSL 中，RSA 私钥解密所用的命令依然是 rsautl。我们在前面的目录（比如 d:\test\下）下生成一个密文文件 enfile.dat，现在在 OpenSSL 提示符后输入如下命令开始解密：

```
rsautl -decrypt -inkey rsa_private_key.pem -in  d:\test\enfile.dat
```

执行后，直接在终端上显示明文：abc。如果要指定输出到文件，可以使用以下命令：

```
rsautl -decrypt -inkey rsa_private_key.pem -in  d:\test\enfile.dat -out
d:\test\plainheck.txt
```

其中，-in 指定被加密的文件，-inkey 指定私钥文件，-out 为解密后的文件。通过-out 选项输出解密结果到文件（d:\test\plainheck.txt）即可。

7.9　基于 OpenSSL 库的 Java RSA 实现

RSA 命令不是万能的，我们在实际开发中需要自己编程实现某些特定功能，让加解密功能融入应用系统中去，这就需要基于 OpenSSL 算法库进行 RSA 加解密编程。

使用 OpenSSL 的 RSA 加解密编程有两种方式：一种是使用 EVP 系列函数，这些函数提供了对底层加解密函数的封装；另一种是直接使用 RSA 相关的函数进行加解密操作。如果是标准应用，如使用 RSA 公钥加密、私钥解密，那么使用 EVP 函数比较方便；如果有特殊应用，如私钥签名、公钥验签，那么 EVP 函数会有问题，可以直接使用 RSA 提供的函数。

值得注意的是，使用 EVP 方式只能采取公钥加密、私钥解密的方式，反之运行会出错。

7.9.1　OpenSSL 的 RSA 实现

OpenSSL 的 RSA 实现源码在 crypto/rsa 目录下，它实现了 RSA PKCS#1 标准，主要源码如下：

（1）rsa.h：定义 RSA 数据结构以及 RSA_METHOD，以及 RSA 的各种函数。

（2）rsa_asn1.c：实现了 RSA 密钥的 DER 编码和解码，包括公钥和私钥。

（3）rsa_chk.c：RSA 密钥检查。

（4）rsa_eay.c：OpenSSL 实现的一种 RSA_METHOD，是默认的一种 RSA 计算实现方式。此文件未实现 rsa_sign、rsa_verify 和 rsa_keygen 回调函数。

（5）rsa_err.c：RSA 错误处理。

（6）rsa_gen.c：RSA 密钥生成，如果 RSA_METHOD 中的 rsa_keygen 回调函数不为空，则调用它，否则调用其内部实现。

（7）rsa_lib.c：主要实现了 RSA 运算的四个函数（公钥/私钥，加密/解密），它们都调用了 RSA_METHOD 中相应的回调函数。

（8）rsa_none.c：实现了一种填充和去填充。

（9）rsa_null.c：实现了一种空的 RSA_METHOD。

（10）rsa_oaep.c：实现了 oaep 填充与去填充。

（11）rsa_pk1.c：实现了 pkcs1 填充与去填充。

（12）rsa_sign.c：实现了 RSA 的签名和验签。

（13）rsa_ssl.c：实现了 ssl 填充。

（14）rsa_x931.c：实现了一种填充和去填充。

7.9.2　主要数据结构

结构体 rsa_st 封装了公私钥信息，它们各自会在不同的函数中被用到。rsa_st 结构体定义在 crypto/rsa/rsa.h 中。rsa_st 结构中包含了公/私钥信息（如果仅有 n 和 e，则表明是公钥），定义如下：

```
struct rsa_st {
    /*
     * The first parameter is used to pickup errors where this is passed
     * instead of aEVP_PKEY, it is set to 0
     */
    int pad;
    long version;
    const RSA_METHOD *meth;
    /* functional reference if 'meth' is ENGINE-provided */
    ENGINE *engine;
    BIGNUM *n;
    BIGNUM *e;
    BIGNUM *d;
    BIGNUM *p;
    BIGNUM *q;
    BIGNUM *dmp1;
    BIGNUM *dmq1;
    BIGNUM *iqmp;
    /* be careful using this if the RSA structure is shared */
    CRYPTO_EX_DATA ex_data;
    int references;
    int flags;
    /* Used to cache montgomery values */
    BN_MONT_CTX *_method_mod_n;
    BN_MONT_CTX *_method_mod_p;
    BN_MONT_CTX *_method_mod_q;
    /*
     * all BIGNUM values are actually in the following data, if it is not
     * NULL
     */
    char *bignum_data;
    BN_BLINDING *blinding;
    BN_BLINDING *mt_blinding;
};
```

在\include\openssl\ossl_type.h 中定义：

```
typedef struct rsa_st RSA;
```

7.9.3　主要函数

1. 初始化和释放函数

初始化函数是 rsa_new，用于初始化一个 rsa 结构，声明如下：

```
rsa * rsa_new(void);
```

释放函数是 rsa_free，用于释放一个 rsa 结构，声明如下：

```
void rsa_free(rsa *rsa);
```

2. 公私钥产生函数 RSA_generate_key

函数 RSA_generate_key 用于产生一个模为 num 位的密钥对，该函数声明如下：

```
#include <openssl/rsa.h>
RSA *RSA_generate_key(int num, unsigned long e,void (*callback)(int,int,void
*), void *cb_arg);
```

其中，参数 num 是模数的比特数，e 为公开的公钥指数，一般为 65537（0x10001）；callback 是回调函数，由用户实现，用于干预密钥生成过程中的一些运算，可为空；cb_arg 是回调函数的参数，可为空。

3. 公钥加密函数 RSA_public_encrypt

函数 RSA_public_encrypt 用于公钥加密，声明如下：

```
#include <openssl/rsa.h>
int RSA_public_encrypt(int flen, const unsigned char *from,unsigned char *to,
RSA *rsa, int padding);
```

其中，flen 是要加密的明文长度；from 指向要加密的明文缓冲区；to 指向存放密文结果的缓冲区；rsa 指向 RSA 结构体；padding 用于指定填充模式，取值如下：

- RSA_PKCS1_PADDING：使用 PKCS #1 v1.5 规定的填充模式，这是目前使用最广泛的模式，但是强烈建议在新的应用程序中使用 RSA_PKCS1_OAEP_PADDING。
- RSA_PKCS1_OAEP_PADDING：PKCS#1 v2.0 中定义的填充模式。对于所有新的应用程序，建议使用此模式。
- RSA_SSLV23_PADDING：PKCS#1 v1.5 填充，专门用于支持 SSL，表示服务器支持 SSL3。
- RSA_NO_PADDING：不填充，用 RSA 直接加密用户数据是不安全的。

如果函数成功，就返回密文长度，即 RSA_size(rsa)；如果出错则返回-1，此时可以通过函数 ERR_get_error 获得错误码。

对于基于 PKCS#1 v1.5 的填充模式，flen 不能大于 RSA_size(rsa)-11；对于 RSA_PKCS1_OAEP_PADDING 填充模式，flen 不能大于 RSA_size(rsa)-42；对于 RSA_NO_PADDING 填充模式，flen 不能大于 RSA_size(rsa)。当使用 RSA_NO_padding 以外的填充模式时，RSA_public_encrypt 函数将在密文中包含一些随机字节，因此密文每次都不同，即使明文和公钥完全相同。to 中返回的密文将始终被零填充到 RSA_size(rsa)。

4. 私钥解密函数 RSA_private_decrypt

函数 RSA_private_decrypt 用于私钥加密，声明如下：

```
#include <openssl/rsa.h>
int RSA_private_decrypt(int flen, const unsigned char *from,unsigned char *to,
RSA *rsa, int padding);
```

其中，flen 是要解密的密文长度；from 指向要解密的密文缓冲区；to 指向存放明文结果的缓冲区；rsa 指向 RSA 结构体；padding 用于指定填充模式，取值如下：

- RSA_PKCS1_PADDING：使用 PKCS #1 v1.5 规定的填充模式，这是目前使用最广泛的模式，但是强烈建议在新的应用程序中使用 RSA_PKCS1_OAEP_PADDING。
- RSA_PKCS1_OAEP_PADDING：PKCS#1 v2.0 中定义的填充模式。对于所有新的应用程序，建议使用此模式。
- RSA_SSLV23_PADDING：PKCS#1 v1.5 填充，专门用于支持 SSL，表示服务器支持 SSL3。
- RSA_NO_PADDING：不填充，用 RSA 直接加密用户数据是不安全的。

如果函数成功，返回解密出来的明文长度；如果出错就返回–1，此时可以通过函数 ERR_get_error 获得错误码。

解密时，flen 应该等于 RSA_size(rsa)，当前导零字节在密文中时，它可能更小。to 必须指向一个足够大的内存段，以容纳可能的最大解密数据，对于 RSA_NO_PADDING 填充，to 的大小等于 RSA_size(rsa)；对于 PKCS#1 v1.5 的填充模式，to 的大小等于 RSA_size(rsa)-11；对于 RSA_PKCS1_OAEP_PADDING 填充，to 的大小等于 RSA_size(rsa)-42。

【例 7.8】　Java 使用 EVP 方式实现 RSA 加解密

（1）打开 Eclipse，设置工作区路径为 D:\eclipse-workspace\myws，如果已经存在 myws，就将其删除。然后新建一个 Java 工程，工程名是 myprj。

（2）在工程中新建一个类，类名是 rsatest，其他保持默认，然后在 rsatest.java 中输入如下代码：

```
package myprj;
import javax.xml.bind.DatatypeConverter;
public class rsatest {
    public static native void genkeyToFile(String pwd);  //pwd 是私钥口令
    //输入明文和长度，返回密文
    public static native byte[] rsaEnc(byte[] encdata);
    //输入密文和私钥口令
    public static native byte[] rsaDec(byte[] decdata,String pwd);

    public static void main(String[] args) {
        // data 是要加密的明文，pwd 是私钥口令
        String data = "helloworld!",pwd="123";
        genkeyToFile(pwd);//生成密钥到文件
        byte[] cipherText = rsaEnc(data.getBytes());//rsa 加密
        String strHexBytes = DatatypeConverter.printHexBinary(cipherText);
```

```
        System.out.println("rsa 加密结果(len="+cipherText.length+"):");
        System.out.println(strHexBytes);
        System.out.print("------------\n");

        byte[] chkText = rsaDec(cipherText,pwd); //rsa 解密
        //字节数组转为十六进制字符串
        strHexBytes = DatatypeConverter.printHexBinary(chkText);
        System.out.print("rsa 解密结果(len="+chkText.length+"):");
        System.out.println(strHexBytes);
        String s = new String(chkText);
        System.out.println(s);
    }
    static {
        //mysha.dll 要放在系统路径下，比如 c:\windows\
        System.loadLibrary("myrsa");
    }
}
```

在 main 函数中，函数 genkeyToFile 用于生成公私钥对并保存到文件中，注意私钥需要一个口令保护。函数 rsaEnc 用于加密，其中 data 参数表示要加密的明文，len 是明文 data 的长度，函数返回密文的字节数组。函数 rsaDec 用于解密，该函数的 data 参数表示要解密的密文，len 是密文 data 的长度，函数返回解密后的明文字节数组。注意 rsaEnc 和 rsaDec 的声明，它们都有一个关键字 native，表明这个方法使用 Java 以外的语言实现。该方法不包括业务功能实现，因为我们要用 C/C++语言实现它。注意 System.loadLibrary("myrsa")这句代码，它是在静态初始化块中定义的，系统用来装载 myrsa 库，也就是我们在后面生成的 myrsa.dll。

（3）生成.h 文件。打开命令行窗口，进入 rsatest.java 所在的目录，这里是 D:\eclipse-workspace\myws\myprj\src\myprj\，然后输入如下命令：

```
javac rsatest.java -h .
```

注意，-h 后面有一个空格和一个黑点。选项-h 表示需要生成 jni 的头文件，黑点表示在当前目录下生成头文件，如果需要指定目录，可以把点改成文件夹名称（文件夹会自动新建）。该命令执行后，会在同一目录生成两个文件：rsatest.class 和 myprj_rsatest.h，后者就是我们所需的头文件。

（4）编写本地实现代码。打开 VC 2017，按 Ctrl+Shift+N 快捷键打开"新建项目"对话框，然后在左边选择"Windows 桌面"，在右边选择"Windows 桌面向导"，然后输入工程名 myrsa，并设置好工程所存放的位置 D:\eclipse-workspace\，然后单击"确定"按钮，随后出现"Windows 桌面项目"对话框，设置"应用程序类型"为"动态链接库(.dll)"，并勾选"预编译标头"复选框。然后单击"确定"按钮，此时一个 dll 工程就建立起来了。在 VC 解决方案中双击 myrsa.cpp，然后在编辑框中输入如下代码：

```
#include "header.h"
#include "jni.h"
#include "stdio.h"
#include "string.h"
#include "myprj_rsatest.h"
```

```
#include "OpenSSL/evp.h"    //openssl 的头文件
#include <openssl/rand.h>   //为了使用随机数
#include <openssl/rsa.h>
#include<openssl/pem.h>
#include<openssl/err.h>
#include <openssl/bio.h>

#pragma comment(lib, "libcrypto.lib")    //openssl 的静态库
#pragma comment(lib, "ws2_32.lib")
#pragma comment(lib, "Crypt32.lib")


#define RSA_KEY_LENGTH 1024
static const char rnd_seed[] = "string to make the random number generator
initialized";

#ifdef WIN32
#define PRIVATE_KEY_FILE "d:\\test\\rsapriv.key"
#define PUBLIC_KEY_FILE "d:\\test\\rsapub.key"
#else   // non-win32 system
#define PRIVATE_KEY_FILE "/tmp/avit.data.tmp1"
#define PUBLIC_KEY_FILE  "/tmp/avit.data.tmp2"
#endif


// 生成公钥文件和私钥文件，私钥文件带密码
int generate_key_files(const char *pub_keyfile, const char *pri_keyfile, const
char *passwd, int passwd_len)
    {
        RSA *rsa = NULL;
        RAND_seed(rnd_seed, sizeof(rnd_seed));
        rsa = RSA_generate_key(RSA_KEY_LENGTH, RSA_F4, NULL, NULL);
        if (rsa == NULL)
        {
            printf("RSA_generate_key error!\n");
            return -1;
        }

        // 开始生成公钥文件
        BIO *bp = BIO_new(BIO_s_file());
        if (NULL == bp)
        {
            printf("generate_key bio file new error!\n");
            return -1;
```

```
    }

    if (BIO_write_filename(bp, (void *)pub_keyfile) <= 0)
    {
        printf("BIO_write_filename error!\n");
        return -1;
    }

    if (PEM_write_bio_RSAPublicKey(bp, rsa) != 1)
    {
        printf("PEM_write_bio_RSAPublicKey error!\n");
        return -1;
    }

    // 公钥文件生成成功，释放资源
    //printf("Create public key ok!\n");
    BIO_free_all(bp);

    // 生成私钥文件
    bp = BIO_new_file(pri_keyfile, "w+");
    if (NULL == bp)
    {
        printf("generate_key bio file new error2!\n");
        return -1;
    }

    if (PEM_write_bio_RSAPrivateKey(bp, rsa,
        EVP_des_ede3_ofb(), (unsigned char *)passwd,
        passwd_len, NULL, NULL) != 1)
    {
        printf("PEM_write_bio_RSAPublicKey error!\n");
        return -1;
    }

    // 释放资源
    //printf("Create private key ok!\n");
    BIO_free_all(bp);
    RSA_free(rsa);

    return 0;
}

// 打开私钥文件，返回 EVP_PKEY 结构的指针
EVP_PKEY* open_private_key(const char *keyfile, const char *passwd)
```

```
{
    EVP_PKEY* key = NULL;
    RSA *rsa = RSA_new();
    OpenSSL_add_all_algorithms();
    BIO *bp = NULL;
    bp = BIO_new_file(keyfile, "rb");
    if (NULL == bp)
    {
        printf("open_private_key bio file new error!\n");
        return NULL;
    }

    rsa = PEM_read_bio_RSAPrivateKey(bp, &rsa, NULL, (void *)passwd);
    if (rsa == NULL)
    {
        printf("open_private_key failed to PEM_read_bio_RSAPrivateKey!\n");
        BIO_free(bp);
        RSA_free(rsa);

        return NULL;
    }

    //printf("open_private_key success to PEM_read_bio_RSAPrivateKey!\n");
    key = EVP_PKEY_new();
    if (NULL == key)
    {
        printf("open_private_key EVP_PKEY_new failed\n");
        RSA_free(rsa);

        return NULL;
    }

    EVP_PKEY_assign_RSA(key, rsa);
    return key;
}



// 打开公钥文件，返回 EVP_PKEY 结构的指针
EVP_PKEY* open_public_key(const char *keyfile)
{
    EVP_PKEY* key = NULL;
    RSA *rsa = NULL;
```

```
    OpenSSL_add_all_algorithms();
    BIO *bp = BIO_new(BIO_s_file());;
    BIO_read_filename(bp, keyfile);
    if (NULL == bp)
    {
        printf("open_public_key bio file new error!\n");
        return NULL;
    }

    rsa = PEM_read_bio_RSAPublicKey(bp, NULL, NULL, NULL);//读取 PKCS#1 的公钥
    if (rsa == NULL)
    {
        printf("open_public_key failed to PEM_read_bio_RSAPublicKey!\n");
        BIO_free(bp);
        RSA_free(rsa);

        return NULL;
    }

    //printf("open_public_key success to PEM_read_bio_RSAPublicKey!\n");
    key = EVP_PKEY_new();
    if (NULL == key)
    {
        printf("open_public_key EVP_PKEY_new failed\n");
        RSA_free(rsa);

        return NULL;
    }

    EVP_PKEY_assign_RSA(key, rsa);
    return key;
}
// 使用密钥加密，这种封装格式只适用于公钥加密、私钥解密，这里的 key 必须是公钥
    int rsa_key_encrypt(EVP_PKEY *key, const unsigned char *orig_data, size_t
orig_data_len, unsigned char *enc_data, size_t &enc_data_len)
    {
        EVP_PKEY_CTX *ctx = NULL;
        OpenSSL_add_all_ciphers();

        ctx = EVP_PKEY_CTX_new(key, NULL);
        if (NULL == ctx)
        {
            printf("ras_pubkey_encryptfailed to open ctx.\n");
            EVP_PKEY_free(key);
```

```
            return -1;
        }

        if (EVP_PKEY_encrypt_init(ctx) <= 0)
        {
            printf("ras_pubkey_encryptfailed to EVP_PKEY_encrypt_init.\n");
            EVP_PKEY_free(key);
            return -1;
        }

        if (EVP_PKEY_encrypt(ctx,
            enc_data,
            &enc_data_len,
            orig_data,
            orig_data_len) <= 0)
        {
            printf("ras_pubkey_encryptfailed to EVP_PKEY_encrypt.\n");
            EVP_PKEY_CTX_free(ctx);
            EVP_PKEY_free(key);

            return -1;
        }

        EVP_PKEY_CTX_free(ctx);
        EVP_PKEY_free(key);

        return 0;
    }
    // 使用密钥解密，这种封装格式只适用于公钥加密、私钥解密，这里的 key 必须是私钥
    int rsa_key_decrypt(EVP_PKEY *key, const unsigned char *enc_data, size_t
enc_data_len,unsigned char *orig_data, size_t &orig_data_len)
    {
        EVP_PKEY_CTX *ctx = NULL;
        OpenSSL_add_all_ciphers();

        ctx = EVP_PKEY_CTX_new(key, NULL);
        if (NULL == ctx)
        {
            printf("ras_prikey_decryptfailed to open ctx.\n");
            EVP_PKEY_free(key);
            return -1;
        }

        if (EVP_PKEY_decrypt_init(ctx) <= 0)
```

```
    {
        printf("ras_prikey_decryptfailed to EVP_PKEY_decrypt_init.\n");
        EVP_PKEY_free(key);
        return -1;
    }

    if (EVP_PKEY_decrypt(ctx,
        orig_data,
        &orig_data_len,
        enc_data,
        enc_data_len) <= 0)
        {
            printf("ras_prikey_decryptfailed to EVP_PKEY_decrypt.\n");
            EVP_PKEY_CTX_free(ctx);
            EVP_PKEY_free(key);
            return -1;
        }
    EVP_PKEY_CTX_free(ctx);
    EVP_PKEY_free(key);
    return 0;
}


void PrintBuf(unsigned char* buf, int len)     //打印字节缓冲区函数
{
    int i;
    for (i = 0; i < len; i++) {
        printf("%02x ", (unsigned char)buf[i]);
        if (i % 16 == 15)
            putchar('\n');
    }
    putchar('\n');
}
int doRsaEnc(unsigned char *origin_text, int len, unsigned char*enc_text,
unsigned int &enc_len)
{
    size_t mlen;
    EVP_PKEY *pub_key = open_public_key(PUBLIC_KEY_FILE);
    rsa_key_encrypt(pub_key, origin_text, len,  enc_text, mlen);
    enc_len = mlen;
    return 0;
}


int doRsaDec(unsigned char *enctext, int enclen, unsigned char*plaintext,
unsigned int &declen,char *pwd)
```

```
{
    int i, res;
    size_t mlen;
    EVP_PKEY *pri_key = open_private_key(PRIVATE_KEY_FILE,pwd);
    res = rsa_key_decrypt(pri_key, (const unsigned char *)enctext, enclen,
plaintext, mlen);
    declen = mlen;
    return res;
}


JNIEXPORT void JNICALL Java_myprj_rsatest_genkeyToFile(
    JNIEnv *env, jclass cls, jstring j_str)
{
    int len;
    const char *c_str = NULL;
    char buff[2048] = "";

    int res, i;
    jboolean isCopy;
    c_str = env->GetStringUTFChars(j_str, &isCopy);    //生成 native 的 char 指针
    if (c_str == NULL)
    {
        printf("out of memory.\n");
        return ;
    }
    len = env->GetStringLength(j_str);
    //printf("From Java String:addr: %x  string: %s  len:%d  isCopy:%d\n",
c_str, c_str, strlen(c_str), isCopy);
    sprintf_s(buff, "%s", c_str);
    env->ReleaseStringUTFChars(j_str, c_str);

    res=generate_key_files(PUBLIC_KEY_FILE, PRIVATE_KEY_FILE,  buff,len );

}


JNIEXPORT jbyteArray JNICALL Java_myprj_rsatest_rsaEnc(
    JNIEnv *env, jclass cls, jbyteArray data)
{
    jbyte *pArr;
    unsigned char encText[2048] = "";
    unsigned char *pPlaindata;

    unsigned int enclen, i;
    jboolean isCopy;
```

```
    pArr = env->GetByteArrayElements(data, &isCopy);
    if (pArr == NULL)
    {
        printf("out of memory.\n");
        return NULL;
    }
    int plainlen = env->GetArrayLength(data);
    pPlaindata = new unsigned char[plainlen];
    memset(pPlaindata, 0, plainlen );
    memcpy(pPlaindata, pArr, plainlen);
    env->ReleaseByteArrayElements(data, pArr, 0);
    doRsaEnc(pPlaindata, plainlen, encText, enclen);
    jbyteArray RtnArr = NULL;    //下面一系列操作把 btPath 转成 jbyteArray 返回出去
    RtnArr = env->NewByteArray(enclen);
    env->SetByteArrayRegion(RtnArr, 0, enclen, (jbyte*)encText);
    return RtnArr;
}


JNIEXPORT jbyteArray JNICALL Java_myprj_rsatest_rsaDec(
    JNIEnv *env, jclass cls, jbyteArray data, jstring pwd)
{
    jbyte *pArr;
    const char *c_str;
    char *pPwd;
    unsigned char *pencdata;
    unsigned char plainText[2048] = "";
    char buff[256] = "";
    unsigned int declen = 0;
    int i;
    jboolean isCopy;
    pArr = env->GetByteArrayElements(data, &isCopy);
    if (pArr == NULL)
    {
        printf("out of memory.\n");
        return NULL;
    }
    int enclen = env->GetArrayLength(data);
    pencdata = new unsigned char[enclen];
    memset(pencdata, 0, enclen);
    memcpy(pencdata, pArr, enclen);
    c_str = env->GetStringUTFChars(pwd, &isCopy);        //生成 native 的 char 指针
    if (c_str == NULL)
    {
        printf("out of memory.\n");
```

```
        return NULL;
    }
    int pwdlen = env->GetStringLength(pwd);
    if (pwdlen > 256)
    {
        puts("too long pwd");
        return NULL;
    }
    sprintf_s(buff, "%s", c_str);

    doRsaDec(pencdata, enclen, plainText, declen, buff);
    env->ReleaseStringUTFChars(pwd, c_str);
    env->ReleaseByteArrayElements(data, pArr, 0);
    jbyteArray RtnArr = NULL;   //下面一系列操作把 btPath 转成 jbyteArray 返回出去
    RtnArr = env->NewByteArray(declen);
    env->SetByteArrayRegion(RtnArr, 0, declen, (jbyte*)plainText);
    return RtnArr;
}
```

上述代码主要实现了 rsa 的密钥生成、加密和解密，其中加密的库函数是 EVP_PKEY_encrypt，解密的库函数是 EVP_PKEY_decrypt。注意，要把前面生成的 myprj_evptest.h 复制到本工程目录下，并把该文件添加到 VC 工程中。jni.h 是 JDK 的自带文件，我们需要为 VC 工程添加 OpenSSL 和 JDK 的头路径包含，在 VC 菜单栏中选择"项目→属性→配置属性→C/C++"，然后在右边"平台"下选择"x64"（因为我们要生成 64 位的 dll），并在"附加包含目录"旁输入"D:\openssl-1.1.1b\win64-release\include;%JAVA_HOME%\include;%JAVA_HOME%\include\win32"，其中第一个路径是 OpenSSL 头文件所在的路径，后两个是 JDK 相关的头文件。

我们在第 2 章把 openssl1.1.1b 的 64 位静态库生成在 D:\openssl-1.1.1b\win64-release\lib 下了，可以从该目录下把 libcrypto.lib 复制到本 VC 工程目录下。

在 VC 工具栏处切换解决方案平台为 x64，按 F7 键生成解决方案，此时将在\myevp\x64\Debug 下生成 mydevp.dll，然后把该文件复制到 c:\windows 下。至此，VC 本地代码开发工作完成。如果不设置解决方案平台为 64 位，则 Java 程序中会有错误提示：Can't load IA 32-bit .dll on a AMD 64-bit platform。

（5）重新回到 Eclipse 中，按 Ctrl+F11 快捷键运行工程，可以看到下方控制台窗口上有输出了，如下所示：

```
rsa 加密结果(len=128):
0B249FB2C76F57140F0592DA6072535DCDAC057F85483018667645A35447FD8D786BAE42D7
85642D5F16060CD06798CD17D8E94ECF62E8CDE458F6CB088BE60A45806DA5E600DFCE037A8DBC
044B607DBC4728D64302FFE05B13669271E3AEB90E873BF23E07AEBB1EDD8A1D2A4D032A4CF08F
1D943C7F56E842B58F23166018
------------
rsa 解密结果(len=11):68656C6C6F776F726C6421
helloworld!
```

EVP 方式 RSA 加解密成功后，我们继续实现 Java 和非 EVP 的联合作战，大框架也是类似的，区别就是核心加解密函数不用 EVP 系列函数了。

【例 7.9】 Java 使用非 EVP 方式实现 RSA 加解密

（1）打开 Eclipse，设置工作区路径为 D:\eclipse-workspace\myws，如果已经存在 myws，就将其删除。然后新建一个 Java 工程，工程名是 myprj。

（2）在工程中新建一个类，类名是 rsatest，其他保持默认，然后在 rsatest.java 中输入如下代码：

```java
package myprj;
import javax.xml.bind.DatatypeConverter;
public class rsatest {
    public static native void genRsaKey();
    //输入明文和长度，返回密文
    public static native byte[] rsaEnc(byte[] data);
    public static native byte[] rsaDec(byte[] data);  //输入密文
    public static native void freeRsaKey();
    public static void main(String[] args) {
        String data = "helloworld!" ;// data 是要加密的明文
        genRsaKey();
        byte[] cipherText = rsaEnc(data.getBytes());//rsa 加密
        String strHexBytes = DatatypeConverter.printHexBinary (cipherText);
        System.out.println("rsa 加密结果(len="+cipherText.length+"):");
        System.out.println(strHexBytes);
        System.out.print("------------\n");

        byte[] chkText = rsaDec(cipherText); //rsa 解密
        //字节数组转为十六进制字符串
        strHexBytes = DatatypeConverter.printHexBinary(chkText);
        System.out.print("rsa 解密结果(len="+chkText.length+"):");
        System.out.println(strHexBytes);
        String s = new String(chkText);
        System.out.println(s);
        freeRsaKey();
    }
    static {
        //mysha.dll 要放在系统路径下，比如 c:\windows\
        System.loadLibrary("myrsa");
    }
}
```

在 main 函数中，函数 genRsaKey 必须第一个调用，用于生成公私钥对，并保存到内存中。注意这里私钥没有使用口令保护。函数 rsaEnc 用于加密，该函数的 data 参数表示要加密的明文，len 表示明文 data 的长度，函数返回密文的字节数组。函数 rsaDec 用于解密，该函数的 data 参数表示要解密的密文，len 表示密文 data 的长度，函数返回解密后的明文字节数组。函数 freeRsaKey 在加解密完成后且不再需要 rsa 密钥时调用，该函数用于释放 rsa 密钥所占用的内存空间。注意 rsaEnc 和 rsaDec 声明都有关键字 native，表明使用 Java 以外的语言实现。该方法不包括业务功能实现，因为我们要用 C/C++语言实现它。注意 System.loadLibrary("myrsa")这句代码，它是在静态初始化块中定义的，系统用来装载 myrsa 库，也就是我们在后面生成的 myrsa.dll。

（3）生成.h 文件。打开命令行窗口，然后进入 rsatest.java 所在目录,这里是 D:\eclipse-workspace\myws\myprj\src\myprj\，然后输入如下命令：

```
javac rsatest.java -h .
```

注意，-h 后面有一个空格和一个黑点。选项-h 表示需要生成 jni 的头文件，黑点表示在当前目录下生成头文件，如果需要指定目录，可以把点改成文件夹名称（文件夹会自动新建）。该命令执行后，会在同一目录生成两个文件：rsatest.class 和 myprj_rsatest.h。后者是我们所需的头文件，后面在 VC 工程中要用到。

（4）编写本地实现代码。打开 VC 2017，按 Ctrl+Shift+N 快捷键打开 "新建项目" 对话框，然后在左边选择 "Windows 桌面"，在右边选择 "Windows 桌面向导"，然后输入工程名 myrsa，并设置好工程所存放的位置 D:\eclipse-workspace\，然后单击 "确定" 按钮，在随后出现的 "Windows 桌面项目" 对话框中，设置 "应用程序类型" 为 "动态链接库(.dll)"，并勾选 "预编译标头" 复选框。然后单击 "确定" 按钮，此时一个 dll 工程就建立起来了。在 VC 解决方案中双击 myrsa.cpp，然后在编辑框中输入如下代码：

```cpp
#include "header.h"
#include "jni.h"
#include "stdio.h"
#include "string.h"
#include "myprj_rsatest.h"
#include "OpenSSL/evp.h"    //OpenSSL 的头文件
#include <openssl/rand.h>   //为了使用随机数
#include <openssl/rsa.h>
#include<openssl/pem.h>
#include<openssl/err.h>
#include <openssl/bio.h>

#pragma comment(lib, "libcrypto.lib")    //OpenSSL 的静态库
#pragma comment(lib, "ws2_32.lib")
#pragma comment(lib, "Crypt32.lib")

#define RSA_KEY_LENGTH 1024

RSA *grsaKey = NULL;
int doRsaEnc(unsigned char *origin_text, int len, unsigned char*enc_text,
unsigned int &enc_len)
{
    if (!grsaKey)
    {
```

```
            puts("no rsakey.");
            return -1;
        }
        int ret = RSA_public_encrypt(len, origin_text, enc_text, grsaKey,
RSA_PKCS1_PADDING);
        if (ret == -1)
        {
            puts("RSA_public_encrypt failed.");
            return -1;
        }
        enc_len = ret;
        return 0;
    }

    int doRsaDec(unsigned char *enctext, int enclen, unsigned char*plaintext,
unsigned int &declen)
    {
        int i, ret;
        ret = RSA_private_decrypt(RSA_KEY_LENGTH/8, (unsigned char *)enctext,
(unsigned char *)plaintext, grsaKey, RSA_PKCS1_PADDING);
        if (ret == -1)
        {
            puts("RSA_private_decrypt failed.");
            return -1;
        }
        declen = ret;
        return 0;
    }

    JNIEXPORT void JNICALL Java_myprj_rsatest_genRsaKey(
        JNIEnv *env, jclass cls)
    {
        grsaKey = RSA_generate_key(RSA_KEY_LENGTH, 65537, NULL, NULL);
    }

    JNIEXPORT void JNICALL Java_myprj_rsatest_freeRsaKey(
        JNIEnv *env, jclass cls)
    {
        if(grsaKey)
            RSA_free(grsaKey);
    }

    JNIEXPORT jbyteArray JNICALL Java_myprj_rsatest_rsaEnc(
        JNIEnv *env, jclass cls, jbyteArray data)
```

```
{
    jbyte *pArr;
    unsigned char encText[2048] = "";
    unsigned char *pPlaindata;

    unsigned int enclen, i;
    jboolean isCopy;
    pArr = env->GetByteArrayElements(data, &isCopy);
    if (pArr == NULL)
    {
        printf("out of memory.\n");
        return NULL;
    }
    int plainlen = env->GetArrayLength(data);
    pPlaindata = new unsigned char[plainlen];
    memset(pPlaindata, 0, plainlen);
    memcpy(pPlaindata, pArr, plainlen);
    env->ReleaseByteArrayElements(data, pArr, 0);
    doRsaEnc(pPlaindata, plainlen, encText, enclen);
    jbyteArray RtnArr = NULL;  //下面一系列操作把 btPath 转成 jbyteArray 返回出去
    RtnArr = env->NewByteArray(enclen);
    env->SetByteArrayRegion(RtnArr, 0, enclen, (jbyte*)encText);
    return RtnArr;
}


JNIEXPORT jbyteArray JNICALL Java_myprj_rsatest_rsaDec(
    JNIEnv *env, jclass cls, jbyteArray data)
{
    jbyte *pArr;
    unsigned char *pencdata;
    unsigned char plainText[2048] = "";
    unsigned int declen = 0;
    int i;
    jboolean isCopy;

    pArr = env->GetByteArrayElements(data, &isCopy);
    if (pArr == NULL)
    {
        printf("out of memory.\n");
        return NULL;
    }
    int enclen = env->GetArrayLength(data);
    pencdata = new unsigned char[enclen];
    memset(pencdata, 0, enclen);
```

```
        memcpy(pencdata, pArr, enclen);
        doRsaDec(pencdata, enclen, plainText, declen);
        env->ReleaseByteArrayElements(data, pArr, 0);
        jbyteArray RtnArr = NULL;  //下面一系列操作把 btPath 转成 jbyteArray 返回出去
        RtnArr = env->NewByteArray(declen);
        env->SetByteArrayRegion(RtnArr, 0, declen, (jbyte*)plainText);
        return RtnArr;
    }
```

上述代码主要实现了 rsa 的密钥生成、加密和解密，其中密钥生成函数是 RSA_generate_key，加密函数是 RSA_public_encrypt，解密的库函数是 RSA_private_decrypt，这 3 个都是 OpenSSL 库函数，直接使用即可。注意，要把前面生成的 myprj_evptest.h 复制到本工程目录下，并把该文件添加到 VC 工程中。jni.h 是 JDK 的自带文件，我们需要为 VC 工程中添加 OpenSSL 和 JDK 的头路径包含。在 VC 菜单栏中选择"项目→属性→配置属性→C/C++"，然后在右边"平台"下选择"x64"（因为我们要生成 64 位的 dll），并在"附加包含目录"旁输入"D:\openssl-1.1.1b\win64-release\include;%JAVA_HOME%\include;%JAVA_HOME%\include\win32"。其中，第一个路径是 OpenSSL 头文件所在的路径，后两个是 JDK 相关的头文件。

我们在第 2 章把 openssl1.1.1b 的 64 位静态库生成在 D:\openssl-1.1.1b\win64-release\lib 下了，可以从该目录下把 libcrypto.lib 复制到本 VC 工程目录下。

在 VC 工具栏处切换解决方案平台为 x64，按 F7 键生成解决方案，此时将在\myevp\x64\Debug 下生成 mydevp.dll，然后把该文件复制到 c:\windows 下。至此，VC 本地代码开发工作完成。如果不设置解决方案平台为 64 位，则 Java 程序会提示错误：Can't load IA 32-bit .dll on a AMD 64-bit platform。

（5）重新回到 Eclipse 中，按 Ctrl+F11 快捷键运行工程，可以看到下方控制台窗口上有输出了，如下所示：

```
rsa 加密结果(len=128):
    64A2E8738DC23265FA24B6ECD5BBE2B3A3AA74FEA10050D596F7E47A55576D3148AC880EA3
BF0A6D8F1568A7422A6C432F75164C99DC42D7B26AB7C3FBA58B8FC366143F6562E55777178C2F
7F0957CAF6D95D502758365754732D7783A438FBB2E2802EF122EB6151A3C238E4C7398D462AEF
252F1B689D6DBCBE55FA029867
    ------------
rsa 解密结果(len=11):68656C6C6F776F726C6421
helloworld!
```

7.10　随机大素数的生成

通过前面对 RSA 算法的描述可知，算法中的第一步是寻找大素数。选取出符合要求的大素数不仅是后续步骤的基础，也是保障 RSA 算法安全性的基础。在正整数序列中，素数具有不规则分布的性质，无法用固定的公式计算出需要的大素数，或者证明所选取的数是否为一个素数；从耗费和安全的角度而言，也不可能事先制作并存储一个备用的大素数表。因此，选取一个固定位数的大素数存在一定的难度。检测素数的方法大体分为确定性检测方法和概率性检测方法两类。确定性检测方法有试除法、Lucas 素性检测，椭圆曲线测试法等，这类测试法的计算量太大。使用确定性检测方法判定一个 100 位以上的十进制数的素性，即使用世界上最快的计算机也需要消耗 103 年。这种方法在实际应用中显然没有意义。在 RSA 算法的应用中，一般使用概率性检测方法来检测一个大整数的素性，虽然可能会有极个别的合数遗漏，但是这种可能性很小，在很大程度上排除了合数的可能，速度较确定性检测方法也快得多。常见的有费马素性检测法、Solovay-Strassen 检测法、Miller-Rabin 测试。其中，Miller-Rabin 测试法容易理解，效率较高，在实际中应用中也比较广泛。

随机大素数生成算法并不简单，为了方便初学者先掌握 RSA 算法的精髓，我们在后面的例子中使用了固定的随机大素数，但是在以后一线开发科研中还是有能力生成随机大素数的。

7.11 Java 中的大数表示

在程序设计中，有时需要处理大整数。java.math 包中的 BigInteger 类会提供任意精度的整数运算。用该类的构造方法可以构造一个十进制的 BigInteger 对象，构造方法声明如下：

```
public BigInteger(String VAL);
```

该构造方法可能会发生 NumberFormatException 异常，也就是说，字符串参数 VAL 中如果含有非数字字符，就会发生 NumberFormatException 异常。

比如，下列代码构造了一个大的素数：

```
BigInteger p = new BigInteger
("10669721913248017310606431714870563867652912174255756777085768772939744689879045157748772399108317301024241686323809971604477565868198182140792272205277895894289183103351246326274105396168151290821800384040852691562968943211148058896680094942807901568262459163601067869192728532170893507622195117342689483616 9");
```

另外，要使用类 BigInteger，就需要在程序中导入包：

```
import java.math.BigInteger;
```

BigInteger 类的常用方法如下：

```
public BigInteger add(BigInteger val);
```

返回当前大整数对象与参数指定的大整数对象的和。

```
public BigInteger subtract(BigInteger val);
```

返回当前大整数对象与参数指定的大整数对象的差。

```
public BigInteger multiply(BigInteger val);
```

返回当前大整数对象与参数指定的大整数对象的积。

```
public BigInteger devide(BigInteger val);
```

返回当前大整数对象与参数指定的大整数对象的商。

```
public BigInteger remainder(BigInteger val);
```

返回当前大整数对象与参数指定的大整数对象的余。

```
public int compareTo(BigInteger val);
```

返回当前大整数对象与参数指定的大整数对象的比较结果，返回值是 1、-1、0，分别表示当前大整数对象大于、小于或等于参数指定的大整数。

```
public BigInteger abs();
```

返回当前大整数对象的绝对值。

```
public BigInteger pow(int exponent);
```

返回当前大整数对象的 exponent 次幂。

```
public String toString();
```

返回当前大整数对象十进制的字符串表示。

```
public String toString(int p);
```

返回当前大整数对象 p 进制的字符串表示。

简单了解了大数的使用方法后，我们可以开始准备 RSA 纯 Java 手工版的实现了。

7.12 基于大素数的 RSA 算法 Java 实现

本章开头介绍 RSA 算法的时候，虽然用了纯 Java 实现了 RSA 算法，但是那个例子中的素数太小了，这里我们给出一个大素数版的 RSA 实现。当然，RSA 算法原理也是一样的，只是用了大素数，所以使用时要考虑大数的处理，要更加小心。

【例 7.10】 手工 Java 实现大素数版的 RSA 算法

（1）打开 Eclipse，设置工作区路径为 D:\eclipse-workspace\myws，如果已经存在 myws，就将其删除。然后新建一个 Java 工程，工程名是 myprj。

在工程中新建一个类，类名是 GCD，其他保持默认。这个类用来计算最大公约数与扩展欧几里得算法。求最大公约数的方法是辗转相除法，辗转相除法和扩展欧几里得算法在本章开头已经详细阐述过，这里不再赘述。在 GCD.java 中输入如下代码：

```
package myprj;
import java.math.BigInteger;
//求最大公约数
public class GCD {
    /**
     * <p>辗转相除法求最大公约数
     * @param a
     * @param b
```

```
     * @return
     */
    public BigInteger gcd(BigInteger a, BigInteger b){
        if(b.equals(BigInteger.ZERO)){
            return a ;
        }else{
            return gcd(b, a.mod(b)) ;
        }
    }
    public BigInteger[] extGcd(BigInteger a, BigInteger b){
        if(b.equals(BigInteger.ZERO)){    //判断b是否为0
            BigInteger x1 = BigInteger.ONE ;
            BigInteger y1 = BigInteger.ZERO ;
            BigInteger x = x1 ;
            BigInteger y = y1 ;
            BigInteger r = a ;
            BigInteger[] result = {r, x, y} ;
            return result ;
        }else{
            BigInteger[] temp = extGcd(b, a.mod(b)) ;  //递归调用
            BigInteger r  = temp[0] ;
            BigInteger x1 = temp[1] ;
            BigInteger y1 = temp[2] ;

            BigInteger x = y1 ;
            BigInteger y = x1.subtract(a.divide(b).multiply(y1)) ;
            BigInteger[] result = {r, x, y} ;
            return result ;
        }
    }
}
```

　　虽然用了 BigInteger，但是算法流程其实就是辗转相除法。函数 ext_gcd 是扩展欧几里得方法的实现，其实就是求 $ax + by = 1$ 中 x 与 y 的整数解（a、b 互质）。

　　（2）继续在工程中添加一个类，类名是 Exponentiation，该类封装了大整数幂取模算法。在 Exponentiation.java 中输入如下代码：

```
package myprj;
import java.math.BigInteger;
import java.util.ArrayList;
import java.util.List;
//主要用于计算超大整数超大次幂，然后对超大整数取模
public class Exponentiation {
    public BigInteger expMode(BigInteger base, BigInteger exponent, BigInteger
n){
```

```
        char[] binaryArray = new StringBuilder(exponent.toString(2))
.reverse().toString().toCharArray() ;
        int r = binaryArray.length ;
        List<BigInteger> baseArray = new ArrayList<BigInteger>() ;

        BigInteger preBase = base ;
        baseArray.add(preBase);
        for(int i = 0 ; i < r -1 ; i ++){
            BigInteger nextBase = preBase.multiply(preBase).mod(n) ;
            baseArray.add(nextBase) ;
            preBase = nextBase ;
        }
        BigInteger a_w_b = this.multi(baseArray.toArray(new
BigInteger[baseArray.size()]), binaryArray, n) ;
        return a_w_b.mod(n) ;
    }


    private BigInteger multi(BigInteger[] array, char[] bin_array, BigInteger
n){
        BigInteger result = BigInteger.ONE ;
        for(int index = 0 ; index < array.length ; index ++){
            BigInteger a = array[index] ;
            if(bin_array[index] == '0'){
                continue ;
            }
            result = result.multiply(a) ;
            result = result.mod(n) ;
        }
        return result ;
    }
}
```

函数 expMode 用于计算超大整数的超大次幂；函数 multi 用于对超大整数取模，并返回结果。

（3）以上两个基础算法类添加后，再在工程中添加一个类，类名是 RSA。该类封装了 RSA 算法本身和 RSA 测试。在 Exponentiation.java 中输入如下代码：

```
package myprj;
import java.math.BigInteger;
// RSA 加密、解密、测试正确性
public class RSA {
    public BigInteger[][] genKey(BigInteger p, BigInteger q){
        BigInteger n = p.multiply(q) ;
        BigInteger fy = p.subtract(BigInteger.ONE).multiply(q.subtract
(BigInteger.ONE)) ;
        BigInteger e = new BigInteger("3889") ;
```

```java
    // generate d
    BigInteger a = e ;
    BigInteger b = fy ;
    BigInteger[] rxy = new GCD().extGcd(a, b) ;
    BigInteger r = rxy[0] ;
    BigInteger x = rxy[1] ;
    BigInteger y = rxy[2] ;

    BigInteger d = x ;
    // 公钥　私钥
    return new BigInteger[][]{{n , e}, {n , d}} ;
}

/**
 * 加密
 * @param m 被加密的信息转化成大整数 m
 * @param pubkey 公钥
 * @return
 */
public BigInteger encrypt(BigInteger m, BigInteger[] pubkey){
    BigInteger n = pubkey[0] ;
    BigInteger e = pubkey[1] ;

    BigInteger c = new Exponentiation().expMode(m, e, n) ;
    return c ;
}

// selfkey 表示私钥
public BigInteger decrypt(BigInteger c, BigInteger[] selfkey){
    BigInteger n = selfkey[0] ;
    BigInteger d = selfkey[1] ;

    BigInteger m = new Exponentiation().expMode(c, d, n) ;
    return m ;
}
public static void main(String[] args) {
    // 公钥、私钥中用到的两个大质数 p、q
    BigInteger p = new BigInteger
("10669721913248017310606431714870563867652912174255756777085768772939744689879045157748772399108317301024241686323809971604477565868198182140792272205277895894289183103351246326274105396168151290821800384040852691562968943211148058896680094942807901568262459163601067869192728532170893507622195117342689483616 9");
    BigInteger q = new BigInteger
("14448194244658423078063536725473441252907167535352396584178838289412325096228386927619172118069630111688222816660336951574265158642655270462133261451743980188 5
```

```
9056439431422867957079149967592078894410082695714160599647180947207504108618794
6
3787226157226280556551775692228832077930889581972607422915400231037520 9");

        RSA rsa = new RSA() ;
        // 生成公钥私钥'''
        // pubkey, selfkey = gen_key(p, q)
        BigInteger[][] keys = rsa.genKey(p, q) ;
        BigInteger[] pubkey  = keys[0] ;
        BigInteger[] selfkey = keys[1] ;

        // 需要被加密的信息转化成数字，长度小于秘钥 n 的长度，如果信息长度大于 n 的长度，
        // 那么分段进行加密，分段解密即可。'''
        BigInteger m = new BigInteger
("13562053204576102887451989676576441663799721898398043890745915636666340666 46
564410685955217825048626066190866536592405966964024022236587593447122392540038
4938931212489487805251178228892305749786514180754033574396927433982502070609 20
929117606033490559159560987768768324823011579283223392964454439904542675637683
985296529882973798752471233683249209762843835985174607047556306705224118165162
90567661006702251768219713813862134457805003424593399079084500790641609319884 5
79890178183086802176176590477753167676513137949558491553382328812525552090410 8
500256867069512326595285549579378834222350197662163243932424184772115345") ;
        System.out.println("明文：" + m);
        // 信息加密'''
        BigInteger c = rsa.encrypt(m, pubkey) ;
        System.out.println("密文：" + c);
        // 信息解密'''
        BigInteger d = rsa.decrypt(c, selfkey) ;
        System.out.println("被解密后信息：" + d);
    }
}
```

其中，函数 genKey 根据两个素数生成 RSA 公私钥对。或许是因为用了大数，代码流程就不太容易看懂了。下面我们用伪代码来描述一下：

```
def gen_key(p, q):
    n = p * q
    fy = (p -1) * (q -1)
    e = 3889
    # generate d
    a = e
    b = fy
    r, x, y = ext_gcd(a, b)
    print x
    d = x
    # 公钥    私钥
    return (n, e), (n, d)
```

函数 encrypt 用于 RSA 公钥加密，函数 decrypt 用于 RSA 私钥解密。

（4）保存工程并运行，运行结果如下：

明文：

135620532045761028874519896765764416637997218983980438907459156366663406664656441068595521782504862606619086653659240596696402402222365875934471223925400384938931212489487805251178228892305749786514180754033574396927433982502070609209291176060334905591595609877687683248230115792832233929644544399045426756376839852965298829737987524712336832492097628438359851746070475563067052241181651629056766100670225176821971381386213445780500342459333990790845007906416093198845798901781830868021761765904777531676765131379495584915533823288125255209041085002568670695123265952855495793788342223501976621632439324241847721153452

密文：

921712157295082534982409358984061841431016100120085559442785808603352507798476276000390124978444652691140307257203843992790920000377544712778298458059771794728701006672464673129177643953619476193720934402926043742412462304831529120773610504909856896521949436462568062104645962623665683006308504523200457175556690836956972480966739857258296715507502069936071709478876434900684034255501805253803133324291181099448470155039251621543510132517562604387823689550743260335188955908506060435409107706940785942900633452196899303897334937937662766923943912423508079634765608563512375344591675439842691438262333848664386272766272

被解密后信息：

135620532045761028874519896765764416637997218983980438907459156366663406664656441068595521782504862606619086653659240596696402402222365875934471223925400384938931212489487805251178228892305749786514180754033574396927433982502070609209291176060334905591595609877687683248230115792832233929644544399045426756376839852965298829737987524712336832492097628438359851746070475563067052241181651629056766100670225176821971381386213445780500342459333990790845007906416093198845798901781830868021761765904777531676765131379495584915533823288125255209041085002568670695123265952855495793788342223501976621632439324241847721153452

注意，我们在明文中也用了大数据。要想在一线开发中自由翱翔，大数据处理肯定是要掌握的。

7.13 基于 JCA 的 RSA 算法实现

前面我们手工实现了 RSA 算法，也通过 OpenSSL 联合作战的方式实现了 RSA 算法，现在我们准备基于 Java 自带算法库 JCA 提供的 RSA 相关类来实现 RSA 算法。和 RSA 相关的类基本都在包 java.security 中。

7.13.1　密钥对类 KeyPair

有了"对"这个字，就表示是公钥和私钥两个密钥，并且是一对。一对的含义就是公钥加密后，能用对应的私钥解开，或私钥签名后公钥能验签，这叫符合一致性。符合一致性的公私钥才能算是一对，不是随便拿一个公钥和私钥就说是一对。

类 KeyPair 用于封装密钥对（公钥和私钥）。它没有增强任何安全性，另外初始化时应该将它当作 PrivateKey 对待。它的成员方法有 3 个：

（1）构造方法

```
KeyPair(PublicKey publicKey, PrivateKey privateKey);
```

根据给定的公钥和私钥构造密钥对。

（2）获取私钥

```
PrivateKey getPrivate();
```

返回对此密钥对的私钥组件的引用。其中，PrivateKey 是一个接口，表示私钥，此接口不包含任何方法或常量，仅用于将所有私钥接口分组（并为其提供类型安全）。该接口继承自接口 Key，所以可以使用 Key 中的方法，比如 getEncoded 等。

（3）获取公钥

```
PublicKey getPublic();
```

返回对此密钥对的公钥组件的引用。PublicKey 也是一个接口，表示公钥，此接口不包含任何方法或常量，仅用于将所有公钥接口分组（并为其提供类型安全）。该接口继承自接口 Key，所以可以使用 Key 中的方法，比如 getEncoded 等。

7.13.2　密钥对生成类 KeyPairGenerator

类 KeyPairGenerator 用于生成公钥和私钥对，是使用 getInstance 方法进行实例化（返回一个给定类的实例的静态方法）构造的。

特定算法的密钥对生成器可以创建能够与此算法一起使用的公钥/私钥对，还可以将特定于算法的参数与每个生成的密钥关联。

有两种生成密钥对的方式：与算法无关的方式和特定于算法的方式。这两种方式的唯一区别就在于对象的初始化。

（1）与算法无关的初始化

所有的密钥对生成器遵循密钥大小和随机源的概念。对于不同的算法，密钥大小的解释也不相同（例如，对于 DSA 算法，密钥大小对应于模的长度）。此 KeyPairGenerator 类有一个 initialize 方法，该方法带有两个通用的共享类型的参数。还有一个只带有 keysize 参数的方法，它使用以最高优先级安装的提供者的 SecureRandom 实现作为随机源。如果任何安装的提供者都不提供 SecureRandom 的实现，则使用系统提供的随机源。

因为调用上述与算法无关的 initialize 方法时，没有指定其他参数，所以由提供者决定如何处理与每个密钥关联的、特定于算法的参数（如果有）。

如果算法为 DSA 算法，密钥大小（模大小）为 512、768 或 1024，那么 Sun 提供者对 p、q 和 g 参数使用一组预计算值。如果模大小不是上述值之一，则 Sun 提供者创建一个新的参数集合。其他提供者可能具有供更多模大小（不仅仅是上文提及的那三个）使用的预计算参数集合。其他提供者也可能没有任何预计算参数列表，而总是创建新的参数集合。

（2）特定于算法的初始化

对于特定于算法的参数集合已存在的情况（例如，DSA 中所谓的公用参数），有两个 initialize 方法具有 AlgorithmParameterSpec 参数，其中一个方法还有一个 SecureRandom 参数，而另一个方法使用以最高优先级安装的提供者的 SecureRandom 实现作为随机源。如果任何安装的提供者都不提供 SecureRandom 的实现，则使用系统提供的随机源。

每个提供者都必须提供（并记录）默认的初始化，以防客户端没有显式初始化 KeyPairGenerator（通过调用 initialize 方法）。例如，Sun 提供者使用 1024 位的默认模大小（密钥大小）。

注意，由于历史原因，此类是抽象类，是从 KeyPairGeneratorSpi 扩展的。应用程序开发人员只需注意在此 KeyPairGenerator 类中定义的方法；超类中的所有方法是供加密服务提供者使用的，这些加密服务提供者希望提供自己的密钥对生成器实现。

类 KeyPairGenerator 的方法如表 7-3 所示。

表 7-3　类 KeyPairGenerator 的方法

方　　法	说　　明
KeyPairGenerator	protected　KeyPairGenerator(String algorithm) 为指定的算法创建 KeyPairGenerator 对象
generateKeyPair	KeyPair　generateKeyPair() 生成一个密钥对
genKeyPair	KeyPair　genKeyPair() 生成密钥对
getAlgorithm	String　getAlgorithm() 返回此密钥对生成器算法的标准名称
getInstance	static KeyPairGenerator　getInstance(String algorithm) 返回生成指定算法的 public/private 密钥对的 KeyPairGenerator 对象
getInstance	static KeyPairGenerator　getInstance(String algorithm, Provider provider) 返回生成指定算法的 public/private 密钥对的 KeyPairGenerator 对象
getInstance	static KeyPairGenerator　getInstance(String algorithm, String provider) 返回生成指定算法的 public/private 密钥对的 KeyPairGenerator 对象
getProvider	Provider　getProvider() 返回此密钥对生成器对象的提供者

（续表）

方　　法	说　　明
initialize	void　initialize(AlgorithmParameterSpec params) 初始化密钥对生成器，使用指定参数集合，并使用以最高优先级安装的提供者的 SecureRandom 的实现作为随机源
initialize	void　initialize(AlgorithmParameterSpec params, SecureRandom random) 使用给定参数集合和随机源初始化密钥对生成器
initialize	void　initialize(int keysize) 初始化确定密钥大小的密钥对生成器，使用默认的参数集合，并使用以最高优先级安装的提供者的 SecureRandom 实现作为随机源
initialize	void　initialize(int keysize, SecureRandom random) 使用给定的随机源（和默认的参数集合）初始化确定密钥大小的密钥对生成器

比如下列代码就是通过类 KeyPairGenerator 来生成一个 2048 位的 RSA 密钥对：

```
//实例化密钥对生成器
KeyPairGenerator keyPairGenerator = KeyPairGenerator.getInstance("RSA");
keyPairGenerator.initialize(2048);    //初始化，2048 是要生成的密钥位数
KeyPair keyPair = keyPairGenerator.generateKeyPair();//生成密钥对
```

7.13.3　密钥工厂类 KeyFactory

Factory（工厂）就是生产东西的地方；KeyFactory 则是密钥工厂，即生产密钥的地方。在前面讲述对称算法的时候，我们提到 SecureKeyFactory 只能用于对称密钥（因为需要保密好，所以是秘密的密钥），而这里的 KeyFactory 能用于非对称密钥，非对称密钥对中的公钥可以公开。

密钥工厂用于将密钥（Key 类型的不透明加密密钥）转换成密钥规范（底层密钥材料的透明表示），反之亦然。密钥工厂是双向的，也就是说，它们允许根据给定的密钥规范（密钥材料）构建不透明的密钥对象，也允许获取以恰当格式表示的密钥对象的底层密钥材料。

对于同一个密钥，可以存在多个兼容的密钥规范。例如，可以使用 DSAPublicKeySpec 或 X509EncodedKeySpec 指定 DSA 公钥。密钥工厂可用于兼容密钥规范之间的转换。类 KeyFactory 的方法如表 7-4 所示。

表 7-4　类 KeyFactory 的方法

方　　法	说　　明
KeyFactory	protected KeyFactory(KeyFactorySpi keyFacSpi, Provider provider, String algorithm) 创建一个 KeyFactory 对象
generatePrivate	PrivateKey　generatePrivate(KeySpec keySpec) 根据提供的密钥规范（密钥材料）生成私钥对象
generatePublic	PublicKey generatePublic(KeySpec keySpec) 根据提供的密钥规范（密钥材料）生成公钥对象

（续表）

方　法	说　明
getAlgorithm	String　getAlgorithm()
	获取与此 KeyFactory 关联的算法的名称
getInstance	static KeyFactory getInstance(String algorithm)
	返回转换指定算法的 public/private 关键字的 KeyFactory 对象
getInstance	static KeyFactory getInstance(String algorithm, Provider provider)
	返回转换指定算法的 public/private 关键字的 KeyFactory 对象
getInstance	static KeyFactory getInstance(String algorithm, String provider)
	返回转换指定算法的 public/private 关键字的 KeyFactory 对象
getKeySpec	<T extends KeySpec>T getKeySpec(Key key, Class<T> keySpec)
	返回给定密钥对象的规范（密钥材料）
getProvider	Provider getProvider()
	返回此密钥工厂对象的提供者
translateKey	Key　translateKey(Key key)
	将提供者可能未知或不受信任的密钥对象转换成此密钥工厂对应的密钥对象

以下是一个如何使用密钥工厂根据其编码实例化 DSA 公钥的示例。假定 Alice 收到了 Bob 的数字签名。Bob 也向 Alice 发送其公钥（以编码的格式）来验证他的签名。然后 Alice 执行以下操作：

```
X509EncodedKeySpec bobPubKeySpec = new X509EncodedKeySpec(bobEncodedPubKey);
KeyFactory keyFactory = KeyFactory.getInstance("DSA");
PublicKey bobPubKey = keyFactory.generatePublic(bobPubKeySpec);
Signature sig = Signature.getInstance("DSA");
sig.initVerify(bobPubKey);
sig.update(data);
sig.verify(signature);  // 验证签名
```

【例 7.11】　基于 JCA 实现 RSA 算法

（1）打开 Eclipse，设置工作区路径为 D:\eclipse-workspace\myws，如果已经存在 myws，就将其删除。然后新建一个 Java 工程，工程名是 myprj。

（2）在工程中新建一个类，类名是 RSAUtil，其他保持默认。这个类用来实现 RSA 算法，当然是基于 JCA 的。在 RSAUtil.java 中输入如下代码：

```
package myprj;
import java.io.IOException;
import java.security.KeyFactory;
import java.security.KeyPair;
import java.security.KeyPairGenerator;
import java.security.PrivateKey;
import java.security.PublicKey;
import java.security.spec.PKCS8EncodedKeySpec;
import java.security.spec.X509EncodedKeySpec;
```

```java
import javax.crypto.Cipher;
import sun.misc.BASE64Decoder;
import sun.misc.BASE64Encoder;

public class RSAUtil {
    //生成秘钥对
    public static KeyPair getKeyPair() throws Exception {
        KeyPairGenerator keyPairGenerator = KeyPairGenerator.getInstance("RSA");
        keyPairGenerator.initialize(2048);  //生成 2048 位的密钥对
        KeyPair keyPair = keyPairGenerator.generateKeyPair();
        return keyPair;
    }

    //获取公钥(Base64 编码)
    public static String getPublicKey(KeyPair keyPair){
        PublicKey publicKey = keyPair.getPublic();
        byte[] bytes = publicKey.getEncoded();
        return byte2Base64(bytes);
    }

    //获取私钥(Base64 编码)
    public static String getPrivateKey(KeyPair keyPair){
        PrivateKey privateKey = keyPair.getPrivate();
        byte[] bytes = privateKey.getEncoded();
        return byte2Base64(bytes);
    }

    //将 Base64 编码后的公钥转换成 PublicKey 对象
    public static PublicKey string2PublicKey(String pubStr) throws Exception{
        byte[] keyBytes = base642Byte(pubStr);
        X509EncodedKeySpec keySpec = new X509EncodedKeySpec(keyBytes);
        KeyFactory keyFactory = KeyFactory.getInstance("RSA"); //实例化密钥工厂
        //转换为 PublicKey 公钥对象
        PublicKey publicKey = keyFactory.generatePublic(keySpec);
        return publicKey;
    }

    //将 Base64 编码后的私钥转换成 PrivateKey 对象
    public static PrivateKey string2PrivateKey(String priStr) throws
Exception{
        byte[] keyBytes = base642Byte(priStr);
        PKCS8EncodedKeySpec keySpec = new PKCS8EncodedKeySpec(keyBytes);
        //实例化 RSA 密钥工厂
        KeyFactory keyFactory = KeyFactory.getInstance("RSA");
```

```
        //生成私钥
        PrivateKey privateKey = keyFactory.generatePrivate(keySpec);
        return privateKey;
    }

    //公钥加密
    public static byte[] publicEncrypt(byte[] content, PublicKey publicKey)
throws Exception{
        Cipher cipher = Cipher.getInstance("RSA");
        cipher.init(Cipher.ENCRYPT_MODE, publicKey);
        byte[] bytes = cipher.doFinal(content);
        return bytes;
    }

    //私钥解密
    public static byte[] privateDecrypt(byte[] content, PrivateKey privateKey)
throws Exception{
        Cipher cipher = Cipher.getInstance("RSA");
        cipher.init(Cipher.DECRYPT_MODE, privateKey);
        byte[] bytes = cipher.doFinal(content);
        return bytes;
    }

    //字节数组转 Base64 编码
    public static String byte2Base64(byte[] bytes){
        BASE64Encoder encoder = new BASE64Encoder();
        return encoder.encode(bytes);
    }

    //Base64 编码转字节数组
    public static byte[] base642Byte(String base64Key) throws IOException{
        BASE64Decoder decoder = new BASE64Decoder();
        return decoder.decodeBuffer(base64Key);
    }
}
```

加解密依然是通过类 Cipher 的三部曲（实例化 Cipher、初始化 Cipher，实际加密）来实现的，具体可以看公钥加密函数 publicEncrypt。解密也是类似的。密钥对由密钥对生成器产生的，并由密钥工厂加工（转换）为公钥对象 PublicKey 和私钥对象 PrivateKey。

（3）添加一个测试类，类名是 test，并输入如下代码：

```
package myprj;
import java.security.KeyPair;
import java.security.PublicKey;
import java.security.PrivateKey;
```

```java
public class test{
    public static void main(String[] args) {
        try {
            //生成公钥和私钥，公钥传给客户端，私钥服务端保留
            //生成 RSA 公钥和私钥，并用 Base64 编码
            KeyPair keyPair = RSAUtil.getKeyPair();
            String publicKeyStr = RSAUtil.getPublicKey(keyPair);
            String privateKeyStr = RSAUtil.getPrivateKey(keyPair);
            System.out.println("RSA 公钥 Base64 编码:" + publicKeyStr);
            System.out.println("\nRSA 私钥 Base64 编码:" + privateKeyStr);

            //==================客户端==================
            //hello, i am infi, good night!加密
            String message = "hello, i am infi, good night!";
            //将 Base64 编码后的公钥转换成 PublicKey 对象
            PublicKey publicKey = RSAUtil.string2PublicKey(publicKeyStr);
            //用公钥加密
            byte[] publicEncrypt = RSAUtil.publicEncrypt(message.getBytes(),
publicKey);
            //加密后的内容用 Base64 编码
            String byte2Base64 = RSAUtil.byte2Base64(publicEncrypt);
            System.out.println("\n 公钥加密并 Base64 编码的结果：" + byte2Base64);

            //网络上传输的内容有 Base64 编码后的公钥 和 Base64 编码后的公钥加密的内容
            //=========服务端========
            //将 Base64 编码后的私钥转换成 PrivateKey 对象
            PrivateKey privateKey = RSAUtil.string2PrivateKey(privateKeyStr);
            //加密后的内容用 Base64 解码
            byte[] base642Byte = RSAUtil.base642Byte(byte2Base64);
            //用私钥解密
            byte[] privateDecrypt = RSAUtil.privateDecrypt(base642Byte,
privateKey);
            //解密后的明文
            System.out.println("解密后的明文: " + new String(privateDecrypt));
        } catch (Exception e) {
            e.printStackTrace();
        }
    }
}
```

测试代码比较简单，分别模拟了客户端和服务端，客户端用公钥加密，服务端用私钥解密。

（4）保存工程并运行，运行结果如下：

RSA 公钥 Base64 编码：

MIIBIjANBgkqhkiG9w0BAQEFAAOCAQ8AMIIBCgKCAQEAimfs3rjvuYneL3WT/rJjt8ky3BIjr/D+
+AcWxknV1biH2QSqKKDE5cLsBhHw8u9U1xlMIY0ksoRpJOLX8tdNoE4AXRodw8+XEoj6dTJflC6z
rL+JzUXvxnp5yjKLk+pzt78FvKcAyVDOAPjjau1HZqObKYgSHfRTA7cljZ7iSGSOhWt8IsLNhGfH
kvv/VXFXJ1LAxE3rCdbwInBmOOxsUlvTH66fpm8GM/NV4115ItAElqEdI1OiqRdfM0I/UeNQgEpw
TGgiqkzKmRt9WIU+YOXeB0HikFE4V18LPH5khBWOd4lQZT0VQgTeD6AukAuKLcmmbo7U7tPEB9l1
ldz55wIDAQAB

RSA 私钥 Base64 编码：

MIIEvQIBADANBgkqhkiG9w0BAQEFAASCBKcwggSjAgEAAoIBAQCKZ+zeuO+5id4vdZP+smO3yTLc
EiOv8P74BxbGSdXVuIfZBKoooMTlwuwGEfDy71TXGUwhjSSyhGkk4tfy102gTgBdGh3Dz5cSiPp1
Ml+ULrOsv4nNRe/GennKMouT6nO3vwW8pwDJUM4A+ONq7Udmo5spiBId9FMDtyWNnuJIZI6Fa3wi
ws2EZ8eS+/9VcVcnUsDETesJ1vAicGY47GxSW9Mfrp+mbwYz81XjXXki0ASWoR0jU6KpF18zQj9R
41CASnBMaCKqTMqZG31YhT5g5d4HQeKQUThXXws8fmSEFY53iVBlPRVCBN4PoC6QC4otyaZujtTu
08QH2XWV3PnnAgMBAAECggEAcJt3fApJeNJ0BHcMTxhCy4AWMjlL8dUJDTFvVSszoGw/ktEZxG5x
ZGJ/97xXJsCUbWF2sIGOjvPuPAWYH0sPLFLqNtWNzAe06W6rH/k5DG4m33EDJBE3sWtqdZlEOLdz
KNdxSnkxyZlF0kKtfQzKn/aSwmqkGtzzQb2b/yp6/twjy3h83Qzm5EOs6L7BBt7WjAGpWAhmsJ6F
yOvecyGRi9VRRvIGvjhwIttvCv+LcSvhIoI6/8xkDz8fJqZILgUZfJEvJTTKSkEjLSMexB/3bDxJ
A8xs1fL28A9vp5u8BGzNB7YsjGB4cBSMxC3GkyHBi4U0qQCn99UBEMforR8qEuQKBgQDbAt58Vu4c
BLReUm0t4PQdfIyd3EUvbZIvYiEdqr0RJdzJdbKKPtNEmg/WkMaGR25mYvoPCd8nkMp83uC6tUzi
c1SrpFwOO9zbRW5LHSAGTexB9RQtrlONKq5SzF2SU3Fsqs8qF0lIfbceLSNylKPml3EiDPofvt2d
/xG5TQewHQKBgQChyAWAK6cLb+5my/qb577Jhz6oLVRrPCT/F2w2j5PEo0uqU7xxDBCVsseZPKfF
BuRpxFi/HIadhUek6PzUd5MThvyT2e0ddQ+Ls9djiwSuNFgamVx9h2s9eVBx9lifESgFacBT0P5m
0AX1K6tr5mTCiK7ZjUdxkisZuubLJ6160wKBgDeY8dwEwWuRcixjpl24NqBpptTIPzP8D9lBgwCi
AF8jCnqGC2325vEKXyzsEcmyxn7tb2dz7ReBNTYf6lLbhYoTFxJ/pfLjFX0AkjA1U5TmISzZR2cV
UxaKGDjisnpb/nZEolSgFrV1XJBB8f67ZyQ5m7m2K6T1chMS1nAA8wutAoGAH1LMBdnt2OAOJ6cc
2azQGtLtxcApFS4q950AXbwE31DCqLLXzIeKeoGH9dpxnUtNVFEo4a/TPJJ+oaZetYCFYIWFR9cs
+sQcg28JqANVn6kQ2e2Ro9hhYiCn+7i3xeybdBjanR/c8ekbDjIrWZPdNHEkcYjSKWIkqDGw1+rR
wvMCgYEAyr+CxxXVSAdaaAHbUhknUOyhRIUwHfFwQA79jx3wUu2Kq+coPZxZjMJOHQDV5BehhqeW
wjsXY2G8/5zVV8a3q0o6eD84OaY5rfSIYCAAMzj4vAEOSfl822inTUG1gs6fX8qBy4mcg4EJxFeg
S85rqPEKyWMJZyme6boMHHPfw6w=

公钥加密并 Base64 编码的结果：

WaZU+xJg7BuifZ5yGHRmG+mVbDpAddgSmp/C1K53CavkEpDyozgt3OMmmejkVIF6o6Ru8EH4PD5S
i7s/B6G1Hib7ysv1U2+uekzUGRsHORzU4x8LHHpN7BRZfYrF0Zlwxc5GoflomeDyKFFU/TL9gBdf
N1Uzvb8AjeZdMn1BGenlzM+TxGB6FSW3h4+3cQ2rdFzJDVU9jfHXR42AX2FbpWu/78FNRFK38Ibl
cvJfEkNxy9hHLsl4ABEF/2xklEDupnTddrgo1Rb3U85ZJOiJV7ljJQdfrrS25esj8UatM5OyN9Sg
PCwMqy3L64mFRVwhkiEFymubXm6TqOBnCJp6qQ==

解密后的明文：hello, i am infi, good night!

7.14　RSA 算法的攻击及分析

强大而经典的 RSA 算法被广泛使用，必然会有人"嫉妒"。本节介绍一下对 RSA 算法的攻击，希望大家能在以后的科研工作中改进 RSA 算法。

RSA 公钥算法的破译方式主要分为两大类：其一是密钥穷举法，即找出所有可能的密钥组合；其二是密码分析法。因为 RSA 算法的加解密变换具有庞大的工作量，用密钥穷举法进行破译基本上是行不通的，所以只能利用密码分析法对 RSA 算法密文进行破译。目前，关于密码分析法的攻击方式主要包含因子分解攻击、选择密文攻击、公共模数攻击和小指数攻击等。

7.14.1　因子分解攻击

因子分解攻击是针对 RSA 公钥算法最直接的攻击方式，主要可以从三个角度进行：

（1）将模数 n 分解成两个素因子 p 和 q。如果分解成功，就可以计算出 $\phi(n)=(p-1)(q-1)$，再依据 $ed=1 \bmod \phi(n)$ 解得 d。

（2）在不分解模数 n 的情况下，直接确定 $\phi(n)$，同样可以得到 d。

（3）不确定 $\phi(n)$，直接确定 d。

7.14.2　选择密文攻击

由于 n 是通过公钥传输的，因此恶意攻击者可以先利用公钥对明文进行加密，然后通过单击和试用找出其影响因素。如果任何密文与之匹配，攻击者就可以获取原始消息，从而降低 RSA 算法的安全系数。选择密文攻击是 RSA 公钥算法中最常用、最有效的攻击方式之一，是指恶意攻击者事先选择不同的密文，并尝试取得与之对应的明文，由此推算出私钥或模数，进而获得自己想要的明文。例如，攻击者想破译消息 x 获取其签名，可以事先虚构两个合法的消息 x_1 和 x_2，使得 $x \equiv (x_1 x_2) \bmod n$，并骗取用户对 x_1 和 x_2 的签名 $S_1 = x_1^d (\bmod n)$ 和 $S_2 = x_2 d(\bmod n)$，从而计算出 x 的签名 $S = x^d \equiv (((x_1 x_2)(\bmod n))^d)(\bmod n) = ((x_1^d \bmod n)(x_2^d \bmod n))\bmod n \equiv (S_1 S_2)(\bmod n)$。

7.14.3　公共模数攻击

公共模数问题是指在公钥密码的实现过程中，一个系统中的不同用户共享同一个大整数但拥有不同的指数，即公钥指数 e。对于一个需要频繁加密的用户来说，如果这样的方法能够保证信息的安全，那么将极大地降低运营的成本。实际上，这不但不能保证安全性，还会是致命的，密码攻击者可以不需要任何私钥就恢复出明文。最简单的一种情况是：在两个用户中共享同一个模数 n 的情况，又对同一明文 M 进行加密。假设密码攻击者获得了 n、e_1、e_2、C_1、C_2，则根据 $C_1 = M^{e_1} \bmod n$ 和 $C_2 = M^{e_2} \bmod n$ 破译明文。因为 e_1 和 e_2 互素，所以根据欧几里得算法能够确定 r 和 s，使得 $e_1 r + e_2 s = 1$。由于公钥 e_1 和 e_2 都大于零，因此 r 和 s 中必然有一个为负数，假设 r 为负数，再根据欧几里得算法就可以计算出 $C_1^{(-1)}$，于是有 $(C_1^{(-1)})^{(-r)}(C_2)^s = M \bmod n$。由上述分析可以看出，对于同一段明文，如果选择不同的加密指数，那么不必做复杂的分解就能破译 RSA 密码体制。

7.14.4　小指数攻击

小指数攻击针对的是 RSA 算法的实现细节。根据算法原理，假设密码系统的公钥 e 和私钥 d 选取较小的值，算法签名和验证的效率可以得到提升，并且对于存储空间的需求也会降低，但是若 e、d 选取得太小，则可能会受到小指数攻击。例如，同一系统内的三个用户分别选用不同的模数 n_1、n_2、n_3，且选取 e=3；假设将一段明文 M 发送给这三个用户，使用各人的公钥加密得到：$C_1 = M^3 \bmod n_1$、$C_2 = M^3 \bmod n_2$、$C_3 = M^3 \bmod n_3$。为了保证系统安全性，一般要求 n_1、n_2、n_3 互素，根据 C_1、C_2、C_3 可得密文 $C = M^3 (\bmod\ n_1 n_2 n_3)$。如果 $M < n_1$、$M < n_2$、$M < n_3$，那么 $M^3 < n_1 n_2 n_3$，可得 $M = \sqrt[3]{C}$。

利用独立随机数字对明文消息进行填充，或者指数 e 和 d 都取较大位数的值，这样可以使得算法能够有效地抵御小指数攻击。

第8章

数字签名技术

8.1 概述

互联网作为一种当今社会普遍使用的信息交换平台，越来越成为人们生活与工作中不可或缺的一部分，但是各种各样的具有创新性、高复杂度的网络攻击方法也层出不穷。2016 年，国家互联网应急中心 CNCERT/CC 监测发现，我国境内约有 1.7 万个网站被篡改，针对境内网站的仿冒页面约 17.8 万个。网络信息的分散性广、来源隐蔽、边界模糊等特点，都使得信息的安全性与防御性十分脆弱，不法分子利用网络系统的漏洞肆意进行攻击、传播病毒、伪造信息和盗取机密等违法活动，给政府、企业造成了巨大的经济损失。随着网络信息与共享资源的不断扩大、网络环境的日益复杂，计算机网络信息安全的重要性也日益突显出来。因此，如何在计算机网络中实现信息的安全传输已成为近些年人们研究的热点课题之一。

为了保障网络中数据传输的保密性、完整性、传输服务的可用性和传输实体的真实性、可追溯性、不可否认性，通常情况下所采用的方法除了被动防卫型的安全技术，如防火墙技术，很大程度上依赖于基于密码学的网络信息加密技术。公钥体制是目前研究与应用最深入的密码体制之一，其中 RSA 公钥算法是其中最典型、最具影响力的代表。从最早的 E-mail、电子信用卡系统、网络安全协议的认证，到现在的车辆管理和云计算等各种安全或认证领域，这种密码算法可以抵御大多数的恶意攻击，也因此被推荐为公钥加密的行业标准。与此同时，各种新的、针对性的攻击方式也在不断出现，512 位的 RSA 公钥算法早在 1999 年就已被超级电脑因式分解破译，768 位的 RSA 公钥算法也在十年后的 2009 年 12 月被攻破。2010 年，美国密歇根大学的三位科学家已研究出了在 100 小时内破译 1024 位 RSA 公钥算法的方法。2013 年 8 月，Google 公司宣布使用 2048 位的 RSA 密钥加密和验证 Gmail 等服务。为了保证 RSA 公钥算法的安全性，最有效的方法是不断地提高算法中密钥的位数。这样的做法虽然确保了算法的安全性，但是也增加了密钥选取的困难性与算法中的基本运算——大整数模幂乘运算的复杂性，算法的效率随之急剧降低，也成为影响其发展的主要瓶颈之一。

数字签名是公钥密码学发展过程中衍生出的一种安全认证技术，主要用于提供实体认证、认证密钥传输和认证密钥协商等服务。简单来说，发送消息的一方可以通过添加一个起签名作用的编码来代表消息文件的特征，如果文件发生了改变，那么对应的数字签名也要发生改变，即不同的文件经过编码所得到的数字签名是不同的。使用基于 RSA 公钥算法的数字签名技术，如果密码攻击者试图对原始消息进行篡改和冒充等非法操作，由于无法获取消息发送方的私钥，因此也就无法得到正确的数字签名；若消息的接收方试图否认和伪造数字签名，则公证方可以用正确的数字签名对消息进行验证，判断消息是否来源于发送方，这样的方式很好地保证了消息文件的完整性、鉴定发送者身份的真实性与不可否认性。针对 RSA 公钥算法攻击方式的深入研究，制约了其在数字签名中的应用。并且，当前许多的领域对数字签名技术提出了各种新的应用需求，在未来的网络信息安全和身份认证中，基于 RSA 公钥算法的数字签名技术在理论和实际应用方面仍具有重要的研究价值与研究意义。

20 世纪 70 年代，公钥密码体制被提出之后，应无纸化办公、数字化和信息化发展的要求，数字签名技术也随之应运而生。不同于一般的手写签名，数字签名是一种电子形式的签名方式，但是作用与一般的手写签名或者印章类似。数字签名技术在实现消息的保密传输、数据完整性、身份认证和不可否认性方面的功能对于物联网、电子商务、医疗系统等领域的发展都起着非常重要的作用。

数字签名的方案主要依赖于密码技术，比较主流的签名方案主要有基于公开密钥的方案、基于 ElGamal 的方案、基于椭圆曲线 ECC 算法的方案等。RSA 公钥算法可以同时用于信息加密和数字签名，并且具有较好的安全性，是目前应用最普遍的签名方案之一。随着数字签名技术研究的愈加深入，签名方案日益增多，如盲签名、群签名、代理签名等。同时，关于数字签名的安全性分析和攻击研究也在不断深入。

自从数字签名技术被提出以来，不少密码学者和相关的机构（如麻省理工学院、IBM 研究中心等）都开始致力于数字签名的研究，并高度关注该项技术的发展。1984 年 9 月，在国际标准化组织的建议下，SC20 率先开始为数字签名技术制订标准，将其分为带影子、带印章以及使用 Hash 函数的三种数字签名。WG2 在 1988 年 5 月起草了使用 Hash 函数的签名方案 DP9796，并于 1989 年 10 月将其升级为 DIS9796。与此同时，日本、英国等国的相关组织也迅速展开了对数字签名标准的制订工作。1991 年 8 月，美国 NIST 公布了 DSA 签名算法，并将其纳入 DSS 数字签名标准之中。2000 年 6 月，美国通过了有关数字签名的法案。目前，影响较大的制订数字签名相关标准的组织包括国际电子技术委员会（IEC）、国际标准化组织（ISO）、美国国家标准与技术委员会（NIST）等。在国际上，数字签名技术的相关标准和法案已日趋完善。我国在这一领域起步较晚，在数字签名的操作中主要是吸收国外的经验，并且还存在很多不规范之处，有鉴于此，2005 年 4 月正式颁布并施行了《中华人民共和国电子签名法》。这部法律不仅确立了数字签名的法律效力和地位，还规范了数字签名的行为，维护了有关方的合法权益，促进了我国电子商务的发展，我国数字签名研究工作的顺利进行也因此得到了有力的支持和保障。

8.2　什么是数字签名技术

8.2.1　签名

在文件上手写签名和盖章长期以来被用作证明作者的身份，或至少同意文件的内容。一个签名至少具有以下几个特性：

（1）签名是可信的。

（2）签名不可伪造。

（3）签名不可重用。

（4）签名的文件是不可改变的。

（5）签名是不可抵赖的。

我们使用数字签名技术来保证对电子文档的签名，也同样具有这 5 个特性，从而使数字签名跟手写签名和盖章一样，甚至具有更高的安全性。

8.2.2　数字签名基本概念

数字签名是对手写签名的模拟，通过分析手写签名的特点，一个数字签名方案至少要满足以下三个条件：

（1）不可否认性

签名者事后不能否认他签署的签名。

（2）不可伪造性

其他任何人不能伪造签名者的签名。

（3）可仲裁性

当签名双方对一个签名的真实性发生争执时，第三方仲裁机构可以帮助解决争执。数字签名算法与公钥加密算法类似，是私钥或公钥控制下的数学变换，而且通常可以从公钥加密算法派生而来。签名是利用签名者的私钥对消息进行计算、变换，验证则是利用公钥检验该签名是否是由签名者签署的。只有掌握了签名者的私钥才能得到签名者的签名，从而实现不可否认性、不可伪造性和可仲裁性。

数字签名是公钥密码体制衍生出来的最重要的技术之一。相较于在纸上书写的物理签名，数字签名首先对信息进行处理，再将其绑附一个私钥进行传输，形成一个比特串的表示形式，可以实现用户对电子信息来源的认证，并对信息进行签名，确认并保证信息的完整性与有效性。在数字签名出现之前，除了传统的物理签名，还有一种"数字化"签名技术，即在电子板上进行签名，接着再将签名传输到电子文件中，虽然相比物理签名，这种方式更加便捷，然而仍然可以被非法地复制并粘贴到其他文件上，因此签名的安全性无法得到保障。不同于"数字化"签名技术，数字签名与手写签名的形式毫无关系，它实际上是使用密码学的技术，将发送方的信息明文转换成不可识别的密文进行传输，在信息的不可伪造性、不可抵赖性等方面有着其他签名方式无法替代的作用。

数字签名技术应用十分广泛，在身份认证识别、数据完整性保护、信息不可否认及匿名性等许多信息安全领域中都有重要的用途，甚至可以说有信息安全的地方就有数字签名，特别是在网络安全通信、电子商务等系统中数字签名具有重要的作用。

8.2.3　数字签名的原理

原则上，所有的公开密钥算法都能用于数字签名。事实上的工业标准就是 RSA 算法，许多保密产品都使用它。数字签名发展至今，常见的签名算法除了 ElGamal 签名算法、RSA 签名算法，还有 Schnorr 算法、DSA 算法等。公钥密码体制并非都可以同时用作加解密系统和进行数字签名，一般只能实现其中的一种功能，而我们学习的 RSA 公钥密码体制，可以同时实现二者。下面给出数字签名的原理：

（1）系统的初始化，生成数字签名中所需的参数。

（2）发送方利用自己的私钥对消息进行签名。

（3）发送方将消息原文和作为原文附件的数字签名同时传给消息接收方。

（4）接收方利用发送方的公钥对签名进行解密。

（5）接收方将解密后获得的消息与消息原文进行对比，如果二者一致，就表示消息在传输中没有受到破坏或者篡改，反之则表示受到破坏或者篡改。

消息签名和验证的基本原理如图 8-1 所示。

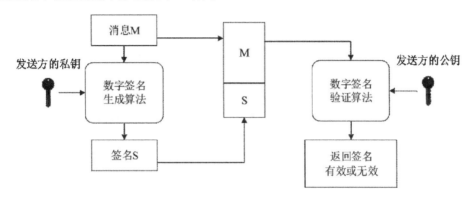

图 8-1

8.2.4　数字签名的一般性定义

一般来说，一个数字签名方案由三个集合和三个算法组成。三个集合分别是消息空间、签名空间和密钥空间（包括私钥和公钥）。三个算法如下：

（1）密钥生成算法（Generate）

这是一个概率多项式时间算法，输入为安全参数，输出私钥 sk 和公钥 pk。

（2）签名生成算法（Sign）

这是一个（概率）多项式时间算法，输入为私钥 sk 和待签消息 m，输出对应于私钥 sk 的关于消息 m 的签名 sig(m)。

（3）签名验证算法（Verify）

签名验证算法简称验签算法，，输入为签名值 sig(m)，m 表示消息，输出为"正确"或"错误"。正确就是验证通过，错误就是验证没通过。被验证为正确的签名称为有效签名。一个数字签名至少应满足正确性和不可伪造性两个性质。

8.2.5 数字签名的分类

（1）基于数学难题的分类

根据数字签名方案所基于的数学难题，数字签名方案可分为：基于离散对数问题的签名方案、基于素因子分解问题包括二次剩余问题的签名方案、基于椭圆曲线的数字签名方案、基于有限自动机理论的数字签名方案等。比如，ELGamal 数字签名方案和 DSA 数字签名方案都是基于离散对数问题的数字签名方案，而众所周知的 RSA 数字签名方案是基于素因子分解问题的数字签名方案。将离散对数问题和因子分解问题结合起来，又可以产生同时基于离散对数和素因子分解问题的数字签名方案。

（2）基于密码体制的分类

根据密码体制可以将数字签名分为对称密钥密码体制的数字签名和非对称密钥密码体制的数字签名两种。

- 对称密钥密码体制的数字签名：这种签名体制引入公证机关这个第三方，其文件的安全性和可靠性都决定于公证机关，具体来讲是先由发方把明文用自己的密钥加密后传送给公证机关，公证机关用发方的密钥对报文解密，再构造一个新报文，包括发方的名字、地址、时间及原报文，用只有公证机关知道的密钥加密后送回发方，发方把此加密后的新报文送给收方，收方因不知道密码而无法恢复原报文，只能将此报文发至公证机关，公证机关解密后再用收方的密钥进行加密，发回收方，收方即可解密还原报文。从以上过程不难看出，这种体制的数字签名要两次通过公证机关，增加了报文的传输时间，降低了报文的传输效率。

- 非对称密钥密码体制的数字签名方案：这种体制的独特优点是具有公开密钥和秘密密钥两个密钥，以至特别适合实现数字签名。其过程如下：发送者先用其秘密密钥对报文进行解密运算，然后用收文方的公开密钥进行加密运算，再传送至收文方；收文方收到该报文后先用自己的秘密密钥进行解密运算，再用发送者的公开密钥做加密运算，即可恢复出明文。在此过程中，除发送者自己外没有别人具有其解密密钥，所以除发送者自己外没有别人能产生密文，这样报文就被签名了。如果发送方抵赖曾发送报文给收文方，那么收文方可将发文方产生的密文出示给公证机关，公证机关用发文方的公开密钥去证实其发文的确实性；反之，如果收文方将收文进行伪造篡改，则其不能用发文方的公开密钥进行加密后发送给第三方，证明其伪造了报文。以上过程表明，用非对称密钥密码体制实现数字签名简便又安全。

（3）基于特殊用途的分类

当一般数字签名方案不能满足某些特别的签名需要时，便需要借助于特殊数字签名方案，下面对几种常用的特殊数字签名做简要的介绍。

- 盲签名（Blind Signature）：有时消息的拥有者想让签名者对消息进行签名，而又不希望签名者知道消息的具体内容，同时签名者也不想了解所签消息的具体内容，他只是想让人们知道他曾经签署过这个消息，这时就需要使用盲签名。由于盲签名具有匿名的性质，因此在电子货币和电子选举系统中得到了广泛的应用。

- 双重签名（Dual Signature）：在安全电子交易（SET）协议中，交易时客户需要发送订购信息（order information，OI）给商家，发送支付信息（payment information，PI）给银行。客户发往银行的支付指令是通过商家转发的，为了避免在交易的过程中商家窃取客户的信用卡信息，以及避免银行跟踪客户的行为，侵犯消费者隐私，商家不需要知道客户的信用卡信息，银行也不需要知道客户订单的细节，但同时又不能影响商家和银行对客户所发信息的合理验证。SET协议可以采用双重签名来解决这一问题。在双重签名中，当签名者希望验证者只知道报价单、中间人只知道授权指令时，能够让中间人在签名者和验证者报价相同的情况下进行授权操作。
- 群签名（Group Signature）：允许一个群体中的成员以整个群体的名义进行数字签名，并且验证者能够确认签名者的身份。群签名中最重要的是群密钥的分配，以能够高效处理群成员的动态加入和退出。一般群密钥的管理可以分为两大类别：集中式密钥管理和分散式密钥管理。
- 代理签名（Proxy Signature）：现实生活中，人们常常会将自己的签名权力委托给可信的代理人，让代理人代表他们在文件上盖章或签名。在数字化的信息社会，人们使用数字签名的过程中仍然会遇到需要将签名权力委托或转移给他人的情况，这时就需要用到代理签名。代理签名允许密钥持有者授权第三方，获得授权的第三方能够代表密钥持有者进行数字签名。

（4）其他分类

根据接收者验证签名的方式可将数字签名分为真数字签名和仲裁数字签名两类。从签名者在一个数字签名方案中所能签的消息个数来分，可将数字签名分为一次数字签名和非一次数字签名。根据数字签名方案中的验证方程是否为隐式或显式，可将数字签名分为隐式数字签名和显式数字签名。根据数字签名的功能，可将数字签名分为普通的数字签名和具有特殊性质的数字签名。

8.2.6　数字签名的安全性

针对数字签名安全性的研究，即鉴定签名方案是否满足信息完整性、抗修改性和抗抵赖性等安全性质，一直是促进该项技术发展的重要方面之一。安全性的主要研究方法是从理论上进行分析，分析的技术分为三种：

- 安全性评估。在数字签名方案设计的过程中，设计者对所设计的方案进行相关的密码分析，尽可能保证其在所能考虑到的范围内的安全性。一般情况下，方案设计者无法穷举所有可能出现的情况，因此这种分析不是证明，只是一种对签名方案安全性的评估，可以在一定程度上使用户对方案拥有信心。
- 安全性证明。这种方式主要应用在数字签名方案设计的过程中，证明数字签名方案被密码攻击者破译的难度与破解一个公认的难题相当。目前主要的技术方案有两类——基于随机应答模型与基于标准模型。前者假设 Hash 函数是一个对所有请求都会做出随机应答的随机黑盒应答器，相同的请求得到的应答完全相同。然而实际上，Hash 函数并不满足这个假设，所以基于随机应答模型的证明不完全可靠。后者是指在不需要不合理假设的情况下证明方案是安全的，所谓的标准模型本质上并不是一个具体的模型，仅是针对随机应答模型而言的。
- 攻击。此类技术是指对方案的安全缺陷进行研究，主要针对的是目前已知的数字签名方案。分析人员从攻击者的角度进行演绎与推理，尝试通过不同的手段获取在方案安全性规定下不应该或者不能够获取的信息。如果成功地获取到了这样的信息，就找出了已知方案所存在的安全性缺陷，然后再次分析整个推理过程。针对攻击的分析中，恶意分析者被称为攻击者，方案分析人员演绎与推理的过程被称为一个攻击方法。攻击分析促使人们对存在安全性缺陷的方案进行改进或者直接淘汰，从客观上提升了数字签名的安全性。

8.2.7 数字签名的特征与应用

一个优秀的数字签名应当具备下列特征：

（1）消息发送方一旦给接收方发出签名，就不可以再对他所签发的消息进行否认。

（2）消息接收方可以确认并证实发送方的签名，但是不可以伪造签名。

（3）如果签名是复制其他签名获得的，那么消息接收方可以拒绝签名的消息，即不可以通过复制的方式将一个消息的签名变成其他消息的签名。

（4）如果消息接收方已收到签名的消息，就不能再否认。

（5）可以存在第三方确认通信双方之间的消息传输的过程，但是不可以伪造这个过程。

在互联网和通信技术迅猛发展的潮流下，电子商务一跃成为商务活动的新模式，越来越多的信息都以数字化的形式在互联网上流动。在传统的商务系统中，一般都是利用纸质文件的签名或印章等来规定某些具有契约性质的责任；在电子商务系统中，当事人身份与数据信息的真实性是利用传送文件的电子签名进行证实的。电子商务包括电子数据交换 EDI、管理信息系统 MIS、商业增值网 VAN、电子订货系统 EOS 等。其中，EDI 既是电子商务中的核心，也是一项涉及多个环节的复杂人机工程，同时对信息安全性的要求也相当高。互联网环境的开放性、共享性等特点使得网络信息安全变得异常脆弱，如何保证数据信息在互联网上传输的安全性以及交易双方的身份确认，这不仅是电子商务的必然要求，也是电子商务能否得到长足发展的关键。作为电子商务安全性的重要保障之一，RSA 公钥签名方案相对成功地解决了上述问题，并在各种互联网行为中都有着广泛的应用。

8.3 RSA 公钥算法在数字签名中的应用

基于公钥体制的 RSA 算法为信息安全传输的问题提供了新的解决思路和技术，也被用作数字签名方案，在实现消息认证方面得到了深入的应用。总的来说，RSA 公钥签名方案包括消息空间、参数生成算法、签名算法和验证算法等部分。签名和验证的过程具体包括消息摘要的生成、大素数和密钥的生成以及消息签名、消息验证等几个步骤。

传统的签名方案使用 RSA 公钥算法进行数字签名，签名的过程如下：

（1）参数的选择和密钥的生成。

（2）用户 A 对消息 M 进行签名：

$$S=Sig(M)=M^d \bmod n$$

其中，d 是私钥，相当于用私钥进行加密运算（最好不要用"私钥加密"这种说法，而是采用"私钥签名"，否则容易和公钥加密混淆。加密就是加密，签名就是签名，两者的目的不同。私钥是为了签名，不是加密。有些算法库提供了私钥加密函数，实际上是私钥签名），然后将签名结果 S 作为用户 A 对消息 M 的数字签名附在消息 M 后面，发送给用户 B。

（3）用户 B 验证用户 A 对 M 的数字签名 S，计算 M'=S^e mod n。然后判断 M'和 M 是否相等：若二者相等，则可以证明签名 S 的确来源于用户 A；否则，签名 S 有可能为伪造的签名。例如，假设用户 A 选取 p=823、q=953，那么模数 n=784319、φ(n)=(p-1)(q-1)=782544，然后选取 e=313 并计算出 d=160009，则公钥为(313,784319)、私钥为(160009,784319)。如果用户 A 拟发送消息 M=19070 给用户 B，就用私钥对消息进行签名：M：19070->S=(19070)^{160009} mod 784319 = 210625 mod 78319。用户 A 将消息和签名同时发送给用户 B，用户 B 接收消息和签名，并计算出 M'：

$$M'=210625^{313} \ mod \ 784319=19070 \ mod \ 794319->M=M' \ mod \ n$$

因此，用户 B 验证了用户 A 的签名，并接收了消息。

在实际的应用过程中，待签名的消息一般都比较长，因此需要将消息明文先进行分组，再对不同的分组明文分别进行签名。这样会致使算法对于长文件签名的效率十分低下。为了解决这个问题，可以利用单项摘要函数（Hash 函数），即在对消息进行签名之前事先使用 Hash 函数对需要签名的消息做 Hash 变换，对变换后的摘要消息再进行数字签名。

增加了 Hash 运算，则发送者要发送原文、原文的摘要值和摘要的数字签名值。这样接收者会收到原文、摘要和摘要的数字签名。接收者先对原文做摘要，然后和收到的摘要值做比较，如果一致，就说明原文没有被篡改过，接着用发送者的公钥对数字签名做验签，如果通过，就说明是发送者本人发来的（因为只有拥有私钥的发送者，才能签出这样一份数字签名）。

8.4　利用 OpenSSL 命令进行签名验签

这里以 RSA 私钥签名为例，首先生成 RSA 密钥对。打开操作系统的命令行窗口，然后利用 cd 命令进入 D:\openssl-1.1.1b\win32-debug\bin\，输入 “openssl.exe”，并按回车键开始运行。虽然也可以用鼠标双击 openssl.exe，但是此时在 OpenSSL 命令行窗口中不能粘贴，不过可以从操作系统的命令行窗口中启动 openssl.exe。

输入生成私钥的命令 “genrsa -out prikey.pem”，如图 8-2 所示，默认生成了一个长度为 2048 位的私钥。执行后，将在 D:\openssl-1.1.1b\win32-debug\bin\下生成一个 prikey.pem 的私钥文件，它是 PEM 格式的。

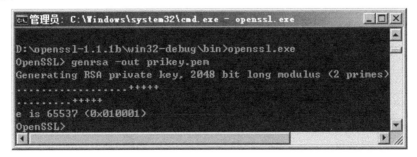

图 8-2

接着从私钥中导出公钥，输入命令 “rsa -in rsa_private.key -pubout -out rsa_public.key”，如图 8-3 所示。

图 8-3

执行后，将在同目录下生成公钥文件 pubkey.pem。

公私钥准备好后就可以开始签名了，我们用 RSA 私钥对 SHA1 计算得到的摘要值进行签名。首先准备原文文件，可以在 D:\openssl-1.1.1b\win32-debug\bin\下新建一个文本文件 file.txt，输入一行内容"helloworld"，然后保存退出。接着在 openssl 提示符下输入如下命令：

```
dgst -sign prikey.pem -sha1 -out sha1_rsa_file.sign file.txt
```

执行后，将在同目录下生成一个签名文件 sha1_rsa_file.sign，其内容就是摘要的 RSA 数字签名。

至此，签名工作完成。下面开始用相应的公钥和相同的摘要算法进行验签，在 OpenSSL 提示符下输入如下命令：

```
dgst -verify pubkey.pem -sha1 -signature sha1_rsa_file.sign file.txt
```

执行后，如果验签通过，就会提示 Verified OK，如图 8-4 所示。

图 8-4

至此，RSA 验签成功！